Was kostet die Natur?

**42**   Studien des Büros für
Technikfolgen-Abschätzung
beim Deutschen Bundestag

Das Büro für Technikfolgen-
Abschätzung beim Deutschen
Bundestag (TAB) berät das Parlament und seine Ausschüsse in
Fragen des gesellschaftlich-tech-
nischen Wandels. Das TAB ist
eine organisatorische Einheit
des Instituts für Technikfolgen-
abschätzung und Systemanalyse
des Karlsruher Instituts für
Technologie (KIT).

Die „Studien des Büros für Technik-
folgen-Abschätzung" werden vom
Leiter des TAB, Professor Dr. Armin
Grunwald, und seinen Stellvertretern,
Dr. Christoph Revermann und
Dr. Arnold Sauter, wissenschaftlich
verantwortet.

Christoph Kehl

unter Mitarbeit von
Arnold Sauter

# Was kostet die Natur?

Wert und Inwertsetzung
von Biodiversität

**Die Deutsche Nationalbibliothek** verzeichnet diese
Publikation in der Deutschen Nationalbibliografie;
detaillierte bibliografische Daten sind im Internet
über http://dnb.d-nb.de abrufbar.

ISBN 978-3-8487-2064-4 (Print)
ISBN 978-3-8452-6272-7 (ePDF)

edition sigma in der Nomos Verlagsgesellschaft

1. Auflage 2015
© Nomos Verlagsgesellschaft, Baden-Baden 2015. Printed in Germany. Alle
Rechte, auch die des Nachdrucks von Auszügen, der fotomechanischen Wie-
dergabe und der Übersetzung, vorbehalten. Gedruckt auf alterungsbeständi-
gem Papier.

Umschlaggestaltung: Joost Bottema, Stuttgart.

Druck: Rosch-Buch, Scheßlitz

# INHALT

# ZUSAMMENFASSUNG

Die biologische Vielfalt wird als eines der wichtigsten natürlichen Schutzgüter angesehen, das über eine große eigene Dynamik verfügt, zunehmend aber von anthropogenen Einflüssen enorm geprägt und massiv bedroht ist. Seit der Rio-Konferenz 1992 der Vereinten Nationen zu Umwelt und Entwicklung, auf der unter anderem das Übereinkommen über die biologische Vielfalt (Biodiversitätskonvention/Convention on Biological Diversity [CBD]) verabschiedet wurde, werden Fragen des Schutzes von biologischer Vielfalt auf globaler, europäischer und nationaler Ebene intensiv wissenschaftlich, gesellschaftlich und politisch diskutiert. Von Beginn an ist die Erkenntnis maßgeblich, dass sich die Natur und ihre Reichtümer nur dann langfristig erhalten lassen, wenn es gelingt, Schutz und Nutzung in Einklang zu bringen. Mit welchen politischen Maßnahmen sich diese abstrakte Zielsetzung am besten verwirklichen lässt, darüber besteht allerdings heute noch große Unklarheit.

Trotz vereinzelter Fortschritte besteht kein Zweifel daran, dass die Erfolgsbilanz der Naturschutz- und Biodiversitätspolitik bislang ziemlich mager ausfällt – auch gemessen an ihren eigenen Zielsetzungen. Offensichtlich stoßen die klassischen Naturschutzkonzepte, die hauptsächlich auf ordnungsrechtliche Auflagen und Verbote bauen, an ihre Grenzen. Obwohl weltweit immer mehr Gebiete unter Schutz stehen, ist es bislang nicht gelungen, dem Verlust an biologischer Vielfalt wirksam Einhalt zu gebieten. Vor diesem Hintergrund mehren sich die Stimmen in Wissenschaft und Politik, die eine stärkere ökonomische Ausrichtung der Biodiversitätspolitik fordern, um so in der Gesellschaft einen generell sparsameren Umgang mit natürlichen Ressourcen zu erreichen. Sowohl Sinn und Zweck als auch Grenzen und Reichweite ökonomischer Naturschutzansätze sind jedoch hochumstritten. Deshalb ist das Büro für Technikfolgen-Abschätzung beim Deutschen Bundestag (TAB) durch den zuständigen Ausschuss für Bildung, Forschung und Technikfolgenabschätzung damit beauftragt worden, die wissenschaftlichen Grundlagen und politischen Perspektiven dieser Entwicklung in einem TA-Projekt zu beleuchten.

## BIODIVERSITÄT: EIN SCHWER GREIFBARER GEGENSTAND

Die Tatsache, dass das Biodiversitätskonzept seit mehr als 20 Jahren fest im politischen Diskurs verankert ist, steht in deutlichem Kontrast zu seiner charakteristischen Unschärfe. In der eigentlichen Wortbedeutung bezeichnet Biodiversität die Variabilität biologischer Lebensformen in all ihren Ausprägungen, was naturgemäß ein äußerst weites Feld an Phänomenen umfasst. Die biologische Vielfalt ist nicht nur von enormer Komplexität, sondern darüber hinaus in ständigem Wandel begriffen. Entsprechend vielfältig sind die Aspekte, die damit in Zusammenhang gebracht werden: Laut Standarddefinition der Biodiversitätskonvention (CBD) gehört dazu die Vielfalt der Arten, der Gene sowie der Lebensräume. Aus wissenschaftlicher Sicht sind jedoch noch verschiedene weitere Facetten von Bedeutung, wie etwa die Vielfalt an biologischen Funktionen und Strukturen, die in ihrer Gesamtheit nicht konsistent erfassbar oder beschreibbar sind und in den Begriffshorizont unterschiedlicher Wissenschaftsdisziplinen fallen (Taxonomie, Molekularbiologie, Ökologie etc.).

Erst seitdem der Biodiversitätsschutz im Jahre 1992 mit der gleichnamigen Konvention zu einem globalen politischen Leitbild erhoben wurde, begann sich eine übergreifende Biodiversitätsforschung herauszubilden. Seither lässt sich eine immense Zunahme wissenschaftlicher Studien und Publikationen zur Thematik beobachten. Zweierlei ist für das sich herausbildende Forschungsfeld charakteristisch: erstens eine tief greifende Politisierung, die zu einer diffusen Vermengung normativer und empirischer Fragen geführt hat; zweitens eine hochgradige disziplinäre Fragmentierung, die auf die Vielschichtigkeit des Forschungsgegenstandes und die komplexen Zusammenhänge, in die er eingebettet ist, zurückzuführen ist. Beide Merkmale verdeutlichen, wie schwierig es ist, Biodiversität wissenschaftlich zu objektivieren, d. h. quantitativ zu erfassen. Da es ein übergreifendes Biodiversitätsmaß nicht geben kann, sind Messansätze gezwungen, sich auf Einzelfacetten zu beschränken und diese in geeigneter Weise zu operationalisieren. Dabei hängt es beträchtlich von der wissenschaftlichen Perspektive und der betrachteten räumlich-zeitlichen Skala ab, wie das im Einzelfall geschieht und welche Parameter dabei in den Fokus rücken. Historisch und methodisch bedingt spielt die Artenvielfalt dabei eine herausragende Rolle, während es zur genetischen und phylogenetischen Vielfalt nur wenige Untersuchungen gibt. Nicht zuletzt aufgrund der Vielzahl der diskutierten Messansätze und -methoden ebenso wie der großen Bandbreite an potenziellen Biodiversitätsmaßen und -indizes ist die Biodiversitätsforschung durch ein besonders hohes Maß an Unsicherheit geprägt.

Dies ist auch politisch von großer Relevanz. Denn eine zielgerichtete Biodiversitätspolitik ist auf verlässliche Informationen zum Bestand und zur Entwicklung biologischer Vielfalt angewiesen. Die Herausforderung besteht darin, im Rahmen von kontinuierlichen naturschutzpolitischen Monitoringprogrammen möglichst hochaufgelöste Daten auf unterschiedlichen Skalen zu gewinnen, die einerseits wissenschaftlichen Ansprüchen genügen und sich andererseits zu politisch praktikablen Indikatorensets verdichten lassen. Die bestehenden Monitoringaktivitäten auf lokaler, nationaler wie internationaler Ebene werden diesen Anforderungen derzeit nur bedingt gerecht. Sie haben häufig einen begrenzten räumlichen und zeitlichen Fokus und beschränken sich zudem entweder auf die Erfassung von Daten zur Artenvielfalt oder auf Aspekte, die nur einen indirekten Bezug zur Biodiversität aufweisen (Gewässerzustand, Gebietsschutz etc.). Außerdem bestehen große Defizite hinsichtlich der Harmonisierung der verwendeten Indikatoren und erhobenen Daten, sodass von einem systematischen und flächendeckenden Biodiversitätsmonitoring derzeit keine Rede sein kann. Die Schaffung eines nationalen Monitoringzentrums, wie vielfach gefordert, wäre deshalb sicherlich sinnvoll.

Trotz der lückenhaften Datenbasis kommen alle offiziellen Einschätzungen zum einhelligen Ergebnis, dass der globale Verlust an biologischer Vielfalt ungebremst voranschreitet und das Ziel der Staatengemeinschaft, den Rückgang der Biodiversität bis 2010 aufzuhalten, sowohl national als auch international deutlich verfehlt worden ist. Obwohl in einigen Bereichen Teilerfolge erzielt worden sind, so etwa bei der Anzahl und Fläche der Schutzgebiete weltweit, ist es nicht gelungen, den anhaltend hohen Druck auf Ökosysteme und die Biodiversität zu reduzieren und die hauptsächlichen Triebkräfte dieser Entwicklung – Klimawandel, invasive Arten, Schadstoffeinträge sowie die Flächenkonversion und der damit verbundene Verlust von Lebensräumen – effektiv in den Griff zu bekommen.

## WERTEDIMENSIONEN DER BIODIVERSITÄT

Aufgrund ihrer ambivalenten Stellung zwischen gesellschaftlichen, politischen und wissenschaftlichen Interessensphären stellt Biodiversität eine Projektionsfläche für diffuse Wertvorstellungen dar, die häufig in kulturell geprägten Naturvorstellungen und Lebensstilen verankert sind. Durch die aktuellen Ökonomisierungstendenzen im Naturschutz drängen zunehmend die nutzenorientierten Aspekte der Natur – die sogenannten Ökosystemleistungen als Leistungen, die die Natur den Menschen erbringt – in den Vordergrund naturschutzorientierter Betrachtungen. Diese Entwicklung birgt gesellschaftliches wie auch politisches Konfliktpotenzial, sofern ihre ethischen Grundlagen und gesellschaftlichen Implikationen nicht ausreichend reflektiert werden.

Dass Ökosysteme, ihre vielfältigen Ressourcen und »Dienstleistungen«, eine existenzielle menschliche Lebensgrundlage bilden, steht außer Zweifel. Das Konzept der Ökosystemleistungen wurde entwickelt, um dieses weite Nutzenspek-trum systematischer zu erfassen und seinen Wert für Gesellschaft und Wirtschaft zu quantifizieren. Dabei kommt eine dezidiert anthropozentrische Perspektive zum Tragen. Das heißt, ob eine bestimmte Leistung der Natur wertvoll ist, hängt alleine davon ab, ob sie von der Gesellschaft als wertvoll erachtet wird. In dieser Brückenfunktion zwischen der komplexen Funktionsweise von Ökosystemen und konkreten menschlichen Interessen wird der große Vorteil des Dienstleistungskonzepts gesehen, der es speziell vom abstrakten und schwer greifbaren Konstrukt der Biodiversität abhebt. Ökosystemleistungen bilden deshalb den zentralen Anknüpfungspunkt für ökonomische Betrachtungen im Naturschutz. Dabei beschränkt sich die Ökonomie keineswegs nur auf die direkt vermarktbaren natürlichen Rohstoffe (Nahrungsmittel, Holz, Wasser etc.), die sogenannten Versorgungsleistungen, sondern bezieht auch eine große Bandbreite an indirekten Nutzwerten mit ein: darunter u. a. unterstützende Dienstleistungen wie die Bodenbildung, regulierende Dienstleistungen wie den Hochwasserschutz oder kulturelle Dienstleistungen wie den Erholungswert.

Gleichwohl handelt es sich um eine eindeutig nutzenorientierte Perspektive, welche als einzigen Maßstab menschliche Bedürfnisse und Interessen, die sich in der Wertschätzung für Biodiversität ausdrücken, anerkennt. Ökonomische Denkansätze leisten somit vor allem solchen naturschutzpolitischen Argumentationen Vorschub, die den Schutz der Natur aus einem »wohlverstandenen Eigeninteresse« heraus geboten sehen. Dadurch gewinnen Kontroversen um den angemessenen Umgang mit naturschutzbezogenen Interessen- und Verteilungskonflikten an Brisanz, wie auch die internationalen Verhandlungen im Rahmen der Biodiversitätskonvention gezeigt haben. Denn der Schutz und die nachhaltige Nutzung natürlicher Ressourcen berühren unter Umständen sensible moralische Fragen, die sich einer ökonomischen Betrachtung widersetzen. Das Denken in Nutzenkategorien stößt vor allem dann an Grenzen, wenn verschiedene Interessen miteinander in Konflikt geraten und dadurch Gerechtigkeitsfragen virulent werden, die einen weiter gefassten Abwägungsrahmen erforderlich machen.

## HERAUSFORDERUNGEN DER BIODIVERSITÄTSFORSCHUNG

In Anbetracht der komplexen Wirkzusammenhänge in Ökosystemen gilt es noch viele Kenntnislücken zu schließen, um eine valide Grundlage für die Inwertsetzung von Biodiversität zu schaffen. Die Ergebnisse der Literaturanalyse im TAB-Bericht deuten zwar darauf hin, dass sich die biologische Vielfalt tendenziell förderlich auf die Funktions- und Leistungsfähigkeit von Ökosystemen auswirkt. Ökosysteme produzieren jedoch eine Vielzahl an Ökosystemleistungen, die auf komplexe Art und Weise untereinander und mit der biologischen Vielfalt zusammenhängen. Wie diese Wechselwirkungen im Einzelnen aussehen, hängt stark von den betrachteten Ökosystemleistungen und dem Ökosystem ab. Sowohl Synergien als auch Zielkonflikte sind möglich: Beispielsweise lassen sich die Biomasseproduktion und die Kohlenstoffsequestrierung von Nutzwäldern durch den Anbau schnell wachsender Monokulturen erhöhen, was jedoch für die biologische Vielfalt offensichtlich abträglich ist. Ziel muss es deshalb sein, Modelle für die Praxis zu entwickeln, die in der Lage sind, eine sowohl unter Ökosystemleistungs- als auch Biodiversitätsaspekten optimierte Landnutzung zu ermitteln und die dabei unvermeidlichen Unsicherheiten zu quantifizieren. Hierbei werden jedoch in besonderem Maße methodologische Probleme wirksam: die Vielzahl an Biodiversitätsmaßen, der Mangel an experimentellen Verfahren sowie klassifikatorische Unschärfen in Zusammenhang mit dem Begriff der Ökosystemleistungen.

## ÖKONOMISCHE BEWERTUNG VON BIODIVERSITÄT

Aus ökonomischer Sicht hängt der fortschreitende Raubbau an der Natur mit den charakteristischen Merkmalen natürlicher Ressourcen zusammen, die als öffentliche Güter in der Regel allen Nutzern kostenlos zur Verfügung stehen und bei denen es sich gleichzeitig um knappe – und d. h. wertvolle – Güter handelt. Marktversagen ist die logische Konsequenz: Es kommt zur Übernutzung, die Kosten dafür – etwa im Zuge von Ressourcenverlust oder beeinträchtigten Naturleistungen – tragen nicht die verantwortlichen Akteure, sondern sie werden der Allgemeinheit angelastet.

In den ökonomischen Überlegungen, wie diesem Missstand zu begegnen ist, spielen die ökonomische Bewertung der biologischen Vielfalt sowie die Integration dieser Werte in politische und private Entscheidungen eine zentrale Rolle. Es gilt, die gesellschaftliche »Kostenblindheit« gegenüber der biologischen Vielfalt zu überwinden, indem der ökonomische Wert des Naturkapitals mithilfe geeigneter Bewertungsverfahren möglichst präzise beziffert, also in monetäre Werte übersetzt wird. Dazu sind möglichst alle gesellschaftlichen Wohlfahrtseffekte, die mit Eingriffen in die Natur verbunden sind, zu berücksichtigen. Die Ökonomie greift dabei auf ein breites Wertespektrum zurück, das neben den nutzungsabhängigen Werten (z. B. durch Konsum materieller Güter) auch nichtnutzungsabhängige Werte beinhaltet, wie z. B. schlicht die Freude über die Existenz von Tier- oder Pflanzenarten.

Eine wegweisende Studie, die den Aspekt der ökonomischen Bewertung von Biodiversität und Ökosystemleistungen in der öffentlichen Debatte sehr stark befördert hat, ist »The Economics of Ecosystems and Biodiversity« (TEEB). Inspiriert durch den Stern-Report über die wirtschaftlichen Folgen des Klimawandels, wurde TEEB 2007 durch die G8+5-Umweltminister (unter Führung des damaligen deutschen Umweltministers Sigmar Gabriel und des EU-Umweltkommissars Stavros Dimas) angeregt. Die 2010 abgeschlossene Studie hatte großen Einfluss auf die internationalen Biodiversitätsverhandlungen und zog verschiedene nationale Folgestudien nach sich, in Deutschland »Naturkapital Deutschland – TEEB DE« (seit 2012). Erklärter Zweck dieser und ähnlicher Aktivitäten ist es, den globalen gesamtwirtschaftlichen Nutzen der biologischen Vielfalt sichtbar und ökonomisch erfassbar zu machen. Wenn man es erreicht, so das Kalkül, ein stärkeres Bewusstsein für den ökonomischen Wert der biologischen Vielfalt zu schaffen, sollte sich die gewonnene Wertschätzung auch verstärkt in gesellschaftlichen, unternehmerischen und politischen Entscheidungen niederschlagen. Voraussetzung dafür ist allerdings, dass es gelingt, die vielfältigen Wertedimensionen der biologischen Vielfalt und ihrer Güter möglichst exakt zu erfassen und – sofern möglich – zu monetarisieren.

Die entscheidende Größe, anhand derer in der Ökonomie der Wert eines Gutes bemessen wird, sind die Präferenzen der Wirtschaftssubjekte, die aus diesem Gut einen (wie auch immer gearteten) Nutzen ziehen. Das heißt nichts anderes, als dass die ökonomische Bewertung ein Abbild der subjektiven Wertschätzungen erzeugt, die möglichst in Geldeinheiten ausgedrückt werden. Da diese Wertschätzungen, außer bei Versorgungsleistungen, nicht offen zutage liegen, müssen sie mittelbar erschlossen werden. Zu diesem Zweck kann die Ökonomie auf ein breites, aber auch sehr voraussetzungsreiches methodisches Rüstzeug zurückgreifen. Grundsätzlich zu differenzieren ist zwischen:

> Marktanalysen, die sich auf Marktdaten (Preise, Kosten etc.) stützen;
> Präferenzanalysen, die direkt oder indirekt ermittelte Zahlungsbereitschaften der betroffenen Bevölkerung heranziehen;
> Sekundäranalysen wie den Nutzentransfer, die bereits vorliegende Resultate auf den aktuellen Bewertungskontext zu übertragen versuchen.

Diese Bewertungsverfahren haben ihre spezifischen Stärken und Schwächen, die je nach Bewertungskontext und Problemstellung unterschiedlich zum Tragen kommen. Bei der Auswahl eines geeigneten Verfahrens sind diverse konzeptionelle, methodische und technische Einschränkungen zu berücksichtigen.

Einen Schritt weiter als die soeben beschriebenen Bewertungsansätze gehen *Entscheidungshilfeverfahren* wie die Kosten-Nutzen-Analyse (KNA), die Kosten-Wirksamkeits-Analyse (KWA) und die Multikriterienanalyse (MKA). Mit ihnen können verschiedene Handlungsoptionen nach Effizienzgesichtspunkten (bei KNA und KWA) oder anderen Kriterien (bei MKA) abgewogen und daraus konkrete Politikempfehlungen abgeleitet werden. Diese Instrumente, in erster Linie die mit der ökonomischen Bewertung besonders eng verknüpfte KNA, finden zum Teil Eingang in die politische Praxis. Vor allem in den USA sind sie seit vielen Jahren etabliert und für alle größeren Investitionsvorhaben der öffentlichen Hand gesetzlich vorgeschrieben. Auch in der Europäischen Union und in Deutschland kommen sie zunehmend zum Einsatz, wenngleich noch in eher begrenztem Umfang.

### REICHWEITE UND GRENZEN DES ÖKONOMISCHEN BEWERTUNGSANSATZES

Auch wenn der allgemeine Nutzen der biologischen Vielfalt fraglos ist, so wird unter Fachleuten kontrovers diskutiert, inwiefern es sinnvoll und zielführend ist, den exakten ökonomischen Wert des Naturkapitals zu ermitteln und zur Basis politischer und unternehmerischer Entscheidungen zu machen. Statt der von Umweltökonomen propagierten Stärkung des Natur- und Biodiversitätsschutzes befürchten die Kritiker kontraproduktive Effekte, wie etwa, dass in der Folge nur noch das als schützenswert erachtet wird, was ökonomisch verwertbar erscheint. Dabei wird allerdings oft eine enge Sicht von Ökonomie im Sinne von Wirtschaftlichkeit vertreten. Dementsprechend wurden verschiedene Einwände gegen die ökonomische Bewertung vorgebracht. Im TAB-Bericht werden zwei wesentliche Stoßrichtungen der Kritik eingehender diskutiert: Diese richten sich zum einen gegen die grundlegenden ethischen Annahmen des ökonomischen Abwägungskalküls und zum anderen gegen dessen empirisches Fundament.

*Einwände gegen die normative Basis* richten sich gegen das ökonomische Effizienzpostulat, das in Entscheidungshilfeverfahren wie der KNA wirksam wird. Ziel einer KNA ist es, unter mehreren Alternativen dasjenige Vorhaben zu ermitteln, das aus volkswirtschaftlicher Sicht am vorteilhaftesten ist. Dazu sind die mit den einzelnen Vorhaben verbundenen Nutzen (Vorteile durch die Bereitstellung von Ökosystemleistungen) und Kosten (Nachteile z. B. durch die Finanzierung von Biodiversitätsschutzmaßnahmen) abzuschätzen, auf die Gegenwart zu diskontieren und einander gegenüberzustellen. Dem ökonomischen Effizienzpostulat folgend, ist dann diejenige Maßnahme auszuwählen, die mit der größten gesellschaftlichen Wohlfahrtssteigerung, sprich mit dem höchsten Nettonutzen verbunden ist (verstanden als Differenz zwischen Nutzen und Kosten). Auch wenn diese Beurteilung auf Basis empirischer Daten vorgenommen wird (nämlich monetarisierter Nutzen und Kosten), kommen darin implizit bestimmte normative Vorstellungen darüber zum Tragen, welche Handlungen zu bevorzugen sind. Kritisiert wird, dass die Ökonomie ausschließlich die Interessen eines begrenzten Personenkreises in ihr Kosten-Nutzen-Kalkül einfließen lässt. Damit scheint es nicht mehr ohne Weiteres möglich zu sein, Abwägungsprobleme gerecht zu lösen, also ausgewogen im Sinne aller potenziell Betroffenen. Gerechtigkeitsfragen spitzen sich offensichtlich besonders dann zu – wie die Debatte um eine angemessen Diskontrate zeigt –, wenn Entscheidungen anstehen, die langfristige Konsequenzen haben und damit zukünftige Generationen berühren (deren Präferenzen natürlich nicht in die Bewertung einfließen können). Für Kritiker folgt daraus, dass das ökonomische Kalkül Abwägungskonzeptionen unterlegen ist, die Entscheidungen nicht nur auf Basis quantitativer Fakten treffen, sondern auch nichtmonetarisierbare Belange, wie etwa Verfassungsregeln, einbeziehen und in der Regel erhebliche Entscheidungsspielräume offen lassen.

Einwände gegen die empirische Basis weisen darauf hin, dass zentrale naturschutzpolitische Fragen, etwa der Verlust einer seltenen Art oder Risiken für Leib und Leben, sich nicht sinnvoll in Geldwerten ausdrücken lassen. Mit anderen Worten, es gibt ökonomisch nicht greifbare gesellschaftliche Werte, sodass der Versuch, jegliche Nutzen und Kosten auf die Waagschale zu legen, von vornherein zum Scheitern verurteilt ist. Dies liegt zum einen in den unsicheren ökonomischen Bewertungsverfahren selber begründet, die mit etlichen Unschärfen und Beschränkungen zu kämpfen haben. So sind Marktanalysen nur für Marktgüter geeignet und können darüber hinaus nur Gebrauchswerte ermitteln, während die diesbezüglich umfassenderen Präferenzanalysen mit einer ganzen Reihe kritischer Verzerrungseffekte belegt sind, was die Validität ihrer Ergebnisse fraglich macht. Zum anderen hängen die Quantifizierungsprobleme aber vor allem mit der lückenhaften ökologischen Wissens- und Datenbasis bezüglich kritischer Schwellenwerte zusammen. Solange die biosphärischen Folgen menschlicher Maßnahmen unklar sind – was umso eher der Fall ist, je massiver der Eingriff –, so lange lassen sich auch ökonomische Effekte kaum sinnvoll abschätzen. Dies führt dazu, dass die kurzfristigen Kosten des Biodiversitätsschutzes meist exakt, die weitreichenden und langfristigen Nutzenaspekte aber oftmals nur unscharf vorliegen. Aufgrund dieser Asymmetrie sehen Kritiker die ökonomische Bewertung mit grundlegenden Anwendungsproblemen konfrontiert, die dadurch verstärkt werden, dass das scheinbar »eindeutige« Endergebnis die vielen Unsicherheiten verschleiert, die sich bei der Durchführung von ökonomischen Bewertungen auftun.

Diese Schlussfolgerung ist nicht von der Hand zu weisen. In komplexeren Situationen und speziell bei nichtmarktfähigen Ökosystemleistungen ist nicht damit zu rechnen, dass ökonomische Bewertungen zuverlässig sind und über grobe Schätzwerte hinauskommen. Insgesamt ist also zu konstatieren, dass die Aussagekraft ökonomischer Bewertungsergebnisse und somit auch die politische Tauglichkeit zurzeit noch beschränkt sind. Gleichwohl ist eine pauschale Verurteilung ökonomischer Analysen nicht angebracht. So ist in Bezug auf Chancen und Risiken klar zwischen ökonomischen Verfahren der Umweltbewertung (etwa Zahlungsbereitschaftsanalysen) und ökonomischen Verfahren der Entscheidungsunterstützung (etwa Kosten-Nutzen-Analysen) zu differenzieren. Während erstere empirische Verfahren darstellen, mit denen versucht wird, den ökonomischen Wert von Umweltgütern zu beziffern, implizieren letztere eine spezifisch effizienzorientierte Bewertungsethik. Diese baut zwar auf ökonomischen Verfahren der Umweltbewertung auf, hat aber durch ihre normative Stoßrichtung eine wesentlich größere gesellschaftliche Tragweite, wodurch die unvermeidlichen Bewertungsunsicherheiten deutlich stärker ins Gewicht fallen. Das gilt insbesondere dann, wenn kritische Schwellenwerte von Ökosystemen überschritten werden oder essenzielle Güter auf dem Spiel stehen. Dann nämlich können Fehleinschätzungen gravierende, kaum noch korrigierbare Fehlentscheidungen nach sich ziehen. Da solche Fälle ohne Weiteres zu erkennen sind, ist bei der Anwendung des ökonomischen Kosten-Nutzen-Kalküls große Vorsicht geboten.

## POLITISCHE STEUERUNG: POTENZIALE UND PROBLEME ÖKONOMISCHER ANSÄTZE

Derzeit findet eine Neujustierung der Biodiversitätspolitik statt, die bislang vor allem auf einer programmatischen Ebene zum Ausdruck kommt. Der Trend bewegt sich tendenziell weg vom klassischen Schutzgebietsansatz – wie er in Europa mit den Natura-2000-Gebieten verfolgt wird – und geht in Richtung einer stärker ökonomisch ausgerichteten Strategie. Dies lässt sich am »Strategischen Plan 2011–2020« der Vereinten Nationen und noch deutlicher an der »EU-Biodiversitätsstrategie 2020« ablesen. Dort steht nicht mehr unbedingt der Biodiversitätsschutz, sondern vielmehr das Sichern von Ökosystemleistungen im Vordergrund, deren Kartierung und Bewertung ebenso als wichtig erachtet werden wie die Einführung innovativer, anreizbasierter Steuerungsmechanismen, mit denen ein sparsamerer Umgang mit Naturressourcen angeregt werden soll. Auch in Deutschland ist diese Entwicklung ansatzweise zu beobachten, wenngleich sie hierzulande (etwa im Rahmen der nationalen Biodiversitätsstrategie) noch nicht konsequent vollzogen ist, wofür nicht zuletzt die föderalen Strukturen mit ihren unterschiedlichen Zuständigkeiten verantwortlich sind.

Bei anreizorientierten Maßnahmen erfolgt eine Verhaltenssteuerung nicht mehr durch direkte Verbote oder Auflagen, sondern indirekt, d. h. über eine Veränderung der ökonomischen Rahmenbedingungen. Als zentraler Vorteil dieser Herangehensweise gilt, dass Verhaltensänderungen auf freiwilliger Basis und aus eigenem ökonomischem Interesse erfolgen, sodass dieser Ansatz mehr Flexibilität, Kosteneffizienz und Akzeptanz verspricht. Zudem erhofft man sich dadurch eine verstärkte Mobilisierung privatwirtschaftlicher Mittel für den chronisch unterfinanzierten Biodiversitätsschutz. Insgesamt wird in der Schaffung ökonomischer Anreizstrukturen ein Weg gesehen, die in der CBD festgeschriebenen Ziele von Schutz und nachhaltiger Nutzung der biologischen Vielfalt besser miteinander in Einklang zu bringen. Dahinter steht dieselbe ökonomische Logik externer Effekte, die auch der monetären Bewertung von Umweltgütern zugrunde liegt. Die beiden Herangehensweisen werden deshalb oft in einem Atemzug genannt; bezüglich der Zielsetzungen sowie potenzieller Chancen und Risiken unterscheiden sie sich jedoch fundamental: Während es im ersten Fall darum geht, den monetären Wert der biologischen Vielfalt offenzulegen und in Entscheidungsprozesse einzubinden, besteht im zweiten Fall das Ziel darin, das Verhalten von Akteuren durch entsprechende (monetäre) Anreize in die gewünschten Bahnen zu lenken – die genaue Kenntnis der gesellschaftlichen Kosten der Umweltnutzung ist dafür nicht zwingend erforderlich.

### LEHREN AUS DER KLIMAPOLITIK

Während die Naturschutzpolitik mit ökonomischen Steuerungsansätzen teilweise Neuland betritt, liegen im Bereich des Klimaschutzes diesbezüglich bereits umfassendere Erfahrungen vor. Seit den 1990er Jahren ist sowohl auf internationaler wie auch europäischer Ebene ein Klimaregime etabliert worden, in dem verschiedene marktbasierte Mechanismen (Emissionshandel, »clean development mechanism« [CDM], »joint implementation« [JI]) eine zentrale Rolle spielen, wobei die Marktidee im europäischen Emissionshandelssystem wohl am konsequentesten verwirklicht worden ist. Unter der Klimarahmenkonvention ist derzeit mit »reducing emissions from degradation and deforestation« (REDD+) ein weiteres Steuerungsinstrument in Planung, das über ökonomische Komponenten verfügt und durch die Fokussierung auf den Waldschutz zudem viele Schnittstellen zum Biodiversitätsschutz aufweist.

Um die Chancen und Risiken eines ökonomisch orientierten Biodiversitätsschutzregimes besser beurteilen zu können, wird deshalb im TAB-Bericht ein genauerer Blick auf die entsprechenden klimapolitischen Erfahrungen geworfen. Dabei ergibt sich ein zwiespältiges Bild: Auf der einen Seite konnten durch ökonomische Instrumente wie den »clean development mechanism« (CDM) oder den Emissionshandel maßgebliche privatwirtschaftliche Investitionen in klimafreundliche Technologien angeregt werden. Auf der anderen Seite hat sich aber auch gezeigt, dass viele Hoffnungen im Hinblick auf die Lenkungswirkung marktbasierter Instrumente, die in ökonomischen Lehrbüchern zum Ausdruck kommen, in der Praxis bislang enttäuscht worden sind:

> So ist die ökologische Effektivität des europäischen Emissionshandelssystems aufgrund eines Überangebots an Zertifikaten derzeit zweifelhaft, weitere Reformschritte sind erforderlich. Die ersten Erfahrungen mit Aufforstungsprojekten im Rahmen des CDM oder des freiwilligen Kohlenstoffmarktes sowie dem Waldschutzmechanismus REDD+ etc. zeigen zudem, dass besonders in Entwicklungsländern zahlreiche nichtintendierte sozialökologische Nebeneffekte zu gewärtigen sind (z. B. »land grabbing«, Monokulturaufforstung).

> Der Erfolg anreizbasierter Klimaschutzinstrumente hängt mithin zentral von ihrer regulativen Ausgestaltung (einschließlich der Regulierung des Marktgeschehens) ab. Dies zieht einen bürokratischen Kontroll- und Verwaltungsaufwand nach sich, der mit hohen Zusatzkosten verbunden sein kann. Dadurch relativiert sich wiederum die volkswirtschaftliche Kosteneffizienz – aus theoretischer Sicht der wesentliche Pluspunkt ökonomischer Instrumente.

Diese praktischen Anwendungsprobleme spitzen sich im Biodiversitätsschutz noch weiter zu, wofür die besonderen Merkmale des Schutzgutes »biologische Vielfalt« verantwortlich sind. Während sich die den Klimawandel bedingenden anthropogenen Treibhausgasemissionen als homogenes Gut klar abgrenzen lassen und mit den Kohlenstoffäquivalenten eine übergreifende Maßeinheit für die verschiedenen Maßnahmen zur Verfügung steht, handelt es sich bei der biologischen Vielfalt um einen hochgradig heterogenen Gegenstand, bei dem der Zustand eines Ökosystems an einem Ort A anders als an einem Ort B zu bewerten ist, wodurch die Anforderungen an Überwachungs- und Kontrollmechanismen (und damit auch die Transaktionskosten) wachsen. Die starke Orts- und Zeitabhängigkeit der biologischen Vielfalt erhöht die Gefahr komplexer Verlagerungs und Verteilungseffekte, die wesentlich schwieriger zu bewerten und zu kontrollieren sind als beim Klimaschutz. Die institutionellen Anforderungen steigen aber auch dadurch, dass Instrumente zum Schutz und der nachhaltigen Nutzung der Biodiversität auf verschiedenen räumlichen Ebenen implementiert und sehr differenziert aufeinander abgestimmt werden müssen.

## ÖKONOMISCHE INSTRUMENTE ZUM SCHUTZ DER BIODIVERSITÄT

Biodiversitätsbezogene Anreizinstrumente lassen sich grob zwei Kategorien zuordnen:

> Zu den *preissteuernden Instrumenten* gehören Zahlungen für Ökosystemleistungen (»payments for ecosystem services« [PES]) und ökologische Finanzzuweisungen (»ecological fiscal transfers« [EFT]). Beide Instrumente honorieren die Bereitstellung öffentlicher Umweltgüter, zielen also auf Art und Weise der Landnutzung ab, um so die relativen Kosten von umweltfreundlichen Managemententscheidungen (z. B. ökologischer Landbau) zu senken und damit monetäre Anreize für nachhaltiges Verhalten zu setzen.

> *Mengensteuerungsinstrumente* wie das Habitat Banking und handelbare Entwicklungsrechte grenzen nach dem Vorbild des Emissionshandels den Verbrauch biodiversitätsrelevanter Ressourcen ein. Dazu wird quasi ordnungsrechtlich eine absolute Verbrauchsobergrenze bestimmt: Jeder Akteur, der auf die entsprechende Ressource (Fläche, Habitate) zugreifen oder diese nutzen will, muss dann entsprechende Berechtigungen vorweisen, die wiederum handelbar sind.

Die meisten dieser Instrumente befinden sich noch in der Erprobungs- und Entwicklungsphase, sodass sich bislang keine standardisierte Praxis oder feststehenden Prozeduren ausgebildet haben. Die Darstellung im TAB-Bericht konzentriert sich deshalb auf die wesentlichen Grundprinzipien und die sich herauskristallisierenden Chancen und Risiken, ohne auf die vielfältigen Details der unterschiedlichen Umsetzungsformen einzugehen.

*Zahlungen für Ökosystemleistungen* (PES), im deutschen Sprachraum besser unter der Honorierung ökologischer Leistungen bekannt, haben seit Mitte der 1990er Jahre breitere Anwendung gefunden (u. a. im Rahmen der europäischen Agrarumweltprogramme). Das Ziel ist, Anreize für eine nachhaltige Bewirtschaftung von Ökosystemen zu schaffen, indem der Landnutzer für die dabei entstehenden Kosten (bzw. für entgangene Erträge z. B. aus Ernteausfällen) entschädigt wird. Angesichts der zunehmenden Degradierung verschiedener Ökosysteme erwartet man von diesem Ansatz u. a. auch positive Effekte für den Biodiversitätsschutz – obwohl das Instrument ausschließlich auf die langfristige Bereitstellung von Ökosystemleistungen ausgerichtet und der Zusammenhang mit der biologischen Vielfalt noch weitgehend ungeklärt ist. Die Steuerungswirkung des Instruments ist deshalb oft unklar und hängt maßgeblich von kontextspezifischen Faktoren und der konkreten Ausgestaltung ab, die sehr variabel sein kann. Das Spektrum reicht von rein marktbasierten Maßnahmen, die auf freiwilliger Basis zwischen privaten Akteuren ausgehandelt werden, bis hin zu staatlich finanzierten Programmen. Letztere scheinen in der Regel besser geeignet, mit den sozialen Herausforderungen umzugehen, die sich im Rahmen von PES-Programmen vor allem im Kontext von Entwicklungs- und Schwellenländern stellen. In diesen

Ländern sind die Eigentumsrechte häufig nicht klar definiert und durchsetzbar, sodass die ärmere Landbevölkerung regelmäßig nicht von PES-Programmen profitieren kann – nicht zuletzt, weil Landnutzer, die ihr Land bereits in der Vergangenheit nachhaltig bewirtschaftet haben, in der Regel nicht honoriert werden. So hat sich gezeigt, dass es im Rahmen von PES-Programmen oft schwierig ist, das Bestreben eines möglichst effizienten Naturschutzes mit dem einer möglichst gerechten Verteilung der Mittel in Einklang zu bringen. Sofern wirtschaftliche Entwicklung, Armutsbekämpfung sowie Biodiversitätsschutz daher neben der kosteneffizienten Bereitstellung von Ökosystemleistungen Ziele von PES darstellen sollen, erscheinen entsprechende politische Begleitmaßnahmen und gesetzliche Schutzvorschriften unumgänglich.

*Ökologische Finanzzuweisungen* (EFT) sind vom Grundprinzip her eng mit Zahlungen für Ökosystemleistungen verwandt. Es handelt sich ebenfalls um Zahlungen, mit denen die Bereitstellung öffentlicher Naturgüter honoriert werden soll – letztlich, um positive Anreize für ein biodiversitätsförderliches Verhalten zu setzen. Im Gegensatz zu den Zahlungen für Ökosystemleistungen, die sich an Landnutzer richten, setzen ökologische Finanzzuweisungen jedoch ökonomische Anreize für öffentliche Akteure. So wird auch in Deutschland seit geraumer Zeit gefordert, den Finanzausgleich entsprechend um eine ökologische Komponente zu ergänzen und so öffentliche Naturschutzleistungen, die vor allem ländliche und naturnahe Räume erbringen, systematischer zu honorieren. EFT sind bisher lediglich in Brasilien auf Ebene der Bundesstaaten und in Portugal realisiert worden – mit der Schutzgebietsfläche als maßgeblichem ökologischem Indikator. Die bisherigen Erfahrungen in diesen Ländern legen nahe, dass es durch ökologische Finanzzuweisungen für ausgewiesene Gebiete des Natur- und Biodiversitätsschutzes offenbar weitgehend gelungen ist, positive Anreize für die Ausweisung und Ausweitung von Schutzgebieten zu setzen. Die Ausgleichszahlungen werden in der Regel allerdings nicht an weiter gehende ergebnisorientierte Anforderungen geknüpft, etwa das nachhaltige Management der Schutzgebiete. Aus Naturschutzsicht erscheint deshalb wichtig, dass neben den Schutzgebietsflächen auch qualitative Indikatoren Berücksichtigung finden, um den Zustand und das Management der Schutzgebiete neben anderen biodiversitätsrelevanten Faktoren besser abbilden zu können. Damit dürften sich jedoch auch die Umsetzungsanforderungen und -kosten deutlich erhöhen.

*Habitat Banking und Ökokonten*: Die Zerstörung, Fragmentierung und Degradierung von Lebensräumen im Zuge von Urbanisierung und Infrastrukturentwicklung gelten als zentrale Treiber des Verlusts an biologischer Vielfalt. In verschiedenen Ländern – so auch in Deutschland mit der naturschutzrechtlichen Eingriffsregelung – bestehen deshalb Vereinbarungen, dass unvermeidbare Eingriffe in Natur und Landschaft (etwa durch Infrastrukturmaßnahmen) so zu kompensieren sind, dass kein Nettoverlust an biologischer Vielfalt resultiert. Die gesetzlichen Regelungen werden zunehmend mit ergänzenden Mechanismen wie

Ökokonten oder Habitat Banking verbunden, die – nach dem Prinzip eines Sparkontos – eine zeitliche, räumliche und persönliche Entkopplung von Eingriff und Ausgleich ermöglichen. Dabei ist in Deutschland wie auch in anderen Ländern die Möglichkeit geschaffen worden, Ausgleichsmaßnahmen durch geeignete Zertifizierungsprogramme handelbar zu machen. Man verspricht sich davon eine ökologisch vorteilhafte Bündelung von Kompensationsmaßnahmen auf größeren zusammenhängenden Flächen und die Vermeidung punktueller Zersplitterungen. Viele Naturschützer sehen den Handel mit Ökopunkten hingegen kritisch. Es ist von »schmutzigem Geld« die Rede sowie von einer »licence to trash«, die letztlich die systematische Zerstörung von Natur legitimiere anstatt sie zu verhindern. In der Diskussion um Habitat Banking und Ökokonten stehen dementsprechend Fragen nach der ökologischen Steuerungswirkung im Vordergrund. Diese steht und fällt damit, ob es gelingt, die Gleichwertigkeit von Eingriff und Kompensationsmaßnahme hinsichtlich biodiversitätsrelevanter Parameter auch tatsächlich sicherzustellen. Dieser Anforderung gerecht zu werden, stellt jedoch eine immense Herausforderung dar, da Ökosysteme und ihre Merkmale kaum exakt beschreibbar, geschweige denn rekonstruierbar sind. Werden angemessene Untersuchungen zu Habitatstruktur, Artenzusammensetzung, ökosystemaren Funktionen und Leistungen etc. vorausgesetzt, können die Kosten so hoch sein, dass sich eine Ausgleichsmaßnahme nicht mehr profitabel umsetzen lässt. Die Gefahr, dass Äquivalenz in der Praxis oftmals nicht erreicht wird, ist folglich groß. Das Festhalten am Vermeidungsgebot – also dem Grundsatz, dass eine Kompensation des Eingriffs nur infrage kommt, wenn seine Vermeidung unmöglich ist – ist vor diesem Hintergrund von zentraler Bedeutung.

*Handel mit Flächen- und Entwicklungsrechten:* Anders als beim Habitat Banking, das eine naturschutzrechtliche Regelung um eine Handelskomponente ergänzt, handelt es sich bei handelbaren Flächen- oder Entwicklungsrechten um einen genuin ökonomischen Ansatz. Nach dem Vorbild des $CO_2$-Emissionshandels wird die Flächeninanspruchnahme mengenmäßig begrenzt, indem jeder Akteur, der ein Gebiet auf eine bestimmte Art nutzen möchte, dafür entsprechende Berechtigungen vorweisen muss, die gekauft werden können und handelbar sind. In Deutschland besonders diskutiert wurde bislang die Einführung eines Handels mit Flächenausweisungsrechten, der sich an die Gemeinden als Bauplanungsträger richtet. Einem derartigen Handel wird ein Höchstmaß an wirtschaftlicher Effizienz und Flexibilität attestiert, um – wie in der Nachhaltigkeitsstrategie angestrebt – das deutschlandweite Siedlungs- und Verkehrsflächenwachstum auf maximal 30 ha pro Tag bis 2020 zu begrenzen. Wie die Analyse des Emissionshandels mit seinen strukturellen Defiziten gezeigt hat, hängt die Anreizwirkung von Zertifikatsansätzen wesentlich von ihrer regulativen Ausgestaltung ab. Dies betrifft etwa das Setzen einer angemessenen Mengenbegrenzung und die Zuteilungsmethode von Berechtigungen. Um die Wirksamkeit des Instruments zu gewährleisten, ist darüber hinaus entscheidend, dass Monitoring- und Überwachungsmaßnahmen getroffen werden. So besteht bei Flächenzertifikatsansätzen, die ausschließlich auf die quantitative Begrenzung der Flächeninanspruchnahme ausgerichtet sind, immer die Gefahr, dass auch oder gerade Flächen in Anspruch genommen werden, denen in ökologischer Hinsicht ein besonders hoher Wert zukommt. Ordnungsrechtliche Gegenmaßnahmen wie spezielle Handelsregeln (z. B. kein Austausch von Zertifikaten unterschiedlicher Habitattypen) oder qualitative Ergänzungen (z. B. Berücksichtigung von Flächenwertigkeiten) erscheinen deshalb notwendig. Sie sind jedoch aufwendig, erhöhen die Kosten und den Regelungsaufwand und senken dadurch tendenziell die ökonomische Attraktivität sowie die Akzeptanz des Instruments.

Was die Implementierung dieser Instrumente angeht, zeichnen sich etliche praktische Herausforderungen ab. Im Fokus stehen insbesondere Zielkonflikte zwischen ökologischen, ökonomischen und sozialen Belangen: Zwar haben anreizbasierte Regulierungsansätze laut Theorie den Vorteil, das umweltpolitische Ziel besonders effizient erreichen zu können. In der Praxis stehen dem jedoch aufwendige Monitoringmaßnahmen entgegen, mit denen die oft unklare ökologische Steuerungswirkung zu überprüfen ist. Weiterhin zeigen die Erfahrungen in Entwicklungsländern, dass soziale Verteilungswirkungen bei der Folgenabschätzung zu berücksichtigen sind und Marktregulierungen erforderlich machen. Hier spielt vor allem eine Rolle, dass Biodiversitätsschutzinstrumente auf lokaler Ebene bei der Landnutzung ansetzen und vielfältige Nutzungsrestriktionen zur Folge haben können. Die Hauptherausforderung dürfte letztlich darin liegen, einen für den Biodiversitätserhalt maßgeschneiderten Instrumentenmix zu erreichen. Wie ein solcher Instrumentenmix aussehen könnte, ist eine schwierige und bislang ungelöste Aufgabe, vor allem auch vor dem Hintergrund, dass jenseits des klassischen Naturschutzes zahlreiche weitere Politikinstrumente mit zumindest indirekten Auswirkungen auf die biologische Vielfalt eingesetzt werden.

## BIODIVERSITÄTSSCHUTZ ALS QUERSCHNITTSAUFGABE

Die Biodiversitätspolitik sieht sich mit der Problematik konfrontiert, dass viele weitere, nicht direkt naturschutzbezogene Politik- und Rechtsgebiete mit ihren ausdifferenzierten Instrumentarien den Zustand der biologischen Vielfalt tangieren. So trägt die Siedlungs- und Verkehrspolitik zu einem fortschreitenden Flächenverbrauch in Deutschland bei, während die Landwirtschaft die Natur durch vielfältige direkte Eingriffe und Emissionen (z. B. Dünger) beeinträchtigt. Hinzu kommt eine Energie- und Klimapolitik, die zunehmend auf erneuerbare Energien setzt und dadurch einen höheren Verbrauch nachwachsender Rohstoffe wie Holz und Energiepflanzen zur Folge hat – was die landwirtschaftliche Flächeninanspruchnahme erhöht und sich bei Anpflanzung schnell wachsender Arten in Monokulturen negativ auf die biologische Vielfalt auswirkt.

In allen diesen (und verschiedenen anderen) Sektoren kommt eine Vielzahl ordnungsrechtlicher und/oder ökonomischer Instrumente zum Einsatz, die zwar auf den ersten Blick keinen direkten Biodiversitäts- oder Naturschutzbezug haben, sich aber dennoch auf indirekte Weise auf die biologische Vielfalt auswirken. Die Abgrenzung zwischen den einzelnen Regelungsbereichen ist oft alles andere als eindeutig, da es zu sich verstärkenden wie kontraproduktiven Wechselwirkungen kommt. In Anbetracht dieses komplexen Steuerungs- und Wirkgefüges ist es fast zwangsläufig, dass eine rein naturschutzbezogene oder auf ein bestimmtes Instrument fokussierte Biodiversitätspolitik zu kurz greift.

Vor diesem Hintergrund werden im TAB-Bericht drei mischinstrumentelle Konstellationen genauer in den Blick genommen, die zwar nicht unmittelbar dem Naturschutzbereich zuzuordnen sind, gleichwohl aber vielfältige Wirkungen auf die biologische Vielfalt und das Management von Ökosystemleistungen entfalten:

1. Agrarumweltmaßnahmen und ordnungsrechtliche Mindeststandards in der Land- und Forstwirtschaftspolitik;
2. ökologischer Finanzausgleich und Schutzgebietsausweisung;
3. handelbare Flächenausweisungsrechte und planungsrechtliche Flächennutzungssteuerung.

Ausgangspunkt ist jeweils ein innovativer ökonomischer Steuerungsansatz (Zahlungen für Ökosystemleistungen, ökologische Finanzzuweisungen, Flächenzertifikatehandel), dessen Wirkmechanismen im konkreten Regelungsumfeld beleuchtet werden. Dabei steht insbesondere das Zusammenspiel mit ordnungsrechtlichen Rahmenbedingungen im Vordergrund.

Die Analyse zeigt, dass zwischen ordnungsrechtlichen und anreizorientierten Steuerungsansätzen – obwohl ihnen unterschiedliche Steuerungslogiken zugrunde liegen – diverse Synergiepotenziale bestehen, die sich biodiversitätspolitisch fruchtbar machen lassen. So können zum Beispiel anreizbasierte Agrarumweltmaßnahmen die ordnungsrechtlichen Bewirtschaftungsstandards (gute fachliche Praxis und Cross Compliance) um Maßnahmen über diese Mindeststandards hinaus ergänzen. Eine Blaupause für das optimale Design eines Politikmixes für den Biodiversitätsschutz und das Management von Ökosystemleistungen gibt es jedoch nicht. Landschaften und Ökosysteme unterscheiden sich in ihren biodiversitätsbezogenen Merkmalen und sind im Hinblick auf Biodiversitätsverluste unterschiedlichen Treibern ausgesetzt. Menschen und Bevölkerungsgruppen schätzen den Wert von Biodiversität und Ökosystemleistungen verschieden ein und reagieren deshalb (aber auch aus anderen Gründen) unterschiedlich auf instrumentelle Beeinflussung. Jede Politiklösung hat sich schließlich in ein spezifisches Regelungsumfeld einzufügen, was komplexe und mithin oft unvorhersehbare instrumentelle Wechselwirkungen bedingt. Alle diese Punkte sprechen gegen die Möglichkeit von Generallösungen, sondern verdeutlichen die Notwendigkeit problem- und kontextspezifischer Politikansätze.

## GESELLSCHAFTSPOLITISCHE DISKURSE

Die internationale Biodiversitätspolitik bewegt sich in einem Spannungsfeld, das vom Gegensatz zwischen biodiversitätsreichen Entwicklungsländern und biodiversitätsarmen Industrieländern geprägt ist. Entsprechend werden auch die Chancen und Risiken der ökonomischen Inwertsetzung von Biodiversität international sehr unterschiedlich wahrgenommen, wie die Diskursanalyse im Rahmen des TAB-Berichts zeigt: Während Medien, Öffentlichkeit und Zivilgesellschaft in den biodiversitätsreichen Ländern des globalen Südens für die Thematik stark sensibilisiert sind, wird es in den biodiversitätsärmeren Ländern des industrialisierten Nordens von der Öffentlichkeit und zivilgesellschaftlichen Akteuren weit nüchterner diskutiert. So haben sich die wald- und ressourcenreichen Entwicklungsländer zu zentralen Arenen globaler Biodiversitätskonflikte entwickelt, während die Inwertsetzung der Biodiversität in Staaten wie Deutschland bislang kaum gesellschaftliches Konfliktpotenzial birgt. Fragen zur Ökonomisierung der Biodiversität spielen hierzulande weder in der medialen Berichterstattung noch im gesellschaftlichen Bewusstsein eine große Rolle und stehen diesbezüglich ganz klar im Schatten der Klimaproblematik.

Für die globalen Unterschiede in der Wahrnehmung der Inwertsetzungsthematik sind auf der einen Seite abweichende Natur- und Wertvorstellungen verantwortlich. Auf der anderen Seite kommen hier aber auch handfeste Interessenkonflikte zum Ausdruck, die sich speziell an Verteilungs- und Nutzungsfragen im Zusammenhang mit den neuen globalen Märkten für Ökosystemleistungen entzünden. Viele Menschen in Entwicklungsländern sind in existenzieller Weise von natürlichen Ressourcen abhängig. Verstärkend wirken dabei einerseits die politischen und wirtschaftlichen Ungleichgewichte, andererseits die fragilen rechtlichen, sozialen und ökonomischen Rahmenbedingungen in ärmeren Weltregionen. Die starke Polarisierung der Wertvorstellungen und Weltanschauungen zum Verhältnis Mensch – Natur – Ökonomie hat auf dem Rio+20-Gipfel von 2012 sicherlich einen neuen Höhepunkt erreicht.

Auf internationaler Ebene bildet der klimapolitische Diskurs eine wesentliche Triebkraft dieser spannungsgeladenen Entwicklung. Insbesondere beim jüngst formell beschlossenen Waldschutzmechanismus REDD+, der auch biodiversitäts- und entwicklungspolitische Belange aufgreift, stehen potenzielle Zielkonflikte zwischen ökonomischen, ökologischen und sozialen Fragen im Fokus. Als eine der wesentlichen Umsetzungshürden erweist sich der Umstand, dass in Entwicklungsländern die Eigentums- und Nutzungsrechte oft nicht klar geregelt sind. Das Risiko besteht, dass sich großflächige Aufforstungs- und Waldschutzmaßnahmen negativ auf die einheimische Bevölkerung sowie die biologische Vielfalt auswirken. Eine Schlüsselrolle kommt dabei privatwirtschaftlichen Investoren zu, denen sich über den freiwilligen Kohlenstoffmarkt eine Palette neuer Handlungsspielräume eröffnet, die von umweltethisch und sozial verantwortlichem Handeln bis hin zu »greenwashing« oder gar Landnahme reicht.

Vor diesem Hintergrund ist es wenig verwunderlich, dass die Komplexität, die Unsicherheiten und Risiken, die mit einem undifferenzierten Ansatz zur Bewertung und Inwertsetzung von Biodiversität verbunden sind, von weiten Teilen der Zivilgesellschaft in den betroffenen Ländern als schwer kalkulierbar eingestuft werden – und die politische Beförderung marktbasierter Instrumente dort teilweise erhebliches gesellschaftliches Konfliktpotenzial birgt. Zu betonen ist, dass es sich nicht um einen klassischen Nord-Süd-Konflikt handelt: Neben diversen Unternehmen beteiligen sich auch zunehmend international tätige Umweltorganisationen westlicher Provenienz am Aufbau der neuen Märkte, dabei werden sie nicht selten von den politischen und wirtschaftlichen Eliten vor Ort unterstützt.

## HANDLUNGSFELDER

Aus den Ergebnissen des TAB-Berichts ergeben sich politische Handlungsoptionen in den Bereichen Forschung, Regulierung sowie internationale Zusammenarbeit und gesellschaftlicher Dialog.

### FORSCHUNG

Die Thematik »Inwertsetzung von Biodiversität« wirft eine große Zahl von Forschungsfragen in diversen disziplinären Feldern auf. In erster Linie ist die *Ökonomie* angesprochen, aus deren Fundus die einschlägigen Konzepte und Instrumente stammen. Es gilt, die ökonomischen Bewertungsverfahren zu verbessern und weiterzuentwickeln. Angesichts der erheblichen Diskrepanz zwischen biodiversitätspolitischen Anstrengungen und tatsächlichen Ergebnissen besteht weiterhin großer ökonomischer Forschungsbedarf in instrumenteller Hinsicht – und zwar vor allem in Bezug auf die praktischen Auswirkungen von Politikinstrumenten, die im Unterschied zu ihren theoretischen Voraussetzungen nur unzureichend beforscht werden. Große Überschneidungen bestehen dabei mit der stärker politikwissenschaftlich ausgerichteten *Governanceforschung*, die sich mit Ansätzen und Strategien der gesellschaftlichen Handlungssteuerung und -koordination beschäftigt.

Dreh- und Angelpunkt für diese sozialwissenschaftlichen Forschungsfelder bildet ein ausreichender Wissens- und Datenbestand zu dem zugrunde liegenden ökologischen Wirkungsgefüge. Um Licht in diese verwickelten, bislang nur unzureichend erforschten Zusammenhänge zu bringen, bedarf es *neuer Technologien* (wie DNA-Barcoding, Fernerkundung), *experimenteller Ansätze* und vor allem *integrierter Beobachtungssysteme*. Letztere sollten in der Lage sein, bezogen auf die wichtigsten Ökosysteme ein weites Spektrum sowohl an Biodiversitätsfacetten als auch Ökosystemleistungen repräsentativ unter sich wandelnden Umweltbedingungen zu erfassen. Dies ist in Einzelprojekten nicht zu schaffen, sondern erfordert die verstärkte *Bündelung von reiner Grundlagenforschung* (Methodenentwicklung, Anwendung neuer Technologien wie Barcoding oder Fernerkundung, Intensivmessungen) und *angewandter Forschung* (Quantifizierung der ökologischen und sozioökonomischen Rahmenbedingungen) in gemeinsamen Forschungsprogrammen. Bislang sind allerdings von der Deutschen Forschungsgemeinschaft (DFG), Grundlagenforschung, und dem Bundesministerium für Bildung und Forschung (BMBF), angewandte Forschung, gemeinsam finanzierte Projekte eher eine Ausnahme.

Eine weitere Möglichkeit zu einer stärker integrierten Biodiversitätsforschung böte sich auch in der gezielten *Erweiterung bestehender Inventurprogramme*, wie der Bundeswaldinventur, der Bodenzustandserhebung oder der Biotoptypenkartierungen der Länder. So wäre es möglich, durch geringfügige Modifikationen der gesetzlich festgelegten Inventuranleitungen wichtige Zusammenhänge etwa zwischen Bodenfruchtbarkeit und Kohlenstoffsequestrierung einerseits und der Zusammensetzung und Diversität der Bodenlebewesen und deren zeitlichen Änderung andererseits zu beleuchten.

Die deutsche Wissenschaft ist in der Biodiversitätsforschung relativ stark präsent. Während traditionell die naturwissenschaftlichen Bereiche (Taxonomie, Ökologie etc.) tonangebend sind, hat in den letzten Jahren der Stellenwert umweltökonomischer Forschungsaktivitäten deutlich zugenommen. Qualitative Forschungsansätze und die *Perspektive der Geistes- und Sozialwissenschaften* spielen jedoch bislang nur eine marginale Rolle, was aufgrund der inhärent moralischen und sozialen Aspekte des Gegenstandes kritisch zu sehen ist. Eine allzu verengte Forschungsperspektive, die Ökosysteme ausschließlich als »Leistungsträger« wahrnimmt, droht zu übersehen, aus welch vielfältigen Gründen und Motiven Menschen die Natur wertschätzen. Ein konsequenter *interdisziplinärer Austausch*, der auch qualitativ arbeitende Fächer einbezieht, wäre nicht zuletzt deshalb wichtig, um zu klären, inwiefern sich etwa die wichtige kulturelle Dimension der Natur sinnvoll in nutzenorientierte Kategoriensysteme übertragen lässt. Die bestehenden Forschungs- und Förderstrukturen sind für disziplinenübergreifende Kooperationen jedoch nur unzureichend ausgerichtet.

### REGULIERUNG

Im Kontext der ökonomischen Bewertung und Inwertsetzung von Biodiversität stellt sich die Frage nach zusätzlichem Regelungsbedarf in zweifacher Hinsicht:

> Regulierung von Entscheidungsprozessen: Inwiefern ist es angebracht oder gar erforderlich, bei naturschutzbezogenen *Entscheidungen der öffentlichen Hand* verstärkt ökonomische Effizienzkriterien einzufordern?
> Instrumentelle Steuerung: Inwiefern sollte die Politik verstärkt auf Marktmechanismen und Anreizinstrumente zurückgreifen, um das *Verhalten von Akteuren* zu regulieren? Und wie wären die regulativen Rahmenbedingungen dafür zu gestalten?

*Regulierung von Entscheidungsprozessen*: Der erste Punkt verweist auf ökonomische Entscheidungshilfeverfahren wie die Kosten-Nutzen-Analyse, mit denen sich das ökonomische Effizienzkalkül in öffentliche Entscheidungsprozesse (etwa bei Investitionsvorhaben) integrieren lässt. Eine sorgfältige Durchführung und angemessene Kommunikation ihrer Grenzen vorausgesetzt, können ökonomische Bewertungsinstrumente trotz bestehender Unsicherheiten bereits zum jetzigen Zeitpunkt als wichtige politische *Entscheidungshilfe* fungieren. So kann die Ökonomie dabei helfen, die potenziellen Gewinner und Verlierer einer Handlungsalternative zu ermitteln und die Folgen von Handlungen systematischer und umfassender als bislang offenzulegen. Das ökonomische Effizienzkalkül sollte jedoch im politischen Raum nicht zur *maßgeblichen Entscheidungsmaxime* erhoben werden. Denn dann wären u. a. aufgrund der manifesten Quantifizierungsprobleme Fehleinschätzungen und -entscheidungen zu gewärtigen, deren Folgen hauptsächlich von zukünftigen Generationen getragen werden müssten. Nicht zuletzt aus Gerechtigkeitsüberlegungen heraus sind die Ergebnisse ökonomischer Bewertungen deshalb in einen *breiteren Abwägungsrahmen* einzubetten, der auch moralische, also nicht direkt kosten- und nutzenbezogene Aspekte einbezieht. Um kritische Bewertungssituationen und die Tragfähigkeit der Bewertungsergebnisse besser einschätzen zu können, sind weitere Forschungsanstrengungen vonnöten.

*Instrumentelle Steuerung*: Ökonomische Anreize sind aus der Umweltpolitik nicht mehr wegzudenken und bieten auch für die Biodiversitätspolitik das Potenzial, reine Schutzkonzepte mit ihren offensichtlichen Beschränkungen zu ergänzen und zu einem gesellschaftlich nachhaltigeren Umgang mit der biologischen Vielfalt anzuleiten. Ob dies gelingt, hängt jedoch entscheidend von der optimalen Ausgestaltung und Implementierung der Instrumente ab. Diesbezüglich lassen sich die folgenden Leitlinien formulieren:

> Insgesamt spricht einiges für möglichst *breit angelegte Steuerungsansätze*, da eine biodiversitätsspezifische Detailsteuerung durch das Setzen ökonomischer Anreize kaum effizient, geschweige denn zielgenau und effektiv zu erreichen ist. Das schwer umsetzbare Äquivalenzprinzip beim Habitat Banking, wonach Eingriffe in die Natur durch *gleichwertigen* Ersatz zu kompensieren sind, führt diese Schwierigkeiten exemplarisch vor Augen. Daraus lässt sich folgern, dass eine biodiversitätsbezogene Steuerung nicht primär über die biologische Vielfalt selbst, sondern erfolgversprechender über indirekte, besser operationalisierbare Zielgrößen (die etwa beim Faktor Fläche ansetzen) zu erreichen ist. Hierfür erscheinen verschiedene ökonomische Anreizinstrumente prinzipiell geeignet: der Handel mit Flächenausweisungsrechten, die Ökologisierung des Finanzausgleichs sowie Zahlungen für Ökosystemleistungen.

> Bei der Ausgestaltung und Implementierung anreizbasierter Instrumente sollten *ökonomische Effizienzkriterien nicht allein maßgeblich* sein. Angesichts vielfältiger, durchaus gravierender sozialer und ökologischer Nebenfolgen

sind flankierende institutionelle Maßnahmen wie Kontrollmechanismen und Marktregulierungen erforderlich (z. B. Ge- und Verbote). Ökonomische Steuerungsansätze zum Schutz und der nachhaltigen Nutzung von Biodiversität erfordern mithin ein starkes staatliches Engagement – dadurch steigen die Transaktionskosten, was wiederum die ökonomische Kosteneffektivität mindert. Neben ökonomischen Anreizinstrumenten braucht es aber weiterhin auch die klassischen Naturschutzmaßnahmen (Aus- und Aufbau von Schutzgebieten), um sensible Ökosysteme und Naturräume besonders zu schützen. Ein überlappendes Zusammenspiel ordnungspolitischer und ökonomischer Steuerungsansätze im Rahmen eines Politikmixes erscheint im Biodiversitätsschutz aufgrund bestehender Wissenslücken, Unsicherheiten und Vollzugsdefiziten sogar sehr angebracht.

> Für einen effektiven Biodiversitätsschutz braucht es eine Vielzahl an unterschiedlichen, auf verschiedene Akteure zielenden Maßnahmen. Biodiversitätspolitik ist als *Querschnittsaufgabe* zu begreifen, die alle relevanten Politiksektoren und ein möglichst breites Instrumentenspektrum einbeziehen sollte. Das bedeutet einerseits, dass bei der Gestaltung naturschutzpolitischer Maßnahmen der gesamte relevante Politikmix zu betrachten ist. Andererseits gilt es bei der Ausgestaltung und Implementierung von Gesetzesvorhaben in anderen, nicht direkt naturschutzbezogenen Sektoren, die Auswirkungen auf die Landnutzung und Biodiversität systematischer als bislang zu bedenken.

> Ein *konsequenter Umweltschutz* ist unerlässlich, um zentrale Treiber für den Biodiversitätsverlust (Schadstoff-, Nährstoffeinträge etc.) in den Griff zu bekommen. Bevor eine Konkretisierung resp. Verschärfung entsprechender Richtlinien und Anforderungen in Betracht gezogen wird (etwa eine Verbesserung der Regelungen zur guten fachlichen Praxis), könnte sich bereits der Abbau umweltschädlicher Subventionen sowie die Beseitigung bestehender Vollzugsdefizite, die einem wirksamen Umweltschutz im Wege stehen (etwa im Agrar- und Bioenergiebereich), als hilfreich erweisen. Eine Stärkung der verantwortlichen Natur- und Umweltschutzbehörden auf Länderebene, die in den letzten Jahren unter Finanzierungs- und Reformdruck geraten sind, erscheint dafür notwendig und wichtig – nicht zuletzt deshalb, weil diesen Institutionen auch die Regulierung und Kontrolle der neu entstehenden Märkte für Ökosystemleistungen obliegt.

## INTERNATIONALE ZUSAMMENARBEIT UND GESELLSCHAFTLICHER DIALOG

Angesichts der Zielkonflikte zwischen Klima- und Biodiversitätsschutz scheint es erforderlich, in den internationalen Klimaverhandlungen künftig sowohl Biodiversitäts- als auch eigentums- sowie menschenrechtliche Belange noch stärker zu verankern. Eine herausragende Bedeutung haben in diesem Kontext die »safeguards«, die im UN-Klimarahmenabkommen (UNFCCC-Verhandlungen) zu REDD+ entwickelt wurden und mit denen der Schutz der biologischen Vielfalt sowie die Rechte lokaler und indigener Bevölkerungsgruppen abgesichert werden sollen. In vielen Entwicklungs- und Schwellenländern dürften multilaterale Vereinbarungen dieser Art jedoch bei Weitem nicht ausreichend sein – geschweige denn, dass diese Standards bislang ausreichend ausgearbeitet worden wären. Denn die praktische Umsetzbarkeit wie auch Einhaltung dieser Standards hängen zentral davon ab, ob es gelingt, in den einzelnen REDD+-Ländern funktionierende Governancestrukturen inklusive adäquater Kontroll- und ggf. Sanktionsmechanismen aufzubauen (und zwar auf nationaler wie subnationaler, regionaler und lokaler Ebene). Der Erfolg von REDD+ hängt deshalb wesentlich von einem *differenzierten Kapazitäts- und Strukturaufbau* im Rahmen der bilateralen Entwicklungszusammenarbeit ab. Ob sich damit in den Zielländern »Nischen« für eine nachhaltige Inwertsetzung von Biodiversität schaffen lassen, lässt sich gegenwärtig nicht pauschal beantworten, da die sozioökonomischen, ökologischen sowie kulturellen Rahmenbedingungen in den einzelnen Entwicklungsländern sehr unterschiedlich sind.

Insgesamt verdeutlicht der Blick auf die internationalen Diskurse die Komplexität und die Unwägbarkeiten, die mit der Bewertung und Inwertsetzung von Biodiversität verbunden sind. Um die sich bietenden, ungleich verteilten Chancen zu nutzen, ist die Erhaltung und nachhaltige Nutzung von Biodiversität als öffentliches Gut mehr denn je als eine *gesellschaftliche (und globale) Gesamtaufgabe* zu begreifen, die nicht allein dem Markt überlassen werden sollte, sondern auch in Zeiten knapper öffentlicher Haushaltskassen weiterhin politisches Engagement, öffentliche Mittel und den gesellschaftlichen Dialog braucht. Deutschland geht hier mit seiner nationalen Biodiversitätsstrategie, die auf Teilhabe und ein dialogorientiertes Vorgehen setzt, mit gutem Beispiel voran. Angesichts der vielfältigen, mit Biodiversitätsfragen verbundenen Interessen- und Wertekonflikte erscheint es zentral, die nationalen Dialogbemühungen weiter hochzuhalten und auch auf internationaler Ebene dafür zu sorgen, dass sich ein breiter gesellschaftlicher Diskurs unter den verschiedenen Interessengruppen entwickeln kann. Die ökonomische Inwertsetzung der Natur sollte nicht dazu führen, dass alternative Wertvorstellungen marginalisiert oder gar verdrängt werden. Anstelle einer undifferenzierten und reduktionistischen Diskussion um mehr oder weniger Markt im Biodiversitätsschutz gilt es, eine offene Debatte über die Reichweite, aber auch die Grenzen des ökonomischen Ansatzes in Gang zu setzen, in der auch Interessengegensätze und Wertekonflikte offen zur Sprache kommen.

# EINLEITUNG                                                    I.

Die biologische Vielfalt wird als eines der wichtigsten natürlichen Schutzgüter überhaupt angesehen, das von intrinsischer Dynamik, vor allem aber von anthropogenen Einflüssen enorm geprägt und von letzteren anhaltend bedroht ist. Seit der Rio-Konferenz 1992 der Vereinten Nationen zu Umwelt und Entwicklung (United Nation Conference on Environment and Development [UNCED]), auf der unter anderem das Übereinkommen über die biologische Vielfalt (Biodiversitätskonvention/Convention on Biological Diversity [CBD]) verabschiedet wurde, werden Fragen des Schutzes von biologischer Vielfalt auf globaler, europäischer und nationaler Ebene intensiv wissenschaftlich, gesellschaftlich und politisch diskutiert. Von Beginn an war die Erkenntnis maßgeblich, dass sich die Natur und ihre Reichtümer nur dann langfristig erhalten lassen, wenn es gelingt, Schutz und Nutzung in Einklang zu bringen. Mit welchen politischen Maßnahmen sich diese abstrakte Zielsetzung am besten verwirklichen lässt, darüber besteht auch heute noch in vielerlei Hinsicht Unklarheit.

Trotz vereinzelter Fortschritte gibt es kaum Zweifel daran, dass die Erfolgsbilanz der Natur- und Biodiversitätspolitik[1] bislang ziemlich mager ausfällt, auch gemessen an selbst gesteckten Zielsetzungen. 2002 hat die Staatengemeinschaft vereinbart, bis zum Jahr 2010 den Verlust an biologischer Vielfalt auf globaler, regionaler und nationaler Ebene signifikant zu reduzieren – dieses Vorhaben ist deutlich gescheitert (CBD Secretariat 2010a). Obwohl weltweit immer mehr und größere Gebiete unter Schutz stehen, ist es bis heute nicht gelungen, den starken anthropogenen Druck auf Lebensräume und die in ihnen beheimateten Tiere und Pflanzen signifikant zu reduzieren. Angesichts einer weiter steigenden Weltbevölkerung ist damit zu rechnen, dass sich die ökologische Krise in Zukunft noch weiter verschärfen wird, wenn nicht bald wirkungsvolle Gegenmaßnahmen eingeleitet werden.

Der Schluss liegt nahe, dass die bislang vorherrschende klassische Naturschutzpolitik, die hauptsächlich auf Gebote und Verbote, also auf Nutzungsverzicht setzt, offensichtlich an ihre Grenzen stößt. Sie hat nicht nur mit Akzeptanzproblemen zu kämpfen, sondern gilt zudem als ineffizient, personalintensiv und kostspielig. In Zeiten knapper öffentlicher Kassen wird nach neuen Wegen gesucht, um die Natur sowohl effektiv als auch kosteneffizient zu schützen. Vor diesem Hintergrund mehren sich die Stimmen in Wissenschaft und Politik, die eine stärkere Integration ökonomischer Denkansätze in die Naturschutzpolitik

---

1 Die Begriffe Natur und Biodiversität (analog dazu Natur- und Biodiversitätsschutz) werden hier und im Folgenden weitgehend synonym verwendet, obwohl sie natürlich nicht völlig gleichbedeutend sind – die begrifflichen Unterschiede sind jedoch eher feiner Art und können fürs Erste vernachlässigt werden.

fordern, um die Gesellschaft so zu einem generell sparsameren Umgang mit natürlichen Ressourcen anzuleiten – eine Entwicklung, die gemeinhin unter dem
Schlagwort der Inwertsetzung von Biodiversität gefasst wird.

## INWERTSETZUNG VON BIODIVERSITÄT: WORUM GEHT ES?

Menschen sind in vielfältiger Weise von intakten Ökosystemen abhängig. Diese
sorgen u. a. für fruchtbare Böden und saubere Luft und stellen eine Vielzahl von
Stoffen und Ressourcen bereit, die ein integraler Bestandteil unseres Wirtschafts-
systems bilden. Die wirtschaftliche Verwertung der Natur und ihrer Güter ist
jedoch kein Ausdruck dafür, dass die Natur auch tatsächlich wertgeschätzt wird,
wie der fortschreitende Raubbau an ihr zeigt. Nutzung schlägt vielmehr regelmäßig in Übernutzung und letztlich Zerstörung um – was in den meisten Fällen
betriebswirtschaftlich sogar sinnvoll erscheint, da die Kosten dafür von der Gesellschaft getragen werden und so der individuelle Profit maximiert werden
kann. Pavan Sukhdev, der Leiter der TEEB-Studie (»The Economics of Ecosystems and Biodiversity«), die ökonomische Argumente im Naturschutz populär
gemacht hat, bringt dieses Dilemma folgendermaßen auf den Punkt: »We use
nature because it's valuable, but we lose it because it's free.«[2] Diesen fatalen
Kreislauf zu durchbrechen und einen nachhaltigeren Umgang mit unseren natürlichen Lebensgrundlagen zu erreichen, das ist Sinn und Zweck der ökonomischen Inwertsetzung von Biodiversität. Es geht darum, die bislang weitgehend
verborgenen Werte der Natur, ihre vielfältigen Nutzenaspekte und ihre umfassende Bedeutung für das menschliche Wohlergehen ökonomisch sichtbar zu machen und gesellschaftlich zum Tragen zu bringen.

Die grundlegenden Konzepte und Instrumente, mit denen sich dieser abstrakte
Gedanke in die Tat umsetzen lässt, stammen im Wesentlichen aus der Ökonomie
und werden dort bereits seit vielen Jahren erforscht und weiterentwickelt. Im
Fokus stehen besonders ökonomische Verfahren der Umweltbewertung, mit denen sich die Hoffnung verbindet, die verschiedenen Werte- resp. Nutzendimensionen der Biodiversität in monetären Größen ausdrücken zu können. Inwertsetzung geht aber über das reine »Aufzeigen von Werten« (Hansjürgens et al. 2012,
S. 7) weit hinaus. Das Ziel ist vielmehr eine umfassende Neujustierung der
Mensch-Natur-Beziehung, die u. a. durch verzerrte »Marktsignale – Subventionen, Besteuerung, Preisbildung und Regulierung – sowie Eigentums- und Nutzungsrechte« (TEEB 2010b, S. 11) aus dem Lot geraten ist. Aus umweltökonomischer Sicht lassen sich diese Fehlentwicklungen mit marktwirtschaftlichen
Politikinstrumenten korrigieren, die direkt auf die ökonomischen Rahmenbedingungen gesellschaftlicher Konsum- und Produktionsmuster einwirken.

---

2   http://e360.yale.edu/feature/putting_a_price_on_the_real_value_of_nature/2481
    (12.1.2015)

Die Inwertsetzung der Biodiversität ist also mindestens ebenso eine politische wie eine ökonomische Aufgabe. Seit der Jahrtausendwende wurde in mehreren internationalen Großprojekten versucht, die theoretischen Konzepte der Umweltökonomie biodiversitätspolitisch nutzbar zu machen – zu nennen sind das »Millennium Ecosystem Assessment« (2001–2005), die bereits erwähnte internationale TEEB-Studie (2007–2010) sowie die daran anknüpfende nationale Folgestudie »Naturkapital Deutschland – TEEB DE« (2012–2015). Ziel dieser Projekte ist es, »eine Brücke [zu] schlagen zwischen multidisziplinärer wissenschaftlicher Betrachtung der Biodiversität einerseits und internationaler und einzelstaatlicher Politik, Kommunalpolitik und Wirtschaft andererseits« (TEEB 2010b, S. 2). Dass dieses Unterfangen Früchte zu tragen beginnt, zeichnet sich seit Längerem in biodiversitätspolitischen Strategiepapieren ab, die zunehmend von ökonomischen Argumentationsmustern durchdrungen sind.

Die Bundesregierung ist zusammen mit der Europäischen Union (EU) auf internationaler Ebene eine der treibenden Kräfte dieser Entwicklung, die maßgeblich von der Klimapolitik inspiriert ist. Dort sind ökonomische Lösungsansätze bereits fest verankert: Mit dem Kyoto-Protokoll von 1997 wurden mehrere ökonomische Instrumente eingeführt, darunter als wichtigstes ein zwischenstaatlicher Emissionshandel, der die Investition in grüne, klimafreundliche Technologien belohnen soll. Vorbild für die TEEB-Studie ist wiederum der sogenannte Stern-Report (Stern 2007), ein über 600 Seiten starker Bericht, der die zu erwartenden Nutzen und Kosten klimapolitischer Handlungsoptionen zu quantifizieren versuchte. Die weitreichenden Debatten, die sich am Stern-Report entzündet haben, machen jedoch deutlich, dass Sinn und Zweck sowie Aussagekraft derartiger Analysen hochumstritten sind. Auch der Emissionshandel steht angesichts stark gefallener Zertifikatspreise mehr denn je im Fokus kritischer Kommentare. Es erstaunt deshalb nicht, dass auch in Natur- und Biodiversitätsschutzkreisen äußerst kontrovers über Chancen und Risiken ökonomischer Ansätze diskutiert wird, umso mehr, als man es hier mit einem höchst sensiblen wie vielschichtigen Schutzgut zu tun hat. Warnende Stimmen weisen darauf hin, dass auch eine gut gemeinte, von kurzfristigen betriebswirtschaftlichen Motiven losgelöste Inwertsetzung des »Naturkapitals« eine riskante Gratwanderung darstellt, die bei mangelhafter Umsetzung in eine kontraproduktive Kommerzialisierung und Kommodifizierung der Natur münden könnte.

## BEAUFTRAGUNG UND ZIELSETZUNG DES BERICHTS

Die Debatten zur Inwertsetzung von Biodiversität sind nicht nur von hoher politischer Relevanz, sondern sie sind gleichzeitig auch von großen begrifflichen Unschärfen, von wissenschaftlichen Unsicherheiten sowie von Unklarheiten hinsichtlich möglicher gesellschaftlicher Folgen geprägt. Deshalb ist das Büro für Technikfolgen-Abschätzung beim Deutschen Bundestag (TAB) durch den zuständigen Ausschuss für Bildung, Forschung und Technikfolgenabschätzung des Deutschen Bundestages mit einem Projekt zum Thema »Inwertsetzung von Biodiversität. Wissenschaftliche Grundlagen und politische Perspektiven« beauftragt worden, um sowohl die wissenschaftlichen und methodischen Grundlagen als auch mögliche Folgen ökonomischer Naturschutzansätze zu beleuchten und daraus politische Perspektiven abzuleiten. Eine angemessene Behandlung der Thematik steht vor grundlegenden Herausforderungen:

> Das zentrale Schutzgut »Biodiversität« ist komplex, äußerst heterogen und daher kaum präzise fassbar. Verschiedene wissenschaftliche Disziplinen und politische Regelungsbereiche sind auf die eine oder andere Weise mit Biodiversitätsfragen befasst, sie agieren dabei jedoch weitgehend unverbunden.
> Die Natur ist existenzielle Lebensgrundlage des Menschen. Ihre Leistungen sind vielfältig und räumlich sowie zeitlich unterschiedlich verteilt. Es lässt sich deshalb nicht vermeiden, dass politische Eingriffe in bestehende Nutzungspraktiken immer auch Interessenkonflikte aufwerfen, in die unterschiedliche Wertvorstellungen diffus hineinspielen.
> Biodiversitätsschutz ist eine globale Herausforderung. Nutzungskonflikte manifestieren sich auf internationaler Ebene und spitzen sich speziell in den von Armut, sozioökonomischer Ungleichheit und instabiler Rechtssituation geprägten Entwicklungsländern zu.

Angesichts dieser mannigfaltigen Problemdimensionen war es erforderlich, dass das Projekt den Blick über den nationalen Kontext hinaus weitete, neben ökologischen und ökonomischen auch gesellschaftliche Auswirkungen thematisierte – insbesondere auf internationaler Ebene – und neben rein naturschutzbezogenen Faktoren auch die Einflüsse aus anderen Politik- und Regelungsbereichen in die Betrachtung einschloss. Gleichzeitig brachte es die immense Breite und Vielschichtigkeit der Thematik mit sich, dass einige relevante Aspekte nicht vertieft oder gar nicht behandelt werden konnten. Dazu gehört insbesondere die umstrittene Frage nach dem Zugang zu und der Patentierbarkeit von genetischen Ressourcen und der Ausgestaltung eines gerechten Vorteilsausgleichs (ABS-Mechanismus) – ein Themenaspekt, der zwar zu den Kernbelangen der Biodiversitätskonvention gehört, von TEEB und ähnlichen Inwertsetzungsinitiativen aber nicht zentral aufgegriffen wird.

## KOOPERATION MIT GUTACHTERINNEN UND GUTACHTERN

Im Rahmen des TA-Projekts wurde die aktuelle wissenschaftliche Literatur gesichtet und ausgewertet. Daneben gab das TAB externe Expertisen in Auftrag, um sicherzustellen, dass dieses vielschichtige Problemfeld sowohl aus einer interdisziplinären als auch internationalen Perspektive angemessen beleuchtet wird und außerdem relevante Bezüge zwischen den Themenbereichen offengelegt werden. Folgende sechs Gutachten wurden vergeben:

> *Welchen Wert hat die Natur? Eine Analyse des gesellschaftlichen und politischen Diskurses über die Inwertsetzung von Biodiversität.* adelphi consult Gmbh in Zusammenarbeit mit ICCR Foundation (Autoren: Alice Vadrot, Simon Hirsbrunner, Walter Kahlenborn, Dr. Ronald Pohoryles), Berlin/Wien

> *Gesellschaftliche und politische Diskurse zur Inwertsetzung von Biodiversität im internationalen Kontext. Eine vergleichende Studie zu ausgewählten Industrie-, Schwellen- und Entwicklungsländern.* Prof. Dr. Andreas Neef, Kyoto

> *Grenzen und Reichweite der ökonomischen Bewertung von Biodiversität.* Prof. Dr. Bernd Hansjürgens, Dr. Nele Lienhoop, Sarah Herkle, Borsdorf

> *Potenziale und Probleme finanzbasierter Anreizmethoden – Lehren aus dem Klimaschutz?* Prof. Dr. Felix Ekardt, Leipzig

> *Chancen und Grenzen finanzbasierter Maßnahmen für einen nachhaltigen Biodiversitätsschutz. Lehren aus dem Klimaschutz und Zahlungssysteme für Ökosystemdienstleistungen.* Senckenberg Gesellschaft für Naturforschung, Biodiversität und Klimaforschungszentrum (BiK-F) (Autor: Dr. Lasse Loft), Frankfurt a.M.

> *Inwertsetzung von Biodiversität. Wissenschaftliche Grundlagen und politische Perspektiven.* Universität Leipzig, Deutsches Zentrum für integrative Biodiversitätsforschung (iDiv) Halle-Jena-Leipzig (Autoren: Prof. Dr. Christian Wirth, Prof. Dr. Bernd Hansjürgens, Prof. Dr. Carsten Dormann, Dr. Melanie Mewes, Dr. Stefan Möckel, Claas-Thido Pfaff, Dr. Irene Ring, Dr. Christoph Schröter-Schlaack, Dr. Alexandra Weigelt, Dr. Marten Winter), Leipzig

Der Bericht basiert in wesentlichen Teilen auf den Gutachten und entstand in engem Dialog mit den Gutachterinnen und Gutachtern. Ihnen sei für die fruchtbare und engagierte Zusammenarbeit herzlich gedankt. Dank gebührt auch Saskia Rughöft, die als Praktikantin am Projekt mitgearbeitet hat, den TAB-Kolleginnen und Kollegen Dr. Claudo Caviezel, Dr. Christoph Revermann, Dr. Franziska Börner, Dr. Reinhard Grünwald und Dr. Katrin Gerlinger, die mit ihren kritischen und konstruktiven Kommentaren den Endbericht maßgeblich verbessert haben, sowie Brigitta-Ulrike Goelsdorf, Johanna Kern und Mareike Fechner für die Erstellung der Abbildungen und die organisatorische und layouterische Unterstützung.

Alle verbliebenen Mängel liegen gänzlich in der Verantwortung von Dr. Christoph Kehl und Dr. Arnold Sauter.

---

## INHALT UND AUFBAU DES BERICHTS

Im Kapitel II werden die wesentlichen begrifflichen und wissenschaftlichen Grundlagen behandelt, die bei der Inwertsetzung von Biodiversität eine Rolle spielen. Das Kapitel beginnt mit einer Diskussion des Biodiversitätsbegriffs und naturwissenschaftlicher Konzepte und Messansätze an, die seiner Operationalisierung dienen. Nach einer kurzen Rekapitulation der aktuellen Lage der biologischen Vielfalt werden ihr Wert und ihre Bedeutung aus ökologischer, ökonomischer und ethischer Perspektive beleuchtet. Zum Schluss werden aktuelle Herausforderungen an die Biodiversitätsforschung umrissen und relevante Forschungsentwicklungen in Deutschland skizziert.

Kapitel III hat zum Ziel, die komplexen politisch-rechtlichen Rahmenbedingungen der Biodiversitätspolitik zu beleuchten. In einem ersten Schritt werden dazu die wesentlichen biodiversitätspolitischen Entwicklungen der letzten Jahre vorgestellt, wie sie sich infolge der und bestimmt durch die Biodiversitätskonvention auf internationaler, europäischer und nationaler Ebene ergeben haben. Im zweiten Teil des Kapitels folgt ein grober Überblick über die nicht direkt naturschutzbezogenen Politikfelder, wobei hier der Fokus auf die Land- und Forstwirtschaftspolitik, die Energie- und Klimapolitik sowie die Fischerei- und Meerespolitik gelegt wird, drei Bereiche, die aus Biodiversitätssicht von herausgehobener Bedeutung sind.

Im Kapitel IV wird dann – nach einer kurzen Erläuterung theoretischer Grundlagen der Umweltökonomie – ein Überblick über das Methodenarsenal des ökonomischen Bewertungsansatzes gegeben, bestehend einerseits aus den eigentlichen Bewertungsinstrumenten sowie andererseits darauf aufbauender Entscheidungshilfeverfahren wie der Kosten-Nutzen-Analyse. Daran anknüpfend werden empirische und normative Einwände gegen die ökonomische Bewertung diskutiert und Überlegungen zu der Reichweite und den Grenzen der ökonomischen Bewertung angestellt.

Beeinflusst durch die Klimapolitik sind innovative Finanzinstrumente in den letzten Jahren zu einem immer wichtigeren Thema der Biodiversitätspolitik geworden. Im Kapitel V werden die Grundprinzipien der bedeutendsten biodiversitätsbezogenen Anreizinstrumente vorgestellt. Konkret gehören dazu einerseits preisbasierte Instrumente wie Zahlungen für Ökosystemleistungen und ökologische Finanzzuweisungen sowie andererseits mengenbasierte Instrumente wie das Habitat Banking und handelbare Entwicklungsrechte. Vorab werden jedoch die bisherigen Erfahrungen mit ökonomischen Klimaschutzinstrumenten rekapituliert und daran anknüpfend die Lehren diskutiert, die daraus für den Biodiversitätsschutz zu ziehen sind.

Auf Grundlage des vorangegangenen Kapitels wird im Kapitel VI ein genauerer Blick auf mischinstrumentelle Ansätze im Biodiversitätsschutz geworfen. Dazu wird die funktionale Rolle von drei innovativen Finanzinstrumenten (Zahlungen für Ökosystemleistungen, ökologische Finanzzuweisungen, handelbare Flächenausweisungsrechte) im Politikmix herausgearbeitet, und zwar anhand exemplarischer Instrumentenkombinationen aus dem Landwirtschaftsbereich, der Finanzpolitik sowie der Raumordnung. Das besondere Augenmerk gilt dabei möglichen Wechselwirkungen mit bestehenden ordnungs- resp. planungsrechtlichen

Regelungen, die im Hinblick auf potenzielle Synergien und Konflikte beleuchtet werden.

Die Chancen und Risiken der ökonomischen Inwertsetzung von Biodiversität werden international und von unterschiedlichen Interessengruppen sehr unterschiedlich wahrgenommen. Die kontroversen Diskurse zur Thematik werden im Kapitel VIII beleuchtet: Neben Deutschland werden dazu die Debatten aus fünf weiteren exemplarischen Länder einbezogen (Brasilien, Tansania, Thailand, Japan, Australien), um ein möglichst weites Spektrum komplementärer Perspektiven und Erfahrungen einzufangen. Nach einem kursorischen Überblick über die einzelnen Länder und aktuelle politische Entwicklungen werden die jeweiligen Diskurse des Privatsektors, der Zivilgesellschaft sowie das öffentliche Meinungsbild beschrieben.

Im Kapitel VIII werden abschließend die wichtigsten Ergebnisse des Berichts resümiert, wichtige Handlungsfelder identifiziert und politische Optionen aufgezeigt, wie mit den anstehenden Herausforderungen umgegangen werden kann.

# BIODIVERSITÄT: BEGRIFFLICHE UND
# WISSENSCHAFTLICHE GRUNDLAGEN                    II.

Bei der Biodiversität handelt es sich um eine relativ junge Wortschöpfung, die ihren Durchbruch in den 1980er Jahren erlebte. Schlüsselmoment war der Kongress »National Forum on BioDiversity«, der 1986 in Washington, D.C., stattfand. Anlass dieser Veranstaltung war die Besorgnis führender US-amerikanischer Biologen über die zunehmende Naturzerstörung und den globalen Verlust an biologischer Vielfalt. Das Forum war von Anfang an nicht nur als wissenschaftliche Veranstaltung, sondern auch als politisches Ereignis gedacht, mit dem Ziel, die Öffentlichkeit wachzurütteln und auf die drängenden Naturschutzprobleme aufmerksam zu machen.

Mit der Verkürzung des sperrigen Fachbegriffs »biological diversity« zu »biodiversity« war ein neues, eingängiges Schlagwort geboren, das bald darauf zu einem begrifflichen Dreh- und Angelpunkt sowohl der noch jungen Naturschutzbewegung als auch verschiedener wissenschaftlicher Disziplinen avancierte (etwa der Naturschutzbiologie, der Ökologie, aber auch der Taxonomie) (Takacs 1996, S. 37 f.). Spätestens seit der Biodiversitätsschutz mit der wegweisenden Unterzeichnung der Konvention zur biologischen Vielfalt im Jahre 1992 zu einem politischen Leitbild erhoben wurde, lässt sich auch in Deutschland eine sprunghafte Zunahme an Publikationen und Veranstaltungen zum Thema beobachten (Farnham 2007, S. 3). Typisch ist dabei die fast unauflösliche Verschmelzung naturschutzpolitischer Belange und wissenschaftlicher Fragestellungen. Diese Grenzüberschreitungen, die vielfältige und schwer durchschaubare normative Konnotationen mit sich bringen, sind einer der Gründe für die wissenschaftlichen Schwierigkeiten, Biodiversität in den Griff zu bekommen. Hinzu gesellt sich die ungeheure Mannigfaltigkeit an Lebensformen und -prozessen, die konsistent zu beschreiben für sich genommen eine außerordentliche wissenschaftliche Herausforderung darstellt.

In diesem Kapitel werden die begrifflichen und wissenschaftlichen Grundlagen des komplexen Forschungsfeldes dargelegt – ohne dass Anspruch auf Vollständigkeit bestünde, was angesichts der diversifizierten Wissenschaftslandschaft nicht möglich wäre. Was folgt, ist vielmehr eine Tour d'Horizon über die wesentliche Wissensbasis, die für die Inwertsetzung von Biodiversität relevant ist, wobei vor allem auch auf offene Fragen und Ungeklärtes hingewiesen wird. Als Erstes erfolgt ein Einblick in die semantischen Dimensionen des Biodiversitätsbegriffs (Kap. II.1), an den eine Diskussion naturwissenschaftlicher Konzepte und Messansätze anschließt (Kap. II.2). Nach einer kurzen Rekapitulation der aktuellen Lage der biologischen Vielfalt (Kap. II.3) werden ihr Wert und ihre Bedeutung aus ökologischer, ökonomischer und ethischer Perspektive beleuchtet

(Kap. II.4). Vor diesem Hintergrund werden dann zum Schluss aktuelle Herausforderungen an die Biodiversitätsforschung umrissen und relevante Forschungsentwicklungen in Deutschland skizziert (Kap. II.5).

## DEFINITIONSANSÄTZE                                                    1.

Biodiversität steht für die Vielfalt des Lebens in all seinen Formen und Ausprägungen, die im Artenreichtum ebenso wie in der genetischen, phylogenetischen sowie funktionellen Vielfalt der Biosphäre zum Ausdruck kommt (iDiv 2013, S. 179). Entsprechend vielfältig sind die Dimensionen dieses Konzepts, das über viele Schattierungen und eine äußerst unscharfe Kontur verfügt, wie die Vielzahl der Definitionen zeigt, die im Laufe der Zeit vorgeschlagen wurden (DeLong Jr. 1996). Als Standarddefinition gilt heute diejenige der Biodiversitätskonvention. Biologische Vielfalt wird dort gefasst als »die Variabilität unter lebenden Organismen jeglicher Herkunft, darunter unter anderem Land-, Meeres- und sonstige aquatische Ökosysteme und die ökologischen Komplexe, zu denen sie gehören: dies umfasst die Vielfalt innerhalb der Arten und zwischen den Arten und die Vielfalt der Ökosysteme« (Art. 2). Durch die Fokussierung auf die drei Ebenen der genetischen Vielfalt, der Artenvielfalt sowie der Ökosystemvielfalt wird die Vielfalt der Vielfalt betont und die lange Zeit vorherrschende und in der öffentlichen Diskussion immer noch andauernde Fokussierung auf den Artenreichtum relativiert. Bei genauerer Betrachtung erweist sich jedoch auch diese Bestimmung als unscharf. Sowohl der Art- als auch der Diversitätsbegriff werden in der Biologie seit Jahrzehnten kontrovers diskutiert (Eser 2009, S. 39). Außerdem werden wichtige Aspekte der biologischen Vielfalt ausgeklammert, wie Experten kritisiert haben (Haber 2008, S. 92), darunter die physiologische Vielfalt sowie diejenige von Strukturen und Funktionen.

Es gilt als große Herausforderung, den unspezifischen Sammelbegriff »Biodiversität«, der »für die Vielfalt der Lebensformen in all ihren Ausprägungen« und Beziehungen untereinander« steht (WBGU 1999a, S. 12), wissenschaftlich greifbar zu machen. Die biologische Vielfalt ist nicht nur von enormer Komplexität, sondern darüber hinaus in ständigem Wandel begriffen – entsprechend facettenreich sind die Aspekte, die damit in Zusammenhang gebracht werden können und auch gebracht wurden. Die Vielfalt des Lebendigen lässt sich auf verschiedenen Komplexitätsebenen betrachten (von den Genen über die Arten bis zu den Ökosystemen), wo sie sich jeweils in Gestalt verschiedener Einheiten (etwa Arten, Gattungen und Ordnungen auf der Ebene der Artenvielfalt) und in mannigfaltigen Ausprägungen, Funktionen und Strukturen manifestiert. Eine erschöpfende wissenschaftliche Definition erscheint deshalb als prinzipiell unmöglich (Piechocki et al. 2003, S. 23). So unumgänglich es in der Praxis ist, das Konzept einzugrenzen (Sarkar 2001), hängt es beträchtlich von der wissenschaftlichen

Perspektive und dem konkreten Anwendungskontext ab, wie das geschieht und welche Aspekte dabei in den Fokus rücken (Kap. II.2).

Ein weiterer wichtiger Grund für die wissenschaftlichen Definitions- und Verständnisprobleme ist die normative Färbung des Begriffs. Wie eingangs dargelegt, liegen die Wurzeln des Biodiversitätskonzepts in der Wissenschaft, seine heutige gesellschaftliche Relevanz gewann es jedoch erst durch die bewusste politische Aneignung (Piechocki et al. 2003). Bereits die Veranstalter des »National Forum« erkannten, dass der Biodiversitätsbegriff wie kaum ein anderer geeignet ist, eine »breite Palette von Themen und Perspektiven« zu bündeln (Wilson 1988, S. VI). Der Wert von Biodiversität sowie seine Stellung als normatives Leitbild sind nach wie vor unangefochten: Dass es sich dabei um ein wertvolles und schützenswertes Gut handelt, zieht sich als Grundsatz nicht nur durch die CBD und politische Debatten, sondern ist auch in der Wissenschaft zentraler Ansporn – und nicht primär Ergebnis – der Forschung. Die enge Verschränkung von politischen und wissenschaftlichen Anliegen zeigt sich auch in der Gründung des Weltbiodiversitätsrates (Intergovernmental Platform on Biodiversity and Ecosystem Services [IPBES]) oder in interdisziplinären Forschungsverbünden, die als Bindeglied zwischen Wissenschaft und Politik konzipiert sind (Kap. II.5).

Aufgrund ihrer ambivalenten Stellung zwischen politischen und wissenschaftlichen Interessensphären stellt Biodiversität eine Projektionsfläche für diffuse, kulturell oder disziplinär geprägte und oft nicht genau explizierte Wertvorstellungen dar. Laut Eser (2009) lässt sich Biodiversität demzufolge als »Grenzobjekt« charakterisieren. Damit sind Forschungsgegenstände gemeint, die inhaltlich so »plastisch« sind, dass verschiedene soziale Gruppen mit ihren Interessen und Zielen daran anknüpfen können. Gleichzeitig haben diese Objekte aber einen soliden inhaltlichen Kern, der diverse thematische Schnittmengen zwischen den Interessengruppen und Kooperationsmöglichkeiten eröffnet (Star/Griesemer 1989). Bezogen auf die Biodiversität besteht gemäß dieser Sichtweise kein Widerspruch zwischen der außerordentlichen Karriere des Biodiversitätsbegriffs und seiner schillernden Bedeutung. Vielmehr haben demnach die zuvor beschriebenen begrifflichen Unschärfen und Definitionsprobleme die Popularität des Gegenstandes insofern wesentlich befördert, als dadurch verschiedene gesellschaftliche und politische Gruppen wie auch wissenschaftliche Disziplinen mit ihren eigenen Ziel- und Wertvorstellungen fruchtbar daran anknüpfen konnten (Jessel 2012, S. 23). Der Umstand, dass es dabei zu Verstrickungen zwischen Wissenschaft und Politik, zwischen Tatsachen und Werten gekommen ist, hat beträchtlich zur Legitimierung dieses politischen Leitbildes beigetragen.

Die »moralische Dimension« (Eser 2009, S. 41) von Biodiversität gilt aber auch als ernst zu nehmendes Hindernis, vor allem dann, wenn der Gegenstand in konkrete wissenschaftliche oder politische Prozesse überführt werden soll (Hoffmann et al. 2005, S. 68 f.). Sie droht sich zu Verständigungsschwierigkeiten und offenen Interessenkonflikten auszuwachsen, solange keine Klarheit bezüglich der angestrebten Ziele und implizierten Wertvorstellungen besteht. Sich auf eine konsensfähige Definition wie diejenige der CBD abzustützen, vermag in der Regel keine Abhilfe zu schaffen, da diese ganz bewusst sehr allgemein gehalten ist und deshalb als wenig praktikabel gilt (Hoffmann et al. 2005, S. 43 f.). Aus diesem Grund bedarf Biodiversität, wie im folgenden Teilkapitel genauer ausgeführt wird, »im Detail permanenter Konkretisierung« (Eser 2009, S. 44), was in der Regel im Rahmen einer projektspezifischen Operationalisierung erfolgt, also durch die Festlegung geeigneter Indikatoren und Messparameter.

## MESSUNG UND QUANTIFIZIERUNG DER BIOLOGISCHEN VIELFALT                          2.

Sowohl Politik als auch Wissenschaft sind auf Informationen angewiesen, die Auskunft über den Bestand und Verlust an biologischer Vielfalt geben. Die »wiederholte Erfassung von Variablen, Zuständen oder Prozessen über einen längeren Zeitraum sowie die Interpretation und Bewertung der auf diese Weise gewonnenen Datenreihen« (Netzwerkforum Biodiversitätsforschung 2012, S. 4) sind Voraussetzung dafür, um die Entwicklung der biologischen Vielfalt überwachen, die Wirksamkeit von Maßnahmen überprüfen und den Ursachen und Folgen von Veränderungen der biologischen Vielfalt auf die Spur kommen zu können. Dazu muss dieser ebenso schillernde wie symbolhafte Gegenstand jedoch erst in eine messbare und somit empirisch greifbare Form gebracht werden. Versuche, dieses komplexe Phänomen zu messen, sind gezwungen, es in Einzeldimensionen zu zerlegen, für die sich geeignete Messparameter finden lassen (Purvis/Hector 2000).

### FOKUS AUF ARTENVIELFALT

Bei der Operationalisierung von Biodiversität spielen Ansätze, die auf der Ebene der Artenvielfalt ansetzen, eine herausragende Rolle (Purvis/Hector 2000) – obwohl Biodiversität mindestens auch die Ebenen der Ökosystemvielfalt und der genetischen Vielfalt umfasst. Es sind vor allem praktische Gründe, die dazu geführt haben, dass sich der Artenreichtum als eine Art »gemeinsame Währung« (Gaston/Spicer 2009, S. 12) der Biodiversitätsforschung etabliert hat. Die konzeptionellen und technischen Hilfsmittel, die zur Quantifizierung der Artenvielfalt benötigt werden, werden von den biologischen Teildisziplinen der Systematik und Taxonomie bereitgestellt, die zu den biologischen Grundlagendisziplinen zählen. Entsprechend hoch entwickelt sind das Wissen, aber auch die Datengrundlage, die bei der Bestimmung der Artenvielfalt eingesetzt werden können. Ob ein Gebiet über eine große Artenzahl verfügt, gilt anhand grober taxonomischer Kriterien als relativ einfach abschätzbar, während Messungen etwa der genetischen Vielfalt im Gegensatz dazu komplexe molekular- oder evolutionsbiologische Methoden voraussetzen (Maclaurin/Sterelny 2008, S. 136 f.). Darüber hinaus gibt es auch theoretische Gründe, die für die zentrale Rolle der Artenvielfalt ins Feld geführt werden. So wird gerne darauf hingewiesen, dass der Artenreichtum mit den anderen Ebenen der Biodiversität positiv korreliert ist und insofern eine gute allgemeine Ersatzgröße für verschiedene Aspekte der biologischen Vielfalt darstellt (Duelli/Obrist 2003; Maclaurin/Sterelny 2008, S. 137). Ein artenreicheres Gebiet verfügt in der Regel auch über eine größere genetische und ökosystemare Vielfalt. Dieser intuitiv einleuchtende sachliche Zusammenhang ist sicherlich einer der hauptsächlichen Gründe für die weitverbreitete synonyme Verwendung von Biodiversität und Artenvielfalt.

Die meisten Biodiversitätsforscher sind sich jedoch darin einig, dass eine zu starke Reduktion von Biodiversität auf die Ebene der Artenvielfalt aus verschiedenen Gründen wenig aussagekräftig und, schlimmer noch, in vielen Fällen sogar irreführend ist (Haber 2008; Wütscher et al. 2002). Es gibt dafür drei wesentliche Gründe: Erstens sind erst ca. 2 Millionen von geschätzten 5 bis 30 Millionen Arten beschrieben, die meisten davon sind darüber hinaus nur für Spezialisten identifizierbar (Streit 2006). Zweitens ist der Begriff der Art wissenschaftlich ähnlich umstritten und unscharf wie derjenige der Biodiversität. Seit Linné haben Taxonomen und Systematiker die überwältigende Vielfalt der Lebewesen zu klassifizieren und zu systematisieren versucht und sind dabei zu teilweise völlig unterschiedlichen Ergebnissen gelangt, abhängig von den Ähnlichkeitskriterien zwischen Organismen, die sie zugrunde gelegt haben (Maclaurin/Sterelny 2008, S. 31 ff.). Je nachdem, ob Arten anhand morphologischer, phylogenetischer oder ökologischer Merkmale (um nur einige zu nennen) differenziert werden, können sich unterschiedliche Einschätzungen der Artenvielfalt ergeben. Drittens kommt hinzu, dass die einfache Bestimmung des *Artenreichtums* nur einen Aspekt der *Artenvielfalt* abdeckt (zum Folgenden iDiv 2013, S. 153 f.). Der Artenreichtum wird typischerweise für bestimmte taxonomische Gruppen und für bestimmte geografische Räume quantifiziert, da eine globale Kompletterfassung aller Arten (von Viren, Bakterien, Einzellern bis hin zu höheren Organismen wie Vögeln und Pflanzen) äußerst aufwendig wäre und bislang noch nie erreicht wurde. Das Maß des Artenreichtums berücksichtigt dabei nicht die relative Häufigkeit der Arten. Vor allem für die Auswirkungen von Biodiversität auf Ökosystemleistungen ist es aber entscheidend, ob die Arten homogen durchmischt sind oder einzelne Arten dominieren – *Vielfalt* ist somit nicht mit *Vielzahl* gleichzusetzen (Eisel 2004). Entsprechende Diversitätsindizes (z. B. Shannon-Index; Spellerberg/Fedor 2003) erhalten bei gleichem Artenreichtum höhere Werte, wenn die Gleichverteilung höher ist. Bei der Berechnung der Diversität werden neben der Artenzahl also auch Verteilungs- und Dominanzverhältnisse berücksichtigt, jedoch können dabei unterschiedliche Berechnungsansätze zur Anwendung kommen (Back/Türkay 2002). Es hängt somit auch hier wesentlich von Hintergrundannahmen ab, zu welcher Einschätzung der Artenvielfalt man kommt.

## SKALENABHÄNGIGKEIT UND RÄUMLICHE HIERARCHIEEBENEN

Ansätze zur Quantifizierung der biologischen Vielfalt können sich nicht nur auf unterschiedliche Komplexitätsebenen (Gene, Art, Ökosysteme etc.), sondern auch auf unterschiedliche räumliche Hierarchieebenen beziehen. Die räumliche Differenzierung ist von großer Bedeutung, da Ökosysteme und die in ihnen beheimateten Arten aufgrund heterogener geografischer und klimatischer Bedingungen sowohl regional als auch global nicht kontinuierlich verteilt sind (Gaston 2000). Ein größeres Gebiet umfasst demzufolge in der Regel auch eine größere biologische Vielfalt, ein Zusammenhang, der für den Artenreichtum besonders gut untersucht ist: Dass die Artenvielfalt mit der Größe der betrachteten Fläche zunimmt, gilt als eine der grundlegenden Gesetzmäßigkeiten der Ökologie (Dengler 2012, S. 15 ff.), ohne dass jedoch die genauen theoretischen Zusammenhänge dieser Beziehung im Detail verstanden sind. Dies ändert jedoch nichts an der Schlussfolgerung, dass Biodiversitätsindizes nur dann vergleichbar sind, wenn sie sich grosso modo auf dieselbe räumliche Ausdehnung beziehen.

Um die räumliche Skalenabhängigkeit der Biodiversität quantitativ beschreibbar zu machen, greift man in der Regel auf die Unterscheidung zwischen α-, β- und γ-Diversität zurück (Dengler 2012, S. 13 f.; Whittaker 1972): α-Diversität wird als ein Maß für die lokale Artenvielfalt innerhalb eines Biotops herangezogen, während sich γ-Diversitätsmaße auf größerskalige Erhebungen innerhalb von Landschaften beziehen, also die α-Diversitäten mehrerer Ökosysteme zu einer Gesamtdiversität aggregieren. Davon abweichend handelt es sich bei der β-Diversität um ein Vergleichsmaß, das angibt, wie die Vielfalt räumlich differenziert ist, indem etwa die Abweichung der Artenvielfalt zwischen zwei benachbarten, ähnlichen Biotopen bestimmt wird. Bei diesen räumlichen Hierarchieebenen handelt es sich um relativ abstrakte theoretische Konzepte, die erst mithilfe geeigneter statistischer Verfahren zu konkretisieren sind. Dabei stehen unterschiedliche Messansätze zur Verfügung: für die Ermittlung von α- und γ-Diversität die zuvor erwähnten etablierten Diversitätsindizes (z. B. Simpson-Index), für die Ermittlung der β-Diversität speziellere Verfahren, die wissenschaftlich intensiv diskutiert werden (Dengler 2012, S. 13).

Insgesamt macht bereits dieser kurze Überblick exemplarisch deutlich, welch eine große – sowohl theoretische als auch praktische – Herausforderung die Quantifizierung der biologischen Vielfalt darstellt. Die verschiedenen Facetten der Biodiversität, die dabei eine Rolle spielen, lassen sich laut Dengler (2012, S. 14) folgendermaßen zusammenfassen:

> Komplexitätsebene: genetische Vielfalt, Artenvielfalt oder Ökosystemvielfalt;
> Elemente der jeweiligen Komplexitätsebene: hinsichtlich der Artenvielfalt z. B. Arten, Gattungen oder Ordnungen;
> Komponenten des Diversitätsbegriff: Anzahl an Elementen (etwa Arten), Unterschiede in Verteilung und Eigenschaften;

> Dimensionen, nach denen Differenzen gewichtet werden: nach strukturellen, funktionellen oder evolutionären Gesichtspunkten;
> räumliche Hierarchieebene: innerhalb eines Habitats (α-Diversität), zwischen zwei Habitaten (β-Diversität), Gesamtbetrachtung einer Landschaft (γ-Diversität).

Aus den unzähligen Möglichkeiten, mit denen diese Facetten miteinander kombiniert werden können, leitet sich die Vielzahl der diskutierten Messansätze und -methoden ab, ebenso wie die große Bandbreite an potenziellen Biodiversitätsmaßen und -indizes. Verkomplizierend kommt hinzu, dass jeder der aufgelisteten Einzelaspekte – wie zuvor schlaglichtartig aufgezeigt – wissenschaftlich kontrovers diskutiert und in der Fachliteratur weiter ausdifferenziert wird (Abb. II.1).

**ABB. II.1**                                    **FACETTEN DER BIODIVERSITÄT**

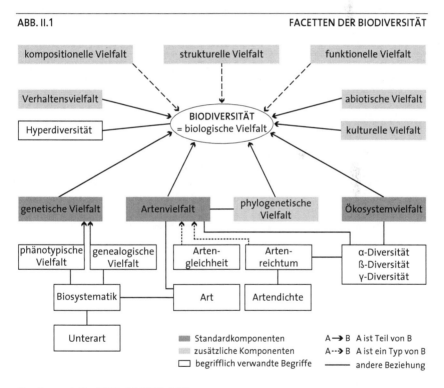

Quelle: nach Duelli/Obrist 2003, S. 88

Die verschiedenen Facetten der Biodiversität werden in der Wissenschaft verstärkt als eigenständige Maße verwendet, wobei ihre Bedeutung innerhalb der Wirkgefüge eines Ökosystems im Fokus der Forschung steht (dazu und zum Folgenden iDiv 2013, S. 154 f.). Der ganze Komplex der Zusammenhänge zwischen den Einzelfacetten ist noch nicht vollständig verstanden und wird zum Teil heftig diskutiert (z. B. Winter et al. 2013). Generell lässt sich sagen, dass es die meisten Erkenntnisse zu der Rolle der Artenvielfalt gibt, gefolgt von Untersuchungen zur funktionellen Vielfalt. Analysen zur Rolle der genetischen und phylogenetischen Vielfalt sind erst in den letzten zehn Jahren verstärkt hinzugekommen, bedingt vor allem durch die unzureichende Verfügbarkeit der zugrunde liegenden genetischen und evolutionsbiologischen Daten.

Aufgrund der Vielzahl an Möglichkeiten, die biologische Vielfalt zu operationalisieren, drohen Fehlschlüsse und Missverständnisse, sofern die theoretischen Hintergrundannahmen nicht konsequent offengelegt werden. Fehlende Standards, die vielen, häufig umstrittenen Messmethoden und -größen sowie ihr oft unklarer Status machen es in der Praxis oft schwierig, sowohl die für den spezifischen Untersuchungskontext passenden Methoden zu finden als auch vorliegende Daten korrekt zu interpretieren. Da es sich bei Biodiversitätsmaßen um relative Größen handelt, einzelne Werte für sich genommen also nicht aussagekräftig sind, ist beides jedoch von zentraler Bedeutung. Erst wenn Messdaten auf ähnlichen Messansätzen und Zielsetzungen beruhen, ist eine Vergleichsbasis gegeben, die Rückschlüsse auf Biodiversitätsveränderungen in räumlicher oder zeitlicher Hinsicht erlaubt.

## MONITORING UND INDIKATOREN

Seit Biodiversität mit der gleichnamigen Konvention aus dem Jahr 1992 zu einem zentralen Thema der nationalen und internationalen Politik avanciert ist, gehört das fortlaufende Monitoring des Naturzustandes zu den zentralen Aufgaben der Umweltpolitik. Entsprechende Verpflichtungen ergeben sich sowohl aus dem Bundesnaturschutzgesetz (BNatSchG, § 6), der CBD selbst als auch EU-Richtlinien wie der Flora-Fauna-Habitat-Richtlinie (FFH-Richtlinie) oder der Vogelschutzrichtlinie. Den Dreh- und Angelpunkt dabei bildet die Entwicklung von geeigneten Indikatoren. Darunter werden empirische Kenngrößen bezeichnet, die »Rückschlüsse auf den Zustand oder die Entwicklung von Systemen und Prozessen liefern können« (Netzwerkforum Biodiversitätsforschung 2012, S. 4) und insofern als Entscheidungsgrundlage (etwa im Rahmen ökonomischer Bewertungen) wie auch für die Erfolgskontrolle politischer Maßnahmen von zentraler Bedeutung sind.

Viele relevante Variablen werden seit langer Zeit erfasst sowohl aus wissenschaftlichem Interesse als auch aus wirtschaftlicher Notwendigkeit (dazu und zum Folgenden iDiv 2013, S. 193). Hierbei handelt es sich auf der Seite der Biodiversität beispielsweise um nationale Waldinventuren, Biotoptypenkartierungen, Artenlisten aus Naturschutzgebieten etc. Bei naturschutzorientierten Monitoringprogrammen liegt der Fokus eindeutig auf der Artenzahl auffälliger Artengruppen: Gefäßpflanzen, Vögel, Säugetiere, Reptilien, Amphibien, Schmetterlinge, Laufkäfer, gelegentlich Bestäuber (Wildbienen, Wespen, Schwebfliegen, Fliegen) oder ausgewählte Schädlinge (Tag- und Nachtfalter, Raupen, Blattläuse, Borkenkäfer, pathogene Pilze). Insbesondere zeitliche Trends werden nur für wenige Populationen erfasst, typischerweise für seltene oder charismatische Arten, und die genetische Biodiversität wird erst in den kommenden Jahren mit vertretbarem Aufwand zu erheben sein. Häufig ist erst nach langer Forschung erkennbar, ob eine Art oder Artengruppe als Indikator für den Zustand der Umwelt, der ökologischen Integrität oder einer umfassenderen Biodiversität dienen kann (Chown/McGeoch 2011).

Obwohl Biodiversitätsindikatoren grundsätzlich auf einer empirischen Datengrundlage und insofern auf den im vorhergehenden Teilkapitel vorgestellten wissenschaftlichen Messverfahren beruhen, ist zu beachten, dass in Wissenschaft und Politik teilweise abweichende Anforderungen bestehen (Sukopp 2010). Während sich wissenschaftliche (Bio-)Indikatoren praktisch ausschließlich auf ökologische Zusammenhänge beziehen, die mit statistischen Methoden möglichst exakt belegt werden sollen, handelt es sich bei naturschutzpolitischen Indikatoren um »plakativere« Messinstrumente, die allgemeinere Entwicklungstrends möglichst kostengünstig, nachvollziehbar und in verständlicher Form abbilden sollen (Zieschank et al. 2004, S. 58). Gleichzeitig wird damit auch versucht, ein weiteres Spektrum als mit wissenschaftlichen Indikatoren im engeren Sinne abzudecken, insofern auch anthropogene Einflüsse und gesellschaftliche Reaktionsmuster einbezogen werden. Das maßgebliche Modell in diesem Zusammenhang ist das DPSIR-Modell (»driving forces, pressures, states, impacts and responses« [DPSIR]) der Organisation für wirtschaftliche Zusammenarbeit und Entwicklung (OECD 1993), das zwischen Antriebs-, Belastungs-, Zustands-, Auswirkungs- und Maßnahmenindikatoren unterscheidet (BfN 2012, S. 206).

Aus diesem breiten Anforderungsprofil ergibt sich ein »Spannungsfeld zwischen wissenschaftlicher Exaktheit und politischer Nutzbarkeit« (Zieschank et al. 2004, S. 58), das den beständigen Dialog zwischen politischen Behörden, Forschungseinrichtungen und Naturschutzverbänden beim Biodiversitätsmonitoring nötig macht. Die Schwierigkeit besteht darin, im Rahmen von kontinuierlichen Monitoringprogrammen qualitativ hochwertige Daten zu gewinnen, die einerseits wissenschaftlichen Ansprüchen genügen und sich andererseits zu politisch praktikablen und sinnvollen Indikatorensets verdichten lassen. Dabei obliegt der Politik die Aufgabe, politische Ziele zu setzen und dazu passende Maßnahmen einzuleiten, während die Forschung u. a. wichtige Impulse bei der Datenerhebung, -auswertung und -speicherung sowie der Weiterentwicklung und Evaluierung der Indikatoren geben kann (Netzwerkforum Biodiversitätsforschung 2012). Auf internationaler Ebene gibt es eine Reihe von Forschungsnetzwerken, deren Aufgabe es ist, die Erhebung, Integration und Analyse von weiträumigen Biodiversitätsdaten zu koordinieren. Hierzu gehören zum Beispiel das Group on

Earth Observations Biodiversity Observation Network[3] (GEO-BON), das europäische Pendant European Biodiversity Observation Network[4] (EBONE), die Global Biodiversity Information Facility[5] (GBIF), das International Long-Term Ecological Research Network[6] (ILTER) oder das World Conservation Monitoring Centre[7] des United Nations Environment Programme (UNEP-WCMC).

Entsprechend der im vorhergehenden Teilkapitel beschriebenen Methodenvielfalt, mit der Biodiversität quantifiziert werden kann, ist auch die Situation im Bereich der politischen Biodiversitätsindikatoren unübersichtlich. Sowohl auf regionaler, nationaler wie auf internationaler Ebene wurden im Rahmen von verschiedenen Monitoringprogrammen zur biologischen Vielfalt Indikatorensets implementiert, die sich auf unterschiedliche räumliche Skalen beziehen und in unterschiedliche behördliche Verantwortungsbereiche fallen (zum Folgenden Netzwerkforum Biodiversitätsforschung 2012; BfN 2012, S. 206 f.).

### UN-EBENE

Das CBD-2010-Ziel, das von der Staatengemeinschaft auf der 6. Vertragsstaatenkonferenz (»Conference of the Parties« [COP]) 2002 beschlossen wurde, sah eine signifikante Reduktion des weltweiten Biodiversitätsverlusts bis 2010 vor. Als Grundlage für das Monitoring wurde 2004 (auf der COP 7) ein Set von vorläufigen Leitindikatoren beschlossen, die in den Folgejahren verfeinert und weiterentwickelt wurden. Die resultierenden 17 Leitindikatoren sollten nicht nur den Zustand der biologischen Vielfalt, sondern auch andere Bereiche wie Bedrohungen der Biodiversität, nachhaltige Nutzung, Ökosystemleistungen, den Stand von »access and benefit-sharing« (Zugang zu genetischen Ressourcen und Vorteilsausgleich) sowie von traditionellem Wissen erfassen. 2010 einigte sich die Staatengemeinschaft auf einen neuen »Strategischen Plan« (Kap. III.1.1.1), der ehrgeizigere Ziele für den Zeitraum von 2011 bis 2020 festschrieb (»Aichi-Ziele«) und sich stärker auf das DPSIR-Modell abstützt.[8] Das wissenschaftlich-technische Beratergremium der CBD (Subsidiary Body on Scientific, Technical and Technological Advice [SBSTTA]) hat ein Set mit über 100 Indikatoren zur Überprüfung der CBD-2020-Ziele vorgeschlagen, das auf der COP 11 inzwischen auch angenommen wurde, aber noch an nationale Rahmenbedingungen angepasst werden muss. Bei der Ausarbeitung und Weiterentwicklung des Indikatorensets ist – wie schon bei den 2010-Zielen – die 2007 gegründete Biodiver-

---

3    www.earthobservations.org/geobon.shtml (20.5.2014)
4    www.wageningenur.nl/en/Expertise-Services/Research-Institutes/alterra/Projects/EBONE-2.htm (20.5.2014)
5    www.gbif.org (20.5.2014)
6    www.ilternet.edu (20.5.2014)
7    www.unep-wcmc.org (20.5.2014)
8    www.bipindicators.net/globalindicators (20.5.2014)

sity Indicators Partnership[9] (BIP), ein Zusammenschluss von mehr als 40 internationalen Organisationen unter dem Mandat der CBD, maßgeblich involviert. Neben der CBD enthalten auch andere internationale Abkommen wie die Ramsar-Konvention oder die Bonner Konvention Regelungen, die das Monitoring der biologischen Vielfalt betreffen.

## EU-EBENE

2005 initiierte die EU den sogenannten SEBI-Prozess (»Streamlining European Biodiversity Indicators«), mit dem Ziel, die im Rahmen des CBD-2010-Ziels formulierten Indikatoren in den europäischen Kontext zu übertragen. 2007 gingen aus diesem paneuropäischen Prozess, der über 150 Experten involvierte und durch die European Environment Agency (EEA) koordiniert wurde, 26 Indikatoren hervor, mit deren Hilfe die Umsetzung der CBD-2010-Ziele in Europa überprüft werden sollte.[10] Mithilfe dieser Indikatoren sollen u. a. Daten zum Zustand und zur Veränderung von Komponenten der Biodiversität, zu ihrer nachhaltigen Nutzung, zur Ökosystemintegrität und zu Ökosystemleistungen erhoben werden. Derzeit wird das SEBI-Set vor dem Hintergrund der kürzlich beschlossenen »EU-Biodiversitätsstrategie 2020«, die sich direkt an die CBD-2020-Ziele anlehnt, evaluiert (EEA 2012). Neben der EU-Biodiversitätsstrategie umfassen auch die europäische Flora-Fauna-Habitat-Richtlinie (FFH), die Vogelschutz- sowie die Wasserschutzrichtlinie Verpflichtungen zum Naturschutzmonitoring.

## NATIONALE EBENE

Die Bestimmungen, die in den zuvor beschriebenen internationalen und europäischen Abkommen enthalten sind, werden größtenteils auf nationaler Ebene in Monitoringaktivitäten umgesetzt. Im Rahmen der CBD sind die Vertragsstaaten verpflichtet, über die Fortschritte in diesem Bereich zu berichten, ohne dass ihnen jedoch konkrete Vorgaben hinsichtlich der Indikatoren gemacht würden (Netzwerkforum Biodiversitätsforschung 2012, S. 6). Das Set der »Nationalen Strategie zur biologischen Vielfalt« umfasst 19 Indikatoren, die laufend überarbeitet und ergänzt werden und 2010 erstmals bilanziert wurden (BMU 2010) (Tab. II.1). Sie sind den Themenbereichen »Komponenten der biologischen Vielfalt«, »Siedlung und Verkehr«, »Wirtschaftliche Nutzungen«, »Klimawandel« sowie »Gesellschaftliches Bewusstsein« zugeordnet. Eingebettet sind diese Indikatoren sowohl in nationale (»Nationale Nachhaltigkeitsstrategie« [NHS], »Umwelt-Kernindikatorensystem« [KIS] und »Länderinitiative Kernindikatoren« [LIKI]) als auch internationale Indikatorensysteme (SEBI, CBD) (BMU 2007). Darüber hinaus werden u. a. auch im Rahmen der europäischen Habitat- und

---

9    www.bipindicators.net (20.5.2014)
10   www.eea.europa.eu/highlights/measuring-biodiversity-with-indicators (20.5.2014)

Vogelschutzrichtlinie und der »Deutschen Klimaanpassungsstrategie« in systematischer Weise biodiversitätsrelevante Informationen erhoben, die teilweise in die »Nationale Strategie zur biologischen Vielfalt« einfließen.

TAB. II.1    INDIKATOREN DER NATIONALEN BIODIVERSITÄTSSTRATEGIE (STAND 2010)

| Indikator | Indikatorensystem | Status |
|---|---|---|
| *Komponenten der biologischen Vielfalt* | | |
| Artenvielfalt und Landschaftsqualität | NHS, KIS, LIKI, SEBI | noch weit vom Zielbereich entfernt |
| gefährdete Arten | KIS, SEBI | noch weit vom Zielbereich entfernt |
| Erhaltungszustand der FFH-Lebensräume und FFH-Arten | SEBI | noch weit vom Zielbereich entfernt |
| Anzahl gebietsfremder Tier- und Pflanzenarten in Deutschland | KIS, SEBI | – |
| Fläche der streng geschützten Gebiete | KIS, LIKI, SEBI | – |
| ökologischer Gewässerzustand | LIKI, SEBI | noch sehr weit vom Zielbereich entfernt |
| Zustand der Flussauen | – | noch weit vom Zielbereich entfernt |
| *Siedlung und Verkehr* | | |
| Flächeninanspruchnahme: Zunahme Siedlungs- und Verkehrsfläche | NHS, KIS, LIKI | noch sehr weit vom Zielbereich entfernt |
| Landschaftszerschneidung | KIS, LIKI, SEBI | – |
| *wirtschaftliche Nutzungen* | | |
| Agrarumweltmaßnahmen (geförderte Fläche) | KIS | – |
| Anteil der Flächen mit ökologischem Landbau an der landwirtschaftlich genutzten Fläche | NHS, KIS, LIKI, SEBI | noch sehr weit vom Zielbereich entfernt |
| Landwirtschaftsflächen mit hohem Naturwert | SEBI | noch weit vom Zielbereich entfernt |
| genetische Vielfalt in der Landwirtschaft | SEBI | – |
| *Komponenten der biologischen Vielfalt* | | |
| Gentechnik in der Landwirtschaft | KIS, LIKI | – |
| Stickstoffüberschuss der Landwirtschaft | NHS, KIS, LIKI, SEBI | noch weit vom Zielbereich entfernt |

| Indikator | Indikatorensystem | Status |
|---|---|---|
| eutrophierende Stickstoffeinträge | KIS, SEBI | noch sehr weit vom Zielbereich entfernt |
| Flächenanteil zertifizierter Waldflächen in Deutschland | KIS | in der Nähe des Zielbereichs |
| *Klimawandel* | | |
| Klimawandel und Frühlingsbeginn | KIS, LIKI | – |
| *gesellschaftliches Bewusstsein* | | |
| Bewusstsein für biologische Vielfalt | SEBI | noch sehr weit vom Zielbereich entfernt |

Quelle: BMU 2010, S. 77 ff.

Dieser knappe Überblick spiegelt nur einen kleinen Ausschnitt der zahlreichen Programme wider, die im Bereich Biodiversitätsmonitoring auf verschiedenen Ebenen durchgeführt werden (für einen Überblick Netzwerkforum Biodiversitätsforschung 2012, S. 13 f.). Hinsichtlich Harmonisierung und Vernetzung der Monitoringprogramme sehen Experten immer noch »gravierende Defizite« (Doyle et al. 2010, S. 309; Netzwerkforum Biodiversitätsforschung 2012, S. 16). Diese sind vor allem auf den schwierig operationalisierbaren Biodiversitätsbegriff und die große Bandbreite an politischen Randbedingungen zurückzuführen (Elmqvist et al. 2010, S. 54 f.). Je nach betrachteter räumlicher Skala, finanziellen Ressourcen, wissenschaftlicher Kompetenz und konkreter Zielsetzung sind andere Messansätze und Indikatoren praktikabel. Nicht nur die von Land zu Land abweichenden Verfahren, sondern auch die große Zahl zuständiger Behörden[11] machen es schwierig, zu übergreifenden Auswertungen zu kommen (Dengler 2012, S. 21). Mit internationalen und nationalen Initiativen wie BIP, SEBI oder LIKI wird derzeit versucht, Abhilfe zu schaffen und die Aktivitäten besser aufeinander abzustimmen. Dabei lassen sich folgende Tendenzen erkennen:

1. Praktisch alle zuvor genannten Programme (NBS, CBD-2020, SEBI-Set) beziehen sich auf das DPSIR-Modell der OECD und versuchen insofern, die verschiedenen Indikatoren in ein möglichst umfassendes Kausalmodell einzubetten, anhand dessen sich die Wirksamkeit politischer Maßnahmen abschätzen lässt. Bei der Umsetzung der CBD-2020-Ziele wird dies auch auf internationaler Ebene angestrebt.[12]

---

11  In Deutschland ist das Monitoring im Wesentlichen Ländersache und fällt in den Zuständigkeitsbereich der Umweltfachbehörden. Auf Bundesebene spielen das Umweltbundesamt und das Bundesamt für Naturschutz eine tragende Rolle (Netzwerkforum Biodiversitätsforschung 2012, S. 11).

12  www.bipindicators.net/linkedindicators (20.5.2014)

2. Der Großteil bestehender Indikatoren befasst sich aus praktischen Gründen mit Aspekten, die nur einen indirekten Bezug zur Biodiversität aufweisen (Gewässerzustand, Gebietsschutz etc.), was Experten wie Dengler (2012, S. 21) durchaus kritisch sehen. Bei den direkten Biodiversitätsindikatoren spielen Daten zur Artenvielfalt, mit einem starken Fokus auf Brutvögel, die zentrale Rolle. So gilt etwa in Deutschland der »Nachhaltigkeitsindikator Artenvielfalt« als wichtigster »Seismograph für den Zustand von Natur und Landschaft« (Zieschank et al. 2004) und ist Bestandteil des Indikatorensets der NBS sowie der NHS. Er beruht auf Daten zu den Beständen von 59 Brutvogelarten, die als repräsentativ für die wichtigsten Lebensräume Deutschlands gelten (Sukopp 2007). Zusätzlich liegen mit der »Schwarzen Liste invasiver Arten« sowie der »Roten Liste gefährdeter Arten« im Bereich Artenschutz Instrumente vor, die auf globaler und nationaler Ebene etabliert sind.

3. Zunehmend findet der ökonomische Wert der biologischen Vielfalt Berücksichtigung in Monitoringprogrammen. So stehen Ökosystemleistungen im Fokus der »EU-Biodiversitätsstrategie 2020« sowie der CBD-2020-Ziele (Netzwerkforum Biodiversitätsforschung 2011). Für die Erfassung vieler Ökosystemleistungen (Kap. II.5) gibt es jedoch noch keine ausgereiften Methoden, und es fehlen in vielen Fällen geeignete Daten, sodass hier noch weitere Forschungen erforderlich sind (Netzwerkforum Biodiversitätsforschung 2012, S. 26; Reyers et al. 2010, S. 134 ff.).

## ZUR LAGE DER BIOLOGISCHEN VIELFALT    3.

Die hier skizzierten Monitoringaktivitäten liefern die notwendigen Daten, um Abschätzungen der Lage der biologischen Vielfalt vornehmen zu können. Im »Internationalen Jahr der biologischen Vielfalt 2010« fanden – mit dem Ablaufen der Frist für die 21 CBD-2010-Ziele – ausführliche Bestandsaufnahmen auf internationaler, europäischer und nationaler Ebene statt (BMU 2010; CBD Secretariat 2010a; EEA 2010a). Unter anderem veröffentlichte das Sekretariat der CBD mit Unterstützung verschiedener internationaler Partner den »Global Biodiversity Outlook 3« (GBO 3). Hierbei handelt es sich um einen Bericht, der den globalen Zustand der Biodiversität einschätzt und darauf abzielt, zukünftige Entwicklungen mit Verweis auf vorherige Ergebnisse abzuschätzen (dazu und zum Folgenden adelphi 2012, S. 58). Die Ergebnisse stützen sich auf Datenmaterial aus unterschiedlichen Quellen, etwa die »Rote Liste gefährdeter Arten« der International Union for the Conservation of Natur (IUCN), die Erfassung und Beurteilung von Schutzgebieten weltweit durch das World Conservation Monitoring Center (WCMC) oder die Langzeitbeobachtung von Populationen im Rahmen des »Living Planet Index« des World Wide Fund For Nature (WWF). Im GBO 3 sowie auch in anderen Berichten kam man zum einhelligen Ergebnis, dass das 2002 vereinbarte Ziel, »die anhaltende Verlustrate an biologischer Vielfalt auf globaler, regionaler und nationaler Ebene … signifikant zu reduzieren« (CBD Secretariat 2010b, S. 7), nicht erreicht worden ist (vgl. auch Butchart et al. 2010).

## URSACHEN FÜR DEN BIODIVERSITÄTSVERLUST     3.1

Dass die biologische Vielfalt Veränderungen unterworfen ist, ist kein neues Phänomen. Von den geschätzt 4 Milliarden Arten, die im Laufe der Zeiten den Erdball bevölkerten, sind bis heute ca. 99 % wieder verschwunden (Barnosky et al. 2011). Anhand von fossilgeschichtlichen Funden lässt sich rekonstruieren, dass Arten wie Lebewesen über eine »begrenzte Lebensdauer« verfügen, die im Mittel einige Millionen Jahre beträgt (Dengler 2012, S. 9). Diese sogenannte Hintergrundaussterberate (»background extinction rate«) wurde während der Erdgeschichte von fünf außerordentlichen Massenaussterben überlagert, in denen in relativ kurzen geologischen Zeiträumen jeweils mehr als drei Viertel aller damals lebenden Arten verschwanden. Der derzeitige dramatische Verlust an biologischer Vielfalt wird bereits auf eine Stufe mit diesen außerordentlichen Ereignissen gestellt, obwohl umstritten ist, inwiefern die Rede von einem sechsten Massenaussterben bereits zum jetzigen Zeitpunkt gerechtfertigt ist (Barnosky et al. 2011). Unbestritten ist jedoch erstens, dass die biologische Vielfalt erheblich bedroht ist, und dass zweitens anthropogene Einflüsse hauptsächlich dafür verantwortlich sind. Die Hauptursachen lassen sich den folgenden fünf Gruppen zuordnen (CBD Secretariat 2010a, S. 55 ff.; zum Folgenden iDiv 2013, S. 42 f.):

> Der *Verlust von Lebensräumen* ist vor allem ein Resultat des Landschaftswandels. Eine Hauptursache in Deutschland ist die nach wie vor hohe Inanspruchnahme von Flächen für Siedlungs- und Verkehrszwecke – es sind immer noch rund 75 ha pro Tag, die in Deutschland hierdurch umgewandelt werden. Des Weiteren erfolgte in den letzten Jahren ein Umbruch von Grünland in Ackerland, zudem verschärft durch die Förderung der Bioenergie, die zu einer weiteren Verknappung naturnaher Flächen beigetragen hat.

> Ökosysteme sind weltweit einer *intensiven, nichtnachhaltigen Nutzung* durch Menschen ausgesetzt. Dies ist insbesondere in hoch besiedelten Gegenden der Fall, trifft aber zunehmend auch auf entlegenere Regionen zu. Überfischung, Abholzung, intensive Jagd sowie Überweidung haben zur Folge, dass sich die betroffenen Ökosysteme nicht mehr regenerieren können und langfristig irreparable Schäden davontragen.

> Der *Eintrag von Schad- und Nährstoffen* führt dazu, dass einzelne Arten oder ganze Lebensgemeinschaften bedroht werden. Eine große Rolle spielen hierbei nicht nur Schadstoffe (wie Schwermetalle, chemische Stoffe oder Pflanzenschutzmittel), sondern vor allem auch Nährstoffe (wie Stickstoff und Phos-

phor). Über den Boden werden diese Stoffe in das Gewässer und das Grundwasser eingetragen. In den Fließgewässern und den oberirdischen Seen führen sie zur Eutrophierung, zur ökologischen Degradierung und zum Verlust biologischer Vielfalt.

> Der *Klimawandel* beschleunigt ebenfalls den Verlust der biologischen Vielfalt (IPCC 2014a). Die durch den anthropogenen Klimawandel bedingten Temperaturänderungen erfolgen in einer Geschwindigkeit, die in der Erdgeschichte weitgehend einmalig ist. Viele Arten haben nicht die Zeit, sich an die veränderten Bedingungen anzupassen. Dabei wirkt der Klimawandel nicht isoliert, sondern verschärft die anderen den Biodiversitätsschwund verursachenden Faktoren.

> Die *Invasion gebietsfremder Arten* nimmt vor allem durch den globalen Handel zu. Anders als früher, als vor allem die internationalen Handelsaktivitäten noch nicht so ausgeprägt waren, gelangen invasive Arten durch internationalen Handel – beabsichtigt oder unbeabsichtigt – zunehmend in neue Gebiete. Zum Problem für die biologische Vielfalt werden sie deswegen, weil durch sie einheimische Arten verdrängt werden und aussterben.[13]

Alle diese Faktoren stehen in komplexer Wechselwirkung und sind global nicht einheitlich verteilt. Insgesamt steigt der Druck auf die biologische Vielfalt konstant an, wie sich an indirekten Treibern wie dem globalen Bevölkerungswachstum, dem global ansteigenden Energieverbrauch und dem Pro-Kopf-Konsum ablesen lässt. Das CBD Secretariat (2010a, S. 7) kommt im GBO 3 dementsprechend zum Schluss, dass die Hauptursachen des globalen Biodiversitätsverlusts konstant geblieben sind oder sogar an Intensität zugenommen haben (vgl. auch Butchart et al. 2010; OECD 2012).

## GLOBALE ENTWICKLUNGSTENDENZEN                            3.2

Versuche, Verluste an biologischer Vielfalt konkret zu beziffern, sind aufgrund der zuvor beschriebenen methodischen Fallstricke – heterogene Datenlage, Qualität der Indikatoren, Vielfalt der Messmethoden, begriffliche Unschärfen – mit großen Unsicherheiten behaftet und zudem abhängig von der betrachteten räumlichen Skala. Wenn im Folgenden einige globale Entwicklungstendenzen grob zusammengefasst werden, ist deshalb zu beachten, dass sich die Biodiversitätsproblematik regional sehr unterschiedlich präsentieren kann (BfN 2012; CBD Secretariat 2010a; EEA 2010b). So sind die Biodiversitätshotspots – also die Regionen mit einer besonders reichhaltigen, aber auch gefährdeten Biodiversität – hauptsächlich in den armutsgeprägten Ländern des globalen Südens beheimatet, in denen wenig nachhaltige Wirtschaftsweisen vorherrschen und teil-

---

13  ausführliche Informationen unter www.neobiota.de (20.5.2014)

weise ein substanzieller Raubbau an der Natur zu verzeichnen ist. Die hoch entwickelten Länder des globalen Nordens wie Deutschland verfügen im internationalen Vergleich in der Regel über keinen außerordentlichen Biodiversitätsreich-
tum. Durch die hohe Bevölkerungsdichte, die mit einer intensiven Landnutzung,
einer Zersiedelung der Landschaft und Versiegelung der Böden einhergeht, ergibt
sich in diesen Ländern dennoch eine spezifische Biodiversitätsproblematik.

## ARTENVIELFALT

Der Artenreichtum ist der am besten untersuchte Aspekt der biologischen Vielfalt und entsprechend liegen zum Artenverlust die konkretesten Einschätzungen
vor. Demnach sind seit 1600 etwa 1.200 Arten vom Erdball verschwunden, eine
Zahl, die jedoch mit großen Unsicherheiten behaftet ist (Stork 2010, S. 358). Es
ist mit einer sehr hohen Dunkelziffer zu rechnen, die daher rührt, dass ein Großteil der Arten (vor allem Insekten, Pilze, Algen und Einzeller) noch gar nicht wissenschaftlich beschrieben wurde (Townsend et al. 2009, S. 544 f.). Schätzungen
gehen von einer aktuellen Aussterberate aus, die um den Faktor 100 bis 1.000
über dem aus Fossilienfunden ermittelten Durchschnitt liegt (Barnosky et al.
2011; Dengler 2012, S. 10 f.). Weltweit haben die Populationen von wild lebenden Wirbeltierarten von 1970 bis 2006 um fast ein Drittel abgenommen, und
2009 galten gemäß der Roten Liste der IUCN von den 47.677 untersuchten
Tierarten 36 % als vom Aussterben bedroht, mit Amphibien als der am stärksten
gefährdeten Klasse. Bei den Pflanzenarten gilt schätzungsweise fast ein Viertel als
vom Aussterben bedroht (CBD Secretariat 2010a, S. 7). In der EU schreitet das
Artensterben zwar nicht so schnell voran wie in anderen Weltregionen, dennoch
befinden sich 52 % der europäischen Tierarten in einem ungünstigen und nur
17 % in einem günstigen Zustand (EEA 2010b, S. 9). In Deutschland ist im europaweiten Vergleich eine sehr hohe Gefährdungsquote festzustellen (BfN 2012,
S. 16 ff.; NABU 2012, S. 6): 207 Wirbeltierarten werden hier in den Roten Listen
geführt, was knapp der Hälfte aller betrachteten Wirbeltiere entspricht. Davon
sind 28 % als bestandsgefährdet eingestuft, 8 % sind bereits ausgestorben.
Teilerfolge werden bei einigen »charismatischen« Tierarten wie Fischotter, Wolf,
Biber, Schwarzstorch und Kranich verbucht, deren Bestände sich positiv entwickeln.

## GENETISCHE VIELFALT

Der erhebliche globale Rückgang der Artenvielfalt hat – zusätzlich verstärkt
durch die Abnahme der Populationsgrößen von Tierarten sowie die zunehmende
Fragmentierung der Landschaft – einen großen Verlust an genetischer Diversität
in natürlichen Ökosystemen zur Folge, dessen konkreten Ausmaße schwierig
abzuschätzen sind. Im Bereich der Nutztiere und -pflanzen haben menschliche
Einflüsse zwar erst einmal zu einer Erhöhung der genetischen Vielfalt beigetragen; vor allem in den Industrieländern, in denen eine hoch industrialisierte

Landwirtschaft betrieben wird, sind viele traditionelle Nutztierrassen und -pflanzensorten durch Hochzucht aber inzwischen ausgestorben oder vom Aussterben bedroht, was mit einem dramatischen Verlust an genetischer Vielfalt verbunden ist. Erfolge können hingegen in der Ex-situ-Konservierung pflanzengenetischer Ressourcen in Genbanken sowie teilweise beim ökologischen Landbau verbucht werden. Letzterer gewinnt in Deutschland und vielen anderen europäischen Ländern an Bedeutung und trägt durch umweltschonendere Bewirtschaftungsweisen, das Vermeiden von Monokulturen und den Einsatz traditioneller Rassen und Sorten zum Schutz der genetischen Ressourcen bei.

## ÖKOSYSTEMVIELFALT

Durch anthropogene Einflüsse wie Zersiedelung, industrielle Entwicklung und neue Infrastrukturen sind viele Ökosystemtypen substanziell bedroht. Bei den terrestrischen Lebensräumen stechen global gesehen dabei vor allem die Tropenwälder hervor, deren Zerstörungsrate – vornehmlich durch Umwandlung in Ackerland oder Palmölplantagen – in den letzten Jahren zwar abgenommen hat, aber immer noch auf einem hohen Niveau fortschreitet. Insgesamt gingen zwischen 2000 und 2010 mehr als 400.000 km$^2$ unberührten Primärwaldes verloren – also eine Fläche größer als Deutschland (CBD Secretariat 2010a, S. 32). Da es sich bei Primärwäldern um besonders biodiversitätsreiche Gebiete handelt, fällt ihr Verlust gravierend ins Gewicht. Ähnliches lässt sich bei den marinen Ökosystemen für die besonders bedrohten Korallenriffe und Mangrovenwälder feststellen, obwohl bei Letzteren verstärkte Schutzanstrengungen erste positive Wirkungen zeigen. Positiv zu vermerken ist, dass Anzahl und Fläche der Schutzgebiete in den letzten Jahren global zugenommen hat. Dies gilt auch für die EU und Deutschland, wo die Umsetzung des terrestrischen Teils der Natura-2000-Richtlinie kurz vor dem Abschluss steht (EEA 2010b, S. 10). Hingegen besteht bei marinen Ökosystemen noch erheblicher Nachholbedarf. Trotz dieser Schutzanstrengungen befinden sich EU-weit 65 % der Lebensräume in einem ungünstigen Zustand (darunter besonders wertvolle Feuchtgebiete und Grasland). Ein ähnliches Bild zeigt sich in Deutschland, wo die Gesamtfläche der Naturschutzgebiete seit 1997 zwar um ca. 60 % gestiegen ist (Stand 2011), dennoch aber 72,5 % der Biotoptypen als gefährdet gelten (BfN 2012).

## DER WERT DER BIODIVERSITÄT                    4.

Im Folgenden werden der Wert und die Bedeutung der biologischen Vielfalt aus ökonomischer, ökologischer und ethischer Perspektive diskutiert. Dabei liegt der Fokus auf der Darlegung von Grundbegriffen und -fragen, die den Hintergrund für die spätere Analyse der ökonomischen Bewertung (Kap. IV) und sich daraus ergebender Konfliktpotenziale darstellen.

## ÖKOLOGISCHE ASPEKTE                                    4.1

Die Erforschung der biologischen Grundlagen von Biodiversität ist ein hochgradig interdisziplinäres Unterfangen: Während sich die Taxonomen mit der Kategorisierung und Erfassung der Artenvielfalt beschäftigen, untersuchen Evolutions- und Molekularbiologen die Mechanismen, die die Vielfalt des Lebens hervorgebracht haben. Die Ökologie hingegen ist diejenige Disziplin, in der »vor allem die Prinzipien und Interaktionen der Organismen und die damit verbundenen Stoff- und Energieflüsse untersucht werden« (iDiv 2013, S. 153). Mit Blick auf die biologische Vielfalt lassen sich dabei zwei komplementäre Forschungszweige identifizieren (zum Folgenden iDiv 2013, S. 151 ff.; DFG 2009, S. 9):

> Innerhalb der ökologischen Grundlagenwissenschaften (im Folgenden als BDÖSF-Forschung [BDÖSF: Biodiversität und Ökosystemfunktionen]) steht die Frage im Vordergrund, wie sich die biologische Vielfalt und die unterschiedlichen Funktionen und Prozesse innerhalb eines Ökosystems wechselseitig beeinflussen. Inwiefern trägt etwa eine höhere Biodiversität zur Stabilität resp. Resilienz eines Ökosystems bei?

> In der jüngeren BDÖSL-Forschung hingegen (BDÖSL: Biodiversität und Ökosystemleistungen) wird der Zusammenhang zwischen der anthropozentrisch definierten Leistungsfähigkeit eines Ökosystems und seiner biologischen Vielfalt erforscht. Inwiefern hängt die Produktivität eines Ökosystems von seiner Diversität ab?

Beide Forschungsfelder werden seit rund 20 Jahren ebenso intensiv wie kontrovers bearbeitet, zumal es sich bei der Ökologie um ein ausdifferenziertes, von vielen konkurrierenden Denkschulen geprägtes Forschungsfeld handelt (Haber 2008, S. 92). Im Folgenden kann nur ein kleiner Ausschnitt der Themen angesprochen werden, die in diesen Forschungsbereichen diskutiert werden.

Bei der *BDÖSF-Forschung* handelt es sich in der Regel um Grundlagenforschung, in der die Rolle der biologischen Vielfalt und ihrer Einzelfacetten innerhalb des Wirkgefüges von Ökosystemen untersucht wird (dazu und zum Folgenden iDiv 2013, S. 154 f. u. 173). So ist die ökosystemare Bedeutung der funktionellen Vielfalt und deren Verteilung in einer Artengemeinschaft ein Hauptfokus der großen BDÖSF-Experimente, wie des Jena-Experiments (Scherber et al. 2010) oder auch des Cedar-Creek-Experiments (Fargione/Tilman 2006). In jüngerer Zeit wurde der Schwerpunkt dieser Forschung auf die zugrundeliegenden Mechanismen ausgedehnt, um ein besseres Verständnis der hochkomplexen Wirkzusammenhänge zwischen der Biodiversität und Ökosystemfunktionen und -prozessen zu ermöglichen. Dies stellt aufgrund der dynamischen und mannigfaltigen Interaktionen zwischen Lebewesen (Biozönose als Gesamtheit von Tieren, Pflanzen, Mikroorganismen), dem unbelebten Lebensraum (Biotop, bestehend aus Luft, Boden, Klima etc.) sowie den charakteristischen Stoff- und Energiekreisläufen (zu nennen sind z. B. die Primärproduktion, der Nährstoffumsatz im Boden, die Geschwindigkeit der Streuzersetzung oder die Speicherung von Kohlenstoff) eine besondere wissenschaftliche Herausforderung dar (Loft 2012, S. 21). Idealerweise befinden sich vollentwickelte Ökosysteme in einem selbst regulierten Gleichgewichtszustand. Aufgrund kontinuierlicher Einflüsse von außen (Klimaänderungen, Invasion fremder Arten etc.) und interner Zustandsänderungen sind Anpassungsreaktionen aber eher die Regel als die Ausnahme. Eine in diesem Zusammenhang und vor dem Hintergrund massiver Biodiversitätsverluste besonders virulente Debatte dreht sich um die Frage, ob artenreichere Ökosysteme über eine größere Stabilität verfügen (die folgende Darstellung lehnt sich an McCann 2000 an). Diese Kernannahme der sogenannten *Versicherungshypothese* hat die Ökologie besonders in den 1960er und 1970er Jahren umgetrieben (McCann 2000). Sie basiert auf einer Vermutung, die bereits Darwin zugeschrieben wird (Purvis/Hector 2000, S. 216): nämlich, dass Lebensgemeinschaften, die sich durch einen große Artenreichtum auszeichnen, widerstandsfähiger gegenüber Störungen sind,

1. weil sich die Arten in ihrem Antwortverhalten auf Umweltveränderungen unterscheiden und
2. weil sich Arten unter Konkurrenz stärker einnischen und so die vorhandenen Ressourcen optimal nutzen (iDiv 2013, S. 185 f.).

Der Verlust einzelner Arten, so die Annahme, könne dann quasi systemintern abgepuffert und die Stabilität der Lebensgemeinschaft gewahrt werden. Dieser unter dem Stichwort »funktionelle Redundanz« diskutierte Zusammenhang wurde jedoch lange Zeit allzu eindimensional auf den Artenreichtum bezogen, und mathematische Modelle, die instabile Systeme mit großer Artenzahl schufen, zogen ihn erstmals in Zweifel. Widersprüchliche Ergebnisse aus Modellen, Experimenten und Beobachtungen führten in der Folge zu einer lebhaften Diskussion über die Bedeutung von Nahrungsnetzen, die Angemessenheit mathematischer Modellierungen und verschiedene Diversitäts- und Produktivitätsebenen von Ökosystemen (McCann 2000).

Trotz einer immer noch äußerst unübersichtlichen Befundlage hat sich heute weitgehend die Ansicht durchgesetzt, dass Vielfalt die Stabilität von Ökosystemen zwar begünstigt und vielfältigere Ökosysteme im Großen und Ganzen zu differenzierteren Reaktionen auf veränderte klimatische, chemische und physikalische Rahmenbedingungen fähig sind (Hooper et al. 2012; McCann 2000, S. 232). Die Lesart von Begriffen wie Vielfalt und Stabilität hat sich aber seit den 1970er Jahren grundlegend geändert: Aktuelle Perspektiven agieren ohne die Annahme, dass Ökosysteme um einen stabilen Gleichgewichtszustand pendeln, sondern unterstellen ihnen die Fähigkeit, diesen Stabilitätszustand flexibel an veränderte Umweltbedingungen anzupassen. Man geht also davon aus, dass zwischen Biodiversität und Ökosystemfunktion kein linearer und eindeutiger Zusammenhang besteht. Vielmehr scheinen Ökosysteme, sobald sie einen kritischen Punkt erreicht haben (»tipping point«), zu erratischen und irreversiblen Zustandsänderungen zu neigen (»state shift«) (Barnosky et al. 2012, S. 52). Ökosysteme zeigen folglich das charakteristische Verhalten »komplexer Systeme«, die von nichtlinearen Prozessen und abrupten Verschiebungen der Wirkungsketten geprägt sind (Loft 2012, S. 24). So gibt es inzwischen deutliche Hinweise, dass unter stressinduzierenden Umweltbedingungen (Temperatur-, Salz-, Trockenstress, Parasitismus, physische Störung etc.) Biodiversität für die Stabilität eines Ökosystems und seiner Prozesse weniger wichtig wird (iDiv 2013, S. 186). Zudem deutet vieles darauf hin, dass weniger eine große Artenanzahl entscheidend ist als vielmehr die Verteilung, Populationsgrößen und funktionellen Merkmale der Arten. Obwohl diese komplexen ökologischen Zusammenhänge erst rudimentär verstanden sind, wird daraus die Schlussfolgerung abgeleitet, dass offensichtlich bereits kleine Eingriffe – unter Umständen schon der Verlust einer einzigen Art – gravierende Konsequenzen nach sich ziehen können (Chapin III et al. 2000, S. 238).[14]

Ein noch diffuseres Bild ergibt sich, wenn man den Zusammenhang zwischen der biologischen Vielfalt und den vielfältigen Nutzenaspekten von Ökosystemen in den Blick nimmt. Dies ist Gegenstand der *BDÖSL-Forschung*, die in den letzten Jahren einen großen Aufschwung erlebt hat, aber immer noch in ihren Anfängen steckt. Gegenstand der BDÖSL-Forschung sind die mannigfaltigen Prozesse, die sich in einem Ökosystem vollziehen und quasi als Beiprodukte eine Vielzahl an Gütern und Leistungen hervorbringen, die für den Menschen direkt oder indirekt von Belang sind (Ressourcen wie Nahrungsmittel und Trinkwasser oder die Klima- und Hochwasserregulierung). Die begriffliche Abgrenzung und ökonomische Bedeutung dieser sogenannten Ökosystemleistungen sind Thema des Kapitels II.4.2. In ökologischer Hinsicht ist zwar unbestritten, dass die biologische Vielfalt Ökosystemfunktionen und damit die daraus resultierenden Ökosystemleistungen in vielfältiger Weise beeinflusst. Verschiedene Facetten der Biodiversität können sich jedoch je nach Ökosystem unterschiedlich auswirken – diese mannigfaltigen Wechselwirkungen und ihre Einflussfaktoren sind bislang nur lückenhaft verstanden (Hansjürgens et al. 2012, S. 8 f.; iDiv 2013, S. 164). Hierbei kommen auch in besonderem Maße methodologische Probleme zum Tragen (Elmqvist et al. 2010, S. 54 f.): die Vielzahl an Biodiversitätsmaßen, der Mangel an experimentellen Verfahren und vor allem die semantischen Unschärfen, die sich durch den zusätzlichen anthropozentrischen Bewertungsschritt ergeben und den Rahmen rein naturwissenschaftlicher Problemdimensionen sprengen (Kap. II.4.2).

---

14  Gemäß einer kürzlich in Nature publizierten Studie gibt es ernst zu nehmende Hinweise, dass auf einer globalen Skala bereits 43 % der terrestrischen Ökosysteme fundamentale Transformationen durchgemacht haben und bei einer ähnlichen Zerstörungsrate ein Umkippen der planetaren Biosphäre bereits in etwas mehr als zehn Jahren drohen könnte (sobald ca. 50 % der Ökosysteme irreversibel geschädigt sind) (Barnosky et al. 2012).

Vor diesem unklaren Hintergrund wurde der gegenwärtige Stand der Forschung zu den Effekten von Biodiversität auf die 20 wichtigsten Ökosystemleistungen möglichst umfassend dargestellt (iDiv 2013, S. 173 ff.), und zwar differenziert nach verschiedenen Ökosystemen[15]. Dazu wurden die Ergebnisse aus insgesamt 185 Publikationen ausgewertet und zusammengefasst, was die verfügbare Literatur zwar nicht erschöpfend, aber für die meisten Ökosysteme (mit Ausnahme urbaner Systeme) dennoch weitgehend umfassend abbildet. Hierbei zeigten sich die folgenden Forschungstrends (iDiv 2013, S. 5 f.):

> Die Bereiche der bereitstellenden (z. B. Produktion von Futter, Getreide, Holz und Fisch), unterstützenden (z. B. Nährstoffkreislauf und Bodenbildung) und regulierenden Ökosystemleistungen (z. B. Klimaschutz, Bestäubung, Schutz vor Schädlingen und Erosion) sind durchgehend gut untersucht, während für kulturelle Ökosystemleistungen (z. B. Erholung, Ökotourismus, Erziehung) nur vereinzelte Studien vorliegen.

> Experimentelle Untersuchungen liegen primär für die Ökosysteme Grünland, Landwirtschaft und Frischwasser vor, während Wälder, marine und urbane Systeme vor allem in deskriptiven Studien bearbeitet wurden. Dies hat nicht nur Auswirkungen auf die Prüfung kausaler Zusammenhänge (die nur in experimentellen Ansätzen erfolgen können), sondern auch einen deutlichen Einfluss auf die Skalenabhängigkeit der Messungen: Experimente erfolgen fast immer auf deutlich kleinerer räumlicher Skala als deskriptive Studien.

> Im überwiegenden Teil der Studien steht die Artenzahl im Fokus, während andere Facetten der Biodiversität deutlich weniger gut untersucht sind. Dabei gilt mittlerweile als akzeptiert, dass vor allem den funktionellen Merkmalen von Arten eine Schlüsselrolle beim Zusammenhang zwischen Biodiversität und der ökosystemaren Funktionalität zukommt.

> Die Mehrheit der BDÖSF-Literatur – und damit auch die in dem Gutachten berücksichtigten Studien – untersucht den Effekt der Biodiversität auf einzelne Ökosystemfunktionen. Diese Herangehensweise ignoriert allerdings die Tatsache, dass Ökosysteme in Wirklichkeit zahlreiche Funktionen zur Verfügung stellen, sodass sich die Gesamtheit der Leistungen eines Ökosystems aus der Summe vieler Funktionen ergibt. Für den Erhalt dieser Multifunktionalität bedarf es wahrscheinlich – wie erste Untersuchungen zeigen – einer höheren Biodiversität resp. Artenzahl, als der Fokus auf einzelne Ökosystemfunktionen anzuzeigen vermag.

---

15  In die Analyse einbezogen wurden Grünland, landwirtschaftlich genutzte Flächen, Wälder und Forste der gemäßigten Breiten, tropische und subtropische Wälder und Forste, marine Systeme, Frischwassersysteme und urbane Systeme.

**ABB. II.2**  **DER ZUSAMMENHANG ZWISCHEN BIODIVERSITÄT UND BEDEUTENDEN ÖKOSYSTEMLEISTUNGEN**

| Ökosystem-leistungen | | Grünland | | Land-wirtschaft | | tempe-rater Wald | | tropischer Wald | | marine Systeme | | Frisch-wasser-systeme | | urbane Flächen | |
|---|---|---|---|---|---|---|---|---|---|---|---|---|---|---|---|
| | | E | M | E | M | E | M | E | M | E | M | E | M | E | M |
| **unter-stützend** | Nährstoffkreislauf | ↑ | ↑ | ↑ | ↑ | ↑ | ⇧ | ↑ | → | ↑ | ↑ | ↑ | ↑ | ↑ | ? |
| | Bodenbildung | ↑ | → | ↑ | ? | ↑ | ↑ | ↑ | → | ↑ | → | ↑ | ↑ | ↑ | ⇧ |
| **bereit-stellend** | Produktion von: | Futter | | Getreide | | Holz | | Holz | | Fisch | | Fisch | | | |
| | | ↑ | ↑ | ↑ | ↑ | ↑ | ↑ | ↑ | ↑ | ↑ | ↑ | ↑ | ↑ | | |
| | Stabilität der Prod. | ↑ | ↑ | ↑ | ↑ | ↑ | ↑ | ↑ | ↑ | ↑ | ↑ | ↑ | ↑ | | |
| **regulierend** | Kohlenstoff-speicherung | ↑ | → | ↑ | ↑ | ↑ | → | ↑ | ↑ | ↑ | ? | ↑ | ? | ↑ | ↑ |
| | Bestäubung | ↑ | ↑ | ↑ | ↑ | ↑ | | | ↑ | ⇧ | | | | | ↑ | ⇧ |
| | Schädlingsbefall | ↓ | ↓ | ↓ | ↓ | ↓ | ↓ | ↓ | ↓ | ↓ | ? | ↓ | ↓ | ↓ | ? |
| | Herbivoriebefall | ↑ | → | ↓ | ↓ | ↓ | ↓ | ↓ | ⇩ | ↓ | ? | ↓ | → | ↓ | ? |
| | Erosionsschutz | ↑ | ↑ | ↑ | ↑ | ↑ | ↑ | ↑ | → | | | | | ↑ | ? |
| | Wasserreinigung | ↑ | ↑ | ↑ | ↑ | ↑ | ? | ↑ | ? | ↑ | ? | ↑ | ↑ | ↑ | → |
| | Invasionresistenz | ↑ | ↑ | ↑ | ↑ | ↑ | ⇧ | ↑ | ↑ | ↑ | ↑ | ↑ | ↓ | ↑ | ? |
| | Krankheits-regulation | ↓ | ↑ | ↓ | ↑ | ↓ | ↓ | ↓ | ↓ | ↓ | ? | ↓ | ↓ | ↓ | ↑ |
| **kulturell** | Erholung | ↑ | ? | ↑ | ? | ↑ | ⇧ | ↑ | ? | ↑ | ⇧ | ↑ | ? | ↑ | ⇧ |
| | spiritueller Wert | ↑ | ? | ↑ | ? | ↑ | ? | ↑ | ? | ↑ | ? | ↑ | ? | ↑ | ? |
| | Ökotourismus | ↑ | ? | ↑ | ? | ↑ | ? | ↑ | ↑ | ↑ | ↑ | ↑ | ? | ↑ | ? |
| | Landschaft | ↑ | ? | ↑ | ? | ↑ | ? | ↑ | ? | ↑ | ↑ | ↑ | ? | ↑ | ? |
| | Erziehung | ↑ | ? | ↑ | ? | ↑ | ? | ↑ | ? | ↑ | ? | ↑ | ? | ↑ | ? |
| | Wert von Gütern | ↑ | ? | ↑ | ? | ↑ | ? | ↑ | ? | ↑ | ? | ↑ | ? | ↑ | ⇧ |

E   erwarteter Zusammenhang
M   gemessener Zusammenhang
?   keine Daten
↑   nur Einzelstudie

Schattierung des Pfeiles:
⇧   Datenlage unsicher
↑   Datenlage ungenügend
↑   Datenlage ausreichend

Richtung des Pfeiles:
↑   positiver Zusammenhang mit Biodiversität
↓   negativer Zusammenhang mit Biodiversität
→   kein eindeutiger Zusammenhang mit Biodiversität

Quelle: nach iDiv 2013, S. 183

Insgesamt ergibt die Literatursynthese – trotz der genannten Defizite und Einschränkungen – ein relativ eindeutiges Bild (iDiv 2013, S. 6). Demnach scheint Biodiversität (resp. die Artenzahl) einen deutlich förderlichen Einfluss auf die

Leistungsfähigkeit von Ökosystemen zu haben. Dies gilt für alle betrachteten Ökosysteme, obwohl die Datenlage in aquatischen Systemen schlechter ist als in terrestrischen. Zudem ist der gewünschte Effekt bei fast allen untersuchten Ökosystemleistungen sichtbar, mit Ausnahme der kaum untersuchten kulturellen Ökosystemleistungen. Die Ergebnisse der Literaturanalyse sind komprimiert in der Abbildung II.2 zusammengefasst.

## ÖKONOMISCHE ASPEKTE    4.2

Die ökonomische Bewertung von Biodiversität als Teildisziplin der Umweltökonomie hat in den letzten 15 Jahren stark an Bedeutung gewonnen (dazu und zum Folgenden Hansjürgens et al. 2012, S. 16). Viel diskutiert in Wissenschaft und Medien wurde der von Constanza et al. (1997) im Journal »Nature« publizierte Artikel »The value of the world's ecosystem services and natural capital«, in dem versucht wurde, den ökonomischen Wert aller Ökosystemleistungen und des Naturkapitals der Erde aufgrund bis dato vorhandener Bewertungsstudien global zu aggregieren und abzuschätzen. Die Berechnungen förderten zutage, dass sich der jährliche Wert dieser Dienstleistungen in der Größenordnung von 16 bis 54 Billionen US-Dollar bewegt – ein Betrag, der das damalige weltweite Bruttoinlandsprodukt mehrfach überstieg.[16] Die Studie wurde von Ökonomen aus naheliegenden Gründen heftig kritisiert, nicht nur wegen des hohen Wertes an sich, sondern auch, weil die Berechnung eines globalen Gesamtwertes aufgrund von vielen unsicheren Annahmen als wenig seriös erachtet wurde. Dennoch ist die Publikation aus zwei Gründen bemerkenswert: Zum einen handelt es sich um eine der ersten wissenschaftlichen Arbeiten, die ein Bewusstsein für den großen ökonomischen Wert der Biosphäre und ihrer Leistungen geschaffen hat. Dass Ökosysteme und Biodiversität in vielfältiger Weise eine wichtige Grundlage unserer Gesellschaft bilden, gilt heute als unbestritten. Zum anderen macht die Veröffentlichung eine entscheidende Wende deutlich: nämlich, dass bei der ökonomischen Bewertung von Biodiversität zumeist nicht die Biodiversität selber, sondern Ökosystemleistungen im Fokus stehen.

Das Konzept der »Ökosystemleistungen« wurde entwickelt, um den großen Nutzen von Ökosystemen und die ökonomische Bedeutung von Biodiversität systematisch zu erfassen (Ehrlich/Ehrlich 1982). Als Ökosystemleistungen (auch Ökosystemdienstleistungen oder ökosystemare Leistungen) werden für gewöhnlich diejenigen Ökosystemfunktionen bezeichnet, die mit einem direkten oder indi-

---

16  Laut einer neueren Studie belaufen sich die Kosten für den effektiven Schutz aller weltweit bedrohten Arten auf 4 Mrd. US-Dollar im Jahr (McCarthy et al. 2012) und erhöhen sich gar auf 76 Mrd. US-Dollar im Jahr, wenn auch ihre Lebensräume effektiv geschützt werden sollen – relativ zu dem von Costanza et al. (1997) ermittelten Gesamtwert aller biosphärischen Ökosystemleistungen eine bescheidene Summe.

rekten Nutzen für den Menschen verbunden sind. In der am weitesten verbreiteten Konzeptualisierung lassen sich die vier folgenden Typen unterscheiden, denen die verschiedenen Schlüsselökosystemleistungen zugeordnet werden (Abb. II.3) (De Groot et al. 2010, S. 26; dazu und zum Folgenden Hansjürgens et al. 2012, S. 9):

> Versorgungsleistungen: von den Ökosystemen produzierte Güter (z. B. Nahrung, Trinkwasser);
> Regulierungsleistungen: Regulierungsprozesse und -funktionen der Ökosysteme (z. B. $CO_2$-Sequestrierung);
> kulturelle Leistungen: Erholungsleistungen, ästhetische, religiöse, spirituelle Funktionen der Ökosysteme;
> Basis- oder unterstützende Leistungen: all jene Leistungen, Funktionen und Prozesse, welche die Grundlage für die o. g. Ökosystemleistungen schaffen (z. B. Bodenbildung, Genpool, Nährstoffkreisläufe, Photosynthese).

**ABB. II.3    ÖKOSYSTEMLEISTUNGEN ALS BESTANDTEILE MENSCHLICHEN WOHLERGEHENS**

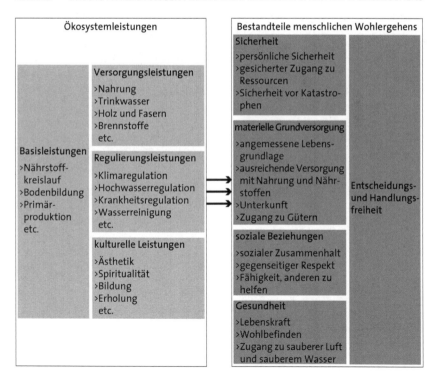

Quelle: nach Naturkapital Deutschland – TEEB DE 2012, S. 23

Zu beachten ist, dass das Konzept mit einer dezidiert anthropozentrischen und utilitaristischen Perspektive verbunden ist (Kap. II.4.3), die sich erst in einem spezifischen gesellschaftlichen Umfeld konkretisiert. Das heißt, ob eine bestimmte Leistung der Natur wertvoll ist, hängt davon ab, ob sie von der Gesellschaft als wertvoll erachtet wird. In dieser Brückenfunktion zwischen der komplexen Funktionsweise von Ökosystemen und konkreten menschlichen Interessen wird aber gerade der große Vorteil des Konzepts »Ökosystemleistung« gesehen, der es speziell vom abstrakten und schwer greifbaren Konstrukt der Biodiversität abhebt.

Eine wesentliche Rolle bei der Etablierung des Konzepts im politischen und wissenschaftlichen Diskurs spielte das von den Vereinten Nationen im Jahr 2001 initiierte »Millennium Ecosystem Assessment« (MEA) (Hassan et. al. 2005). Das ambitionierte Projekt hatte zum Ziel, den globalen Zustand von 24 Ökosystemleistungen zu bewerten und mögliche Veränderungen unter verschiedenen Zukunftsszenarien aufzuzeigen (dazu und zum Folgenden Hansjürgens et al. 2012, S. 17 f.). Außerdem wurde untersucht, mit welchen Politikmaßnahmen sich Ökosystemleistungen so unterstützen lassen, dass das Wohlergehen der Menschen verbessert wird (Bekämpfung von Armut und Hunger, Verbesserung des Gesundheitszustands und guter Umweltzustand). Die über mehrere Jahre erstellte Studie, an der über 1.000 Wissenschaftler beteiligt waren, hat den Rückgang von Ökosystemleistungen ebenso wie ihren großen Nutzen verdeutlicht. Ein Ergebnis war unter anderem, dass die Förderung von Ökosystemleistungen, die für das Wohlergehen der Menschheit und die Wirtschaft von Vorteil sind, gleichzeitig zu einer Degradierung anderer Ökosystemleistungen geführt hat. Nur vier Ökosystemleistungen haben demnach in den letzten 50 Jahren eine Zunahme erfahren: landwirtschaftliche Erträge, Fleischproduktion, Fischzucht und Kohlenstoffspeicherung. Bei zwei Ökosystemleistungen, Fischerei und Trinkwasser, wird davon ausgegangen, dass sie die derzeitige und zukünftige Nachfrage nicht decken können. 15 von 24 untersuchten Ökosystemleistungen gelten gemäß MEA als signifikant und/oder anhaltend gestört.

Eine anderes wegweisendes Projekt, das den Aspekt der ökonomischen Bewertung von Biodiversität und Ökosystemleistungen in der öffentlichen Diskussion sehr stark befördert hat, ist »The Economics of Ecosystems and Biodiversity (TEEB)« (Kumar 2010). Inspiriert durch den »Stern Review on the Economics of Climate Change« (Stern 2007), wurde TEEB 2007 durch die G8+5-Umweltminister (unter Führung des damaligen deutschen Umweltministers Sigmar Gabriel und des EU-Umweltkommissars Stavros Dimas) angeregt (dazu und zum Folgenden Hansjürgens et al. 2012, S. 18 f.). Nach der Veröffentlichung eines Zwischenberichts im Jahre 2008 arbeiteten mehr als 400 Autoren aus Politik, Wissenschaft, Wirtschaft und der Zivilgesellschaft an den fünf auf verschiedene Zielgruppen zugeschnittenen Berichten und Initiativen. Erklärter Zweck der Studie war, den globalen gesamtwirtschaftlichen Nutzen der biologischen Vielfalt ökonomisch erfassbar zu machen, um den ökonomischen Wert des Biodiversitätsschutzes so stärker im öffentlichen Bewusstsein verankern zu können. Die Resonanz, die TEEB in Wirtschaft, Wissenschaft, Medien und Politik erfuhr, war erheblich. Die Studie hatte außerdem großen Einfluss auf die internationalen Biodiversitätsverhandlungen der »Conference of the Parties« (COP) in Nagoya (2010) und Hyderabad (2012). Es gibt verschiedene Folgeaktivitäten: So hat sich eine Reihe von Staaten entschlossen, auf nationaler Ebene Folgestudien auf den Weg zu bringen, hierunter Indien, Brasilien, Norwegen, England und die Niederlande. In Deutschland läuft seit dem 1. Januar 2012 bis 2015 das Nachfolgeprojekt »Naturkapital Deutschland – TEEB DE« (Kasten).

---

**NATURKAPITAL DEUTSCHLAND – TEEB DE**

Naturkapital Deutschland – TEEB DE ist die deutsche Nachfolgestudie der internationalen TEEB-Studie, die den Zusammenhang zwischen den Leistungen der Natur, der Wertschöpfung der Wirtschaft und dem menschlichen Wohlergehen zum Thema hat. TEEB DE will durch eine ökonomische Perspektive die Potenziale und Leistungen der Natur konkreter erfassbar und sichtbarer machen. Mit der ökonomischen Abschätzung des Naturkapitals sollen die Leistungen der Natur besser in private und öffentliche Entscheidungsprozesse einbezogen werden können, damit langfristig die natürlichen Lebensgrundlagen und die biologische Vielfalt erhalten werden. Das Bundesministerium für Umwelt, Naturschutz, Bau und Reaktorsicherheit (BMUB) und das Bundesamt für Naturschutz (BfN) finanzieren das Projekt. Die Studienleitung liegt am Helmholtz-Zentrum für Umweltforschung (UFZ). Im Zentrum von Naturkapital Deutschland – TEEB DE stehen vier Berichte, die von Wissenschaftlerteams sowie weiteren Experten erstellt werden und sich u. a. mit folgenden Themen beschäftigen: Synergien und Konflikte zwischen Naturkapital und Klimapolitik, Ökosystemleistungen in ländlichen Räumen und Städten sowie gesellschaftliche und politische Handlungsmöglichkeiten, die sich aus einer »Naturkapital-Perspektive« ergeben. Die deutsche TEEB-Studie wird von einem Gremium fachlich beraten, dem Persönlichkeiten aus Wissenschaft, Wirtschaft und Medien angehören. Darüber hinaus werden Umweltverbände, Wirtschaftsverbände, Bundesressorts, Bundesländer und Kommunen sowie weitere Interessensgruppe über das Projekt informiert, miteinander vernetzt, aktiv beteiligt und eingebunden.

Quelle: www.naturkapital-teeb.de (20.5.2014)

---

Die Rede vom »Naturkapital« und den »Leistungen der Natur« ist zentraler Anknüpfungspunkt für Studien im Bereich der ökonomischen Bewertung von Biodiversität. Sie hat mittlerweile im Rahmen zahlreicher Handlungsvorschläge und Lösungsansätze Einzug in die Naturschutzpraxis gehalten, so etwa in der »Nationalen Strategie zur biologischen Vielfalt« (BMU 2007) und in der »EU-

Biodiversitätsstrategie 2020« (EK 2011a). Die wachsende Anerkenntnis des ökonomischen Wertes von Biodiversität zeigt sich auch darin, dass Ökosystemleistungen zentral im Arbeitsprogramm des neu installierten Weltbiodiversitätsrates (IPBES) auftauchen. Wie der Widerstand von Ländern wie Bolivien und Venezuela verdeutlicht, die der Plattform aufgrund dieser Prioritätensetzung nicht beigetreten sind, gibt es durchaus Vorbehalte gegenüber diesem Paradigmenwechsel. Sie speisen sich einerseits, wie im Fall von Bolivien und Venezuela und diversen NGOs, aus moralischen Bedenken gegenüber einer einseitigen Fokussierung auf anthropozentrische Nutzenaspekte und der damit verbundenen Ökonomisierung des Naturschutzes, die – so die Befürchtung – alternative Naturauffassungen indigener Völker zu verdrängen und ihre Rechte zu missachten drohen (siehe zum Diskurs Kap. VII, zur ethischen Debatte Kap. II.4.3). Darüber hinaus sind aber auch noch viele wissenschaftliche Fragen offen. So gibt es neben dem gängigen Definitionsansatz des MEA, der unterstützende, bereitstellende, regulierende und kulturelle Ökosystemleistungen unterscheidet, noch zahlreiche andere Definitions- und Klassifikationsversuche. Die Abgrenzungsschwierigkeiten zeigen sich auch darin, dass bei dem Versuch der Katalogisierung von Ökosystemleistungen die Biodiversität manchmal als eigene Zielgröße in diese Kataloge mit aufgenommen wird, manchmal jedoch als instrumentelle Voraussetzung für Ökosystemleistungen aufgefasst wird (Hansjürgens et al. 2012, S. 10; iDiv 2013, S. 158). Jedenfalls existierte bislang noch kein Klassifikationssystem, das für unterschiedliche Anwendungskontexte gleichermaßen geeignet wäre (Fisher et al. 2009, S. 644). Im Auftrag der Europäischen Umweltagentur (EEA) wird deshalb seit 2009 ein internationaler Katalog von Ökosystemleistungen entwickelt (»Common International Classification of Ecosystem Services« [CICES]; Haines-Young/Potschin 2011), um einen einheitlichen und politisch praktikablen Rahmen für ihre Erfassung, Kartierung und Bewertung zu schaffen (Hansjürgens et al. 2012, S. 105 f.).

Gleichzeitig werden aber auch grundsätzliche Zweifel am wissenschaftlichen Wert des Konzepts angemeldet, sofern darunter mehr als eine »eye-opening metaphor« (Norgaard 2010) zur öffentlichkeitswirksamen Veranschaulichung des Wertes des »Naturkapitals« verstanden wird. Für Norgaard (2010) ist das Konzept der Ökosystemleistungen, das an menschlichen Bedürfnissen und einem linearen »stock-flow framework« ausgerichtet ist, nur schwerlich mit aktuellen Ansätzen aus der Ökologie vereinbar, welche sich an der Systemkomplexität orientieren. Er weist zudem darauf hin, dass es, wie bereits im Kapitel II.4.1 skizziert, an belastbarem Wissen zu den ökologischen Zusammenhängen mangele, die bei der Bereitstellung von Ökosystemleistungen eine Rolle spielen. Zwar deutet die Literatursynthese von iDiv (2013) darauf hin, dass Biodiversität die Leistungsfähigkeit von Ökosystemen im Großen und Ganzen positiv zu beeinflussen scheint. Damit gibt es begründete Hinweise, dass sich Biodiversitätsschutz auch ökonomisch auszahlen könnte, zum Beispiel, indem Produktionsflächen

naturnah bewirtschaftet werden (iDiv 2013, S. 199 f.). Ob jedoch die ökono-
misch-politische Fokussierung auf Ökosystemleistungen sinnvoll zum Biodiversitätsschutz beiträgt, ist eine ganz andere Frage, die damit noch nicht beantwortet
ist. Denn aufgrund der zuvor beschriebenen komplexen Wechselwirkungen in
Ökosystemen besteht umgekehrt kein eindeutiger Zusammenhang zwischen der
Bereitstellung *einzelner* Ökosystemleistungen und der Biodiversität, nicht zuletzt
deshalb, weil diese Dienstleistungen »positiv oder negativ miteinander und mit
der Biodiversität korrelieren können« (iDiv 2013, S. 198). So kann sich die Maximierung einer Ökosystemleistung förderlich, aber auch hinderlich auf andere
Ökosystemleistungen – sowie die biologische Vielfalt insgesamt – auswirken. Ein
Beispiel, das in diesem Zusammenhang immer wieder angeführt wird, ist die
Biomasseproduktion und Kohlenstoffsequestrierung von Nutzwäldern, eine
Ökosystemleistung, die durch schnell wachsende Monokulturen erhöht werden
kann, aber in der Regel auf Kosten der Biodiversität (und damit anderer Ökosystemleistungen) geht (Loft 2012, S. 29). Aufgrund potenzieller Zielkonflikte und
nichtlinearer Zusammenhänge zwischen Biodiversität und Ökosystemleistungen
ist auch bei Landnutzungsentscheidungen eine möglichst ganzheitliche Perspektive erforderlich, die (statt singulärer) möglichst viele Naturleistungen in den
Blick nimmt und zu optimieren versucht – etwa im Rahmen extensiver Nutzungsformen (iDiv 2013, S. 198).

## ETHISCHE ASPEKTE                                              4.3

Aufgrund des beschriebenen wachsenden Einflusses ökonomischer Begründungs-
muster haben in den letzten Jahren Kontroversen um den ethisch gebotenen
Umgang mit der biologischen Vielfalt an Brisanz gewonnen. Nicht zur Debatte
steht dabei, dass es sich bei der Biodiversität um ein prinzipiell schützenswertes
Gut handelt. Die ethische Problematik spitzt sich vielmehr in der Frage zu, inwieweit der Schutz der biologischen Vielfalt allein um der Menschen willen geschehen soll: Ist die biologische Vielfalt deshalb schützenswert, weil sie den
Menschen nützt? Oder hat die Biodiversität einen Wert, der völlig unabhängig
von menschlichen Nutzenerwägungen ist und deshalb im Vordergrund stehen
sollte? In den meisten politischen Naturschutzübereinkommen und -strategien
seit der CBD wird zwischen diesen beiden Positionen nicht eindeutig unterschieden, vielmehr werden beide Sichtweisen angeführt, um Schutzmaßnahmen zu
begründen (für die ethischen Argumentationslinien der nationalen Biodiversitätsstrategie vgl. Eser et al. 2011). So wird gerne an prominenter Stelle auf die
innere Werthaftigkeit der Natur verwiesen, ein Hinweis, der dann gleichberech-
tigt neben den ebenfalls als wichtig erachteten ökonomischen Nutzenerwägun-

gen steht.[17] Das Spannungsfeld von Schutz und Nutzung, das dabei zum Ausdruck kommt, hat die internationale Biodiversitätspolitik seit der Konvention über die biologische Vielfalt geprägt. Verknüpft damit ist eine naturethische Debatte um den intrinsischen Wert der biologischen Vielfalt, die teilweise mit großer Intensität geführt worden ist.

Bei der Frage, welcher Umgang mit der biologischen Vielfalt ethisch geboten ist, handelt es sich um ein Problem der Naturethik, einer relativ jungen Disziplin der angewandten Ethik, die sich für den moralischen Wert der Natur interessiert (Krebs 1997a, S. 337). Da der Biodiversitätsbegriff außerordentlich schillernd ist und stark mit dem Naturbegriff überlappt, lassen sich naturethische Debatten, die sich spezifisch mit dem Gegenstand Biodiversität beschäftigen, nur schwer abgrenzen (Galert 1998, S. 59). Bei der ethischen Diskussion über den Schutz der biologischen Vielfalt kommen vielmehr weitgehend dieselben Kategorien und Argumentationsmuster zum Tragen, welche die ethischen Diskussionen über den Wert der Natur dominiert haben.

Die sehr weit verzweigten und unübersichtlichen naturethischen Argumentationen, in denen aufgrund oft unscharfer Wertkonzeptionen eine »babylonische Sprachverwirrung« vorherrscht (Galert 1998, S. 26), sollen hier nur in ihren Grundmustern und nicht im Detail aufgeschlüsselt werden (für einen Überblick vgl. Krebs 1997b, S. 342 ff.; Galert 1998). Im Zentrum der Diskussionen steht die bereits eingangs und im Kapitel II.4.2 kurz erwähnte Frage, ob der Wert der Natur (oder der biologischen Vielfalt) von menschlicher Wertschätzung abhängig ist oder nicht (Galert 1998; Krebs 1997b). Ersteres behaupten Vertreter des Anthropozentrismus, die in der Natur – sehr grob gesagt – ein Mittel zum Zweck menschlicher Bedürfnisbefriedigung sehen. Demzufolge kommen der Natur allein instrumentelle, also Nutz- resp. Gebrauchswerte zu. Zur Begründung wird gerne darauf verwiesen, dass Werte das Ergebnis von Bewertungen sind, die immer vom jeweiligen gesellschaftlichen Kontext und einem wertschätzenden Individuum abhängig sind – demzufolge, so Hansjürgens et al. (2012, S. 97), könne es »nicht den einen und einzigen Wert der Natur« geben (vgl. auch Brondizio et al. 2010, S. 160 ff.). Gegner dieser relationalen Sichtweise, welche die »Unhintergehbarkeit der menschlichen Wertungsperspektive« bestreiten (Galert 1998, S. 34), lassen sich dem weit gefächerten physiozentristischen Lager zuordnen – maßgeblich für die Diskussion in Deutschland war hier vor allem Jonas (1984). Vertreter des Physiozentrismus argumentieren, dass die Natur über einen

---

17  So heißt es etwa in der Präambel der CBD: »Conscious of the *intrinsic value* of biodiversity ...«; in § 1 des Bundesnaturschutzgesetzes: »Natur und Landschaft sind aufgrund *ihres eigenen Wertes* zu schützen«; sowie in der »EU-Biodiversitätsstrategie 2020«: »By 2050, European Union biodiversity and the ecosystem services it provides – ist natural capital – are protected, valued and appropriately restored for biodiversity's *intrinsic value* and for their essential contribution to human wellbeing and economic prosperity ...«.

intrinsischen Wert verfügt, also einen Wert »an sich«, der völlig losgelöst von der menschlichen Perspektive existiert. In Abgrenzung zur anthropozentrischen Position wird dann daraus gefolgert, dass auch die Bewahrung der Natur unabhängig von menschlichen Erwägungen zu erfolgen habe, also Selbstzweck und nicht Mittel darstellen solle. Denn ein allein an menschlichen Zwecken ausgerichteter Naturschutz, so ein in diesem Zusammenhang häufig geäußertes Argument, das auf Ehrenfeld (1997) zurückgeht, konterkariere sich selbst, da die wenigsten Arten für den Menschen von direktem Nutzen seien und der Naturzerstörung somit Tür und Tor geöffnet werde (sogenanntes Naturschutzdilemma).

Die physiozentrischen Argumentationen, die in verschiedenen Spielarten (holistisch, individualistisch etc.) auftreten und sich teilweise auf diffuse religiöse oder weltanschauliche Überzeugungen abstützen (Galert 1998, S. 44 ff.), sollen hier nicht vertieft werden (dazu im Detail Krebs 1997b, S. 345 ff.). Festzustellen bleibt, dass die Vorstellung eines intrinsischen Naturwertes zwar eine wichtige Intuition der Naturschutzbewegung aufgreift, sich bei genauerem Hinsehen aber als problematisch erweist. Zum einen zeigt sich, dass es bei radikal physiozentrischen Positionen nur schwer gelingt, die Idee der absoluten Werthaftigkeit der Natur überzeugend darzulegen (Krebs 1997b, S. 345 ff.). Als besonders kritisch erweist sich zum anderen die praktische Konsequenz, auf die derartige Argumente hinauslaufen: Wenn die Natur einen absoluten Wert hat, der völlig losgelöst von einer menschlichen Bewertungsinstanz ist, dann lassen sich Interessenabwägungen und Prioritätensetzungen, die im Naturschutz notgedrungen vorgenommen werden müssen, kaum noch verantworten (Maclaurin/Sterelny 2008, S. 150 f.).

In Diskussionen um den Natur- und Biodiversitätsschutz ist oft von einem Gegensatz zwischen Ökonomie und Ethik die Rede (Hansjürgens et al. 2012, S. 99). Oberflächlich betrachtet trifft dies auch zu, da viele besonders heftige Kontroversen zwischen Verfechtern eines intrinsischen Wertes und Ökonomen ausgefochten worden sind (exemplarisch etwa Ehrenfeld 1992). Galert (1998, S. 12 ff.) unterscheidet in diesem Zusammenhang zwischen moralischen und außermoralischen Argumenten für den Naturschutz, wobei bei Letzteren »Eigennutzgesichtspunkte« an die Stelle von ethischen Überlegungen treten. Bei genauerer Betrachtung zeigt sich jedoch, dass auch »die Ökonomik ein ethisches Fundament aufweist« (Hansjürgens et al. 2012, S. 99), was sowohl Hansjürgens et al. (2012) als auch Ekardt (2012) in ihren Gutachten betonen (vgl. auch WBGU 1999b, S. 47). Demnach ist für die Ökonomie ein anthropozentrischer und instrumenteller Standpunkt grundlegend. Das heißt, gemäß ökonomischer Denkweise ist nur das von Wert, was dem Menschen auch in irgendeiner Form von Nutzen ist. Folglich stützen sich ökonomische Abwägungen im Naturschutz auf die Leistungen der Natur (Ökosystemleistungen) einerseits sowie die individuellen Präferenzen andererseits – etwa in Form von sogenannten Kosten-Nutzen-Analysen, die im Kapitel IV.2 genauer betrachtet werden. Sowohl die Präferenzen als auch die Leistungen der Natur werden dabei zwar empirisch erhoben, aber nicht moralisch hinterfragt. Mit der für den ökonomischen Ansatz zentralen Zielsetzung jedoch, dass bei derartigen Abwägungen der Wohlstand für die Gesellschaft zu maximieren sei, verlässt die Ökonomie das Feld der außermoralischen Argumentation und betritt normatives Gelände, insofern als damit ein an Effizienzkriterien orientiertes Entscheidungsverfahren vorgeschlagen wird. Hansjürgens et al. (2012, S. 99) ziehen daraus den Schluss: »Die Ökonomik ist – ebenso wie die Ethik – eine normative Wissenschaft; sie beruht auf bestimmten Normen und Werten, und sie gibt als Wissenschaft auch normative Empfehlungen. ... Die Ethik mag allenfalls weitere Begründungszusammenhänge für den Schutz der Natur aufweisen und insofern über den ökonomischen Ansatz hinausgehen – sie steht aber nicht prinzipiell gegen die Ökonomik oder die Ökonomik gegen die Ethik.« Die entscheidende Frage lautet vielmehr, ob es sich bei der ökonomischen Ethik um eine *überzeugende* Ethik handelt (Ekardt 2011b, S. 82), eine Frage, die selbstverständlich nur auf ethischem Terrain zu beantworten ist und im Kapitel IV.3 aufgegriffen wird.

Bettet man die ökonomische Perspektive überdies in eine breitere ethische Diskussion ein, so folgt daraus, dass man die ökonomische Wertschätzung der Natur einem Klugheitsargument entlehnen kann (dazu und zum Folgenden Hansjürgens et al. 2012, S. 99 f.). Gemäß Eser et al. (2011) bilden klugheitsethische Appelle, die den Schutz der biologischen Vielfalt auf das (wohlverstandene) menschliche Eigeninteresse beziehen, eines der zentralen Argumentationsmuster in naturschutzpolitischen Strategien (die neben pflichtenethischen und tugendethischen Begründungen auf Gerechtigkeit resp. Glück abzielen). Demnach ist es zu unserem eigenen Vorteil und daher »klug«, wenn wir die Natur schützen oder nachhaltig nutzen, weil dies zu unserem Wohlbefinden, zur Sicherung unserer Lebensgrundlagen und damit letztlich zu unserem Überleben beiträgt. Das ökonomische Eigennutzargument stellt somit einen »Sonderfall« ethischer Klugheitsargumente dar (Eser et al. 2011, S. 30). Zu betonen ist, dass diese ökonomisch-ethische »Eigennutz-Klugheits-Perspektive« keineswegs eine enge Form des Eigennutzes widerspiegeln muss. Klugheit kann durchaus weit aufgefasst werden, indem gesellschaftliche Aspekte – und damit auch die Interessen anderer Individuen – in die ökonomische Abwägung aufgenommen werden.

Ein derart gemäßigter Anthropozentrismus versteift sich nicht auf den direkten ökonomischen Nutzen der Natur (Ressourcenwert), sondern bezieht ein weites Spektrum an indirekten Nutzwerten mit ein (z. B. Glück, ästhetischer Wert, Erholungswert etc.). Dazu gehören auch Optionswerte (potenzieller zukünftiger Nutzen) und Vermächtniswerte (Bedürfnis nach intergenerationeller Gerechtigkeit), mit denen sich sowohl Gerechtigkeitsaspekte (zumindest in eingeschränktem Maße) aufgreifen als auch das Naturschutzdilemma entschärfen lassen (siehe dazu im Detail Kap. IV.1.1). Damit verliert jedoch auch der radikale Physiozentrismus, der von der Opposition zu radikalen anthropozentristischen Vorstellungen zehrt, einen Großteil seiner Überzeugungskraft. Die ethische Kontroverse zwischen den Extrempositionen – einem Anthropozentrismus, der Natur als bloße Ressource betrachtet, und einem Physiozentrismus, der ihren Wert verabsolutiert – gilt deshalb inzwischen als weitgehend überholt und fruchtlos und spielt im Naturschutzdiskurs kaum noch eine Rolle (Eser et al. 2011, S. 24 f.; Galert 1998, S. 35). Stattdessen verschaffen sich ethische Positionen Gehör, die zwar in der Regel eine anthropozentrische Stoßrichtung aufweisen, dabei aber auf die vielfältigen normativen Aspekte hinweisen, die mit dem Schutz, der Nutzung sowie der gerechten Verteilung natürlicher Ressourcen verbunden sind. In der Konsequenz findet damit ein Perspektivenwechsel statt, der nicht mehr die abstrakte Frage nach dem moralischen Status der Natur ins Zentrum stellt, sondern den angemessenen ethisch-moralischen Umgang mit naturschutzbezogenen Interessen- und Wertekonflikten. Von Bedeutung sind hier neben den erwähnten Klugheitsargumenten besonders auch gerechtigkeitsethische Überlegungen (Eser et al. 2011), die im Kapitel IV.3 vertieft werden.

## AKTUELLE ENTWICKLUNGEN IN DER DEUTSCHEN BIODIVERSITÄTSFORSCHUNG                                                      5.

Sowohl im »Strategischen Plan 2020« der CBD als auch in der nationalen Biodiversitätsstrategie wird der Biodiversitätsforschung eine Schlüsselrolle bei der Umsetzung und Implementierung naturschutzpolitischer Zielsetzungen zugewiesen (BMU 2007, S. 90 f.; UNEP 2010). Zu den Forschungsfeldern, die als wichtig hervorgehoben werden, gehören

> das Monitoring von Biodiversität mittels geeigneter Messverfahren und Indikatoren, inklusive Datenharmonisierung und Aufbau von übergreifenden Datenbanken,
> die ökosystemaren Zusammenhänge, welche der biologischen Vielfalt, ihrer Entstehung, ihrem Erhalt und Verlust zugrunde liegen, sowie
> Fragen nach der nachhaltigen Nutzung von Biodiversität, besonders die Operationalisierung und Kategorisierung von Ökosystemleistungen.

Seit etwa 20 Jahren ist eine zunehmend intensivere Forschungstätigkeit zu diesen Themenbereichen zu beobachten (iDiv 2013, S. 184), die vor allem im Rahmen lokal und zeitlich begrenzter Verbundprojekte stattfindet, während überregionale Forschungsnetzwerke oder großskalige Datensynthesen eher selten zu finden sind. Dies liegt sicherlich darin begründet, dass sowohl die Quantifizierung von Biodiversität als auch von Ökosystemleistungen sehr aufwendig und facettenreich ist und der Grad der Standardisierung gering (iDiv 2013, S. 194). Aktuell zeichnen sich methodische und technologische Innovationen am Forschungshorizont ab, die es in Zukunft ermöglichen könnten, sowohl Biodiversität als auch Ökosystemleistungen besser zu quantifizieren und simultan zu erfassen (Kasten) (iDiv 2013, S. 196).

## ERFASSUNG VON BIODIVERSITÄT UND ÖKOSYSTEMLEISTUNGEN: NEUE FORSCHUNGSANSÄTZE

*Barcoding* basiert auf dem Prinzip, dass Arten in bestimmten Genregionen für sie charakteristische DNA-Sequenzen enthalten, anhand derer sie sich eindeutig identifizieren lassen. Dafür müssen diese DNA-Sequenzen bekannt und in sogenannten Genbanken hinterlegt sein. Barcoding kann verwendet werden, um bei normalen Aufsammlungen die häufig aufwendige Bestimmungsarbeit in Herbarien und zoologischen Sammlungen überflüssig zu machen und dadurch Zeit und Geld zu sparen. Die rasante technologische Entwicklung (v. a. bei »next-generation sequencing«) erlaubt mittlerweile eine schnelle und preiswerte Sequenzierung. Der limitierende Aspekt und der Kostenfaktor bei diesem Ansatz liegen nicht in der Sequenzierung selber, sondern in der bioinformatischen Auswertung (Bioinformatikexpertise, Rechenleistung und Speicherkapazität) und in der Verfügbarkeit von Genbanken.

Eine ebenso rasante Entwicklung nahm in den letzten Jahren die *Fernerkundung* (TAB 2012b). Hier werden Hyperspektralaufnahmen verwendet, die die Reflexion des Sonnenlichts von biologischen Oberflächen über einen sehr weiten spektralen Bereich erfassen. Auf diese Weise ist es möglich, beispielsweise Baumarten anhand ihrer artspezifischen Reflexionsmuster zu erkennen oder Ökosystemleistungen wie die Fotosyntheserate großflächig und zeitlich hochauflösend zu quantifizieren. Die spezifische Reflexion wird z. B. durch den Gehalt an Pigmenten und durch die Oberflächenbeschaffenheit und Orientierung der Blätter hervorgerufen. Der entscheidende Vorteil fernerkundungsbasierter Methoden sind die große räumliche Skala der Datenerfassung und die mögliche hohe zeitliche Auflösung der Messungen.

Unter *Crowd Sourcing* versteht man die Mobilisierung freiwilliger Helfer/Beobachter mithilfe des Internets. Auf diese Weise kann die Zahl der Beobachter bei überregionalen Monitoringprogrammen vervielfacht werden. Dafür bedarf es natürlich einer Qualifizierung von Laienwissenschaftlern und der entsprechenden IT-Infrastruktur (Internetserver, Smartphone-Apps etc.). Die gezielte Nutzung von freiwilligen Helfern für wissenschaftliche Untersuchungen wird auch als »citizen science« bezeichnet. Es gibt bereits diverse und mitunter auch sehr erfolgreiche Programme.[18] Auch wenn der Einsatz in der Forschung in Deutschland derzeit noch begrenzt ist, liegt in diesem Ansatz ein großes Potenzial.

Quelle: iDiv 2013, S. 196 ff.

---

18    www.citizen-science-germany.de (20.5.2014)

Die deutsche Wissenschaft ist in der Biodiversitätsforschung relativ stark präsent (Marquard/Fischer 2010, S. 36 ff.). Dazu haben nicht zuletzt diverse nationale und europäische Förderprogramme beigetragen (dazu und zum Folgenden iDiv 2013, S. 195). In Deutschland ist die sehr umfangreiche Förderung durch die Deutsche Forschungsgemeinschaft (DFG) auf verschiedenen Ebenen hervorzuheben, darunter diverse DFG-Forschergruppen oder das Schwerpunktprogramm der Biodiversitätsexploratorien[19]. Auch das Bundesministerium für Bildung und Forschung (BMBF) ist im Rahmen des »Bundesprogramms Biologische Vielfalt«[20] und mit dem Programm »Nachhaltiges Landmanagement«[21] aktiv. Auf EU-Ebene sind vor allem die Ausschreibungen von BiodivERsA[22] zu nennen, einem EU-weiten Zusammenschluss nationaler Förderorganisationen zur Förderung unterschiedlichster Bereiche der Biodiversitätsforschung. Auch im 7. EU-Forschungsrahmenprogramm sind zahlreiche relevante Projekte gefördert worden.[23]

Trotz großer Forschungsanstrengungen bestehen aber, gerade was den Zusammenhang zwischen der biologischen Vielfalt und Ökosystemleistungen angeht (d. h. im Bereich der BDÖSF-Forschung), noch grundsätzliche Kenntnis- und Forschungsdefizite. Während traditionell die naturwissenschaftlichen Bereiche (Taxonomie, Ökologie etc.) im Fokus stehen, hat in den letzten Jahren der Stellenwert umweltökonomischer Untersuchungen deutlich zugenommen (adelphi 2012, S. 176). Eine untergeordnete Rolle spielen bislang hingegen qualitative Forschungsansätze und die Perspektive der Geistes- und Sozialwissenschaften, was aufgrund der inhärent ethischen und gesellschaftlichen Dimensionen des Gegenstandes kritisch zu sehen ist (Stoll-Kleemann et al. 2011, S. 28). iDiv verdeutlicht in diesem Zusammenhang, dass die Rolle der Biodiversität für kulturelle Dienstleistungen, mit Ausnahme des Ökotourismus in tropischen Wäldern und marinen Ökosystemen, ungenügend untersucht worden ist (dazu und zum Folgenden iDiv 2013, S. 184 ff.). Dafür verantwortlich ist die mangelnde Inter- und Transdisziplinarität, die darin zum Ausdruck kommt, dass Geistes- und Sozialwissenschaftler sehr selten in koordinierte Forschungsprogramme einge-

---

19  www.biodiversity-exploratories.de (20.5.2014)
20  Das 2011 lancierte »Bundesprogramm Biologische Vielfalt« des Bundesumweltministeriums soll die Umsetzung der NBS vorantreiben. Dafür wird ein jährliches Volumen von 15 Mio. Euro zur Verfügung gestellt. In Kooperation mit dem BMBF werden in diesem Kontext praxisorientierte Forschungsprojekte gefördert zu den Schwerpunktbereichen »Arten in besonderer Verantwortung Deutschlands«, »Hotspots der biologischen Vielfalt in Deutschland«, »Sichern von Ökosystemdienstleistungen« und zu weiteren Maßnahmen von besonderer repräsentativer Bedeutung (www.bmbf.de/foerderun gen/17645.php [20.5.2014]).
21  http://nachhaltiges-landmanagement.de/ (20.5.2014)
22  www.biodiversa.org (20.5.2014)
23  Das Programm für die EU-Projekte im Rahmen von »Horizon 2020« ist noch in *statu nascendi*, aber es kristallisieren sich zwei relevante Themenfelder heraus: (1) »Biodiversity and ecosystem services: drivers of change and causalities« sowie »More effective ecosystem restoration in the EU« (iDiv 2013, S. 195).

bunden sind. Weiterhin fällt auf, dass im Bereich der bereitstellenden Ökosystemleistungen zwar die experimentelle Datengrundlage für die Produktion von Nahrung, Futtermitteln oder Holz befriedigend ist, jedoch kaum Informationen zu anderen Naturprodukten, wie chemische Naturstoffe, Fasern, genetische Ressourcen oder Dekorationselemente, vorliegen. Teil dieses Problems ist es, dass sehr viele der von Naturwissenschaftlern gemessenen Variablen bislang noch nicht eindeutig einer Ökosystemleistung zugeordnet werden konnten – es gibt neben einem Datendefizit also auch ein semantisches Defizit. Die meisten naturwissenschaftlichen Experimente werden außerdem unter weitgehend konstanten Umweltbedingungen durchgeführt und beschränken sich auf die Beobachtung und Manipulation der Artenvielfalt, wodurch sowohl die Skalenabhängigkeit als auch die facettenreiche Komplexität des Forschungsproblems nur unzureichend abgebildet werden. Zusammenfassend lassen sich die folgenden Forschungslücken benennen (iDiv 2013, S. 6 u. 85 ff.):

1. koordinierte Forschungsprojekte, die Natur- sowie Geistes- und Sozialwissenschaftler gemeinsam durchführen;
2. Daten zur Prüfung der Gültigkeit experimenteller Ergebnisse auf größeren räumlichen und zeitlichen Skalen;
3. Studien, die den Einfluss von Störungen und Umweltveränderungen auf Ökosystemleistungen untersuchen und dabei ein breites Spektrum an Naturleistungen abdecken;
4. Untersuchungen zur Wirkung unterschiedlicher Facetten der Biodiversität (v. a. funktioneller und genetischer Diversität);
5. Modelle zur Prognose und Inwertsetzung von Zusammenhängen zwischen Biodiversität und Ökosystemleistungen auf verschiedenen Skalen und angesichts sich ändernder Umweltbedingungen.

Die stark fragmentierte Wissenschaftslandschaft im Bereich der Biodiversität stärker zu verschränken und zu vernetzen, ist vor diesem Hintergrund ein Anliegen, das sowohl auf nationaler als auch auf europäischer und internationaler Ebene als wichtig erachtet wird. In Deutschland zeigt sich das anhand der folgenden institutionellen Entwicklungen (adelphi 2012, S. 147 f.):

> 2009 wurde der Verein DIVERSITAS Deutschland e. V. gegründet, zu dessen Hauptaufgabe die »Förderung innovativer und interdisziplinär ausgerichteter Forschungsansätze und -infrastruktur« gehört.[24]
> Im Rahmen von DIVERSITAS Deutschland findet das Projekt »Netzwerkforum zur Biodiversitätsforschung Deutschland« (NeFo) statt. Seine Ziele sind, einen Überblick über die deutsche Forschungslandschaft zu gewinnen und die verschiedenen Forschungsakteure stärker untereinander und mit der Gesellschaft zu vernetzen.[25]

---

24  www.diversitas-deutschland.de (20.5.2014)
25  www.biodiversity.de (20.5.2014)

> Die DFG fördert seit dem 1. Oktober 2012 das interdisziplinäre Forschungs-
zentrum für integrative Biodiversitätsforschung (iDiv) Halle-Leipzig-Jena, das
sich zu einer »Drehscheibe der Biodiversitätsforschung entwickeln« soll.[26]

Diese und andere Verbünde sollen dazu beitragen, den interdisziplinären wissenschaftlichen Austausch zu verbessern, den Dialog mit der Öffentlichkeit zu fördern sowie Schnittstellen zwischen Wissenschaft und Politik zu etablieren (BMU
2007, S. 91). Dass die politikgerechte Bündelung, Aufbereitung und Vermittlung
von Wissensgrundlagen zu den vordringlichen Aufgaben der Biodiversitätsforschung gezählt wird, illustriert die für Biodiversität charakteristische Verzahnung
politischer und wissenschaftlicher Agenden. Derzeit wird auf verschiedenen Ebenen an einer noch stärkeren Integration dieser beiden Arenen gearbeitet (adelphi
2012, S. 153 f.): Auf europäischer Ebene treffen sich halbjährlich Wissenschaftler
und Politiker im Rahmen der European Platform for Biodiversity Research Strategy (EPBRS), um gemeinsam Forschungslücken zu identifizieren und Empfehlungen zur zukünftigen Ausrichtung der Forschungslandschaft auszuarbeiten. Im
Jahr 2009 resultierte daraus ein Konzept zur Entwicklung eines Network of
knowledge for biodiversity governance, das die Vermittlung und Bereitstellung
von wissenschaftlichem Wissen verbessern könnte (EPBRS 2009). Auf internationaler Ebene ist man diesem Ziel schon einen wesentlichen Schritt nähergekom-
men: 2012 wurde nach dem Vorbild des Intergovernmental Panel on Climate
Change (IPCC) und kontroversen Diskussionen der Weltbiodiversitätsrat (IPBES)
gegründet, zu dessen zentralen Aufgabe der Wissenstransfer zwischen Forschung,
Anwendung und Politik gehört. IPBES hat zu Beginn des Jahres 2013 seine Arbeit in Bonn aufgenommen.

---

## FAZIT                                                    6.

Die große Zahl an Indikatoren und Messparametern, mit denen man der biologischen Vielfalt Herr zu werden versucht, macht deutlich, dass es sich bei der
Biodiversität um keinen scharf abgrenzbaren Gegenstand handelt, sondern um
ein theoretisches Konstrukt mit äußerst unscharfen Konturen. Entsprechend gibt
es nicht *die* Biodiversität, sondern es lässt sich ein großes Spektrum an biodiversitätsrelevanten Dimensionen identifizieren, die wiederum je nach räumlich-
zeitlicher Skala und Ökosystem differenziert zu betrachten sind. Durch die aktuellen Ökonomisierungstendenzen im Naturschutz verschiebt sich der Fokus auf
die nutzenorientierten Aspekte von Ökosystemen. Für die Biodiversitätsforschung
ergeben sich dadurch neue methodische und – angesichts schwammiger Begriffe –
auch semantische Herausforderungen.

---

26  www.idiv-biodiversity.de (20.5.2014)

In Anbetracht der komplexen Wirkzusammenhänge in Ökosystemen bestehen noch viele Kenntnislücken, die geschlossen werden müssten, um eine valide' Grundlage für die Inwertsetzung von Biodiversität zu schaffen. Ziel wäre es, Modelle für die Praxis zu entwickeln, die in der Lage sind, eine sowohl unter Ökosystemleistungs- als auch Biodiversitätsaspekten optimierte Landnutzung zu ermitteln und gleichzeitig die dabei unvermeidlichen Unsicherheiten zu quantifizieren (dazu und zum Folgenden iDiv 2013, S. 200 ff.). Dazu sind neue Technologien, experimentelle Ansätze und Datenassimilationsstrategien erforderlich, da großskalige Datensynthesen aufgrund fehlender raumzeitlicher Bezüge in den Teildatensätzen keine kausale Analyse erlauben. Sie sind daher auch für die Weiterentwicklung von theoretischen Ansätzen und Modellen eher schlecht geeignet. Die wissenschaftliche Herausforderung besteht darin, ein adaptives, umfassendes und integriertes Beobachtungssystem zu entwickeln, das sowohl Biodiversität als auch Ökosystemleistungen und deren Interaktionen repräsentativ unter sich wandelnden Umweltbedingungen erfasst und damit die notwendige Weiterentwicklung der Grundlagenforschung befördert sowie auch die Modellentwicklung für die Praxis ermöglicht (Pereira et al. 2013). Ein solches Beobachtungssystem, das bislang nur in Ansätzen existiert, müsste u. a. die wichtigsten Ökosystemtypen, verschiedene Facetten der Biodiversität (strukturelle, funktionelle, genetische, phylogenetische etc.) und möglichst viele Kategorien von Ökosystemleistungen (darunter auch kulturelle) berücksichtigen. Von zentraler Bedeutung ist hierbei, dass jenseits einer ökologischen und ökonomischen Bewertung auch ethische und juristische Kriterien einfließen, um neben den quantitativen auch die qualitativen Aspekte der Natur und ihrer Nutzenkategorien adäquat aufgreifen zu können. Neben Ökologen und Ökonomen wären deshalb auch Juristen, Philosophen und Sozialwissenschaftler von Anfang an einzubeziehen.

Ein interdisziplinärer Diskurs ist nicht zuletzt deshalb wichtig, um die moralisch-normative Dimension, die mit Naturschutzfragen unausweichlich verknüpft sind, angemessen zu reflektieren. Eine allzu verengte Sichtweise, die Ökosysteme ausschließlich als »Leistungsträger« (Voigt 2013) wahrnimmt, übersieht, aus welch vielfältigen Gründen Menschen die Natur wertschätzen. Hier spielen u. a. soziokulturelle Prägungen hinein, die schwer durchschaubar sind und bei konkurrierenden Nutzungsansprüchen eine ausgewogene Abwägung schwierig machen können, sofern sie rein implizit bleiben.

# POLITISCH-RECHTLICHE RAHMENBEDINGUNGEN    III.

Das Feld der Biodiversitätspolitik entwickelte sich aus dem Naturschutz, der in Deutschland seit Beginn des 20. Jahrhunderts institutionell verankert ist. Lange Zeit beschränkten sich die diesbezüglichen Bemühungen auf den Artenschutz. Erst gegen Ende des 20. Jahrhunderts wurde Naturschutzpolitik zunehmend als Sektoren, Politikbereiche und staatliche Grenzen überschreitende Aufgabe begriffen. Dieser Wandel, der eng mit dem Aufkommen des Biodiversitätsbegriffs verknüpft war, mündete Anfang der 1990er Jahre in die Biodiversitätskonvention, das bis heute maßgebliche internationale Abkommen in diesem Bereich. Dank der Biodiversitätskonvention ist die Problematik des zunehmenden Biodiversitätsverlusts inzwischen auf allen Politikebenen anerkannt und Gegenstand zahlreicher Politikprogramme und -strategien (dazu und zum Folgenden Ekardt 2012, S. 70 f.). Diese wurden in den letzten Jahren immer wieder revidiert und an den Befund angepasst, dass trotz der zahlreichen Anstrengungen der Verlust der biologischen Vielfalt und die Degradation der Ökosysteme weiter voranschreitet. Dabei ist zu beobachten, dass die verfolgten Steuerungsansätze in zunehmendem Maße ökonomische Komponenten einbeziehen.

Außer Frage steht aber auch, dass die naturschutzpolitischen Regelungsbemühungen für sich genommen nicht zielführend sind, so ambitioniert sie auch sein mögen. Dies hat damit zu tun, dass viele weitere Politikfelder den Zustand von Natur und Landschaft maßgeblich tangieren – zu nennen sind etwa die Land- und Forstwirtschaftspolitik, die Verkehrspolitik oder die Klima- und Energiepolitik. In allen diesen (und verschiedenen anderen) Sektoren kommt eine Vielzahl ordnungsrechtlicher und/oder ökonomischer Instrumente zum Einsatz, die zwar auf den ersten Blick keinen direkten Biodiversitäts- oder Naturschutzbezug haben, sich dennoch aber auf die biologische Vielfalt auswirken, indem sie etwa den Flächenverbrauch oder die Art und Weise der Landnutzung beeinflussen. Klar ist deshalb, dass es sich beim Biodiversitätsschutz um eine ausgesprochene Querschnittsaufgabe handelt, die alle relevanten Politiksektoren einbeziehen sollte. Die Abgrenzung zwischen den einzelnen Regelungsbereichen ist oft alles andere als eindeutig, da es zu komplexen, sich verstärkenden wie kontraproduktiven Wechselwirkungen kommt.

Vor diesem Hintergrund hat das vorliegende Kapitel zum Ziel, die komplexen politisch-rechtlichen Rahmenbedingungen des Biodiversitätsschutzes zu beleuchten. In einem ersten Schritt werden dazu die wesentlichen biodiversitätspolitischen Entwicklungen der letzten Jahre vorgestellt, die sich infolge der Biodiversitätskonvention auf internationaler, europäischer und nationaler Ebene ergeben haben (Kap. III.1). Im zweiten Teil des Kapitels folgt ein grober Überblick über die nicht direkt naturschutzbezogenen Politikfelder (Kap. III.2), wobei hier der

Fokus auf die Land- und Forstwirtschaftspolitik, die Energie- und Klimapolitik sowie die Fischerei- und Meerespolitik gelegt wird, drei Bereiche, die aus Biodiversitätssicht von herausgehobener Bedeutung sind. Es werden jeweils die besonders relevanten Politikinstrumente identifiziert und in ihren wesentlichen Grundzügen sowie biodiversitätsbezogenen Wirkungen beschrieben, eine Aufgabe, die aus naheliegenden Gründen nur kursorisch erfolgen kann.

## NATURSCHUTZ- UND BIODIVERSITÄTSPOLITIK          1.

### UN-EBENE: DIE BIODIVERSITÄTSKONVENTION          1.1

1992 wurde im Rahmen der Konferenz der Vereinten Nationen für Umwelt und Entwicklung die Konvention über die biologische Vielfalt (Convention on Biological Diversity [CBD]) beschlossen (neben dem Klimarahmenabkommen [UNFCCC] und der Wüstenkonvention [UNCCD]). Mit heute 193 Vertragsparteien, darunter Deutschland und die EU, stellt sie das maßgebliche internationale Übereinkommen im Bereich des Biodiversitätsschutzes dar, das seit mehr als 20 Jahren den Takt in der globalen Biodiversitätspolitik vorgibt.

Die Biodiversitätskonvention war das erste Abkommen, das sich aus einer globalen und thematisch sehr breit gefassten Perspektive mit dem Problem der Zerstörung von Natur und Landschaft befasst hat. Erste Schritte in Richtung einer internationalen Naturschutzpolitik waren zwar bereits kurz nach dem Zweiten Weltkrieg erfolgt, als weltweit tätige Umwelt- und Naturschutzorganisationen wie die Weltnaturschutzunion (IUCN) auf den Plan traten (BfN 2012, S. 280). Die Konturen einer internationalen Naturschutzpolitik kristallisierten sich in den 1970er Jahren heraus. So wurde 1972, im Zuge der Konferenz der Vereinten Nationen über die Umwelt des Menschen (UNCHE) in Stockholm, das Umweltprogramm der Vereinten Nationen aus der Taufe gehoben. Es folgten etliche internationale Naturschutzabkommen wie die Welterbekonvention der UN-Organisation für Bildung, Wissenschaft und Kultur (UNESCO) von 1972, die Ramsar-Konvention zum Schutz der Feuchtgebiete (in Kraft seit 1975), das Washingtoner Artenschutzübereinkommen (CITES; in Kraft seit 1975) und die Bonner Konvention zur Erhaltung wandernder wild lebender Tierarten (in Kraft seit 1983) (Kasten).

Alle diese Abkommen bauten zwar auf der Erkenntnis auf, dass die Naturzerstörung nicht vor politischen Grenzen halt macht, beschränkten sich jedoch auf den Schutz spezifischer Arten oder Gebiete. Mit der Biodiversitätskonvention setzte ein grundlegender Paradigmenwechsel ein, indem erstmals die Biosphäre als facettenreiche Gesamtheit in den Blick genommen wurde, ein Perspektivenwechsel, der eng mit dem Auftauchen des Biodiversitätsbegriffs verknüpft war (Kap. II).

Dieser »umbrella term« machte es möglich, verschiedenste Naturschutzinteressen – »im Bewusstsein ... des Wertes der biologischen Vielfalt und ihrer Bestandteile in ökologischer, genetischer, sozialer, wirtschaftlicher, wissenschaftlicher,
erzieherischer, kultureller und ästhetischer Hinsicht« (Präambel) – unter dem
Dach eines völkerrechtlichen Abkommens zu vereinigen.

## MEILENSTEINE DER NATURSCHUTZ- UND BIODIVERSITÄTSPOLITIK

*1948*: Die Weltnaturschutzunion (IUCN), die seit 1963 die »Rote Liste gefährdeter Arten« herausgibt, wird in Frankreich gegründet.

*1975*: Das Washingtoner Artenschutzübereinkommen (CITES), das den Handel mit geschützten Tier- und Pflanzenarten regelt, tritt in Kraft.

*1992*: Die Konvention über die biologische Vielfalt (CBD) wird in Rio de Janeiro verabschiedet und von Deutschland ein Jahr später unterzeichnet. Sie
stellt die erste internationale Übereinkunft dar, in der sowohl Ursachen als
auch Ziele zur Bekämpfung des Verlusts von Biodiversität festgehalten werden.

*1992*: Auf europäischer Ebene tritt die Fauna-Flora-Habitat-Richtlinie
(FFH-Richtlinie) in Kraft, die zusammen mit der Vogelschutzrichtlinie zur
Schaffung des Schutzgebietsnetzes »Natura 2000« führt, das inzwischen
25.000 Naturschutzgebiete und damit 18 % der Landfläche der EU umfasst.

*1998*: Die EU verabschiedet ihre erste Biodiversitätsstrategie, die später durch
EU-Aktionspläne aus den Jahren 2001 und 2006 ergänzt wird.

*2007*: Die Bundesrepublik Deutschland beschließt ihre nationale Biodiversitätsstrategie, um die Vorgaben der CBD national umzusetzen.

*2010*: Im Rahmen der 10. Vertragsstaatenkonferenz der CBD (COP 10) werden die sogenannten Aichi-Ziele formuliert, welche 20 mittel- und langfristige
Ziele zum Erhalt und Schutz der biologischen Vielfalt bis 2020 umfassen.

*2011*: Die EU stellt die aktualisierte Biodiversitätsstrategie 2020 vor, welche
neue, realistisch erreichbare Ziele anstrebt: den Verlust der biologischen Vielfalt bis 2020 zu verlangsamen bei gleichzeitiger Wiederherstellung von 15 %
der gestörten Lebensräume.

Quelle: Hansjürgens et al. 2012, S. 102

Die Ziele der CBD (Art. 1) gehen weit über die bloße Bewahrung der biologischen Vielfalt hinaus und umfassen auch ökonomische und soziale Belange, nämlich die nachhaltige Nutzung ihrer Bestandteile sowie den gerechten Vorteilsausgleich aus der Nutzung genetischer Ressourcen (Tab. III.1).

TAB. III.1                        WESENTLICHE INHALTE DER BIODIVERSITÄTSKONVENTION

| Artikel | Inhalt |
|---------|--------|
| 8 | In-situ-Erhaltung |
| 9 | Ex-situ-Erhaltung |
| 10 | nachhaltige Nutzung von Bestandteilen der biologischen Vielfalt |
| 11 | Anreizmaßnahmen |
| 12 | Forschung und Ausbildung |
| 13 | Aufklärung und Bewusstseinsbildung in der Öffentlichkeit |
| 14 | Verträglichkeitsprüfung und möglichst weitgehende Verringerung nachteiliger Auswirkungen |
| 15 | Zugang zu genetischen Ressourcen |
| 16 | Zugang zur Technologie und Weitergabe von Technologie |
| 17 | Informationsaustausch |
| 18 | technische und wissenschaftliche Zusammenarbeit |
| 19 | Umgang mit Biotechnologie und Verteilung der daraus entstehenden Vorteile |
| 20 | finanzielle Mittel |
| 21 | Finanzierungsmechanismus |
| 22 | Verhältnis zu anderen völkerrechtlichen Übereinkünften |

Quelle: www.cbd.int/convention/text/default.shtml (1.12.2014)

Damit ist der ehrgeizige Anspruch verknüpft, die traditionelle Polarisierung von Schutz und Nutzung natürlicher Ressourcen im Sinne einer nachhaltigen Entwicklung zu überwinden. Dass es sich hierbei um einen schwierigen Balanceakt handelt, lässt sich bereits an den Argumentationsmustern des Konventionstextes ablesen: So wird in der Präambel der »Eigenwert der biologischen Vielfalt« hervorgehoben. Dies lässt laut Wolters (1995) auf ein ethisches Paradigma schließen, das den Naturschutz zu einer »moralischen Verpflichtung« erklärt und folglich von instrumentellen Erwägungen loslöst. Im Gegensatz dazu stehen jedoch wiederum Formulierungen im Hauptteil, in denen die Vertragsstaaten dazu aufgefordert werden, finanzielle Anreizmaßnahmen »für die Erhaltung und nachhaltige Nutzung von Bestandteilen der biologischen Vielfalt« zu beschließen (CBD, Art. 11 u. 20).

### STRUKTUR UND INSTITUTIONELLER RAHMEN DER CBD

Bei der CBD handelt es sich um ein völkerrechtliches Rahmenabkommen, das »in systematischer Weise relativ allgemeine Prinzipien, Programme und Leitlinien als Orientierungsrahmen für die nationale Politik« vorschreibt (Meyer et al. 1998, S. 214). Es billigt den Vertragsstaaten die Hoheit über die auf ihrem

Staatsgebiet befindliche biologische Vielfalt zu (Art. 3), verpflichtet sie gleichzeitig aber auch dazu, ein System von Schutzgebieten einzurichten (Art. 8) sowie »nationale Strategien, Pläne oder Programme zur Erhaltung und nachhaltigen Nutzung der biologischen Vielfalt [zu] entwickeln« (Art. 6). Die entsprechenden Grundsätze sind jedoch so allgemein gehalten und spannen ein so breites Themenspektrum auf, dass sie der weiteren Ausformulierung und fortlaufenden Konkretisierung bedürfen. Zu diesem Zweck findet alle zwei Jahre eine Vertragsstaatenkonferenz (»Conference of the Parties« [COP]) statt, auf der der bisherige Umsetzungsprozess überprüft und das zukünftige Arbeitsprogramm festgelegt wird (Meyer et al. 1998, S.216). Die Vertragsstaatenkonferenz, auf der alle Vertragsstaaten und die EU mit einer Stimme vertreten sind, bildet das eigentliche Beschlussorgan der CBD (Korn 2004, S.36). Ein wesentliches Ergebnis dieser Zusammenkünfte sind die sogenannten Protokolle, eigenständige Abkommen, die der Regulierung konkreter Themenfelder dienen. So befasst sich das Cartagena-Protokoll von 2003 mit der Problematik der biologischen Sicherheit, während das Nagoya-Protokoll von 2010 spezifische Regelungen für den Zugang zu genetischen Ressourcen und den gerechten Vorteilsausgleich formuliert. Die nationale Souveränität der Vertragsstaaten bleibt im Verhandlungsprozess aber immer gewahrt, zum einen, weil die COP-Beschlüsse im Konsensprinzip zu fassen sind, und zum anderen, weil die beschlossenen Protokolle dem Ratifikationsvorbehalt unterliegen.

Eingebettet ist dieser fortlaufende Verhandlungs- und Umsetzungsprozess in einen institutionellen Rahmen, dessen Struktur in den Grundzügen bereits im Konventionstext angelegt und auf den folgenden Vertragsstaatenkonferenzen weiter ausbuchstabiert wurde (Abb. III.1). So verfügt die CBD über[27]

> ein ständiges Sekretariat, das in Montreal angesiedelt ist und administrative und organisatorische Aufgaben übernimmt, vor allem die Durchführung der Vertragsstaatenkonferenzen;
> einen wissenschaftlich-technischen Ausschuss (SBSTTA), der die Umsetzung der Konvention wissenschaftlich fundieren und politische Entscheidungen vorbereiten soll. Zu den Aufgaben des SBSTTA gehören u.a., den Zustand der Biodiversität sowie mögliche Auswirkungen geplanter Maßnahmen zu beurteilen und die dafür erforderlichen Methoden weiterzuentwickeln (Art. 25 der CBD);
> einen Mechanismus zur Förderung der wissenschaftlichen und technischen Zusammenarbeit zwischen den Vertragsparteien, den sogenannten »clearinghouse mechanism« (CHM) (Art. 18). Der CHM besteht im Kern aus einer verteilten Informations- und Kommunikationsplattform, die dem Datenaustausch, dem Kapazitätsaufbau und der strategischen Vernetzung auf interna-

---

27   zum Folgenden www.bfn.de/0304_struktur_cbd.html#c107597 (20.5.2014)

tionaler Ebene dient. Zur nationalen Umsetzung der Biodiversitätsstrategie wurden nationale CHM eingerichtet, so auch in Deutschland;
> einen Finanzierungsmechanismus, um die Entwicklungs- und Schwellenländer bei der Erfüllung ihrer Verpflichtungen, die sich aus der Konvention ergeben, finanziell zu unterstützen (Art. 20 u. 21). Die dafür erforderlichen finanziellen Mittel werden hauptsächlich von den Industrieländern gestellt. Die bei der Weltbank angesiedelte Globale Umweltfazilität (Global Environment Facility [GEF]) ist mit der Aufgabe betraut, die Mittel zu verwalten und ihre Verteilung zu koordinieren.

---

**ABB. III.1**                                        **GRUNDSTRUKTUR DER CBD**

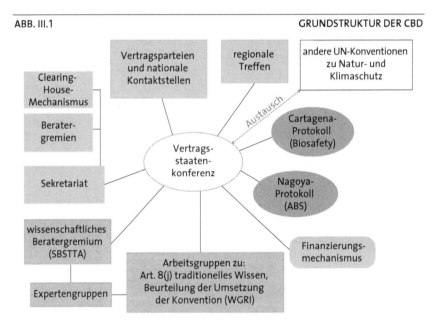

Quelle: nach www.bfn.de/0304_struktur_cbd.html (20.5.2014)

### GRUNDPROBLEME UND UMSETZUNGSDEFIZITE DER CBD

Seit der ersten Vertragsstaatenkonferenz im Jahr 1994 auf den Bahamas prägt das Spannungsfeld von Schutz und Nutzung der Biodiversität den Verlauf der Verhandlungen (dazu und zum Folgenden adelphi 2012, S. 17 f.). Dabei zeigt sich bis heute ein deutlicher Interessengegensatz zwischen den »biodiversitätsarmen, aber technologisch entwickelten Ländern des industrialisierten Nordens« (Görg 1999, S. 291), die ein starkes Interesse an der Aneignung biologischer Ressourcen und deshalb an ihrer Erhaltung haben, und den südlichen Entwicklungsländern, die über diese Ressourcen in größerem Umfang verfügen, zu deren Erhaltung und Nutzung aus technologischen sowie finanziellen Gründen aber nur ungenügend in der Lage sind (Jessel 2012, S. 25). Streit hat sich immer wieder an der Frage entzündet, wie dieser Balanceakt konkret auszutarieren ist, sei es durch den Schutz geistiger Eigentumsrechte, durch Auflagen für die biotechnologische Industrieforschung oder durch Technologietransfer und Kapazitätsaufbau. Die Verfahrensregeln der Konvention, die einstimmige Beschlussfassungen (Konsensprinzip), aber keine Sanktionsmechanismen vorsehen, tragen zusätzlich dazu bei, dass sich der Interessenausgleich sehr kompliziert gestaltet – umso mehr, als die USA, die das Abkommen zwar unterzeichnet, aber nicht ratifiziert haben, über eine einflussreiche Sonderrolle verfügen. Bei den Vertragsstaatenkonferenzen sind sie gemäß Artikel 24 der Konvention als Beobachter anwesend, ohne an die dort gefassten Beschlüsse gebunden zu sein.

Dass die mit den weit gefächerten, aber sehr unkonkreten Zielsetzungen der CBD verbundenen Einzelinteressen schwierig in politischen Einklang zu bringen sind, wurde schon früh erkannt. Bereits auf der COP 2 in Jakarta wurde mit dem »ökosystemaren Ansatz« deshalb ein konzeptioneller Handlungsrahmen skizziert, der das Spannungsfeld zwischen Erhaltung und nachhaltiger Nutzung entschärfen sollte. Gemäß dem ökosystemaren Ansatz sind Mensch und Natur als Ganzheit zu begreifen, die in enger und beständiger Wechselwirkung stehen. Soziale, ökonomische und ökologische Aspekte des Naturschutzes lassen sich folglich nicht mehr auseinanderdividieren und sind in einen ganzheitlichen Managementansatz zu integrieren (Jessel 2012, S. 25). Zur Operationalisierung dieses konzeptionellen Rahmens wurden auf der COP 5 zwölf Grundsätze formuliert (die sogenannten Malawi-Prinzipien), die jedoch immer noch als »zu vage« gelten, »um eine hinreichend konkrete Richtschnur für die operative Ebene abzugeben« (Jessel 2012, S. 25). Diese Schwierigkeiten hängen sicherlich grundsätzlich mit dem »schwer bestimmbaren Symbolbegriff« (Jessel 2012, S. 23) Biodiversität zusammen sowie dem derzeitigen Mangel an Wissen und Methoden, diesen zu objektivieren (Kap. II.2). Bemängelt wird in diesem Zusammenhang aber auch die Rolle des wissenschaftlichen Beratungsgremiums SBSTTA, dem immer wieder eine allzu starke Nähe zur Politik vorgeworfen worden ist (Vadrot et al. 2010). Um die Wissensgrundlage für politische Entscheidungen zu verbessern, wurde deshalb kürzlich der Weltbiodiversitätsrat (IPBES) gegründet, der am 12. April 2012 in Bonn seine Arbeit aufnahm. IPBES soll analog zum IPCC die Schnittstelle zwischen Wissenschaft und Politik verbessern. Pläne, den in der Folge weitgehend überflüssig werdenden SBSTTA aufzulösen, gibt es bislang nicht. Dies macht auf ein weiteres Grundproblem der CBD aufmerksam: die schiere Größe und Komplexität des Verwaltungsapparates, der mit einem enormen finanziellen Aufwand verbunden ist (adelphi 2012, S. 60).

Die Umsetzung der CBD wird außerdem durch unscharfe Abgrenzungen zu anderen völkerrechtlichen Institutionen und Abkommen erschwert, die durch das breite Themenspektrum der CBD bedingt sind (dazu und zum Folgenden adelphi 2012, S. 57 ff.). So ergeben sich nicht nur vielfältige Überlappungen mit anderen

Naturschutz- und Umweltabkommen (etwa UNFCCC oder CITES), sondern etwa auch mit dem Handelsregime TRIPS (Trade-Related Aspects of Intellectual Propery Rights) der Welthandelsorganisation (WTO), das in einem grundsätzlichen Spannungsverhältnis zur CBD steht (BMZ 2008, S. 9). TRIPS regelt handelsbezogene Aspekte der Rechte am geistigen Eigentum und zielt dabei auf die Liberalisierung des Marktes u. a. auch in Bezug auf den Handel mit natürlichen genetischen Ressourcen (WTO 1994, Annex 1c, Art. 27), während die CBD den fairen und gerechten Vorteilsausgleich im Blick hat.

Die mangelnde Harmonisierung internationaler Vereinbarungen sowie die Zersplitterung der globalen Umweltgovernance in eine Vielzahl institutioneller Zuständigkeiten sind sicher auch Gründe dafür, dass »zwischen Anspruch und Wirklichkeit« der Konvention (Jessel 2012) weiterhin eine große Lücke klafft. Endgültig mussten dies die Vertragsstaaten im Rahmen der COP 10 zur Kenntnis nehmen, als die Ergebnisse des GBO 3 veröffentlicht wurden. Der GBO 3 legte offen, dass das 2010-Ziel, zu dessen Umsetzung sich die Vertragsstaaten im April 2002 verpflichtet hatten und das eine signifikante Reduktion der Biodiversitätsverlustrate auf globaler, regionaler und nationaler Ebene bis 2010 vorsah, definitiv nicht erreicht worden war (adelphi 2012, S. 57). Vor diesem Hintergrund wurde der »Strategische Plan 2011–2020« entwickelt, der im Wesentlichen die strategischen und konkreten Kernziele zur Umsetzung der CBD spezifizierte und ausformulierte (sogenannte »Aichi Biodiversity Targets«) (Ekardt 2012, S. 71).

## STRATEGISCHER PLAN 2011 BIS 2020                          1.1.1

Der »Strategische Plan 2011–2020« wurde 2010 auf der 10. Vertragsstaatenkonferenz (COP 10) in Nagoya verabschiedet und enthält neben der Vision »Leben im Einklang mit der Natur« sowie der Mission »Eindämmung des Verlusts der Biodiversität« fünf übergeordnete strategische Ziele (»strategic goals«), die durch 20 Kernziele (Aichi-Ziele) konkretisiert wurden (dazu und zum Folgenden Ekardt 2012, S. 71 ff.). Insgesamt wird das Bemühen deutlich, aus bisherigen Fehlern zu lernen und sich nach dem Scheitern des diffusen 2010-Ziels stärker als bislang an quantifizierbare und damit überprüfbare Zielvorgaben zu halten, was jedoch auch die Mobilisierung von beträchtlichen finanziellen Ressourcen erforderlich macht.[28] Gleichzeitig greift der »Strategische Plan 2011–2020« verstärkt Nutzungsaspekte auf (Jessel 2012, S. 26) und setzt damit den

---

28  Konkrete Entscheidungen zur kritischen Finanzierungsfrage wurden auf der COP 10 nicht getroffen, sondern auf die COP 11 vertagt.

ökonomischen Perspektivenwechsel fort, der auf UN-Ebene mit den TEEB-Berichten eingeleitet worden ist.[29]

Auf das dort eingeforderte Mainstreaming der ökonomischen Bedeutung von Biodiversität und Ökosystemleistungen nehmen die eher allgemein gehaltenen Zielformulierungen des *Strategischen Ziels A* (»Bekämpfung der Ursachen des Rückgangs der biologischen Vielfalt durch ihre durchgängige Einbeziehung in alle Bereiche des Staates und der Gesellschaft«) Bezug. Es findet sich u.a. die Auflage, den Wert der biologischen Vielfalt stärker in nationale Entwicklungs- und Planungsprozesse und volkswirtschaftliche Gesamtrechnungen einzubeziehen. Außerdem wird eine Reform der politischen Steuerungsansätze angemahnt, die den Ab- und Umbau biodiversitätsschädlicher Anreize und Subventionen sowie die Implementierung positiver Anreize zur Förderung der Erhaltung und nachhaltigen Nutzung der biologischen Vielfalt einschließt.

Ausdrücklich quantitative und qualitative Zielvorgaben finden sich unter dem *Strategischen Ziel B* (»Abbau der auf die biologische Vielfalt einwirkenden unmittelbaren Belastungen und Förderung einer nachhaltigen Nutzung«). Dazu gehört unter anderem die Reduktion der Verlustrate aller natürlichen Lebensräume mindestens um die Hälfte und, soweit möglich, auf nahe null sowie die erhebliche Verringerung ihrer Verschlechterung und Fragmentierung. Außerdem sollen bis 2020 alle für die Landwirtschaft, Aquakultur und Forstwirtschaft genutzten Flächen unter Gewährleistung des Schutzes der biologischen Vielfalt nachhaltig bewirtschaftet und die Verschmutzung der Umwelt (u.a. durch überschüssige Nährstoffe) wieder auf ein für die ökosystemare Funktionstüchtigkeit und die biologische Vielfalt unschädliches Niveau gebracht werden.

Auch unter dem *Strategischen Ziel C* (»Verbesserung des Zustands der biologischen Vielfalt durch Sicherung der Ökosysteme und Arten sowie der genetischen Vielfalt«) finden sich konkrete quantitative Ziele: So sollen bis 2020 mindestens 17 % der Land- und Binnenwassergebiete und 10 % der Küsten- und Meeresgebiete, insbesondere Gebiete von besonderer Bedeutung für die biologische Vielfalt und für die Ökosystemleistungen, durch effektiv und gerecht gemanagte, ökologisch repräsentative und gut vernetzte Schutzgebietssysteme und andere wirksame gebietsbezogene Erhaltungsmaßnahmen geschützt und in die umgebende (terrestrische/marine) Landschaft integriert worden sein. Das Aussterben bekanntermaßen bedrohter Arten soll unterbunden und ihre Erhaltungssituation, vor allem die der am stärksten im Rückgang begriffenen Arten, verbessert und stabilisiert werden.

---

29 Eine Übersetzung der Inhalte des »Strategischen Plans 2011–2020« für den Erhalt der Biodiversität findet sich auf der Homepage des BfN unter www.bfn.de/0304_2010 ziel.html (25.10.2012); darauf beruht die folgende Zusammenfassung.

Das *Strategische Ziel D* (»Mehrung der sich aus der biologischen Vielfalt und den Ökosystemleistungen ergebenden Vorteile für alle«) wird unter anderem durch die Vorgabe spezifiziert, dass bis 2020 die Ökosysteme, die wesentliche Leistungen bereitstellen, wiederhergestellt und gesichert worden sein sollen. Des Weiteren sollen bis zu diesem Zeitpunkt auch die Widerstandsfähigkeit der Ökosysteme und der Beitrag der biologischen Vielfalt zu den Kohlenstoffvorräten durch Erhaltungs- und Wiederherstellungsmaßnahmen (einschließlich der Wiederherstellung von mindestens 15 % der geschädigten Ökosysteme) erhöht und somit ein Beitrag zur Abschwächung des Klimawandels und zur Anpassung daran sowie zur Bekämpfung der Wüstenbildung geleistet worden sein.

Schließlich enthält das *Strategische Ziel E* (»Verbesserung der Umsetzung durch partizipative Planung, Wissensmanagement und Kapazitätsaufbau«) Konkretisierungen zur Implementierung von Biodiversitätsstrategien durch die Vertragsparteien, zur Berücksichtigung der Interessen indigener Gemeinschaften, zu Wissensgenerierung und »capacity building« sowie zur Mobilisierung finanzieller Mittel für die Umsetzung des »Strategischen Plans 2011–2020«.

## AKTUELLE ENTWICKLUNGEN AUF UN-EBENE                    1.1.2

Mit der Konferenz der Vereinten Nationen über nachhaltige Entwicklung (Rio de Janeiro, 20. bis 22. Juni 2012) und der 11. Vertragsstaatenkonferenz (COP 11) der CBD (Hyderabad) fanden im Jahr 2012 zwei Konferenzen statt, von denen wichtige Weichenstellungen für die internationale Biodiversitätspolitik zu erwarten waren.

### BIODIVERSITÄT AUF DER RIO+20-KONFERENZ

Zentrales Konferenzthema von Rio+20 war neben institutionellen Fragen der Wandel zu einer sogenannten»grünen Ökonomie«, jedoch nicht die Biodiversitätsproblematik an sich (dazu und zum Folgenden adelphi 2012, S. 36 ff.). Dies lag unter anderem darin begründet, dass die beim UN-Nachhaltigkeitsgipfel 1992 beschlossenen Konventionen, einschließlich der CBD, auf Rio+20 ausgeklammert werden sollten, um ein möglichst eng begrenztes Themenfeld fokussiert verhandeln zu können. Dennoch fand auch der Biodiversitätsschutz als wichtiges Element einer nachhaltigen Entwicklung seinen Widerhall. Im Abschlussdokument »The Future We Want« gibt es ein eigenständiges Kapitel zur Biodiversität (Art. 197 bis 204), das sich mit den verschiedenen Dimensionen des Themas auseinandersetzt. Der Text bestätigt den intrinsischen Wert der biologischen Vielfalt und deren ökologische, genetische, soziale, wirtschaftliche, ästhetische Relevanz. Explizit wird auf die wichtige Rolle verwiesen, die Biodiversität bei der Erhaltung von Ökosystemen spielt. Außerdem wird vor den schweren und irreversiblen Schäden für heutige und zukünftige Generationen gewarnt, die mit einem weiter gehenden Verlust von biologischer Vielfalt einhergehen würden.

Von diesen negativen Entwicklungen seien zuallererst indigene Völker und lokale Gemeinschaften betroffen, deren Leben am direktesten von einer intakten biologischen Vielfalt abhänge.

Auf die Biodiversitätsproblematik wird darüber hinaus an verschiedenen weiteren Stellen des Abschlussdokuments verwiesen (dazu und zum Folgenden adelphi 2012, S. 40 f.).[30] Während die Verbindungen zum zentralen Konferenzthema der »grünen Ökonomie« erstaunlich schwach ausgeprägt sind (Art. 61), nimmt die biologische Vielfalt mit Blick auf die Entscheidungen zum Schutz der Ozeane einen umso größeren Stellenwert ein (Art. 158 bis 177). Der relevante Absatz betont die Notwendigkeit, eine Balance zwischen der wirtschaftlichen Nutzung der Ozeane und ihrer Ressourcen sowie dem Schutz der maritimen biologischen Vielfalt zu finden, und hebt den Schutz der Biodiversität außerhalb nationaler Grenzen (in internationalen Gewässern) als besondere Herausforderung hervor.[31]

Mit Blick auf konkrete Umsetzungen bleibt das Dokument jedoch vage und schafft kein wirkliches Momentum für einen engagierteren Biodiversitätsschutz (dazu und zum Folgenden adelphi 2012, S. 39). Das Mainstreaming der Berücksichtigung von sozioökonomischen Biodiversitätsfaktoren soll zwar in den relevanten politischen Programmen und Maßnahmen vorangetrieben werden, allerdings mit dem Verweis auf »Übereinstimmung mit nationalen Gesetzen, Bedingungen und Prioritäten« – in der UN-Terminologie ein Hinweis darauf, dass mit Blick auf die praktische Umsetzung die Souveränität der Nationalstaaten gewahrt werden soll. Im Gegensatz zu neuen bindenden Regeln auf multilateraler Ebene sollen internationale Kooperationen und Partnerschaften gefördert werden, wie sie im Kontext der UN-Dekade zu Biodiversität 2011–2020 angedacht wurden. In diesem Zusammenhang wurde von der CBD bereits eine Onlineplattform eingerichtet, welche den Austausch über Aktivitäten von Ländern und Institutionen zur Sensibilisierung und zum Mainstreaming des Schutzes der Biodiversität ermöglichen soll.[32]

---

30  so im Zusammenhang mit den Themenkomplexen Landwirtschaft (Art. 111), Tourismus (Art. 130), Desertifizierung (Art. 205), Berge (Art. 212), Bergbau (Art. 228) und Technologie (Art. 275)

31  In diesem Kontext verweist das Rio+20-Dokument auf die laufende Arbeit einer informellen Arbeitsgruppe der UN-Generalversammlung, welche sich mit diesem Thema auseinandersetzt. Aufbauend auf den Arbeiten der Arbeitsgruppe soll die Generalversammlung das Thema als dringendes Traktandum in seiner 69. Session behandeln und bis Ende 2014 eine Entscheidung zur Entwicklung eines internationalen Instruments zum Schutz maritimer Biodiversität in internationalen Gewässern unter dem Seerechtsübereinkommen der »United Nations Convention on the Law of the Sea« (UNCLOS) treffen (Art. 162).

32  www.cbd.int/2011-2020 (20.5.2014)

Interessant ist der Vergleich der Textpassagen zu Biodiversität zwischen Zero Draft und Abschlussdokument (dazu und zum Folgenden adelphi 2012, S. 39). Deutlich wird, dass ökonomische Begrifflichkeiten im Kontext des Biodiversitätsschutzes noch keine durchgehende Akzeptanz finden. So wurde der Begriff der »ecosystem services«, welcher im Text des Zero Drafts noch zu finden war, im Text des Abschlussdokuments entfernt und durch die Umschreibung »ecosystems that provide essential services« ersetzt. Der Ausdruck »payments for ecosystem services«, welcher in vielen Texteingaben von Industrieländern, dem Privatsektor und einigen NGOs enthalten war, ist dagegen weder im Zero Draft noch im Abschlussdokument zu finden (UN-GA 2012).

### ERGEBNISSE DER 11. VERTRAGSSTAATENKONFERENZ DER CBD

Zuoberst auf der Agenda der COP 11 (8. bis 19. Oktober 2012 in Hyderabad) stand die Mobilisierung von finanziellen Ressourcen bis zum Jahr 2020, um die Umsetzung des »Strategischen Plans 2011–2020« und der entsprechenden Aichi-Ziele sicherzustellen (dazu und zum Folgenden adelphi 2012, S. 60 f.). Nach zähen Verhandlungen einigten sich die Staaten in letzter Minute darauf, dass die Geberländer ihre Naturschutzhilfen an Entwicklungsländer bis zum Jahr 2015 auf 7,7 Mrd. Euro verdoppeln (im Vergleich zum Durchschnittsniveau der Jahre 2006 bis 2010). Der Beitrag der Bundesrepublik wird sich dabei im Rahmen der auf der COP 9 gemachten Zusage der Bundeskanzlerin bewegen, ab 2013 jährlich 500 Mio. Euro für den Schutz der Wälder und weiterer Ökosysteme bereitzustellen.[33] Im Gegenzug verpflichteten sich die Entwicklungsländer zu einer effektiveren Verwendung der Mittel und zu einer Erhöhung der eigenen Finanzierung für Belange der Biodiversität. Die Verhandlungen zur Finanzierung waren schwierig, vor allem da Brasilien sich lange weigerte, seine Selbstverpflichtung bei der Finanzierung von Naturschutzausgaben anzuerkennen. Aus diesem Grund wurden seitens der Industriestaaten keine über das Jahr 2015 hinausgehenden Versprechen zur Steigerung des Budgets gemacht. Über Finanzierungsfragen hinaus kam die Konferenz zum Ergebnis, eine regelmäßige Berichtspflicht in Bezug auf die Einrichtung neuer Schutzgebiete und den Abbau umweltschädlicher Subventionen einzuführen (beides vor dem Hintergrund der 2020-Ziele) sowie ein Schutzgebietsnetz in internationalen Gewässern etablieren zu wollen. Als Erfolg der Konferenz ist weiterhin zu werten, dass Brasilien seine Forderung, Biodiversitätsbelange aus der Klimapolitik fernzuhalten, nicht durchsetzen konnte.

---

33  Es handelt sich hierbei um Mittel, die vom BMU und BMZ erbracht werden und hauptsächlich Projekten im Rahmen der »Life-Web-Initiative« zugute kommen sollen (Bundesregierung 2010, S. 8). Von 2009 bis 2011 leistete die Bundesrepublik bi- und multilaterale Zahlungen in der Höhe von insgesamt 1,05 Mrd. Euro (2009: 250 Mio. Euro; 2010: 300 Mio. Euro; 2011: 501 Mio. Euro) zum Schutz von Wäldern und Ökosystemen (Bundesregierung 2012a, S. 6). Die Abgrenzung zwischen klimaschutz- und biodiversitätsspezifischen Zahlungen ist dabei nicht eindeutig.

Seit der COP 9 der CBD ist ein wachsendes politisches Interesse an ökonomischen Ansätzen sowie neuen und innovativen Finanzierungsmechanismen zu beobachten, das auch auf der COP 11 deutlich zum Ausdruck kam (dazu und zum Folgenden adelphi 2012, S. 61 ff.). Die TEEB-Studie (Kap. II.4.2) spielte im Laufe der Verhandlungen eine prominente Rolle, so etwa bei der Frage, wie Unternehmen stärker in die Umsetzung der nationalen Biodiversitätspläne einbezogen werden können und wie es gelingen kann, die ökonomische Bedeutung der Biodiversität und von Ökosystemleistungen stärker in Unternehmensaktivitäten zu integrieren. Auch das UN-Umweltprogramm (UNEP) verweist in einer Pressemeldung auf die TEEB-Studie und deren Handlungsempfehlungen, die eine Bandbreite an praktischen Hilfestellungen zur Integration des ökonomischen, sozialen und kulturellen Wertes von Ökosystemen in nationale Biodiversitätspläne bereitstellen würden (CBD Secretariat 2012). Der Ruf nach neuen Marktmechanismen sowie nach verstärkter Bewertung und Bilanzierung des Naturkapitals wurde zwar von einer großen Mehrheit der Staaten getragen (insbesondere von der EU), barg jedoch auch einiges Konfliktpotenzial. Vor allem die ALBA-Gruppe,[34] ein Zusammenschluss lateinamerikanischer und karibischer Staaten, wandte sich im Laufe der Verhandlungen (wie schon in den Verhandlungen zu Rio+20 und zu IPBES) massiv gegen den Ökonomisierungstrend, den sie als Motor für eine Kommodifizierung der Natur und eine zweite Kolonialisierung ansieht (siehe zum politischen Diskurs Kap. VII).

## EUROPÄISCHE EBENE          1.2

Die zentralen Eckpfeiler der europäischen Naturschutzpolitik stammen in ihren Grundzügen noch aus der Zeit vor der Biodiversitätskonvention: Es handelt sich um die Vogelschutzrichtlinie vom 2. April 1979,[35] eines der ältesten naturschutzrechtlichen Gemeinschaftsregelwerke (Ekardt 2012, S. 81), sowie die Flora-Fauna-Habitat-Richtlinie (FFH-Richtlinie), die am 21. Mai 1992, also kurz vor der Rio-Konferenz der Vereinten Nationen über Umwelt und Entwicklung, in Kraft getreten ist. Während sich die Vogelschutzrichtlinie spezifisch auf die Erhaltung der wild lebenden Vogelarten bezieht, die im europäischen Gebiet heimisch sind (einschließlich Zugvögel), wird mit der wesentlich breiter angelegten FFH-Richtlinie ein »günstiger Erhaltungszustand der natürlichen Lebensräume und wild lebender Tier- und Pflanzenarten von gemeinschaftlichem Interesse« (Art. 2) angestrebt (Ekardt 2012, S. 81 f.) – mit dem expliziten und bereits an die

---

34  Zu dem politischen und wirtschaftlichen Bündnis der ALBA-Staaten (Alianza Bolivariana para los Pueblos de Nustra América – Tratado de Comercio de los Pueblos) gehören Antigua und Barbados, Bolivien, Dominica, Ecuador, Kuba, Nicaragua, St. Vincent und die Grenadinen sowie Venezuela.
35  Eine kodifizierte Fassung (Richtlinie 2009/147/EG) vom 30. November 2009 trat am 15. Februar 2010 in Kraft.

CBD angelehnten Ziel, »die Erhaltung der biologischen Vielfalt zu fördern« (Präambel). Erreicht werden soll dies mit einem strikten Schutzregime, das (wie die Vogelschutzrichtlinie) zum einen artenschutzrechtliche Bestimmungen enthält, zum anderen aber auch Regelungen zum Biotopschutz (Ekardt 2012, S. 81 f.). Letztere beziehen sich auf die in den Anhängen aufgeführten 231 Lebensraumtypen (Anhang I; davon 91 in Deutschland) und ca. 1.000 Arten (Anhang II, davon 139 in Deutschland), die jeweils von europaweiter Bedeutung sind und für die demnach besondere Schutzgebiete (FFH-Gebiete) zu errichten sind (BfN 2012, S. 165). Diese bilden zusammen mit den Vogelschutzgebieten das europäische Schutzgebietsnetz »Natura 2000«, das mit über 25.000 unter Schutz stehenden Gebieten (davon 5.000 in Deutschland) weltweit ohne Vergleich ist (BMU 2011, S. 4).

Die Vogelschutz- und FFH-Richtlinie gehören zu den ordnungsrechtlichen Instrumenten und sind mithin primär dem klassischen Schutzgedanken verhaftet, der mögliche Zielkonflikte zwischen Schutz und Nutzung der Natur durch die Etablierung eines strengen naturschutzpolitischen Schutzregimes zu lösen sucht. Schützenswerte Gebiete und Arten sollen also möglichst der Nutzung entzogen werden. Die Europäische Union greift damit weitreichend in den Naturschutz der Mitgliedstaaten ein. Diese sind nicht nur zur Ausweisung besonders geschützter Natura-2000-Gebiete verpflichtet, sondern auch zu aufwendigen Monitoring- und Managementmaßnahmen, die einen günstigen Erhaltungszustand der schützenswerten Arten und Biotope sicherstellen sollen (Ekardt 2012, S. 81 f.). Wirtschaftliche Eingriffe in FFH-Gebiete sind verboten, wenn aufgrund einer speziellen Prüfung (der sogenannten FFH-Verträglichkeitsprüfung) erhebliche Beeinträchtigungen der relevanten Erhaltungsziele des gemeldeten FFH-Gebiets zu erwarten sind (dazu und zum Folgenden Ekardt 2012, S. 82). Ausnahmen sind nur in Einzelfällen erlaubt, nämlich dann, wenn zwingende Gründe des überwiegenden öffentlichen Interesses dies erfordern, keine zumutbaren Alternativen gegeben sind und die Kohärenz der betroffenen Schutzgebiete durch kompensierende Maßnahmen gewahrt werden kann. Aufgrund dieser strengen Auflagen gilt die FFH-Richtlinie (wie auch die korrespondierende Vogelschutzrichtlinie) als zentrales Instrument der europäischen Naturschutzpolitik, das insbesondere zur Implementierung der von Artikel 8 der CBD geforderten In-situ-Erhaltung geeignet ist (Verschuuren 2002, S. 266).

Seit einigen Jahren ist aber auch auf europäischer Ebene zu beobachten, dass der Natur- und Biodiversitätsschutz verstärkt in nutzenorientierte und ökonomische Zusammenhänge gestellt wird – den Entwicklungen auf UN-Ebene und den Empfehlungen der (von der Europäischen Kommission mit initiierten) TEEB-Studie Rechnung tragend (Hansjürgens et al. 2012, S. 105). Bereits die EU-Wasserrahmenrichtlinie (WRRL) aus dem Jahr 2000, die ein Verschlechterungsverbot der Gewässer vorschreibt und deren guten ökologischen und chemischen Zustand zum Ziel hat, sieht ökonomische Analysen und Bewertungen vor (WRRL, Art. 5

Abs. 1 und Art. 9), um die Effizienz von geplanten Wassernutzungen und Bewirtschaftungspläne abschätzen zu können. Den vorläufigen Kulminationspunkt dieser Entwicklung bildet die »EU-Biodiversitätsstrategie 2020«, die von der Europäischen Kommission im Mai 2011 vorgelegt wurde.

## EU-BIODIVERSITÄTSSTRATEGIE

Die Europäische Union (EU) ist wie alle ihre Mitgliedstaaten Vertragspartei der CBD und damit aufgefordert, strategische Zielformulierungen zum Schutz der Biodiversität zu erlassen. Eine erste Biodiversitätsstrategie verabschiedete die EU im Jahre 1998, später kamen ergänzende Aktionspläne hinzu: 2001 zur Erhaltung der biologischen Vielfalt im Rahmen der Wirtschafts- und Entwicklungszusammenarbeit, zur Erhaltung der biologischen Vielfalt in der Fischerei und zur Erhaltung der biologischen Vielfalt in der Landwirtschaft (EK 2001) und 2006 schließlich der umfassende Aktionsplan zur Erhaltung der biologischen Vielfalt (EK 2006). Letzterer bündelte erstmals Maßnahmen aus allen Politikfeldern und war ganz auf das übergeordnete und international verpflichtende Ziel ausgerichtet, dem Biodiversitätsverlust bis zum Jahr 2010 und darüber hinaus Einhalt zu gebieten (Ekardt 2012, S. 73). Der Aktionsplan zur Biodiversität von 2006 legte vier zentrale Politikbereiche fest (»Biologische Vielfalt in der EU«, »Die EU und die weltweite biologische Vielfalt«, »Biologische Vielfalt und Klimawandel«, »Die Wissensgrundlage«), in denen Maßnahmen durchgeführt werden sollten, und benannte zehn damit zusammenhängende vorrangige Ziele (dazu und zum Folgenden Ekardt 2012, S. 73 f.). Außerdem wurden vier zentrale Unterstützungsmaßnahmen benannt und im Aktionsplan hinsichtlich konkreter Zielsetzungen und Maßnahmen spezifiziert (Sicherstellung ausreichender Finanzmittel, Stärkung der Entscheidungsfindung innerhalb der EU, Aufbau von Partnerschaften, Ausbau des Kenntnisstandes, der Sensibilisierung und der Partizipation der Öffentlichkeit). Bald wurde jedoch deutlich, dass das Biodiversitätsziel 2010 auch auf europäischer Ebene nicht zu erreichen ist (EEA 2010a). Dies wurde von den Staats- und Regierungschef der EU anerkannt und mündete in die Erarbeitung einer neuen strategischen Positionierung der EU-Kommission, die 2011 eine revidierte, auch auf die Vorgaben des »Strategischen Plans 2011–2020« der CBD abgestimmte Biodiversitätsstrategie für die Zeit bis 2020 vorlegte.

Das neue, gegenüber dem Biodiversitätsziel 2010 nicht minder ambitionierte Gesamtziel für 2020 lautet, den Verlust an biologischer Vielfalt und die Verschlechterung der Ökosystemleistungen aufzuhalten und den Beitrag der Europäischen Union zur Verhinderung des Verlusts an biologischer Vielfalt weltweit zu erhöhen (EK 2011a, S. 2). Wie auch auf UN-Ebene wurde der Überprüfbarkeit und dem Monitoring der neuen Zielsetzungen bis 2020 allerdings ein wesentlich größerer Stellenwert eingeräumt. Zudem trägt die Strategie insgesamt eine – wie bereits der Titel »Lebensversicherung und Naturkapital« andeutet – stärker »nutzenorientierte Handschrift« (Netzwerkforum Biodiversitätsforschung

2011, S. 2), die sich an der TEEB-Studie und der EU-Leitidee einer grünen Wirtschaft orientiert. Explizit wird auf den »wirtschaftlichen Wert« der biologischen Vielfalt hingewiesen, den »die Märkte nur selten widerspiegeln« und der »in Beschlussfassungsprozesses, bei der Rechnungsführung und bei der Berichterstattung« folglich stärker zu berücksichtigen sei (EK 2011a, S. 3). Die Kartierung und umfassende Bewertung von Ökosystemleistungen sowie die Verbesserung der dafür erforderlichen Wissensgrundlage nimmt in den Zukunftsplänen der Kommission eine ebenso wichtige Rolle ein wie die Förderung marktbasierter Finanzinstrumente (insbesondere Zahlungen für Ökosystemleistungen), wodurch neue Finanzierungsquellen erschlossen werden sollen (EK 2011a, S. 4 u. 10).

Der sektorenübergreifende Handlungsrahmen enthält im Kern die sechs folgenden, teilweise quantifizierten Einzelziele, die wiederum in insgesamt 20 Maßnahmen aufgeschlüsselt werden (zum Folgenden Ekardt 2012, S. 75 f.; EK 2011a, S. 5 ff.):

1. *Vollständige Umsetzung des EU-Naturschutzrechts*: Der Zustand aller unter das europäische Naturschutzrecht (Vogelschutz- und der FFH-Richtlinie) fallenden Arten und Lebensräume soll bis 2020 nicht nur stabilisiert, sondern signifikant und messbar verbessert werden. Dabei werden klare quantitative Ziele vorgegeben: So sollen, gemessen an aktuellen Bewertungen, 100 % mehr Lebensraumbewertungen und 50 % mehr Artenbewertungen nach der FFH-Richtlinie einen verbesserten Erhaltungszustand und 50 % mehr Artenbewertungen nach der Vogelschutzrichtlinie einen stabilen oder verbesserten Zustand zeigen.

2. *Erhalt und Wiederherstellung von Ökosystemen und ihrer Leistungen*: Bis 2020 sollen Ökosysteme und Ökosystemleistungen durch grüne Infrastrukturen, also durch ökologische Vernetzung von Lebensräumen, erhalten und verbessert und mindestens 15 % der verschlechterten Ökosysteme wiederhergestellt werden. Auf der Maßnahmenseite ist u. a. vorgesehen, dass die Mitgliedstaaten ihre Ökosysteme und deren Leistungen bis 2014 bewerten und kartieren sowie die resultierenden Werte bis 2020 in die volkswirtschaftlichen Gesamtrechnungen/nationalen Berichte aufnehmen (Maßnahme 5; EK 2011a, S. 14). Bis 2015 soll eine Expertengruppe Vorschläge machen, wie – analog zur deutschen Eingriffsregelung – sichergestellt werden kann, dass Nettoverluste an biologischer Vielfalt und Ökosystemleistungen vermieden werden können (No-net-loss-Initiative; Maßnahme 7b).

3. *Erhöhung des Beitrags der Land- und Forstwirtschaft zu Erhalt und Verbesserung der Biodiversität*: Bis 2020 sollen die landwirtschaftlich genutzten Flächen (Grünland, Anbauflächen und Dauerkulturen), die von biodiversitätsbezogenen Maßnahmen im Rahmen der »Gemeinsamen Agrarpolitik« (GAP) betroffen sind, »maximiert« werden. Beim Waldschutz sind für Wälder ab einer bestimmten Größe bis 2020 Waldbewirtschaftungspläne oder gleichwertige Instrumenten, die mit der nachhaltigen Waldbewirtschaftung in Einklang

stehen, zu etablieren. Dadurch soll, jeweils im Verhältnis zum EU-Referenz-szenario von 2010, eine messbare Verbesserung des Erhaltungszustands von Arten und Lebensräumen, die von der Land- und Forstwirtschaft abhängen oder von ihr beeinflusst werden, und den bereitgestellten Ökosystemleistungen eintreten. Der Nachweis soll über die quantifizierten Einzelziele 1 und 2 erfolgen.

4. *Sicherung der nachhaltigen Nutzung der Fischereiressourcen*: Bis 2015 soll eine nachhaltige Fischereiwirtschaft erreicht werden, die keine wesentlichen nachteiligen Folgen für andere Bestände, Arten und Ökosysteme hat und im Einklang mit den Zielen der Meeresstrategie-Rahmenrichtlinie steht.

5. *Invasive gebietsfremde Arten*: Invasive gebietsfremde Arten sowie ihre Einschleppungspfade sollen bis 2020 ermittelt werden, prioritäre Arten anschließend bekämpft und ihre Einschleppungspfade so gesteuert werden, dass es zu keiner Einführung und Etablierung neuer Arten mehr kommt.

6. Schließlich soll der *Beitrag der EU zur Bewältigung der globalen Biodiversitätskrise* bis 2020 erhöht werden, was u.a. den Abbau umweltschädlicher Subventionen, die Schaffung positiver Marktanreize sowie die »Förderung der Wertbestimmung des Naturkapitals in Empfängerländern« einschließt (Maßnahmen 17 bis 20; EK 2011a, S. 19).

## NATIONALE EBENE                                                    1.3

Wie in der EU, so ist auch in Deutschland der Natur- und Biodiversitätsschutz bisher vor allem ordnungsrechtlich geregelt (Ekardt 2012, S. 80). Die wichtigste Rechtsgrundlage ist dabei das Bundesnaturschutzgesetz (BNatSchG), dessen ursprüngliche Version aus dem Jahr 1977 stammt. In seiner gültigen, seit 2010 in Kraft befindlichen Fassung gehört der Schutz der biologischen Vielfalt explizit zu den zentralen Zielsetzungen, daneben sollen auch »die Leistungs- und Funktionsfähigkeit des Naturhaushalts einschließlich der Regenerationsfähigkeit und nachhaltigen Nutzungsfähigkeit der Naturgüter« sowie »die Vielfalt, Eigenart und Schönheit sowie der Erholungswert von Natur und Landschaft« dauerhaft gesichert werden (§ 1).

Den Kern des BNatSchG bilden die »klassischen« Regelungen zum Arten- und Gebietsschutz (Kap. 4 u. 5), die stark durch die beschriebenen europarechtlichen Vorgaben der FFH- und Vogelschutzrichtlinie geprägt sind (dazu und zum Folgenden Ekardt 2012, S. 81 f.). So definiert es die Vorschriften zum allgemeinen und besonderen Artenschutz (§§ 44 bis 51), gibt nationale Schutzgebietskategorien vor, umschreibt ihre jeweilige Schutzwirkung (§§ 23 bis 30) und spezifiziert die Anforderungen an Aufbau und Schutz des europäischen Netzes »Natura 2000« (§§ 31 bis 36). Da sich solche Schutzbestimmungen aber nur auf einen kleinen Teil von Natur und Landschaft beziehen, verfügt das deutsche Naturschutzrecht darüber hinaus über Bestimmungen, die einen umfassenden, flächendeckenden Natur- und Biodiversitätsschutz sicherstellen sollen. Dazu zählen

> die Anforderungen an die gute fachliche Praxis in Land-, Forst- und Fischereiwirtschaft (§ 5),
> die Bestimmungen zur Landschaftsplanung (§§ 8 bis 12) sowie
> zum allgemeinen Schutz von Natur und Landschaft (§§ 13 bis 19).

Letztere enthalten als wichtiges Instrument die naturschutzrechtliche Eingriffsregelung, welche auf die Kompensation von Eingriffen in Natur und Landschaft zielt und durch die Möglichkeit der Bevorratung und Handelbarkeit von vorgezogenen Kompensationsmaßnahmen auch ökonomische Elemente enthält (Kap. V.3.3).

Die konsequente Umsetzung naturschutzrechtlicher Zielvorgaben wird in Deutschland nicht nur durch den ausgeprägten Querschnittscharakter des Naturschutzes erschwert, sondern auch durch die föderale Struktur des deutschen Naturschutzrechts. Bis zur Föderalismusreform von 2006 kam dem Bund im Naturschutz eine Rahmengesetzgebungskompetenz zu, d. h., die konkrete rechtliche Ausgestaltung sowie der Vollzug von Naturschutzfragen war – über die vom Bund festgelegten Grundzüge hinaus – Sache der Länder. Daraus resultierte eine sehr unübersichtliche Regelungssituation, die zwar einerseits gut auf die regionalen Besonderheiten und Anforderungen abgestimmt war, andererseits aber durch die Zersplitterung der Zuständigkeitsbereiche die Entwicklung einheitlicher und übergreifender Lösungsstrategien praktisch verhinderte. Zwar wurde mit der Föderalismusreform I von 2006 die Rahmengesetzgebung abgeschafft und der Bereich des Naturschutzes zum Gegenstand der konkurrierenden Gesetzgebung erklärt (Art. 72 Abs. 1 Grundgesetz; dazu und zum Folgenden Ekardt 2012, S. 80). Die Länder verfügen seither also nur noch so lange und so weit über Gesetzgebungskompetenz, wie der Bund von seinem Recht, Vollregelungen zu erlassen, keinen Gebrauch gemacht hat. In vielen Bereichen wurde den Bundesländern aber eine Abweichungskompetenz eingeräumt, so auch im Naturschutz (Art. 72 Abs. 3 Grundgesetz). Mit Ausnahme dreier Bereiche, bei denen abweichungsfeste, bundeseinheitliche Regelungen zu gelten haben – nämlich den allgemeinen Grundsätzen des Naturschutzes (inklusive Landschaftsplanung, Eingriffsregelung, Schutzgebiete), dem Artenschutz und dem Meeresnaturschutz –, kommt den Ländern also immer noch ein relativ großer Gestaltungsspielraum zu.

Die Defizite dieser Situation lassen sich auch am deutschen Natura-2000-Netz ablesen, dessen Umsetzung bis auf wenige Ausnahmen in die Kompetenz der Bundesländer fällt. So verfügt Deutschland zwar europaweit über die meisten Natura-2000-Gebiete, diese sind aber im Schnitt nur 800 ha groß (ein Viertel umfasst sogar weniger als 50 ha) und damit wesentlich kleiner als im Durchschnitt der EU (Doyle et al. 2010, S. 309; Krüger 2012). Das deutsche Schutzgebietsnetz gleiche damit einem »Flickenteppich«, so kritische Stimmen, was u. a. auf die kommunale Bauhoheit zurückgehe, die für den anhaltend hohen Flächenverbrauch und die Landschaftszersiedelung verantwortlich sei (Doyle et al. 2010, S. 310). Vor diesem Hintergrund erscheint das Ziel, im Rahmen eines »gesamtgesellschaftlichen Programms« »alle staatlichen und nichtstaatlichen Akteure [für den Biodiversitätsschutz] zu mobilisieren und deren Aktivitäten zu bündeln« (Bundesregierung 2013, S. 4 f.), umso nötiger. Mit der »Nationalen Strategie zur biologischen Vielfalt« (NBS) liegt in Deutschland seit einigen Jahren ein entsprechendes Strategieprogramm vor, das diesem Anspruch gerecht zu werden versucht.

## NATIONALE BIODIVERSITÄTSSTRATEGIE

Die nationale Biodiversitätsstrategie, mit der Deutschland der CBD-Vorgabe zur Entwicklung »nationale[r] Strategien, Pläne oder Programme zur Erhaltung und nachhaltigen Nutzung der biologischen Vielfalt« nachgekommen ist (Art. 6 CBD), wurde 2007 verabschiedet. Dem Beschluss des Bundeskabinetts ging ein langjähriger Entwicklungs- und Erarbeitungsprozess voraus, der im Jahr 2003 begann und in dem sich bereits der ausgesprochen querschnitts- und dialogorientierte Charakter der Strategie manifestierte: Einbezogen wurden zum einen »Expertinnen und Experten aus Natur- und Umweltschutzverbänden, Wissenschaft und Fachbehörden sowie Gender-Expertinnen«, zum anderen wurde versucht, »alle einschlägigen deutschen Sektorstrategien und Fachprogramme des Bundes zu berücksichtigen« (Küchler-Krischun/Piechocki 2008, S. 30).

Verankert ist die Biodiversitätsstrategie in der 2002 beschlossenen Nachhaltigkeitsstrategie, die verschiedene biodiversitätsrelevante Ziele (etwa zum Artenschutz oder zur Flächeninanspruchnahme) und Indikatoren enthält, die teilweise aufgegriffen wurden (Bundesregierung 2013, S. 8). Entstanden ist so eine sehr ambitionierte und umfangreiche Strategie, die aufgrund ihres breiten Fokus vielen als vorbildhaft gilt. Ihre Kernelemente sind

> konkrete Visionen zu verschiedenen Themenfelder (Schutz der biologischen Vielfalt; nachhaltige Nutzung der biologischen Vielfalt; Umwelteinflüsse auf die biologische Vielfalt; genetische Ressourcen; gesellschaftliches Bewusstsein) und ca. 330 korrespondierende Zielvorgaben, teilweise konkret quantifiziert (Kasten),
> ca. 430 Einzelmaßnahmen in 16 Aktionsfeldern (von Biotopverbund, Gewässerschutz, Jagd und Fischerei, Regionalentwicklung, Tourismus und naturnaher Erholung bis hin zu Bildung, Forschung und Technologietransfer),
> 10 wegweisende Leuchtturmprojekte (etwa die Erhaltung und Sicherung des »Grünen Bandes«),
> 19 laufend weiterentwickelte Indikatoren zur Erfolgskontrolle (Kap. II.2) (Küchler-Krischun/Piechocki 2008, S. 29).

Dem Dreiklang der nachhaltigen Entwicklung gemäß, bezieht die Biodiversitässtrategie gleichermaßen ökologische, soziale und ökonomische Aspekte in ihr Zielportfolio ein. Diese drei Dimensionen spielen auch in den zentralen Argumenten, welche in der NBS für die Bewahrung der biologischen Vielfalt angeführt werden, die Hauptrolle.[36] Bemerkenswert ist, dass ökonomische Aspekte – über die Begründung des Biodiversitätsschutzes hinaus – nur eine Nebenrolle spielen. Die NBS bezieht sich zwar auf das kurz zuvor veröffentlichte »Millennium Ecosystem Assessment« und das dort etablierte Konzept der Ökosystemleistungen, geht aber z. B. auf deren ökonomische Bewertung gar nicht ein, und auch die Förderung marktbasierter Instrumente, wie in der »EU-Biodiversitätsstrategie 2020« gefordert, ist kein zentrales Thema (Hansjürgens et al. 2012, S. 103). Es ist offensichtlich, dass die einflussreiche TEEB-Studie, die erst nach der Erarbeitung der NBS entstanden ist, noch keinen Niederschlag gefunden hat.

## AUSGEWÄHLTE ZIELE DER NATIONALEN STRATEGIE ZUR BIOLOGISCHEN VIELFALT

### Schutz der biologischen Vielfalt

> Bis zum Jahre 2010 ist der Anteil der vom Aussterben bedrohten und stark gefährdeten Arten verringert. Bis 2020 erreichen Arten, für die Deutschland eine besondere Erhaltungsverantwortung trägt, überlebensfähige Populationen, und für den größten Teil der Rote-Liste-Arten hat sich die Gefährdungssituation um eine Stufe verbessert.
> Bis 2010 ist der Aufbau des europäischen Netzes »Natura 2000« abgeschlossen. Bis 2020 ist ein gut funktionierendes Managementsystem für alle Großschutzgebiete und Natura-2000-Gebiete etabliert.
> Bis zum Jahre 2020 kann sich die Natur auf 2 % der Fläche Deutschlands wieder nach ihren eigenen Gesetzmäßigkeiten ungestört entwickeln und Wildnis entstehen.
> 2020 beträgt der Flächenanteil der Wälder mit natürlicher Waldentwicklung 5 % der Waldfläche.
> Bis 2015 nimmt der Flächenanteil naturschutzfachlich wertvoller Agrarbiotope (hochwertiges Grünland, Streuobstwiesen) um mindestens 10 % gegenüber 2005 zu. In 2010 beträgt in agrarisch genutzten Gebieten der Anteil naturnaher Landschaftselemente (z. B. Hecken, Raine, Feldgehölze, Kleingewässer) mindestens 5 %.
> Der derzeitige Anteil der unzerschnittenen verkehrsarmen Räume größer oder gleich 100 km² bleibt erhalten.

---

36  Darüber hinaus finden – in Anlehnung an das BNatSchG – auch ethische Gründe Erwähnung, so etwa der Eigenwert der Natur und die Verantwortung für künftige Generationen (BMU 2007, S. 15).

> Bis zum Jahr 2020 hat sich die natürliche Speicherkapazität für $CO_2$ der Landlebensräume (z. B. durch Wiedervernässung und Renaturierung von Mooren und durch die Zunahme naturnaher Wälder) um 10 % erhöht.

*Nachhaltige Nutzung der biologischen Vielfalt*

> Produkte und Dienstleistungen, die zu einer Belastung der Biodiversität führen, sind ebenso wie wirtschaftliche Aktivitäten, die die Biodiversität fördern, für die Menschen immer besser erkennbar.
> Bis zum Jahr 2020 wird ein vorbildliches Beschaffungs- und Bauwesen angestrebt, das sich hinsichtlich der Natur- und Umweltfreundlichkeit auch an biodiversitätserhaltenden Standards orientiert.
> Bis zum Jahre 2020 beträgt die zusätzliche Flächeninanspruchnahme durch Siedlung und Verkehr maximal 30 ha pro Tag. Im Idealfall sollte es langfristig gelingen, die tatsächliche Neuinanspruchnahme von Flächen weitgehend durch die erneute Nutzung vorhandener Flächen zu ersetzen.
> Im Jahre 2020 stammen 25 % der importierten Naturstoffe und -produkte (z. B. Agrar-, Forst-, Fischereiprodukte, Heil-, Aroma- und Liebhaberpflanzen, Liebhabertiere) aus natur- und sozialverträglicher Nutzung.
> 2020 beinhalten von der deutschen Industrie aufgestellte Ökobilanzen alle Umweltauswirkungen vom Rohstoffeinsatz bis hin zur Abfallwirtschaft. Dabei werden auch die Auswirkungen des Produkts auf die Biodiversität im Ausland dargestellt.
> Bis 2020 sind Biodiversitätsaspekte umfassend in die Welthandelsordnung integriert.

*Soziale Aspekte der Erhaltung der biologischen Vielfalt*

> Im Jahre 2015 zählt für mindestens 75 % der Bevölkerung die Erhaltung der biologischen Vielfalt zu den prioritären gesellschaftlichen Aufgaben.
> Bis zum Jahre 2020 ist die Durchgrünung der Siedlungen einschließlich des wohnumfeldnahen Grüns (z. B. Hofgrün, kleine Grünflächen, Dach- und Fassadengrün) deutlich erhöht. Öffentlich zugängliches Grün mit vielfältigen Qualitäten und Funktionen steht in der Regel fußläufig zur Verfügung.
> Die Schadstoffbelastung der Fische (z. B. Aal) und Muscheln ist bis 2015 so weit reduziert, dass diese (wieder) uneingeschränkt genießbar sind.
> Im Jahre 2020 sind 30 % der Fläche in Deutschland Naturparke. Bis 2010 erfüllen 80 % der Naturparke Qualitätskriterien im Bereich Tourismus und Erholung. Alle Nationalparke ermöglichen in geeigneten Bereichen Naturerfahrung für die Menschen.

Quelle: Küchler-Krischun/Piechocki 2008, S. 33 f.

Zur Umsetzung der nationalen Biodiversitätsstrategie wurde vom BMU ein Vorgehen etabliert, das als kontinuierlicher und langfristiger Beteiligungsprozess angelegt ist. Das Ziel ist, alle relevanten Akteure und Interessenvertreter einzubeziehen, miteinander zu vernetzen und so das für eine derart breite Strategie unbedingt erforderliche gesellschaftliche Interesse und Engagement zu wecken (dazu und zum Folgenden Bundesregierung 2013, S. 14 ff.). Dazu finden in regelmäßigen Abständen verschiedene Dialogveranstaltungen statt: Die nationalen Foren zur Vernetzung der unterschiedlichen Interessenvertreter, dann die Länderforen zum Austausch zwischen Bund und Ländern und schließlich die auf spezifische Akteursgruppen fokussierten Dialogforen. Gesteuert wird der Prozess von einem zentralen Lenkungsausschuss, der im BMU angesiedelt ist und von sechs Projektgruppen unterstützt wird. Hinzu kommt eine interministerielle Arbeitsgruppe von elf Bundesministerien unter der Leitung des BMU, welche die Umsetzung der NBS innerhalb der Bundesregierung koordiniert (adelphi 2012, S. 24). Um die Umsetzung der NBS voranzutreiben, werden seit 2011 im Rahmen des »Bundesprogramms Biologische Vielfalt« Projekte mit insgesamt 15 Mio. Euro jährlich gefördert. Voraussetzung ist, dass ihnen »im Rahmen der Nationalen Strategie zur biologischen Vielfalt eine gesamtstaatlich repräsentative Bedeutung zukommt oder [sie] diese Strategie in besonders beispielhafter und maßstabsetzender Weise umsetzen«.[37] Die Förderung bezieht sich auf Arten in besonderer Verantwortung Deutschlands, Hotspots der biologischen Vielfalt, das Sichern von Ökosystemleistungen sowie weitere Maßnahmen von besonderer repräsentativer Bedeutung für die Strategie.

Die NBS ist für die gesamte Bundesregierung verpflichtend. Erfolgskontrollen sind anhand des Indikatorensets und im Rahmen der einmal in der Legislaturperiode zu veröffentlichender Rechenschaftsberichte regelmäßig vorgesehen (adelphi 2012, S. 24). Der erste Rechenschaftsbericht von 2013 diagnostiziert zwar eine »positive Tendenz« – etwa bei der Verminderung der Flächenversiegelung, der Reduzierung der Stickstoffüberschüsse der Landwirtschaft oder der nachhaltigen Forstwirtschaft –, konstatiert aber auch, dass »eine Trendwende insgesamt nur sehr langsam vorankommt« und »die bisher ergriffenen Maßnahmen nicht ausreichen, die in der Nationalen Strategie zur biologischen Vielfalt gesetzten Ziele in allen Teilaspekten zu erreichen« (Bundesregierung 2013, S. 82). Vor allem im wichtigen Bereich Artenvielfalt und Landschaftsqualität sei man noch weit von den gesetzten Zielen entfernt.

Angesichts der Breite der Strategie mit ihren über 300 Zielen sind Umsetzungsdefizite aber wohl unvermeidlich und werden laut Beate Jessel, der Präsidentin des Bundesamtes für Naturschutz, wohl auch stillschweigend in Kauf genommen (Jessel 2012, S. 26). Ob die Biodiversitätsstrategie der Bundesregierung von Er-

---

37  www.biologischevielfalt.de/bundesprogramm.html (20.5.2014)

folg gekrönt ist, hängt auch weniger an einzelnen Maßnahmen, sondern daran, ob es gelingt, biodiversitätspolitische Belange insgesamt stärker im gesellschaftlichen Bewusstsein und der politischen Praxis – auch in den nicht direkt naturschutzbezogenen Sektoren, die bislang nur unzureichend einbezogen sind (Jessel 2012, S. 26) – zu verankern. Erste Schritte in diese Richtung wurden bereits eingeleitet; so mit der Sektorstrategie »Agrobiodiversität« des Bundesministeriums für Ernährung, Landwirtschaft und Verbraucherschutz (BMELV) von 2007 (BMELV 2007), dem »Bundesprogramm Biologische Vielfalt« von 2011, das die Umsetzung der NBS vorantreiben soll, oder dem im Februar 2012 beschlossenen »Bundesprogramm Wiedervernetzung«, das »die Minimierung der Zerschneidungseffekte durch das bestehende Bundesfernstraßennetz« zum Ziel hat (BMU 2013c, S. 13). Als besondere Herausforderung dürften sich auch in Zukunft die föderalen Strukturen in Deutschland erweisen, die ausgeprägte Politikverflechtungen und komplizierte Kompetenzregelungen zur Folge haben, so etwa im Bereich der Landschafts- und Raumplanung (Doyle et al. 2010, S. 309). Demzufolge lassen sich viele Maßnahmen und Aktionsfelder der Biodiversitätsstrategie ohne Kooperation der Bundesländer nicht umsetzen. Es ist deshalb prinzipiell zu begrüßen, dass sich verschiedene Bundesländer dazu entschlossen haben, ergänzende länderspezifische Biodiversitätsstrategien zu erlassen – obwohl diese bislang kaum aufeinander abgestimmt sind und eine »unterschiedliche Bandbreite an Themen abdecken« (Bundesregierung 2013, S. 10 ff.).

## POLITIKEN UND INSTRUMENTE JENSEITS DES NATURSCHUTZES                                               2.

Seit jeher sieht sich die Naturschutzpolitik mit der Problematik konfrontiert, dass viele weitere, nicht direkt naturschutzbezogene Politik- und Rechtsgebiete mit ihren ausdifferenzierten Instrumentensystemen den Zustand der biologischen Vielfalt tangieren – und ihre Bemühungen damit möglicherweise durchkreuzen. Eine Beschreibung der politisch-rechtlichen Rahmenbedingungen muss aus diesem Grund ein breiteres Spektrum an Politiken und instrumentellen Zugriffen aufgreifen, als dies unter einer Naturschutzperspektive in der Regel der Fall ist. Gleichwohl liegt auf der Hand, dass eine umfassende und erschöpfende Behandlung aller relevanten Politikfelder und ihrer Instrumente den Rahmen dieses Berichts bei Weitem sprengen würde. Die folgende Darstellung, die weitgehend auf dem Gutachten von iDiv (2013) basiert, konzentriert sich deshalb auf drei, aus Biodiversitätssicht besonders bedeutsame Sektoren – die Land- und Forstwirtschaftspolitik, die Energie- und Klimapolitik sowie die Fischerei- und Meerespolitik –, deren rechtliche Ausgestaltung in Deutschland und der EU betrachtet wird. Das Ziel ist jeweils, ohne das komplexe Regelungsgeflecht im Detail zu beschreiben, die Instrumente mit erkennbarem Bezug zur biologischen Vielfalt zu identifizieren und ihre spezifischen Auswirkungen überblicksartig darzulegen.

## LAND- UND FORSTWIRTSCHAFTSPOLITIK     2.1

Land- und forstwirtschaftliche Nutzung steht bei den Ursachen für den anhaltenden Biodiversitätsverlust nicht nur international (Hassan et al. 2005) sondern auch national (BfN 2012) an oberster Stelle (dazu und zum Folgenden iDiv 2013, S. 52). Auch wenn das Naturschutzrecht und die Naturschutzverbände den flächenversiegelnden Siedlungs- und Verkehrswegebau oftmals eine überragende Bedeutung für den Natur- und Landschaftsschutz zumessen, wirkt sich die land- und forstwirtschaftliche Nutzung in ihrer Gesamtheit deutlich stärker auf den Zustand unserer Biodiversität aus. Der einzelne Acker oder Forstschlag ist dabei nicht das Problem, sondern die Kumulation der Vielzahl von Eingriffen, Emissionen und Veränderungen des Pflanzenbestandes auf land- und forstwirtschaftlichen Flächen, die zusammen mehr als 80 % der Landfläche Deutschlands ausmachen.

Die unmittelbarste Form der Einflussnahme ist die Urbarmachung und Umwandlung natürlicher Flächen in Acker- oder Grünland bzw. Forste durch Flurbereinigung und Melioration, d. h. Bodenverbesserung (dazu und zum Folgenden iDiv 2013, S. 52 f.). Auch wenn dies bei den meisten Flächen schon vor Jahrzehnten erfolgte, so finden auch gegenwärtig noch Flurbereinigungsverfahren und Meliorationsmaßnahmen in nicht unerheblichem Umfang statt.[38] Ziel war und ist v. a., die Schläge zu vergrößern, den Einsatz größerer Maschinen zu ermöglichen und die Bodenbedingungen für eine intensivere Nutzung zu verändern (z. B. Ackerbau statt Grünland). Dazu werden u. a. die Hecken und Baumreihen an den Feldrändern gerodet, land- oder forstwirtschaftliche Böden entwässert, »störende« Landschaftselemente beseitigt oder nivelliert sowie Wirtschaftswege in Forst und Flur angelegt. Die erfolgten Veränderungen sind bei Ackerflächen am größten, während Dauergrünland und Forste in der Regel weniger stark melioriert wurden. Daneben beeinflussen Art und Maß der land- und forstwirtschaftlichen Bewirtschaftung die verbleibenden wild lebenden Arten und Biotope innerhalb und außerhalb land- und forstwirtschaftlicher Flächen. Insbesondere die seit Mitte des 20. Jahrhunderts stattfindende Intensivierung der Bewirtschaftung wirkt sich negativ aus. Hervorzuheben sind der intensive Einsatz von Düngemitteln und synthetischen Pflanzenschutzmitteln, der Umbruch von Dauergrünland sowie allgemein der Anbau von land- und forstwirtschaftlichen Monokulturen (BfN 2012; UBA 2011). Der Landwirtschaft kommt auch hier gegenüber der Forstwirtschaft die größere Bedeutung zu.

---

38  Zu der naturschutzpolitischen Bedeutung von Wasser- und Bodenverbänden sowie dem Instrument der Flurbereinigung siehe iDiv 2013, S. 77 ff.

Biodiversitätsschutz bedarf einer nachhaltigen Land- und Forstwirtschaft (dazu und zum Folgenden iDiv 2013, S. 53). In der Agrar- und Forstpolitik spielen ökologische Belange aber erst ab den 1980er Jahren eine größere Rolle. Dieser Trend wird seit zehn Jahren durch global steigende Agrar- und Holzpreise sowie die politische Förderung von Bioenergie (Stromeinspeisevergütungen, Biokraftstoffquoten und Energiesteuerbefreiungen) konterkariert. Land- und Forstwirte sind im Zuge dessen bestrebt, ihre Erträge zu steigern, stillgelegte Flächen wieder zu nutzen, Grünland in Acker umzuwandeln und im Forst den ökologischen Waldumbau zugunsten eines höheren Holzeinschlags zu verlangsamen. Vor allem die europäische Politik versucht den ökologischen Folgeschäden des Intensivierungstrends mit einem weiteren »greening« der Gemeinsamen Agrarpolitik und spezifischen Nachhaltigkeitsanforderungen für flüssige Bioenergie entgegenzuwirken. Auch im Bereich der Forstwirtschaft sind verstärkte Bemühungen zu verzeichnen, mithilfe eines paneuropäischen Abkommens über die Wälder den Gedanken der nachhaltigen Waldbewirtschaftung in ganz Europa rechtsverbindlich zu verankern. Im Gegensatz hierzu zeigt die nationale Agrar- und Forstumweltpolitik bislang kaum eigene Initiativen, höhere Umweltschutzstandards rechtlich zu etablieren.

**RELEVANTE INSTRUMENTE DER LAND- UND FORSTWIRTSCHAFTSPOLITIK**

Obwohl Land- und Forstwirtschaft erhebliche Auswirkungen auf die Biodiversität haben – sowohl innerhalb als auch außerhalb der bewirtschafteten Flächen –, sind sie, wie auch die Fischereiwirtschaft, durch Sonderregelungen weitgehend von der naturschutzrechtlichen Eingriffsregelung und den besonderen Artenschutzverboten des BNatSchG ausgenommen. Bedingung ist, dass sie die Ziele des Naturschutzes und der Landschaftspflege berücksichtigen, was mit den ordnungsrechtlichen Anforderungen der *guten fachlichen Praxis* sowie des »Stands der Technik« erreicht werden soll (hierzu und zum Folgenden iDiv 2013, S. 18 ff. u. 54 ff.):

> Bei der land- und forstwirtschaftlichen Bodenbewirtschaftung (Ackerbau, Weidehaltung, Sonderkulturen, Forstpflanzungen) setzen Bund und Länder auf das Konzept der *guten fachlichen Praxis*, welches v. a. Anforderungen im Bereich der Umweltvorsorge stellt. Die gute fachliche Praxis nimmt auf Techniken und Bewirtschaftungsweisen Bezug, die allgemein anerkannt und von den informierten Land- und Forstwirten angewendet werden. Die gesetzlichen Anforderungen an die gute fachliche Praxis der Land- und Forstwirtschaft sind über mehrere Gesetze verteilt, wobei deutliche Unterschiede im Umfang und Konkretisierungsgrad bestehen. Im Bundesnaturschutzgesetz sowie im Bodenschutzgesetz werden Leitlinien der guten fachlichen Praxis normiert, ohne vollziehbare Handlungsanweisungen zu benennen. Stärker konkretisiert werden die Standards in verschiedenen Gesetzeswerken und Verordnungen, die dem Agrarrecht zuzuordnen sind. Hier sind das Dünge-, das Pflanzen-

schutz- und das Gentechnikgesetz sowie ihre entsprechenden Verordnungen zu nennen. Das BMELV sowie einige Landesministerien haben ebenfalls Konkretisierungen für die gute frachliche Praxis erarbeitet. Explizit für forstwirtschaftliche Flächen gilt das Bundeswaldgesetz (BWaldG), das allgemeine Anforderungen an die gute forstfachliche Praxis und die entsprechenden Landeswaldgesetze normiert (§ 11 Abs. 1). Die meisten Länder haben in ihren Landeswald- oder Landesforstgesetzen diese Nachhaltigkeitsgrundsätze etwas detaillierter, aber keineswegs einheitlich ausformuliert.

> Der *Stand der Technik* oder die *beste verfügbare Technik* kommen bei land- und forstwirtschaftlichen Anlagen (z. B. Tierhaltungs-, Biogasanlagen oder Holzkraftwerke) – wie allgemein bei industriellen Anlagen – zur Anwendung. Hierbei handelt es sich nicht um die allgemein üblichen Techniken, sondern um Verfahren, Einrichtungen oder Betriebsweisen, die hinsichtlich des Schutzes der Umwelt vor Emissionen einem fortschrittlichen Entwicklungsstand entsprechen. Sie gehen somit über das Schutzniveau der guten fachlichen Praxis hinaus.

Neben diesen ordnungsrechtlichen Vorgaben setzt die europäische und nationale Politik im Bereich der Land- und Forstwirtschaft auf ökonomische Anreize in Form von Beihilfen. Maßgeblich ist hier in erster Linie die »Gemeinsame Agrarpolitik« (GAP) der Europäischen Union, in deren Rahmen sowohl *Direktzahlungen* (1. Säule) als auch spezifische *Zahlungen zur Entwicklung des ländlichen Raumes* (2. Säule) vorgesehen sind (hierzu und zum Folgenden iDiv 2013, S. 20 u. 57 f.):

> Die vollständig EU-finanzierten Direktzahlungen[39] sind als flächengebundene Betriebsprämien zur Einkommensunterstützung gedacht, um eine angemessene Lebenshaltung zu gewährleisten.[40] Sie werden nur für landwirtschaftliche Flächen gewährt und sind in zweifacher Weise an die Einhaltung von Mindeststandards gebunden: Zum einen müssen die europäischen Umwelt-, Tier- und Verbraucherschutzvorschriften eingehalten werden (sogenannte *Cross-Compliance-Anforderungen*); zum anderen existieren zusätzlich dazu Anforderungen an den *guten landwirtschaftlichen und ökologischen Zustand* (GLÖZ), die von den Mitgliedstaaten zu konkretisieren sind.[41] GLÖZ koexistiert damit in Deutschland neben der guten fachlichen Praxis als weiteres,

---

39  Geregelt in der Verordnung (EU) Nr. 1307/2013 mit Vorschriften über Direktzahlungen an Inhaber landwirtschaftlicher Betriebe im Rahmen von Stützungsregelungen der Gemeinsamen Agrarpolitik und zur Aufhebung der Verordnung (EG) Nr. 637/2008 des Rates und der Verordnung (EG) Nr. 73/2009 des Rates.

40  In Deutschland betrugen diese Beihilfen bis 2013 durchschnittlich 344 Euro/ha, wobei zwischen den Bundesländern nicht unerhebliche Unterschiede bestehen (iDiv 2013, S. 57).

41  Zu den einzuhaltenden Vorschriften gehören u. a. Regelungen der EU-Vogelschutzrichtlinie und der FFH-Richtlinie sowie die sie umsetzenden nationalen Vorschriften (iDiv 2013, S. 58).

teils überlappendes Anforderungskonzept. Bei Nichteinhaltungen können die Direktzahlungen gekürzt werden. Allerdings sind Kontrollen schwierig und werden auch kaum durchgeführt. Bedingt durch hohe Verwaltungs- und Bereitstellungskosten sind die Effektivität und auch die gesamtwirtschaftliche Effizienz dieses Instruments (GLÖZ) fragwürdig. Ab 2014 koppelt die EU 30 % der Direktzahlungen an zusätzliche Umweltanforderungen, das sogenannte »greening« (Art. 43 ff. EU-Verordnung 1307/2013). Im Einzelnen müssen landwirtschaftliche Betriebe mit mehr als 10 ha Ackerland mindestens zwei Fruchtarten anbauen. Ab 2015 sind weiterhin betriebsbezogen Dauergrünland zu erhalten und bei Betrieben ab 15 ha auf 5 % der Ackerflächen eine Flächennutzung im Umweltinteresse (ökologische Vorrangflächen) durchzuführen. Ob die Biodiversitäts- und Umweltziele auch tatsächlich erreicht werden, hängt jedoch stark von der Umsetzung durch die Mitgliedstaaten ab, die hierbei weitgehende Handlungsspielräume haben (BfN 2013; Pe'er et al. 2014). Sie können beispielsweise alternative äquivalente Maßnahmen festlegen oder 15 % der Mittel aus der Säule für Direktzahlungen umschichten und für zusätzliche Naturschutzmaßnahmen verwenden. Sofern die nationale Umsetzung des »greening« ambitioniert erfolgt, dürften die neuen Anforderungen für den Biodiversitätsschutz v.a. in intensiv genutzten Agrarlandschaften einen Gewinn mit sich bringen, da dort der Anteil von extensiven Flächen und Landschaftselementen in der Regel geringer und der Umbruch von Dauergrünland derzeit hoch ist.

> Daneben gewähren die Europäische Union sowie Bund und Länder in der zweiten Säule der GAP weitere Beihilfen, die die Förderung der Entwicklung des ländlichen Raumes beinhalten.[42] Sie sollen u.a. der Verbesserung der Wettbewerbsfähigkeit land- und forstwirtschaftlicher Betriebe sowie der Lebensqualität im ländlichen Raum dienen und insbesondere nachhaltige Bewirtschaftungsweisen und Umweltmaßnahmen honorieren, die über die Einhaltung der Mindeststandards hinausgehen. Die geförderten Umweltmaßnahmen gelten sowohl für Land- als auch Forstwirte, auch wenn sie oftmals pauschal als *Agrarumweltmaßnahmen* bezeichnet werden. Gefördert werden u.a. extensive Grünlandnutzung, ökologischer Landbau oder naturnahe Forstwirtschaft. Die Umsetzung und Kofinanzierung der Förderprogramme obliegt in Deutschland den einzelnen Bundesländern.

Abseits der europäischen Landwirtschaftspolitik haben auch die deutschen *Wasser- und Bodenverbände* eine große praktische, wenngleich häufig unterschätzte Bedeutung für die Biodiversität (dazu und zum Folgenden iDiv 2013, S. 3 u.

---

42  Neu geregelt in Verordnung (EU) Nr. 1305/2013 über die Förderung der ländlichen Entwicklung durch den Europäischen Landwirtschaftsfonds für die Entwicklung des ländlichen Raums (ELER) und zur Aufhebung der Verordnung (EG) Nr. 1698/2005 sowie auf nationaler Ebene im Gesetz über die Gemeinschaftsaufgabe »Verbesserung der Agrarstruktur und des Küstenschutzes«.

77 ff.). Sie sind u. a. für die Entwässerung von Gebieten, die Melioration von Flächen und andere Wasser- und Bodenunterhaltungsaufgaben einschließlich Biotoppflege zuständig.[43] Trotz ihrer Rechtsnatur als öffentlich-rechtliche Körperschaften sind die Grundeigentümer und Bewirtschafter Verbandsmitglieder und finanzieren die Verbandsaufgaben. Daraus resultiert ein verbandsinterner Interessenkonflikt zwischen Allgemeinwohlaufgaben (etwa des Umwelt- und Naturschutzes) und Mitgliederbelangen, der bislang nur ungenügend geregelt ist.

Eine ähnliche Konfliktlage besteht bei *Flurbereinigungsverfahren*, an dem die beteiligten Grundeigentümer, die Träger öffentlicher Belange sowie die landwirtschaftlichen Berufsvertretungen mitwirken (dazu und zum Folgenden iDiv 2013, S. 3 u. 80 ff.). Die Flurbereinigung stellt seit dem 19. Jahrhundert das rechtliche Instrument zur Neuordnung und Umgestaltung des land- und forstwirtschaftlichen Grundbesitzes (Flur) in Deutschland dar. Im Flurbereinigungsgesetz ist der Konflikt zwischen Privat- und Allgemeinwohlbelangen zwar angesprochen, aber hinsichtlich der Allgemeinwohlbelange unzureichend gelöst. Problematisch aus Naturschutzsicht ist insbesondere, dass ökologische Belange nur diffus über die Begriffe der Landeskultur und Landesentwicklung mit einfließen. Hier wäre ein ausgewogeneres Verhältnis angebracht, indem u. a. die dauerhaft umweltgerechte Flurgestaltung als Gesetzeszweck normiert wird und die Geltung von verbindlichem Umwelt- und Naturschutzrecht hervorgehoben wird.

## KLIMA- UND ENERGIEPOLITIK                                    2.2

Das klimapolitische Ziel, den Ausstoß von Treibhausgasen bis 2050 in Deutschland um 80 bis 95 % (gegenüber dem Niveau 1990) zu reduzieren, sowie die angestrebte »Energiewende« (Ausstieg aus der Kernenergie bis 2022; Reduktion der fossilen Energieträger) sind nur durch eine deutliche Verbesserung der Energieeffizienz (z. B. Wärmedämmung an Gebäuden) sowie eine Umstellung auf erneuerbare Energieträger zu erreichen (dazu und zum Folgenden iDiv 2013, S. 29). Unter den erneuerbaren Energieträgern (Geothermie, Solar- und Windsowie Bioenergie) spielt insbesondere die Bioenergie und hier wiederum Holz eine zentrale Rolle.[44] Wie sich diese Entwicklung auf die biologische Vielfalt auswirkt, hängt stark von der zukünftigen land- und forstwirtschaftlichen Bewirtschaftungspraxis ab.

Potenzielle Synergieeffekte von Klima- und Biodiversitätsschutz im Bereich Biomasse ergeben sich zum Beispiel über den verminderten Einsatz von Pflanzen-

---

43  Gründung, Aufgaben und Organisation der Verbände sind im Wasserverbandsgesetz geregelt.

44  Rund die Hälfte aller Emissioneinsparungen in Deutschland zwischen 1990 und 2012 ist im Bereich der erneuerbaren Energien durch die verstärkte Nutzung von Holz erreicht worden (iDiv 2013, S. 29).

schutzmitteln oder über eine mögliche ausgeweitete Fruchtfolge bzw. den Anbau von Mischkulturen (dazu und zum Folgenden iDiv 2013, S. 20 u. 29 f.). Vor allem über eine naturnahe Waldbewirtschaftung lassen sich positive Klimaeffekte erzielen. Durch die Kohlenstoffbindung leistet der Wald einen wichtigen Beitrag zum Klimaschutz (Waldspeicher). Diesbezüglich bedeutsam ist zum einen die Verlängerung der Lebenszeit von alten Mischwäldern (z. B. Buchenwäldern), von denen man annimmt, dass bei ihnen die $CO_2$-Bindung besonders hoch ist, und zum anderen die Erhaltung von Totholz als Waldspeicher. Beides ist zugleich ein wichtiges Element für eine hohe Biodiversität im Wald. Auch die Aufforstung als Maßnahme zur Steigerung der Kohlenstoffbindung kann positiv auf das Ökosystem Wald wirken, sofern sie naturnah betrieben wird.

Zwischen Klima- und Biodiversitätsschutz können aber auch Zielkonflikte auftreten, die derzeit durch den steigenden Bedarf an Biomasse und entsprechende instrumentelle Förderungen (z. B. das Erneuerbare-Energien-Gesetz) stark begünstigt werden (hierzu und zum Folgenden iDiv 2013, S. 20 f. u. 29 f.). Für Land- und Forstwirte ist es unter Umständen lukrativer, auf Energiepflanzen oder schnell wachsende Baumarten zu setzen, als im Rahmen des Vertragsnaturschutzes für die umweltschonende Bewirtschaftung einen finanziellen Ausgleich zu erhalten (BfN 2007, S. 6 f.). Somit besteht die Gefahr, dass aus einer Klimaperspektive und aus wirtschaftlichen Überlegungen heraus Monokulturen zur Gewinnung von Biomasse befördert (direkte Landnutzungsänderungen) und naturnahe Flächen in Agrarflächen umgewandelt werden (indirekte Landnutzungsänderungen) – was in der Regel zulasten der Biodiversität geht. Folgen der Nutzungskonkurrenzen können außerdem die Intensivierung der Bewirtschaftung auf vormals extensiv oder ökologisch bewirtschaften Flächen sein.

Die Förderung erneuerbarer Energien wirkt sich aber nicht nur auf terrestrische Ökosysteme aus, sondern hat – vor allem in Gestalt von Offshorewindkraftparks – auch Folgen für den Lebensraum Meer (dazu und zum Folgenden iDiv 2013, S. 34). Durch die Rotation sowie den verursachten Lärm können Vögel und andere Meerestiere gestört oder getötet werden. Die Bedeutung von Windkraftparks für den Meeresschutz wird in Zukunft noch zunehmen, denn zu den etwa 90 bestehenden werden in den nächsten Jahren mindestens 30 weitere hinzukommen. Dabei ergeben sich möglicherweise Synergien von Natur- und Klimaschutz durch ausgewiesene Schutzgebiete für Fische in den Gebieten der Windkraftparks. Die genauen Effekte sind allerdings wissenschaftlich umstritten und schwierig zu fassen (Kannen 2012).

## RELEVANTE INSTRUMENTE DER KLIMA- UND ENERGIEPOLITIK

Zu den relevanten klima- und energiepolitischen Instrumenten gehören Zielsetzungen für den Anteil erneuerbarer Energien (dazu und zum Folgenden iDiv 2013, S. 21). Die Novelle des *Erneuerbaren-Energien-Gesetzes* (EEG) in Deutschland schreibt das Ziel vor, bis 2010 mindestens 12,5 % und bis 2020 mindestens 20 % der Stromerzeugung durch den Einsatz erneuerbarer Energieträger abzudecken. Damit verbundene Instrumente sind finanzielle Fördermöglichkeiten und Vergütungsregelungen, durch die der Anteil von Biomasse, besonders in Form von Mais, in Biogasanlagen deutlich gestiegen ist und sich die Biomasseproduktion von Holz erhöht hat. Ansonsten kommt vor allem Gülle zum Einsatz, die im Gegensatz zu Biomasse aus nachwachsenden Rohstoffen eine positivere Klima- und Naturschutzwirkung aufweist. Ausdrücklich Erwähnung im EEG findet außerdem der Landschaftspflegeschnitt als Biomasse, also der pflanzliche Abfall bei Maßnahmen zur Landschaftspflege. Hier existiert eine bisher noch weitgehend ungenutzte Möglichkeit, Natur- und Klimaschutz zu vereinen. Über eine Vergütung könnte eine zusätzliche Motivation sowie eine Verminderung der Kosten für die Landschaftspflege entstehen (BfN 2007, S. 8 f.). Nachhaltigkeitsrelevant im Kontext des EEG ist ferner die *Biomassestrom-Nachhaltigkeitsverordnung* (BioSt-NachV), welche für flüssige Biomasse gilt. Diese konkretisiert die Nachhaltigkeitsanforderungen aus dem EEG und schreibt damit verschiedene Bewirtschaftungsstandards vor bzw. untersagt den Anbau auf bestimmten Gebieten. Demgemäß produzierte Biomasse kann als nachhaltig zertifiziert werden (TAB 2010).

Ein Instrument, das sowohl auf die Erhöhung des Waldspeichers als auch des Holzproduktespeichers abzielt, ist der deutsche *Waldklimafonds*, der die positive Klimabilanz der Wälder »unter Beachtung der Nutz-, Schutz- und Erholungsfunktion des Waldes sichern und weiter ausbauen« soll.[45] Er wurde im Juli 2013 eingeführt und wird aus dem Energie- und Klimafonds finanziert, hatte bisher allerdings ein eher geringes finanzielles Volumen (iDiv 2013, S. 31). Auch wenn die biologische Vielfalt ausdrücklich Erwähnung findet, bleibt abzuwarten, für welche Maßnahmen die finanziellen Mittel am Ende eingesetzt werden und ob der Fonds sich damit zugunsten oder zuungunsten der biologischen Vielfalt auswirkt.

Für die Wärmegewinnung aus erneuerbaren Energien spielen das *Erneuerbare-Energien-Wärmegesetz* (EEWG) sowie die relevante Förderrichtlinie zum *Marktanreizprogramm* (MAP) eine Rolle (iDiv 2013, S. 21). Über Nutzungspflichten auf der einen sowie Investitionszuschüsse und günstige Darlehen auf der anderen Seite wirkt der rechtliche Rahmen regulativ und anreizbasiert zugleich.

Hinzu kommen Regelungen aus dem Verkehrsbereich, die teils den Anteil von Biokraftstoffen direkt betreffen oder aber indirekt über die Forderung nach einem Mindestanteil von erneuerbaren Energien (iDiv 2013, S. 21). Beispiele sind die *Erneuerbare-Energien-Richtlinie* der EU und auf nationaler Ebene das *Biokraftstoffquotengesetz* (BioKraftQuG) inklusive seiner Neuregelungen. Fast 400.000 ha stillgelegte Flächen wurden für die Gewinnung von Biokraftstoffen wieder be-

---

45  www.waldklimafonds.de (20.5.2014)

wirtschaftet (BfN 2007, S. 6). Auch die *Biokraftstoff-Nachhaltigkeitsverordnung* (Biokraft-NachV) ist ein Instrument in diesem Kontext. Dabei ist ihre Anwendung zwar nicht verbindlich, allerdings können nur Energiepflanzen, die ihre Anforderungen (z. B. deutliche Minderung von Treibhausgasen im Vergleich zu konventionellen Kraftstoffen, Schutz von bestimmten Gebieten) erfüllen, steuerlich bevorteilt werden sowie im Rahmen der Quote des Bundes-Immissionsschutzgesetzes (BImSchG) angerechnet werden.

Ein Instrument in der Klima- und Energiepolitik, das für Offshorewindkraftanlagen relevant ist, ist die *Strategie der Bundesregierung zur Windenergienutzung auf See* von 2002, die im Rahmen der Nachhaltigkeitsstrategie entwickelt wurde (sie ist allerdings selbst nicht rechtsverbindlich) (dazu und zum Folgenden iDiv 2013, S. 34 f.). Dort heißt es in den strategischen Eckpunkten, dass der Ausbau (inklusive Standortwahl) sowie der Betrieb der Windenergieanlagen natur- und umweltverträglich gestaltet werden soll. Es wird auf die Regelungen des Bundesnaturschutzgesetzes (BNatSchG) zum Meer verwiesen. So dürfen zum Beispiel in ausgewiesenen Schutzgebieten gemäß § 38 BNatSchG oder (zukünftigen) Natura-2000-Gebieten keine Windkraftparks gebaut werden, sofern Alternativen bestehen. Die nicht offiziell ausgewiesenen »important bird areas« der internationalen Vogelschutzorganisation BirdLife International werden explizit erwähnt und als grundsätzlich ungeeignete Standorte eingestuft. Weiterhin reguliert die *Seeanlagenverordnung* (SeeAnlV) die Errichtung von Windkraftparks und schreibt u. a. eine Umweltverträglichkeitsprüfung vor (§ 2 SeeAnlV).

## FISCHEREI- UND MEERESPOLITIK 2.3

Obwohl die Fischerei in Deutschland wirtschaftlich an Bedeutung verliert, fangen die deutschen Flotten noch immer jährlich etwa 280.000 t Fisch aus der Nord- und Ostsee (dazu und zum Folgenden iDiv 2013, S. 33).[46] Allerdings gehen die Fischmengen u. a. durch die Verschlechterung des Zustands der Ökosysteme sowie Überfischung zurück. Besonders dezimiert in Ost- und Nordsee sind Kabeljau, Butt, Aal und Seezunge. Sind Arten erst einmal verschwunden, ist es trotz absoluter Fangverbote teils nicht mehr möglich, sie wieder in ihren alten Lebensräumen anzusiedeln. Auch führt intensive Fischerei zu einer evolutionären Verkleinerung der Fische; durch eine kleine Körpergröße können sie den Netzen besser entkommen. Ein »guter Zustand« der Fischbestände, der eine Regeneration von überfischten Beständen voraussetzt, könnte laut BUND die Fangquote im Anschluss um bis zu 80 % erhöhen.[47] Naturschutzziele im Sinne einer nachhaltigen Bewirtschaftung sind für die Fischerei also unmittelbar relevant, um ihre

---

46 www.bund.net/themen_und_projekte/meeresschutz/belastungen/fischerei (20.5.2014)
47 www.bund.net/themen_und_projekte/meeresschutz/belastungen/fischerei/eu_ fischereireform (20.5.2014)

eigene Existenzgrundlage zu sichern. Auch Forderungen nach weniger Verschmutzung der Meere durch Plastik, Öl oder Chemikalien sowie Maßnahmen gegen die Nährstoffanreicherung der Meere, die u.a. auf landwirtschaftlichen Düngemitteleinsatz zurückzuführen sind, dürften im Einklang mit fischereiwirtschaftlichen Interessen liegen. Nord- und Ostsee sind besonders von Nährstoffeinträgen betroffen: Die Folge ist ein verstärktes Wachstum von Algen, deren Zersetzung die Entstehung von sogenannten toten Zonen bewirkt, in denen Leben nicht mehr möglich ist.

Instrumente, die auf eine nachhaltige Fischereiwirtschaft abzielen, kommen immer auch Biodiversitätszielen entgegen (dazu und zum Folgenden iDiv 2013, S. 34 ff.). Aus Naturschutzsicht sind viele Ansätze bislang allerdings noch zu wenig konsequent und erlauben es, die Regelungen faktisch sanktionslos zu hintergehen (z. B. schwierige Kontrolle des Rückwurfverbots). Konkrete Anknüpfungspunkte für den Naturschutz ergeben sich aus kompatiblen Nutzungsformen, z. B. können Windkraftgebiete gleichzeitig Schutzgebiete für bestimmte Fischarten sein oder für marine Aquakulturen genutzt werden (Michler-Cieluch et al. 2009). Allerdings sind viele Wechselwirkungen wissenschaftlich nicht klar zu benennen, insbesondere im Hinblick auf kumulative Effekte durch mehrere Nutzungsformen (Kannen 2012). Eine Garantie dafür, dass Biodiversitäts- und Naturschutzaspekte im Rahmen der Meeresraumplanung genügend berücksichtigt werden, ergab sich bisher (nur) aus den regulativen Instrumenten der Meerespolitik, die originär dem Naturschutz zuzuordnen sind (Richtlinien, Schutzgebiete etc.). Auch hier gibt es allerdings Nachholbedarf, wie die geringe Anzahl maritimer Schutzzonen (auch Natura-2000-Gebiete) in nationalen und internationalen Gewässern verdeutlicht. Die politischen Akteure auf nationaler und internationaler Ebene haben diese Defizite erkannt und versuchen seit einigen Jahren, mit stärker integrativen Politikansätzen und neuen Schutzgebieten zu einem verbesserten Meeresschutz beizutragen.

### RELEVANTE INSTRUMENTE DER FISCHEREI- UND MEERESPOLITIK

Auf nationaler Ebene besteht eine Reihe von relevanten Gesetzen und Verordnungen zur Fischereipolitik (dazu und zum Folgenden iDiv 2013, S. 33 ff.).[48] Insbesondere existiert auch in der Fischerei eine gute fachliche Praxis. Sie kommt vor allem in der Binnenfischerei zum Einsatz und untersagt beispielsweise den Besatz von Gewässern mit nichteinheimischen Tierarten (§ 5 Abs. 3 BNatSchG). Mit Blick auf die Hochseefischerei ist das EU-Instrument der *gemeinsamen Fischereipolitik* maßgeblich. Bereits heute gibt es europaweite Fangquoten für Nord- und Ostsee. Die momentan existierenden Quoten übersteigen allerdings oftmals die wissenschaftlichen Empfehlungen. Nach Vorschlägen für eine Reform der europäischen Fischereipolitik soll ab 2015 als Fangquote der höchst-

---

48  für einen Überblick vgl. www.portal-fischerei.de/index.php?id=1090 (20.5.2014)

mögliche Dauerertrag (»maximum sustainable yield« [MSY]), der eine nachhaltige Befischung sicherstellt, verbindlicher Begrenzungswert sein. Neben dieser Obergrenzquote (»total allowable catch« [TAC]) sollen einzelnen Fischern zugewiesene Quoten innerhalb eines Landes handelbar sein – ähnlich dem System der handelbaren Emissionszertifikate im Bereich der Klimapolitik. Zusätzlich sollen auch auf mehrere Jahre angelegte und mehrere Arten betreffende Bewirtschaftungspläne zu einer nachhaltigen Fischerei beitragen. Auch ein Rückwurfverbot für Teile des Beifangs soll es geben, bei Verstößen könnten Subventionen gestrichen werden. Ferner soll ein geplantes integriertes europäisches Informationssystem den lückenhaften Datenbestand verbessern und die Datensätze zwischen den europäischen Ländern kompatibel machen. Es könnte als Basis dienen, Fangquoten anzupassen und ggfs. Fangverbote für bestimmte Arten oder Zonen auszusprechen.

Die Fischereipolitik der EU steht in engem Zusammenhang mit der *integrierten Meerespolitik* (dazu und zum Folgenden iDiv 2013, S. 34 ff.). Dazu gehören die *Meeresstrategie-Rahmenrichtlinie,* die *Wasserrahmenrichtlinie* sowie verschiedene sektorale Richtlinien. Die Meeresstrategie-Rahmenrichtlinie ergänzt das bereits bestehende Schutzabkommen OSPAR (Nordsee und Nordostatlantik) und die zwischenstaatliche Kommission HELCOM (Ostsee). Jeder Mitgliedstaat ist aufgefordert, eine Strategie für die nationalen Meeresgewässer zu entwickeln, um bis 2020 einen »guten« Umweltzustand gemäß der Klassifizierung der Richtlinie zu erreichen. Darüber hinaus sieht die Meeresstrategie-Rahmenrichtlinie, analog zur EU-Wasserrahmenrichtlinie, u. a. den Einsatz ökonomischer Kosten-Nutzen-Bewertungen vor, die bei der Einführung neuer Schutzmaßnahmen sowie bei Entscheidungen über Ausnahmetatbestände zum Einsatz kommen sollen.

Für die ausschließlichen Wirtschaftszonen sowohl der Nord- als auch Ostsee existieren seit 2009 Raumordnungspläne (dazu und zum Folgenden iDiv 2013, S. 36). 2013 wurde eine EU-Richtlinie für *Meeresraumplanung* und Küstenmanagement in den EU-Gremien auf den Weg gebracht. Die Meeresraumplanung ist ein Instrument zur Koordinierung menschlicher Meeresnutzung unter den Kriterien der Effizienz und Nachhaltigkeit. Ihr kommt insbesondere bei Nutzungskonflikten eine wichtige Rolle zu. Betroffene Bereiche sind neben dem Naturschutz u. a. Fischerei, Verkehr, Klima und Energie. Die Meeresraumplanung kann sowohl integrativ als auch segregativ wirken, je nachdem, ob sich verschiedene Nutzungsweisen durch Koordination vereinen lassen oder nicht.[49] So können Vorrangs- und Ausschlussgebiete ausgewiesen werden, gegebenenfalls auch nur zeitlich

---

49 Der integrative Ansatz zielt auf flächendeckenden Natur- und Biodiversitätsschutz ab, während der segregative Ansatz eine Funktionsteilung für intensive Waldbewirtschaftung auf der einen und den Ausweis von Schutzgebieten auf der anderen Seite vorsieht (iDiv 2013, S. 23).

begrenzt (beispielsweise zu Brutzeiten). Untergeordnete Instrumente sind die Kompatibilitätsanalyse, Lenkungsinstrumente und Managementvorschläge.

## FAZIT UND SCHLUSSFOLGERUNGEN                                    3.

Seit dem UN-Nachhaltigkeitsgipfel in Rio de Janeiro von 1992 findet eine kontinuierliche politische Befassung mit der Problematik des Biodiversitätsverlusts statt, was eine Vielzahl politischer Programme und Strategien zutage gefördert hat, die sowohl dem Querschnittscharakter als auch der Vielschichtigkeit des Biodiversitätsschutzes Rechnung zu tragen versuchen. Trotz dieser »programmatischen Durchdringung« (Ekardt 2012, S. 77) und durchaus ehrgeiziger Zielformulierungen sind die bisher vorzeigbaren Erfolge eher bescheiden, wie das Scheitern des 2010-Zieles offenlegt. Gründe dafür sind in der mangelnden finanziellen Ausstattung der Programme, in diffusen und unverbindlichen Zielvorgaben, institutionellen Defiziten (fehlende Sanktionsmöglichkeiten etc.) sowie unklaren wissenschaftlichen Grundlagen (Monitoring, Indikatoren etc.) zu suchen.

Vor diesem Hintergrund findet derzeit eine Neujustierung der Biodiversitätspolitik statt, zumindest auf einer programmatischen Ebene. Der Trend bewegt sich weg vom klassischen Schutzgebietsansatz und geht in Richtung einer stärker ökonomisch ausgerichteten Strategie, wie sich am »Strategischen Plan 2011–2020« der Vereinten Nationen und noch deutlicher an der »EU-Biodiversitätsstrategie 2020« ablesen lässt. Dort steht nicht mehr unbedingt der Biodiversitätsschutz, sondern vielmehr das Sichern von Ökosystemleistungen im Vordergrund, deren Kartierung und Bewertung ebenso auf der Agenda stehen wie die Einführung innovativer, anreizbasierter Finanzmechanismen. Auch in Deutschland ist diese Entwicklung im Ansatz zu beobachten, wenngleich sie hierzulande noch nicht konsequent programmatisch vollzogen ist, wofür nicht zuletzt die komplizierten föderalen Strukturen mit ihrer Zersplitterung der Zuständigkeiten verantwortlich sind.

Von diesem Strategiewechsel erhofft man sich, für den Naturschutz neue privatwirtschaftliche Finanzierungsquellen zu erschließen sowie die Umweltgovernance durch weitgehend selbstregulierende Märkte (anstelle staatlicher Regulierungen) stärken zu können. Wie die folgenden Kapitel ausführen, sind zu den wissenschaftlichen Grundlagen sowie den Implikationen dieser Umwälzungen aber noch viele Fragen ungeklärt. Mit Blick auf die Instrumente jenseits des Naturschutzes wird zudem deutlich, dass eine Vielzahl etablierter Politiken besteht, von denen zahlreiche und teilweise sehr starke Wirkungen auf den Verlust bzw. die Erhaltung der Biodiversität ausgehen können (dazu und zum Folgenden iDiv 2013, S. 45 f.). Neben der Agrar- und Forstpolitik spielen dabei die Regelungen der Klima- und Energiepolitik eine herausgehobene Rolle. Markttendenzen, verstärkt auf Biomasse als erneuerbaren Energieträger zurückzugreifen, werden durch die Förderung der erneuerbaren Energien in Deutschland (z. B. durch das EEG) erheblich verstärkt. Daraus lassen sich zwei Schlussfolgerungen ableiten:

> Der Verlust der biologischen Vielfalt lässt sich aufgrund der vielfältigen Ursachen und Wechselwirkungen aus einer sektoral eingeschränkten Perspektive (den Naturschutz eingeschlossen) nur beschränkt aufhalten. Wie die Umsetzungsdefizite der ganzheitlich angelegten nationalen Biodiversitätsstrategie zeigen, gehört die institutionelle Verankerung von Biodiversitätsbelangen in den verschiedenen Politikbereichen zu den zentralen Herausforderungen der Biodiversitätspolitik. Erforderlich ist in diesem Zusammenhang eine möglichst ganzheitliche Betrachtungsweise, die den gesamten relevanten Politik- und Instrumentenmix, seine Wirkungsbrüche und Synergieeffekte einbezieht. Im Kapitel VI wird dieses Vorgehen ansatzweise auf drei exemplarische Instrumentenkombinationen angewendet, die Auswirkungen auf den Biodiversitätsschutz haben.

> Weiterhin verweist der querschnittsorientierte Charakter der Biodiversitätsproblematik auf die erhebliche biodiversitätspolitische Bedeutung eines wirksamen Umweltschutzes (iDiv 2013, S. 46). Diese Beobachtung mag zwar trivial erscheinen, weil Schadstoff- und Nährstoffeintrag gemeinhin als zentrale Ursachen für den Verlust der Biodiversität gelten (UBA 2010b). Dennoch werden bei der Diskussion um die Erhaltung der Biodiversität Umweltschutzaspekte oft ausgeklammert, wohl weil Natur- und Umweltschutz institutionell weitgehend getrennte Vollzugsbereiche darstellen. Klar definierte und durchsetzbare ordnungsrechtliche Mindeststandards bilden nach wie vor ein unerlässliches Mittel für ein ökologisch verträglicheres Wirtschaften im Agrar-, Forst- und Fischereibereich, das durch die anreizbasierte Honorierung freiwilliger ökologischer Leistungen ergänzt werden kann. Auch hierzu werden im Kapitel VI weiter gehende Überlegungen angestellt.

# MONETARISIERUNG DER NATUR? STAND UND PERSPEKTIVEN DER ÖKONOMISCHEN BEWERTUNG IV.

Dass die vielfältigen Leistungen von Ökosystemen eine elementare Grundlage für das menschliche Wohlbefinden bilden (Hansjürgens et al. 2012, S. 7), ist eine unbestreitbare Tatsache und stellt eine wesentliche Motivation für Naturschutz dar. Das im Kapitel II.4.2 vorgestellte Konzept der Ökosystemleistungen wurde entwickelt, um diese existenzielle Bedeutung der Biodiversität empirisch fassbar zu machen (Eser et al. 2011, S. 31). Es hat im Rahmen zahlreicher Handlungsvorschläge und Lösungsansätze mittlerweile Einzug in die Naturschutzpraxis gehalten (Hansjürgens et al. 2012, S. 7). Eine zentrale Zielsetzung ist dabei, den Wert der Natur sichtbar zu machen und besser in verschiedenen gesellschaftlichen Bereichen zu verankern – ein Vorhaben, das in der TEEB-Studie (2010b) als »Mainstreaming« beschrieben wurde. Die ökonomische Umweltbewertung, mit der sich der implizite Nutzen von Umweltgütern (resp. die Kosten ihres Verlusts) greifbar machen lässt, spielt hierbei eine Schlüsselrolle.

Auch wenn der ökonomische Nutzen der biologischen Vielfalt außer Frage steht, so ist unter Fachleuten durchaus umstritten, inwieweit es zielführend ist, den ökonomischen Wert von Naturkapital zu bewerten und zur Basis politischer und unternehmerischer Entscheidungen zu machen. Bereits der 2006 erstmals veröffentlichte »Stern Review on the Economics of Climate Change« (Stern 2007), der die zu erwartenden Nutzen und Kosten klimapolitischer Handlungsoptionen gegeneinander aufrechnete und daraus Handlungsempfehlungen ableitete, hatte entsprechende Debatten ausgelöst, die bis heute schwelen und im Zuge der TEEB-Studie erneut aufgeflammt sind. Neben spezifisch methodischen Fragen, etwa zur angemessenen Gewichtung zukünftiger Schäden (Diskontierung) oder zu möglichen Verzerrungseffekten, stehen Sinn und Zweck der ökonomischen Bewertung komplexer Umweltgüter grundsätzlich zur Diskussion. Auch überzeugte Verfechter einer ökonomischen Perspektive betonen in der Regel, dass die zur Verfügung stehenden Bewertungsansätze vorsichtig abgewogen werden müssen und es grundsätzlich nicht angemessen erscheint, alle Aspekte der Biosphäre um jeden Preis zu monetarisieren. Dabei sind es nicht nur methodische Herausforderungen, welche die ökonomische Bewertung an ihre Grenzen stoßen lassen. Eine spezielle Hürde stellt die Vielschichtigkeit der Biodiversität und ihrer Güter dar, die in ihren ökologischen Zusammenhängen bislang nur in Ansätzen verstanden sind (Kap. II.4.1). Entsprechend der Komplexität des Bewertungsgegenstands gibt es mittlerweile eine Vielzahl unterschiedlicher ökonomischer Ansätze, mit denen sich die mannigfaltigen Nutzendimensionen der biologischen Vielfalt mehr oder weniger exakt monetarisieren lassen.

Die methodischen und wissenschaftlichen Grundlagen, die diesem weitgefächerten Forschungsfeld zugrunde liegen, stehen im Fokus dieses Kapitels. Zunächst werden – basierend auf dem Gutachten von Hansjürgens et al. (2012) – die theoretischen Grundlagen der Umweltbewertung erläutert, wozu insbesondere das Wertespektrum der Ökonomie gehört. Anschließend wird das ökonomische Methodenarsenal kurz vorgestellt – bestehend einerseits aus den eigentlichen Bewertungsinstrumenten sowie andererseits den darauf aufbauenden Entscheidungshilfeverfahren (Kosten-Nutzen-Analyse, Kosten-Wirksamkeits-Analyse und Multikriterienanalyse), welche die Einbindung von Bewertungsergebnissen in politische Entscheidungsprozesse ermöglichen sollen. Zum Schluss werden empirische und normative Einwände gegen die ökonomische Bewertung diskutiert, was in Auseinandersetzung mit den Gutachten von Ekardt (2012) und Hansjürgens et al. (2012) geschieht, um darauf aufbauend die Grenzen der ökonomischen Bewertung zumindest grob abstecken zu können.

## UMWELTPROBLEME AUS ÖKONOMISCHER SICHT: KNAPPHEIT, MARKTVERSAGEN, EXTERNE EFFEKTE    1.

Die Ökonomie ist diejenige Wissenschaftsdisziplin, die sich mit der Allokation begrenzt verfügbarer Ressourcen beschäftigt (Hansjürgens et al. 2012, S. 30; Loft 2012, S. 5 f.). Ausgehend von der Feststellung, dass unter Bedingungen der Knappheit jeder Konsum eine Abwägung zwischen verschiedenen Nutzungsinteressen voraussetzt und damit Opportunitätskosten[50] verursacht, geht sie der Frage nach, wie durch möglichst optimale Verteilung der Güter Wohlstand und Wohlfahrt maximiert werden können. Dabei stehen zwar auch rein wirtschaftliche Aspekte im Fokus, etwa wenn der unternehmerische Bereich betrachtet wird. Gemäß ihrem wissenschaftlichen Selbstverständnis geht die Ökonomie aber weit über diesen engen Untersuchungskontext hinaus (Hansjürgens et al. 2012, S. 62): Als Sozialwissenschaft sei ihr Untersuchungsgegenstand vielmehr ganz allgemein das »menschliche Verhalten«, wie es sich im Umgang mit gesellschaftlichen Knappheiten manifestiere. Auch Natur, Biodiversität und Ökosystemleistungen zählen in diesem Sinne zu den Ressourcen, die sich zunehmend verknappen und folglich möglichst »sparsam« zu nutzen seien. Dass dies bislang oft nicht geschehe, stelle vor diesem Hintergrund auch ein ökonomisches Problem dar, mit dem sich die Teildisziplin der Umweltökonomie befasse.

Zentral für die ökonomische Analyse von Umweltproblemen sind die charakteristischen Eigenschaften von typischen Umweltgütern, bei denen es sich gemeinhin um öffentliche Güter handelt (Loft 2012, S. 8 f.). Öffentliche Güter (etwa Ökosystemleistungen wie die Regulation von Klima etc.) zeichnen sich im Unterschied

---

50  Opportunitätskosten entsprechen den Kosten resp. dem Verlust, die durch den Verzicht auf alternative Nutzungsformen/Konsumoptionen entstehen (Hansjürgens et al. 2012, S. 30).

zu privaten dadurch aus, dass sie nicht auf Märkten gehandelt werden und von allen gleichzeitig und gleichermaßen genutzt werden können – weder kann jemand vom Konsum ausgeschlossen werden (Nichtausschließbarkeit) noch schränkt der Konsum die Konsummöglichkeiten von anderen ein (Nichtrivalität). In der Folge drohen Marktversagen und »Fehlallokationen«, da nicht nur der Anreiz zur nachhaltigen Nutzung der Ressource entfällt, sondern auch der Anstoß, in den Erhalt der Ressource zu investieren (Hansjürgens et al. 2012, S. 29). Dass öffentliche Umweltgüter von allen jederzeit kostenlos genutzt werden können, bedeutet also nicht, dass durch den extensiven Konsum keine Kosten entstünden. Die vielfältigen negativen Folgen der Übernutzung werden nur nicht den eigentlichen Verursachern in Rechnung gestellt, sondern belasten in Form von sogenannten negativen externen Effekten (sozialen Kosten) die Allgemeinheit (Kasten).

**EXTERNE EFFEKTE BEI DER UMWANDLUNG VON REGENWALD**

Für viele Menschen in Entwicklungsländern sind Regenwälder unmittelbarer und unverzichtbarer Bestandteil des täglichen Lebens. Waldrodung ist für sie jedoch oft auch die einzige Möglichkeit, Einkommen zu generieren und so – zumindest kurzfristig – ihr Überleben zu sichern. Bei dieser Entscheidung werden aber in der Regel nur diejenigen Veränderungen von Gütern und Leistungen ins Kalkül gezogen, die bereits marktfähig und handelbar sind, also vor allem die von Wäldern bereitgestellten ökosystemaren Versorgungsleistungen (z. B. Nahrung, Holz). Andere Ökosystemleistungen wie etwa kulturelle Leistungen (z. B. Erholung, kulturelles Erbe, ästhetische Werte, Bildung und Inspiration) werden nur teilweise, Regulations- und Basisdienstleistungen (z. B. lokale und globale Klima-, Erosions- sowie Wasserregulation, Widerstand gegen invasive Arten) praktisch überhaupt nicht erfasst.

Als Folge der einzelwirtschaftlichen, auf kurzfristige Gewinnmaximierung gerichteten Entscheidungen im Waldmanagement bleiben die langfristigen Auswirkungen sowie die volkswirtschaftlichen Kosten dieses Nutzenverhaltens unberücksichtigt. Der ökonomische Gesamtwert eines nachhaltig genutzten Ökosystems ist damit oftmals höher als der ökonomische Wert, der z. B. einer Entscheidung für eine Landnutzungsänderung in der Praxis zugrunde gelegt wird. Die Verfügungsrechteinhaber und illegalen Nutzer erzielen daher einzelwirtschaftliche Gewinne durch Aktivitäten, deren Gesamtkosten in Form des Verlusts von Waldökosystemleistungen bei anderen Personen bzw. der Gesellschaft insgesamt anfallen. Bei der Allokation biologischer Ressourcen und ökosystemarer Dienstleistungen entstehen demnach negative externe Effekte, also direkte und indirekte Verluste, die Dritte und die Allgemeinheit zu tragen haben, ohne dass sie in der Wirtschaftsrechnung privater oder öffentlicher Haushalte als Kosten auftauchen.

Quelle: Loft 2012, S. 10 f.

Externe Effekte möglichst umfassend zu internalisieren – d. h. beim eigentlichen Verursacher in Rechnung zu stellen –, gilt deshalb unter Umweltökonomen als vordringlichste Aufgabe (Loft 2012, S. 11 f.). Als wichtiges Hilfsinstrument, vor allem im Kontext politischer und unternehmerischer Entscheidungsprozesse, kommt in diesem Zusammenhang die ökonomische Bewertung ins Spiel. Nach Hansjürgens et al. (2012, S. 12) kann sie einen wesentlichen Beitrag dazu leisten, den gesellschaftlichen Wert von Naturressourcen sichtbar zu machen und die negativen externen Effekte, die mit Nutzungsänderungen verbunden sind, abschätzen zu helfen. Dies könne, so die Hoffnung, dazu beitragen, dass politische Weichenstellungen Umweltaspekte verstärkt einbeziehen und sich somit vermehrt an gesamtwirtschaftlichen anstatt betriebswirtschaftlichen Zielen orientieren (Hansjürgens et al. 2012, S. 11). Abbildung IV.1 veranschaulicht den Zusammenhang am Beispiel einer Nutzungsänderung von Auenflächen, bei der vielfältige Umwelteffekte anfallen, die bei der Kosten-Nutzen-Rechnung allzu oft nicht berücksichtigt werden – so wie die aus den Biodiversitätsverlusten resultierenden Überflutungsrisiken.

**ABB. IV.1    NUTZEN UND KOSTEN EINER NUTZUNGSÄNDERUNG VON AUENFLÄCHEN**

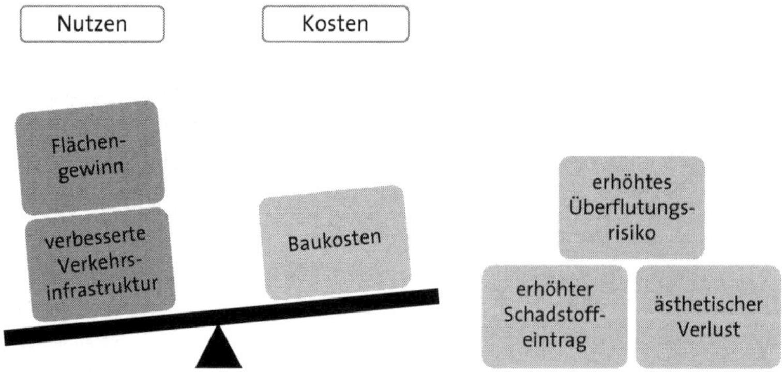

Quelle: nach Hansjürgens et al. 2012, S. 11

Dem skizzierten ökonomischen Kalkül liegen allerdings mehrere implizite Voraussetzungen und Annahmen zugrunde, die unter Ökonomen teilweise strittig und Anlass für »vielfältige Missverständnisse und Irritationen« sind (Hansjürgens et al. 2012, S. 61):

> So ist eine ökonomische Bewertung erstens immer ein »Abbild subjektiver Wertschätzungen, basierend auf den (gegebenen) Präferenzen der Wirtschaftssubjekte« (Hansjürgens et al. 2012, S. 27). In Zahlungsbereitschaften übersetzt, bilden die individuellen Präferenzen die entscheidende Größe bei der Ermittlung der gesellschaftlichen Wohlfahrt. Welche Motive dahinter stehen

und vor welchem Wissenshintergrund sie entstanden sind, spielt im Rahmen ökonomischer Analysen keine Rolle, ebenso wenig die Frage, ob sie einem Wandel unterliegen (Hansjürgens et al. 2012, S. 63 f.). Da die Präferenzen nicht offen über Marktpreise zutage treten, müssen sie mittelbar erschlossen werden: entweder durch die Analysen von alternativen Marktpreisen, die zum Umweltgut komplementär oder substitutiv sind, oder durch die Erfragung von hypothetischen Zahlungsbereitschaften. Diese Methoden sind jedoch komplex und haben ihre spezifischen Fallstricke, die im Kapitel IV.2 diskutiert werden.

> Bei der Abwägung zwischen mehreren möglichen Nutzungsalternativen orientiert sich die Ökonomie zweitens strikt an ökonomischen Effizienzkriterien (Hansjürgens et al. 2012, S. 64 f.). Basierend auf der Annahme, dass alle Güter prinzipiell substituierbar sind, gilt diejenige Handlungsoption als vorteilhaft, die mit den geringsten Kosten den größten Nutzen hervorbringt. Die Monetarisierung dient dabei primär dem Zweck, Vergleichbarkeit zwischen unterschiedlichen »Tatbeständen« herzustellen (Hansjürgens et al. 2012, S. 63). Das ökonomische Effizienzpostulat bildet den normativen Kern der sogenannten Kosten-Nutzen-Analysen und der meisten anderen ökonomischen Entscheidungsverfahren. Wie bereits im Kapitel II.4.3 angedeutet, steht diese normative Basis in potenzieller Konkurrenz zu anderen (z. B. ethischen und juristischen) Abwägungsregeln.

> Aus dem präferenzbasierten Ansatz und der Effizienzlehre folgt drittens der bereits angesprochene konsequent eigennutzorientierte und anthropozentrische Blickwinkel (Kap. IV.1.1). Bewertet wird also nicht die Biodiversität um ihrer selbst willen (physiozentrische Perspektive), sondern aus ökonomischer Sicht interessieren allein die Leistungen, die sie erbringt und die der menschlichen Bedürfnisbefriedung dienen (Hansjürgens et al. 2012, S. 26). Dabei wird allerdings ein sehr weites Wertespektrum zugrunde gelegt – in den ökonomischen Gesamtwert fließen alle materiellen und immateriellen, direkten und indirekten Nutzwerte ein, die in irgendeiner Form zum menschlichen Wohlergehen beitragen (Hansjürgens et al. 2012, S. 26).

## DAS KONZEPT DES ÖKONOMISCHEN GESAMTWERTS

Die theoretische Basis für die ökonomische Bewertung von Ökosystemleistungen (oder auch Umweltgütern, Naturressourcen etc.) bildet das Konzept des ökonomischen Gesamtwerts (Pearce/Moran 1994; dazu und zum Folgenden Hansjürgens et al. 2012, S. 24). Das Wertekonzept umfasst alle relevanten Nutzenaspekte, welche »die Nachfrage nach Umweltgütern allgemein bestimm[en]« (WBGU 1999b, S. 54). Dazu gehören nicht nur die direkten materiellen Leistungen (marktfähige Produktionsgüter) der Natur, sondern auch indirekte Leistungen (z. B. Hochwasser- und Bodenerosionsschutz von Ökosystemen, Kohlenstoffspeicherung) sowie immaterielle Leistungen wie z. B. die Ästhetik von Naturlandschaften oder schlicht die Freude über die Existenz von Tier- oder Pflanzenarten (Abb. IV.2).

ABB. IV.2                    ÖKONOMISCHER GESAMTWERT UND ÖKOSYSTEMLEISTUNGEN

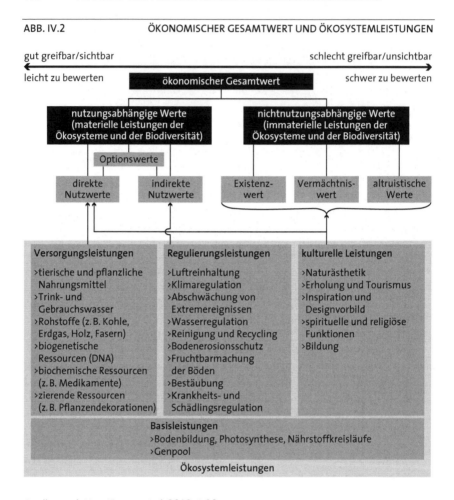

Quelle:  nach Hansjürgens et al. 2012, S. 28

Manche Werte entstehen, ohne dass ein unmittelbarer Gebrauch von Naturleistungen erfolgt (WBGU 1999b, S. 55). Der ökonomische Gesamtwert von Ökosystemen und Biodiversität setzt sich demgemäß zusammen aus (a) nutzungsabhängigen Werten (»use values« [Gebrauchswerte]) und (b) nichtnutzungsabhängigen Werten (»non-use values« [Nichtgebrauchswerte]), die jeweils wiederum in verschiedene Wertunterkategorien gegliedert werden.

Nutzungsabhängige Werte ergeben sich aus der unmittelbaren materiellen Nutzung von Naturressourcen, die auf direktem und indirektem Wege erfolgen kann (zum Folgenden Hansjürgens et al. 2012, S. 24 f.):

> *Direkte Nutzwerte* ergeben sich aus dem Konsum der materiellen Güter, die durch die Ökosysteme bereitgestellt werden. Dies sind beispielsweise die Erträge der Land-, Forst-, Fischerei- und Energiewirtschaft (sogenannte Versorgungsleistungen). Darunter fällt aber auch die Nutzung des Naturraumes zu Erholungs- und Freizeitzwecken, durch Tourismus oder auch einfach nur durch den Genuss des Anblicks einer schönen Naturlandschaft (kulturelle Leistungen).

> *Indirekte Nutzwerte* ergeben sich aus dem indirekten Nutzen, den Ökosysteme bereitstellen. Darunter fallen insbesondere die sogenannten Regulierungsleistungen der Ökosysteme. Die indirekten Nutzwerte eines Waldes sind zum Beispiel Erosionsschutz, Kohlenstoffspeicherung, Wasserregulierung oder Beeinflussung des Mikroklimas.

> *Optionswerte* beziehen sich ausschließlich auf den Nutzen, der aus der Möglichkeit zur Nutzung der direkten und indirekten physischen Leistungen von Naturressourcen in der Zukunft resultiert. Da hier der Zeitpunkt der Nutzung weitgehend ungewiss und darüber hinaus auch unklar ist, ob es überhaupt zu einem zukünftigen Konsum kommt, hat der Optionswert den Charakter einer Versicherung (der Nutzen liegt in der Sicherheit auf die zukünftige Verfügbarkeit der Güter begründet). Ein Quasioptionswert entsteht, wenn Nutzen von Ökosystemen durch Unwissen oder Unsicherheit nicht bekannt sind. In dem Fall kann eine Verzögerung von Entscheidungen einen Wert haben. Zum Beispiel ist heute wenig über den Nutzen von Pflanzen im tropischen Regenwald für die Medizin bekannt, der aber in der Zukunft eine immense Bedeutung haben kann.

Nichtnutzungsabhängige Werte werden nicht durch den Gebrauch von biosphärischen Leistungen geschaffen, sondern beruhen auf einer abstrakteren Beziehung zur Natur (zum Folgenden Hansjürgens et al. 2012, S. 25 f.):

> *Existenzwerte* ergeben sich dadurch, dass uns das bloße Wissen um die Existenz natürlicher Landschaften oder einer Tier- oder Pflanzenart etc. Zufriedenheit (und damit einen ökonomischen Nutzen) verschaffen kann. Dabei ist es unerheblich, ob wir diese Landschaften, diese Tier- oder Pflanzenarten jemals selbst zu Gesicht bekommen.

> *Altruistische Werte* begründen sich in der Zufriedenheit, die man empfindet, wenn Ökosystemleistungen für unsere Mitmenschen verfügbar bzw. zugänglich sind (Wohlbefinden durch Sicherstellung intragenerativer Gerechtigkeit).

> *Vermächtniswerte*, die ebenfalls altruistischer Natur sind, definieren sich in dem Erhalt von Ökosystemleistungen für nachfolgende Generationen bzw. der Vererbung unseres Naturkapitals und der Zufriedenheit, die wir durch diese Vererbung erfahren (Wohlbefinden durch Sicherstellung intergenerativer Gerechtigkeit).

Der erweiterte Wertbegriff, wie er im ökonomischen Gesamtwert zum Ausdruck kommt, ist in der Umweltökonomik fest etabliert und gilt als grundlegend für das Verständnis und die Akzeptanz des ökonomischen Bewertungsansatzes im Umgang mit Naturschutzfragen (dazu und zum Folgenden Hansjürgens et al. 2012, S. 26). Entgegen der oftmals umgangssprachlichen Deutung des Begriffs hören Werte im ökonomischen Verständnis also nicht dort auf, wo Marktpreise nicht mehr verfügbar sind. Zu den ökonomischen Werten gehören auch all die nichtmarktfähigen (teils nutzungsabhängigen, teils nichtnutzungsabhängigen) Beiträge der Ökosysteme zu unserem Wohlergehen. Letztlich wird jeder erdenkliche Vorteil für den Menschen als ein solcher Wert aufgefasst. Nur sehr wenige Ökosystemleistungen, in der Regel nur die direkten Nutzwerte aus den Versorgungsleistungen der Agrar-, Forst-, Fischerei- oder Energiewirtschaft, verfügen über einen expliziten Marktwert. Der ökonomischen Bewertung wird eine weitreichende Rolle zugesprochen, insofern sie auch die indirekten und nichtnutzungsabhängigen Werte der Natur sichtbar und greifbar macht und so zu ihrem Schutz beitragen kann.

Dass es sich dabei trotz allem um eine konsequent nutzenorientierte Perspektive handelt, welche als einzigen Maßstab die subjektiven Bedürfnisse von Individuen anerkennt, wurde bereits betont. Ökonomische Wertvorstellungen leisten somit vor allem solchen naturschutzpolitischen Argumentationen Vorschub, die den Schutz der Natur aus einem »wohlverstandenen Eigeninteresse« heraus (Eser et al. 2011, S. 27), also aus Klugheitsgründen, geboten sehen (Kap. II.4.3). Fraglich ist deshalb, inwiefern Gerechtigkeitsaspekte, die im Naturschutz und den damit verknüpften Nutzungskonflikten besonders drängend sind, in den ökonomischen Wertehorizont integrierbar sind. Zwar werden Aspekte der intra- und intergenerativen Gerechtigkeit prima facie durch altruistische und Vermächtniswerte aufgegriffen (Hansjürgens et al. 2012, S. 100). Aber auch diese ökonomischen Wertekategorien drehen sich einzig und allein – wie es für den ökonomischen Ansatz charakteristisch ist – um den Nutzen, der mit der Rücksichtnahme auf andere verbunden ist, ohne altruistische Verhaltensweisen aus moralischen Gründen für geboten zu halten (Eser et al. 2011, S. 38). Hansjürgens (2012, S. 100 f.) hält deshalb abschließend fest, dass »der Aspekt der Gerechtigkeit (im eigentlichen Sinne, als moralische Verpflichtung gegenüber anderen) für Ökonomen in der Regel keine Bedeutung hat« – ein Punkt, der im Kapitel IV.3 vertieft wird.

## METHODEN IM ÜBERBLICK                                          2.

Die ökonomische Bewertung von Ökosystemleistungen stützt sich auf ein breites Instrumentarium, dessen Elemente sich grob nach Verfahrensschritten ordnen lassen. Zuerst kommen Bewertungsmethoden ins Spiel, die als »Herzstück« (Hansjürgens et al. 2012, S. 52) des ökonomischen Ansatzes gelten und dazu dienen, den Nutzen natürlicher Ressourcen sowie die Kosten ihres Verlusts zu monetarisieren. Sobald sämtliche Effekte (Nutzen und Kosten) offengelegt sind, können in einem zweiten Schritt ökonomische Entscheidungshilfeverfahren, wie die Kosten-Nutzen-Analyse, zum Zug kommen. Ihre Aufgabe ist es, verschiedene Handlungsoptionen nach ökonomischen Gesichtspunkten abzuwägen und konkrete Politikempfehlungen abzuleiten. Obwohl in der Diskussion oft nicht klar zwischen der Kosten-Nutzen-Analyse und der ökonomischen Bewertung unterschieden wird (Hansjürgens et al. 2012, S. 51), handelt es sich hierbei um zwei unterschiedliche Kategorien von Werkzeugen, die zwar eng miteinander verknüpft, nach erkenntnistheoretischen und methodologischen Gesichtspunkten dennoch getrennt zu betrachten sind. Basierend auf dem Gutachten von Hansjürgens et al. (2012) werden diese Methoden, ihre Grenzen sowie Anwendungsmöglichkeiten nachfolgend in ihren Grundlinien dargelegt. Vorab wird jedoch kurz der politische Entscheidungsprozess skizziert, der bei der praktischen Umsetzung von Bewertungsvorhaben zu bewältigen ist.

## VORGEHENSWEISE UND EINORDNUNG IN ENTSCHEIDUNGSPROZESSE 2.1

Auch wenn es in Entscheidungsprozessen ein Bewusstsein für die Bedeutung von Ökosystemleistungen für den Menschen gibt, so bleibt in der Praxis die Einbindung dieser Werte oftmals außen vor, insbesondere dann, wenn Ökosystemleistungen nicht in Geldwerten gemessen werden können (Hansjürgens et al. 2012, S. 21). Einer der Gründe ist darin zu suchen, dass die praktische Umsetzung einer ökonomischen Bewertung ein komplexes Vorhaben darstellt, in dessen Rahmen nicht nur die eigentliche Bewertung, sondern eine ganze Reihe an vor- und nachbereitenden Entscheidungen zu bewältigen ist.

So kann die eigentliche Bewertung erst erfolgen, wenn die Fragestellung und der Bewertungskontext erörtert und konkretisiert sind. Vor allem aber ist erforderlich, dass in ausreichendem Maße konkrete Kenntnisse über die zu bewertenden Ökosystemleistungen vorliegen. Der folgende »Dreiklang« bildet daher den Kern jedes Bewertungsprozesses (dazu und zum Folgenden Hansjürgens et al. 2012, S. 19 f.):

1. Identifikation der zu bewertenden Ökosystemleistungen, was ein auf den Entscheidungskontext angepasstes Kategoriensystem voraussetzt;
2. Erfassen der betreffenden Ökosystemleistungen mittels geeigneter Indikatoren und Kennziffern, was konkrete Daten über den derzeitigen Bestand, über dessen zeitliche Veränderungen einschließlich der Kenntnisse der jeweiligen Ursachen erfordert;
3. Bewertung der Ökosystemleistungen, was die Wahl einer geeigneten ökonomischen Methode verlangt.

Sobald diese wissenschaftlich-technischen Punkte (Identifizieren, Erfassen, Bewerten) geklärt sind, müssen die Bewertungsresultate evaluiert, Politikoptionen erörtert und Verteilungswirkungen analysiert werden, ein Gesamtprozess, der für Entscheidungsträger eine große Herausforderung darstellen kann. Aus diesem Grund wurde im Rahmen von TEEB (2010a) ein Leitfaden entwickelt, der ein abgestuftes Vorgehen vorschlägt und zu jedem Prozessschritt leitende Fragen aufführt (Kasten). Das Ziel ist, lokalen und regionalen Entscheidungsträgern »bei der praktischen Umsetzung konkreter Bewertungsvorhaben eine Orientierungshilfe« zu geben (Herkle 2012, S. 66), die flexibel an konkrete Gegebenheiten angepasst werden kann.

**DIE SECHS SCHRITTE DER ÖKONOMISCHEN BEWERTUNG VON ÖKOSYSTEMLEISTUNGEN NACH TEEB**

*Schritt 1: Bewertungskontext erörtern*

> Was ist der Bewertungsanlass und die konkrete Problemstellung?
> Wer sind die betroffenen Stakeholder (öffentliche Verwaltung, Naturschutzverbände, Landbesitzer)?
> Wie wird die Problemstellung seitens der Entscheidungsträger und wie seitens einzelner Stakeholder gesehen?
> Sind die Problemzusammenhänge für die Stakeholder nachvollziehbar? Gibt es Informations- und Kommunikationsbedarf?
> Wie können die Stakeholder in den Bewertungsprozess eingebunden werden und mit welchen Methoden (Befragung, Fokusgruppen etc.)? Gibt es Konfliktpotenzial?

*Schritt 2: relevante Ökosystemleistungen identifizieren*

> Welche Ökosystemleistungen sind von dem Vorhaben betroffen?
> Welche Ökosystemleistungen sind für Wirtschaft und Gesellschaft in Stadt, Region, Land zentral?
> Wie werden sich die Maßnahmen auf die Ökosystemleistungen auswirken im Vergleich zum Status quo?
> Wer ist am meisten auf die Ökosystemleistungen angewiesen?
> Welche Ökosystemleistungen sollen prioritär in die Analyse eingehen?

*Schritt 3: Informationsbedarf erfassen und geeignete Methode auswählen*

> Welche Ökosystemleistungen sind besonders relevant?
> Welche Werte (nutzungsabhängige und nichtnutzungsabhängige) spielen für die betroffenen Gruppen in Verbindung mit den fraglichen Ökosystemleistungen eine besondere Rolle?
> Wo ist eine Bewertung sinnvoll machbar? Welche Methode ist dafür geeignet?

> Was soll erreicht werden (qualitative Beschreibung oder quantitative Bewertung), wie ist die Datenlage und welche Informationen müssen noch erfasst werden?

*Schritt 4: Ökosystemleistungen bewerten und analysieren*

> Mit welchem Studiendesign können die Daten erhoben werden?
> Was sind die Ergebnisse?
> Wie lassen sich die Ergebnisse vor dem Hintergrund des Problemkontextes interpretieren?

*Schritt 5: Ergebnisse evaluieren, Politikoptionen erörtern und Maßnahmen festlegen*

> Welche Politikoptionen/Maßnahmen sind möglich?
> Was sind die Stärken und Schwächen dieser Politikoptionen und welche Maßnahmen sind geeignet?
> In welche Entscheidungsprozesse können die Ergebnisse einfließen und gibt es weitere Verwendungszwecke (Grundlage für KNA, MKA, Informationsgrundlage bei partizipativen Prozessen)?

*Schritt 6: Verteilungswirkungen analysieren*

> Wer profitiert und wer verliert durch die geplanten Maßnahmen?
> Wie stark wiegen die Verluste in Relation zu den Gewinnen?
> Gibt es mögliche Ausgleichsmaßnahmen und Unterstützungsmöglichkeiten für die Verlierer?
> Inwieweit darf es überhaupt Verlierer geben?

Quelle: nach TEEB 2010a, S. 6, u. Hansjürgens et al. 2012, S. 22 f.

Dieser umfangreiche Fragenkatalog macht deutlich, dass die eigentliche ökonomische Bewertung in einen komplexen Entscheidungsprozess eingebettet ist, der weit mehr als nur ökonomische Methodenkompetenz erfordert. Neben der Monetarisierung spielen, wie zuvor beschrieben, naturwissenschaftliche Messwerkzeuge (Monitoringprogramme, Indikatoren etc.) eine Schlüsselrolle. Darüber hinaus ist aber auch eine ganze Reihe weiterer nichtökonomischer Methoden in Betracht zu ziehen, um die vielen Fragen zu klären, von denen nicht wenige qualitativer Art sind. So können sich unter Umständen sozialökonomische Indikatoren, Fokusgruppen, Befragungen oder Tiefeninterviews als hilfreich erweisen, etwa um besonders relevante ökologische Wirkungen zu identifizieren, monetär nicht erfassbare Kosten abzuschätzen oder persönliche Motive zu hinterfragen (hierzu Hansjürgens et al. 2012, S. 20 f.).

## ÖKONOMISCHE BEWERTUNGSVERFAHREN                            2.2

Aus ökonomischer Perspektive bemisst sich der Wert eines Gutes an den individuellen Präferenzen resp. Zahlungsbereitschaften der Wirtschaftssubjekte, die aus diesem Gut einen (wie auch immer gearteten) Nutzen ziehen (Barkmann/ Marggraf 2010, S. 251). Zur Ermittlung des Gesamtwerts stehen – je nach Art des Gutes und Datenlage – verschiedene Methoden zur Verfügung. Grundsätzlich zu differenzieren ist zwischen

> Marktanalysen, die sich auf reale Marktpreise von Marktgütern stützen (teilweise auch kostenbasiert);
> Präferenzanalysen, die direkt (Befragungen) oder indirekt ermittelte (reales Nachfrageverhalten am Markt) Zahlungsbereitschaften heranziehen;
> und schließlich Sekundäranalysen wie der Nutzentransfer, die bereits vorliegende Resultate auf den aktuellen Bewertungskontext zu übertragen versuchen (Hansjürgens et al. 2012, S. 36).

Marktbasierte Bewertungsmethoden beruhen auf der Prämisse, dass Preise und Kosten, die auf Märkten ermittelt wurden, die Zahlungsbereitschaften der Marktteilnehmer zum Ausdruck bringen (Tauschwert). Die marktbasierte Bewertung ist besonders verbreitet, was damit zu tun hat, dass die erforderlichen Daten meistens vorliegen oder einfach zu beschaffen sind (Hansjürgens et al. 2012, S. 46). Da es sich bei vielen Ökosystemleistungen aber bekanntlich nicht um reine Marktgüter handelt, ist der Anwendungsbereich dieser Bewertungsmethode beschränkt und die Zahlungsbereitschaften müssen anderweitig ermittelt werden. Hierzu bieten sich direkte oder indirekte präferenzbasierte Bewertungen an, die in der Regel zwar wesentlich mehr Aufwand erfordern, dafür aber auch ein umfassenderes Wertespektrum abbilden können. Ökonomen arbeiten seit vielen Jahren daran, diese unterschiedlichen Bewertungsverfahren weiterzuentwickeln, entsprechend umfangreich ist die Fachliteratur zum Thema. Wenn im Folgenden nun die einzelnen Bewertungsmethoden, ihre Vor- und Nachteile dargestellt werden, so hat dies notgedrungen in summarischer Form zu erfolgen (für einen detaillierteren Überblick vgl. etwa Pearce et al. 2012).

## MARKTANALYSEN                                             2.2.1

Im Bereich der Marktanalysen lassen sich preisbasierte Methoden (Messgröße: direkte Marktpreise), kostenbasierte Methoden (Messgröße: Ersatzkosten, Vermeidungskosten, Opportunitätskosten) und Input-Output-Analysen (Messgröße: Produktionsfunktionswert, Nettofaktoreinkommen) unterscheiden (hierzu und zum Folgenden Hansjürgens et al. 2012, S. 36 ff. u. 83):

*Preisbasierte Methoden*

> Direkte Marktpreise: Hier werden die direkten Preise, die für Ökosystemleistungen am Markt zu zahlen sind, für die Bewertung herangezogen. Marktpreise sind in der Regel nur für Versorgungsleistungen verfügbar (Produkte der Land-, Forst- und Energiewirtschaft, der Fischerei etc.). Beispiel: der Holzumsatz als Wertmaßstab für die Rohstoffproduktionsleistung eines Waldes (Versorgung der Gesellschaft mit dem Rohstoff Holz)

*Kostenbasierte Methoden*

> Ersatzkosten: Diese Methode betrachtet die Kosten, die aufgebracht werden müss(t)en, um eine Ökosystemleistung technisch zu ersetzen. Hier ist also der Marktpreis des technischen Substituts bzw. Äquivalents die entscheidende Größe. Beispiel: die Kosten von Aquakulturanlagen als Maßstab für den Habitatwert eines natürlichen Gewässerökosystems zur Fischproduktion

> Vermeidungskosten: Für diesen Bewertungsansatz sind die Kosten relevant, die durch negative Umwelteinflüsse entstehen (können) und die durch Ökosystemleistungen vermieden werden. Hier ist der Marktpreis des potenziellen Schadens die entscheidende Größe. Beispiel: die (potenziellen) Kosten von Hochwasserschäden als Wertmaßstab für die Hochwasserschutzleistung einer natürlichen Auenlandschaft

> Opportunitätskosten: Bei diesem Ansatz werden die im Zuge der Bereitstellung von Ökosystemleistungen entgangenen wirtschaftlichen Erträge (die Kosten des Verzichts auf die beste Alternative) als Basis für die Bewertung herangezogen. Somit ist bei diesem Ansatz der Ertrag aus der besten alternativen Ökosystemnutzung die entscheidende Größe. Dahinter steht die Annahme, dass der Nutzen der realisierten Option mindestens den Kosten des Verzichts auf die Alternativoption entsprechen muss, denn ansonsten würde man die Alternative realisieren. Beispiel: Die wirtschaftlichen Erträge, die mit einem Flussausbau zur Steigerung des Binnenschiffverkehrs realisiert werden könnten, auf die aber verzichtet wird, um einen guten ökologischen Gewässerzustand und die daran knüpfenden Ökosystemleistungen zu sichern, dient als Maßstab für den Wert dieser Leistungen.

*Input-Output-Analysen*

> Produktionsfunktionsansatz: Dieser Ansatz bewertet die Beiträge von Ökosystemleistungen als Inputfaktoren innerhalb von Produktionsprozessen. Dabei wird die Veränderung des Outputs im Zusammenhang mit der Veränderung des Inputs der Ökosystemleistung betrachtet und die Ertragsdifferenz für die Bewertung herangezogen. Beispiel: landwirtschaftliche Ertragsverluste infolge eines Bienensterbens als Wertmaßstab für die Bestäubungsleistung der Bienen in diesem Produktionsprozess

> Nettofaktoreinkommen: Hier werden Ökosystemleistungen ebenfalls in ihrer Funktion als Input- bzw. Produktionsfaktor[51] bewertet. Dabei wird der Erlös betrachtet, der auf die Ökosystemleistungen zurückzuführen ist, d.h., es wird die Differenz zwischen Gesamterlös und Produktionskosten für die Bewertung herangezogen. Hinter diesem Ansatz steht die Annahme, dass die Produktionsfaktoren für ihren Faktoreinsatz gemäß ihrer Grenzproduktivität entlohnt werden, d.h., dass ihnen jener Anteil des Erlöses zufließt, der auf ihren Faktoreinsatz zurückzuführen ist. So teilt sich der Erlös aus dem produzierten Gut vollständig unter den Produktionsfaktoren (in Abhängigkeit von der jeweiligen Produktivität) auf. Der Faktor Boden erbringt seine Leistung jedoch unentgeltlich, d.h., die Differenz zwischen dem Gesamterlös und den Kosten der Produktion (hier also das Einkommen für die Faktoren Arbeit und Kapital) muss der Grenzproduktivität und damit dem Wert des Faktors Boden, d.h., der am Produktionsprozess beteiligten Ökosystemleistung, entsprechen. Beispiel: Die Differenz aus dem Erlös aus einer Wasserkraftanlage und den Kosten, die mit dieser Anlage verbunden sind, wird als Wertmaßstab für die Energieproduktionsleistung eines Gewässers herangezogen (Versorgung der Gesellschaft mit dem Energieproduktionsfaktor Wasser).

Bei der Bewertung von Ökosystemleistungen anhand von Marktanalysen ist die Gefahr der Fehlinterpretation hoch (dazu und zum Folgenden Hansjürgens et al. 2012, S. 88). Marktbasierte Bewertungen können immer nur Wertuntergrenzen sichtbar machen, nie aber den Nutzen als solchen, und so lassen sie auch keine Aussagen über Wohlfahrtswirkungen zu. Erfasst wird nur der Wert des Gutes in einer bestimmten Funktion (z.B. der Wert in der Funktion als »Tauschgut« oder in der Funktion als »Kostenvermeidungsgut«, indem der Gesellschaft die Kosten des technischen Substituts erspart bleiben).

*Preise* offenbaren grundsätzlich nur den Tauschwert am Markt und messen lediglich, was Menschen auf jeden Fall zu zahlen bereit sind, die tatsächliche Zahlungsbereitschaft kann aber weit darüber hinausgehen und bleibt an dieser Stelle unbekannt (Hansjürgens et al. 2012, S. 88). Nimmt man also Marktpreise als Referenzgröße für den Wert einer Ökosystemleistung, so wird ausschließlich ihr Nutzen in seiner Funktion als Tauschgut bewertet.

Bei den *Ersatz- und Vermeidungskosten* ist nur insofern ein inhaltlicher Bezug zum Nutzen gegeben, als sie ihn im Sinne vermiedener Kosten widerspiegeln und demnach nur die Leistung der Kostenvermeidung bewertet wird, nicht aber die Ökosystemleistung als solche (dazu und zum Folgenden Hansjürgens et al. 2012,

---

51  Man unterscheidet in der Regel zwischen den drei Produktionsfaktoren *Arbeit, Boden* und *Kapital*, wobei der Faktor *Boden* verstanden wird als »Oberbegriff für alle Gratishilfsquellen, die von der Natur in den Produktionsprozess eingebracht werden, d.h. für alle sogenannten natürlichen Ressourcen« (Bartling/Luzius 2004, S. 22).

S. 88 f.). Die Ersatzkostenmethode definiert den Wert der Ökosystemleistung über die Kosten eines technischen Substituts, und dieses wiederum ist abhängig vom technologischen Fortschritt und von Marktverzerrungen. Gleiches gilt für die Vermeidungskosten, wo der Wert des Gutes in Abhängigkeit der Kosten zur Beseitigung des Schadens bei Wegfall dieses Gutes definiert wird. Auch diese Kosten hängen vom Stand der Technik und den Marktbedingungen ab und können sich mit diesen entsprechend ändern. Wenn nun also durch technologische Neuerungen beispielsweise Maßnahmen zum Hochwasserschutz oder zur Beseitigung des Schadens aus einem Hochwasser sehr viel einfacher, effizienter und kostengünstiger realisiert werden können, sinkt demgemäß der Wert der natürlichen Hochwasserschutzfunktion von Ökosystemen. Dies jedoch nur insofern, als die Leistung der Kostenvermeidung nicht mehr so viel Wert ist, da der Hochwasserschutz nun auch vergleichsweise kostengünstig durch technischen Ersatz erbracht werden kann, also der Schaden nicht mehr so hoch ausfällt. Welchen Nutzen oder Wert der Hochwasserschutz für die Menschen aber tatsächlich hat, ist hier nicht abbildbar (abgebildet werden nur Kostenkurven). Die Präferenzen und damit die Zahlungsbereitschaften zur Abwehr von Hochwassergefahren resp. des Schadens können um ein Vielfaches höher liegen. Unklar bleibt hier also, ob und in welcher Höhe diese Ökosystemleistungen über die Kosten hinaus von Nutzen sind und somit, welchen Wohlfahrtseffekt ein Verlust dieser Leistung tatsächlich nach sich zieht. So fallen die Kosten des Verlusts dieser Ökosystemleistung heute vielleicht nicht ins Gewicht (da sie technisch ersetzbar oder der Schaden bei ihrem Verlust technisch regulierbar ist), doch sollten diese technischen Substitute ausfallen, so käme der Wohlfahrtsverlust unweigerlich zum Tragen. Das Risiko des Technikverlusts ist also gerade bei der Anwendung der Ersatz- und Vermeidungskostenmethoden in die Bewertung miteinzubeziehen.

*Opportunitätskosten* als Bewertungsgröße sind gegenüber den Ersatz- und Vermeidungskosten noch kritischer zu sehen, da hier nicht einmal ein inhaltlicher Bezug zwischen dem Bewertungsgegenstand und der Messgröße (den Opportunitätskosten) gegeben sein muss (dazu und zum Folgenden Hansjürgens et al. 2012, S. 89 f.). Hier variiert der Wert der Ökosystemleistung in Abhängigkeit vom Nutzungsdruck auf die Fläche, auf der die Ökosystemleistung gebildet wird, d. h. in Abhängigkeit der wirtschaftlichen Alternativerträge – ungeachtet davon, ob die Ökosystemleistung in einem inhaltlichen Bezug zu den wirtschaftlichen Alternativerträgen steht oder nicht.[52] So zeigen Opportunitätskosten nur an, wie viel eine Ökosystemleistung mindestens wert sein muss (weil man sie ja der Alternative vorzieht). Sie zeigen jedoch nicht an, welchen Nutzen eine Öko-

---

52  Wenn also beispielsweise die ertragreichste Alternative für eine Flächennutzung der Bau eines Autowerkes wäre, so würde der Wert der Ökosystemdienstleistung auf dieser Fläche mit den Marktentwicklungen in der Automobilwirtschaft variieren, auch wenn hier kein inhaltlicher Zusammenhang zwischen den Gütern besteht (bis auf die Tatsache, dass sie beide auf die Ressource »Boden« angewiesen sind) (Hansjürgens et al. 2012, S. 89).

systemleistung stiftet und damit, welchen gesellschaftlichen Wert sie hat. Änderungen der Opportunitätskosten dürfen nicht als Änderung des Wertes der Ökosystemleistung missverstanden werden.[53]

Bei Bewertungen auf Basis von *Input-Output-Analysen* wird nur der Wert der Ökosystemleistung in seiner Funktion als kostenloser Inputfaktor zur Erstellung anderer nützlicher Güter erfasst (dazu und zum Folgenden Hansjürgens et al. 2012, S. 90). Wie auch bei den kostenbasierten Ansätzen ist hier der Nutzen im Sinne vermiedener Kosten zu verstehen, da die Ökosystemleistungen zur Produktion eines wirtschaftlichen Gutes beitragen, ohne dass hierfür ein Entgelt erforderlich wird. Doch auch hier drücken die Marktdaten immer nur einen Teilaspekt des Wertes dieser Leistung aus. So begrenzt sich beispielsweise der Wert der Bestäubungsleistung der Bienen nicht nur auf die direkten landwirtschaftlichen Erträge, sondern umfasst auch die Bestäubung von Wildpflanzen, welche wiederum die Nahrungsgrundlage für viele Tiere sind.[54]

## TAUSCHWERT UND NUTZWERT

Der Begriff »Wert« wird oft mit dem Tauschwert eines Gutes am Markt, also seinem Preis, gleichgesetzt. Ein Gut mit einem hohen (niedrigen) Tauschwert hat dann einen hohen (geringen) Preis. Durch eine solche Interpretation von Wert als Tauschwert hätte alles, was nicht auf Märkten gehandelt wird, keinen ökonomischen Wert.

Doch diese Sichtweise greift zu kurz und spiegelt den Stand der Ökonomik nicht richtig wider. Dies hat Adam Smith bereits vor mehr als 200 Jahren (am Beispiel des Wassers) deutlich gemacht. Er hat zwischen »value in use« (Nutzwert) und »value in exchange« (Tauschwert) unterschieden, und dies an den Gütern Wasser und Diamanten verdeutlicht. Wasser hat in der Regel einen geringen oder gar keinen Preis (Tauschwert), sobald es aber zur knappen Ressource wird, einen sehr hohen Nutzwert. Diamanten hingegen haben in der Regel einen hohen Preis (Tauschwert), aber einen geringen Nutzwert. Der Nutzwert des Gutes Wasser weicht also offensichtlich von seinem Tauschwert (Preis) ab, er ist nicht identisch mit dem Preis. Und das gilt nicht nur für Wasser. Güter, die nicht auf Märkten gehandelt werden und daher keinen Preis haben, wie dies für die meisten Güter im Bereich der Natur gilt, weisen dennoch einen erheblichen ökonomischen Nutzwert für Einzelne und für die Gesellschaft als Ganzes auf.

Quelle: Hansjürgens et al. 2012, S. 98

---

53  Denn wenn eine Fläche wirtschaftlich an Attraktivität gewinnt (in Abhängigkeit der Marktentwicklungen), erhöht sich auch der Wert der Ökosystemdienstleistung, obwohl der Nutzen der Ökosystemdienstleistung davon in keiner Weise berührt wird.
54  www.aid.de/landwirtschaft/bienen.php (20.5.2014)

Die hier besprochenen Bewertungsgrößen (Preise, Kosten und Inputfaktoren) sind von Variablen abhängig, die nicht unmittelbar in einem inhaltlichen Zusammenhang zum Nutzen stehen. Nur weil der Preis für ein Gut steigt, steigt nicht auch der Nutzen (»wertvoller« wird es nur im Sinne des Tauschwertes), und nur weil ein Gut kostengünstiger ersetzt werden kann, stiftet es nicht per se auch weniger Nutzen (nur der »Kostenvermeidungswert« sinkt). Interpretationsfehler entstehen, wenn der ökonomische Wertbegriff missverstanden wird, wenn also der Tauschwert eines Gutes am Markt oder seine Kostenvermeidungsleistung mit dem grundsätzlichen Wert des Gutes gleichgesetzt wird (Kasten). So erfordern speziell die marktbasierten Methoden das richtige Verständnis von Werten und die Unterscheidung zwischen funktionalen Werten (Tauschwert, Kostenvermeidungswert) und dem übergeordneten Wert, der sich im Nutzen des Gutes begründet.

## PRÄFERENZANALYSEN                                            2.2.2

Präferenzanalysen ziehen Zahlungsbereitschaften als Messgröße heran. Je nach Art des empirischen Zugangs lassen sich direkte und indirekte Methoden unterscheiden: Die indirekten Methoden (hedonischer Preisansatz und Reisekostenmethode) greifen auf indirekt offenbarte, d.h. aus realem Nachfrageverhalten am Markt abgeleitete Zahlungsbereitschaften zurück (sogenannte »Methoden der offenbarten Präferenz«); die direkten Methoden (Kontingente Bewertungsmethode, Choiceexperimente und Bewertungsworkshops/Marktstandmethode) nutzen geäußerte Zahlungsbereitschaften, die im Rahmen von Befragungen unmittelbar erhoben wurden (sogenannte »Methoden der geäußerten Präferenz«) (hierzu und zum Folgenden Hansjürgens et al. 2012, S.39 ff. u. 84):

*Methoden der offenbarten Präferenz*

> Hedonischer Preisansatz: Hier werden Preisdifferenzen zwischen Marktgütern in Abhängigkeit von Umwelteinflüssen betrachtet. Wenn also der Preis für ein Marktgut durch eine Ökosystemleistung mitbestimmt wird, lässt sich die Zahlungsbereitschaft für die Ökosystemleistung indirekt aus dem Preis für das Marktgut ableiten. Die entscheidende Größe für die Bewertung ist dann die Preisdifferenz, die auf den Einfluss der Ökosystemleistung zurückzuführen ist. Beispiel: Die Differenz zwischen dem Preis für eine Immobilie mit Seeblick und dem Preis für eine vergleichbare Immobilie ohne Seeblick wird als Maßstab für den landschaftsästhetischen Wert des Sees angesetzt.

> Reisekostenmethode: Bei dieser Bewertungsmethode werden jene Kosten herangezogen, die im Rahmen eines Ausfluges, einer Reise o.Ä. aufgewendet werden, um ein bestimmtes Naturerlebnis zu erfahren. Die Kosten sowie die Häufigkeit und Intention der Reise resp. des Ausflugs werden dabei umfragebasiert erfasst. Hinter diesem Ansatz steht die Annahme, dass die aufgewendeten Kosten mindestens dem Nutzen aus der Ökosystemleistung entsprechen

müssen, da ansonsten die Bereitschaft, diese Kosten aufzuwenden, nicht gegeben wäre. Beispiel: Die Kosten, die aufgewendet werden, um einen Nationalpark zu besuchen (Fahrtkosten, Eintrittsgelder, Kosten des Aufenthalts etc.), dienen als Maßstab für den Erholungs- und Erlebniswert dieses Parks.

*Methoden der geäußerten Präferenz*

> Kontingente Bewertungsmethode: Diese Methode erfasst den Nutzen aus Ökosystemleistungen, indem sie hypothetische Märkte schafft und stichprobenbasiert die Zahlungsbereitschaft für diese Leistungen erfragt. Dabei wird den Befragten zunächst der entscheidungsrelevante Sachverhalt dargelegt (Veränderung gegenüber dem Status quo oder gegenüber einem alternativen Referenzzustand), darauf werden sie um die Angabe ihrer Zahlungsbereitschaft (oder alternativ Entschädigungsforderung) für die zu bewertende Umweltveränderung gebeten. Die »Konsumenten« werden also direkt befragt, was ihnen Ökosystemleistungen wert sind: entweder, auf wie viel Einkommen sie bereit wären zu verzichten, um einen (zusätzlichen) Nutzen aus den Ökosystemleistungen zu erfahren, oder aber, was man ihnen bieten müsste, um einen Verlust an Ökosystemleistungen auszugleichen. Diese Methode erfasst sowohl nutzungsabhängige als auch nichtnutzungsabhängige Werte. Beispiel: Der Geldbetrag, den die Befragten bereit wären, in einen Fonds zur Finanzierung eines Schutzprojektes zu zahlen (jährlich oder einmalig), um dadurch den Erhalt einer bedrohten Tierart sicherzustellen, dient als Wertmaßstab für den Nutzen, den die Befragten aus der Existenz dieser Tierart ziehen.

> Choiceexperimente: Diese ebenfalls umfragebasierte Bewertungsmethode ermittelt die Präferenzen mithilfe eines Entscheidungsexperiments. Dabei werden den Befragten verschiedene Szenarien als Alternative zum Status quo vorgelegt, in denen eine Auswahl an Ökosystemleistungen (sogenannte Attribute) in unterschiedlichen Ausprägungen angeboten wird. Dabei ist jedes Szenario auch mit einem Preis versehen, den die Bürger für den dort beschriebenen Umweltzustand zahlen müssten (die Kosten, die mit der Bereitstellung verbunden wären). Die Befragten wählen dabei mehrmals aus verschiedenen Sets an Szenarien den jeweils nutzenmaximalen Zustand aus. Die Zahlungsbereitschaften für die Ökosystemleistungen werden anschließend mithilfe statistischer Analyseverfahren aus dem Entscheidungsverhalten abgeleitet. Hinter dieser Methode steht die Annahme, dass sich der Nutzen eines Gutes durch dessen Eigenschaften definiert und somit in Abhängigkeit der Eigenschaften variiert. Die Präferenz für ein Gut wird also von den verschiedenen Merkmalen bestimmt, die das Gut charakterisieren, d.h., wenn sich ein Gut hinsichtlich eines Attributs verändert, verändert sich auch die Präferenz für das Gut. Beispiel: In einer bestimmten Region ist eine Reihe an unterschiedlichen Landnutzungsoptionen realisierbar, die sich in unterschiedlicher Weise auf das dortige Landschaftsbild, die Struktur von Flora und Fauna, die Schadstoffbelastung in Boden und Gewässern sowie auf das Bodenerosions- und Hoch-

wasserrisiko auswirken. Die jeweiligen Leistungen können dabei unterschiedlich gewichtet werden. So ist der Nutzen aus der Hochwasserschutzleistung ggf. sehr viel höher als der Nutzen aus dem abwechslungsreichen Landschaftsbild. Hier wird also eine Option (beispielsweise Flächenrenaturierung) in erster Linie wegen ihres positiven Effekts auf die Hochwasserschutzleistung wertgeschätzt und weniger wegen des Effekts auf das Landschaftsbild.

*Deliberative Ansätze*

> Bürgerforum (»citizens' jury«): Bei dieser Methode bezieht sich die Bewertung auf Gruppenmeinungen. Eine Gruppe von Bürgern begutachtet und beratschlagt relevante Umweltveränderungen, erörtert die Expertenmeinungen dazu und urteilt über Nutzen und Kosten. Hierbei werden Bedürfnisse und Präferenzen sichtbar gemacht, jedoch nicht quantifiziert. Die Bewertung basiert auf den Erkenntnissen und Ergebnissen des Diskurses und ist rein qualitativer Art.

> Marktstandmethode (»market stall«): Diese Methode beruht auf der Idee, die Angebot-Nachfrage-Situation eines Wochenmarktes nachzubilden, wo sich die Kunden in Ruhe über das Produkt informieren können und ein Austausch zwischen den Marktbesuchern möglich ist. Simuliert wird demzufolge eine *transparente* Marktsituation, die es zulässt, Informationsdefizite abzubauen und wohlüberlegte Präferenzen zu bilden. Hierzu werden die direkten präferenzbasierten Methoden (siehe Methoden der geäußerten Präferenz) mit Gruppendiskussionen kombiniert. Außerdem wird hier nicht nur die unmittelbare, sondern auch eine »überdachte« Zahlungsbereitschaft erfasst. Hinter diesem Ansatz steht die Annahme, dass sich Präferenzen erst bilden und festigen müssen und eben nicht per se vorhanden sind. Für marktungebundene Ökosystemleistungen gilt dies in besonderem Maße, da man im alltäglichen Leben in der Regel nicht gezwungen ist, sich ihren Nutzen bewusst zu machen. Das Vorgehen ist wie folgt: Im Rahmen von ein- bis zweistündigen Workshops mit je 10 bis 15 Teilnehmern wird zunächst der zu bewertende Sachverhalt (die Umweltveränderung) von Experten vorgestellt, die Problemzusammenhänge werden erläutert (Kosten, Nutzen, Folgen der Maßnahmen) und Rückfragen geklärt. Im Anschluss daran wird der Sachverhalt intensiv zwischen den Teilnehmern diskutiert (angeleitet von einem Moderator), bevor jeder Teilnehmer seine Zahlungsbereitschaft in einem Fragebogen äußert (anonym). Die Teilnehmer werden einige Tage später noch einmal kontaktiert (postalisch oder telefonisch) und erneut nach ihrer Zahlungsbereitschaft gefragt, womit ihnen die Möglichkeit gegeben wird, ihre ursprüngliche Angabe zu revidieren. Diese »überdachten« Angaben bilden dann die Basis für die Bewertung.

Die präferenzbasierten Methoden sind für die Bewertung marktungebundener, also öffentlicher Güter geeignet und können damit auch Werte erfassen und quantifizieren, die bei den Marktanalysemethoden grundsätzlich unberücksichtigt bleiben (dazu und zum Folgenden Hansjürgens et al. 2012, S. 90 f.). So lassen sich mit den direkten Methoden auch nutzungsunabhängige Werte erfassen. Dennoch sind auch die präferenzbasierten Methoden Grenzen unterworfen und mit Problemen behaftet – insbesondere in Bezug auf die Validität und Akzeptanz. Im Zuge der jahrzehntelangen Forschung und Weiterentwicklung der Methoden wurde eine Vielzahl an Validitätsproblemen bei den präferenzbasierten Ansätzen identifiziert, sodass fraglich ist, inwieweit Reisekosten, Immobilienpreise und hypothetische Zahlungsbereitschaften den tatsächlichen Nutzen von Ökosystemleistungen abbilden können. Insbesondere die direkten Methoden mit ihren empirischen Zahlungsbereitschaftsstudien und hypothetischen Szenarien stehen immer wieder in der Kritik (Arrow et al. 1993). Die indirekten Methoden (hedonischer Preisansatz und Reisekostenmethode) kämpfen hingegen mit dem Problem, nur sehr eingeschränkt anwendbar zu sein und nur Gebrauchswerte erfassen zu können.

Der *hedonische Preisansatz* wird in der Regel nur zur Bewertung von jenen Ökosystemleistungen genutzt, die in einem Zusammenhang zu Immobilienpreisen stehen (dazu und zum Folgenden Hansjürgens et al. 2012, S. 91). Bewertbar ist hierbei nur der Nutzen durch ästhetische Landschaftsbilder (»grüne Umgebung«, »Seeblick«), Naherholungswerte durch städtische Parkanlagen, die Kosten der Nähe zu Deponien oder von zu stark befahrenen Straßen (Luft- und Lärmbelastung) u. Ä. Um Preisdifferenzen mit Veränderungen der Ökosystemleistung zusammenzubringen, sind komplexe Analysen erforderlich (Hussain/Gundimeda 2012). Da es immer auch noch weitere beeinflussende Faktoren geben wird, die nicht kontrolliert werden können, ist die Aussagekraft dieser Bewertungen begrenzt.

Mit der *Reisekostenmethode* lassen sich nur freizeit- und tourismusbezogene kulturelle Ökosystemleistungen bewerten (Freizeit- und Erholungswerte bzw. touristische Werte; dazu und zum Folgenden Hansjürgens et al. 2012, S. 91). Hier ist auch eine empirische Datenerhebung zum Reiseverhalten (Häufigkeit, Zweck) und den Kosten (Fahrtkosten, Eintrittsgelder, Übernachtungskosten etc.) erforderlich. Neben den üblichen Verzerrungseffekten innerhalb empirischer Datenerhebungen (Stichprobenauswahl, Interviewereffekt etc.) liegt das Validitätsproblem dieser Methode insbesondere darin, dass oftmals der Zweck der Reise nicht klar erfasst und auf die Ökosystemleistung abgegrenzt werden kann. Auch sind nichtmonetäre Kosten der Reise wie z. B. der Stress der Anfahrt, Zeitkosten etc. nicht berücksichtigt (Hussain/Gundimeda 2012).

Die Validitätskritik an den direkten Methoden, also den Zahlungsbereitschaftsmethoden (*kontingente Bewertung* und *Choiceexperimente*), begründet sich vorrangig im hypothetischen Charakter der Bewertung, denn hier wird das Nachfrageverhalten nicht an realen, sondern an hypothetischen Märkten erfasst (dazu und zum Folgenden Hansjürgens et al. 2012, S. 91 f.). Dieser Aspekt ruft vor allem bei der kontingenten Bewertungsmethode häufig Probleme hervor, da die

Befragten hier ihre Zahlungsbereitschaft unmittelbar äußern sollen, was Verzerrungsgefahren wie z. B. strategisches Antwortverhalten oder Protestantworten birgt (Mitchell/Carson 1989) (Tab. IV.1).

**TAB. IV.1     TYPEN VON VERZERRUNGSEFFEKTEN IN ZAHLUNGSBEREITSCHAFTSANALYSEN**

| Verzerrungs-faktor | Effekt auf die Zahlungsbereitschaft (ZB) | | Lösungsansatz |
|---|---|---|---|
| hypothetischer Charakter | Hypothetisches Bewertungsszenario ist nicht konsistent zur Realität. | $ZB \neq ZB_{wahr}$ | plausible und realistische Szenarien modellieren; Vorbereitung des Fragebogendesigns durch Fokusgruppen |
| strategisches Antwortverhalten | Probanden antworten taktisch:<br>a) Übertreibung der ZB, um die Bereitstellung der Ökosystemleistungen zu befördern<br>b) Untertreibung der ZB, um Trittbrett fahren zu können | $ZB > ZB_{wahr}$<br><br>$ZB < ZB_{wahr}$ | im Fragebogen die Motive für die ZB abfragen; hohe ZB mit dem Einkommen abgleichen und auf Plausibilität prüfen |
| Protestantworten | Probanden äußern entgegen ihrer Präferenz entweder gar keine ZB oder eine überzogene/untertriebene ZB (z. B. Kritik am Zahlungsmittel, politische oder ethische Einwände gegen Bewertungen von Natur). | $ZB = 0 \neq ZB_{wahr}$<br>$ZB < ZB_{wahr}$<br>$ZB > ZB_{wahr}$ | im Fragebogen die Motive für die ZB abfragen; hohe ZB mit dem Einkommen abgleichen und auf Plausibilität prüfen |
| Zahlungsmitteleffekt | Die geäußerte ZB variiert mit dem Zahlungsmittel (z. B. ZB bei freiwilliger Spende in einen Fonds $\neq$ ZB bei Steuererhöhung). | $ZB \neq ZB_{wahr}$ | ein möglichst realistisches Zahlungsmittel verwenden; Vorbereitung des Fragebogendesigns durch Fokusgruppen |
| Framingeffekt | Die geäußerte ZB variiert mit der Art und Weise der Frageformulierung (negative/positive Besetzung des Sachverhalts). | $ZB \neq ZB_{wahr}$ | Fragen möglichst wertfrei bzw. neutral formulieren |
| Embeddingeffekt | Die geäußerte ZB variiert nicht mit dem Umfang des Gutes (ZB für ein Gut allein = ZB für ein ganzes Güterbündel, in das dieses Gut eingebettet ist). | ZB spiegelt ggf. »warm glow« wider, d. h., Befriedigung ergeht aus dem Akt der Zahlung (»etwas Gutes tun«) | im Fragebogen die Motive für die ZB abfragen |

| Verzerrungs-faktor | Effekt auf die Zahlungsbereitschaft (ZB) | | Lösungsansatz |
|---|---|---|---|
| Zahlungs-fähigkeit | Die geäußerte ZB ist durch die Zahlungsfähigkeit des Befragten beeinflusst. Weniger wohlhabende Menschen können zwar eine hohe Wertschätzung für ein Gut haben, können sie allerdings nicht korrekt mit ihrer ZB abbilden. | $ZB > ZB_{wahr}$ | Einen zufriedenstellenden Lösungsansatz hierfür gibt es nicht. |
| Informations-effekte | Die geäußerte ZB variiert mit den bereitgestellten Informationen. | $ZB \neq ZB_{wahr}$ | möglichst umfassend über das zu bewertende Gut aufklären und die Folgen transparent machen (Nutzen/Kos-ten, Gewinner/Verlie-rer etc.). Vorbereitung des Fragebogendesigns durch Fokusgruppen |

Quelle: Hansjürgens et al. 2012, S. 93 f. (angelehnt an Pearce et al. 2002)

Die Methode des Choiceexperiments ist in dieser Hinsicht weniger anfällig, da die Befragten bei diesem Verfahren ihre Zahlungsbereitschaft nicht direkt äußern, sondern sie durch ihr Entscheidungsverhalten indirekt preisgeben (Wahl zwischen diskreten Alternativen in Bezug auf Eigenschaften und Kosten des Gutes).

Ob und inwiefern eine Zahlungsbereitschaftsstudie verzerrt ist, hängt maßgeblich davon ab, welche Erhebungsverfahren genutzt werden, mit welcher methodischen Genauigkeit die Bewertung umgesetzt wird und wie komplex der zu bewertende Sachverhalt ist (dazu und zum Folgenden Hansjürgens et al. 2012, S. 92). Die Validitätskritik an den Zahlungsbereitschaftsmethoden begründet sich vorrangig in den in der Tabelle IV.1 dargestellten potenziellen Verzerrungseffekten. Studien haben gezeigt, dass Unsicherheiten bei den Befragten bezüglich der geäußerten Zahlungsbereitschaft insbesondere in der fehlenden Erfahrung mit der Bewertung solcher oftmals doch sehr komplexen Sachverhalte sowie in unzureichendem Wissen (Informationsdefizite) über die jeweiligen Optionen und ihren Konsequenzen begründet liegen (Akter et al. 2009). Bewerten kann man schließlich nur, was man auch versteht und worüber man hinreichend aufgeklärt wurde. Da im Konsumalltag Folgenabwägungen und Präferenzäußerungen für marktungebundene Ökosystemleistungen nicht gefordert werden, ist ein Bewusstsein über die eigenen Präferenzen für solche Maßnahmen oft nicht vorhanden (Payne/Bettman 1999).

Präferenzen für derartige Güter müssen daher in der Regel erst gebildet werden, was nicht nur die Bereitstellung von Informationen, sondern auch Zeit zum Nachdenken und Abwägen voraussetzt (Tisdell et al. 2008). Diesem Aspekt wurde in der Praxis von Zahlungsbereitschaftsstudien bisher jedoch nur sehr selten Rechnung getragen. Die klassischen One-Shot-Befragungen (einmalige Abfrage der Zahlungsbereitschaft) können die notwendige Informationsqualität und Zeit zur Präferenzbildung kaum gewährleisten.

Aus diesen Gründen wurden zum einen konkrete Richtlinien zum Studiendesign entwickelt (Arrow et al. 1993; dazu und zum Folgenden Hansjürgens et al. 2012, S. 92 ff.). Darüber hinaus bieten sich neuere deliberative Verfahren wie z. B. die Marktstandmethode an (MacMillan et al. 2006). Diese neueren Ansätze sehen eine stärkere Stakeholdereinbindung vor und greifen Kenntnisse der Psychologie zur Informationsverarbeitung und Präferenzbildung auf (kognitive Fähigkeiten zur Wahrnehmung, Informationsverarbeitung, Entscheidungsfindung etc.). Im Rahmen von Gruppeninterviews wird ein besonderes Augenmerk darauf gelegt, dass die Teilnehmer hinreichend Zeit zum Nachdenken und gegenseitigen Austausch erhalten und dass auf Fragen, die über die standardisierten Informationen hinausgehen, eingegangen werden kann (je nach Bedarf und Vorkenntnissen der Teilnehmer können durch die Moderatoren weitere Informationen bereitgestellt und Unklarheiten beseitigt werden). Studien haben gezeigt, dass sich hierdurch die Anzahl der Antwortverweigerer reduzieren lässt und eine höhere Validität der Ergebnisse erreicht werden kann (Lienhoop/MacMillan 2007). Das Verfahren ist aber auch sehr zeitintensiv, weshalb es für große Stichproben eher ungeeignet ist.

## WELCHE METHODE IST WANN HERANZUZIEHEN?    2.2.3

Die Frage, wann welches Bewertungsverfahren heranzuziehen ist, lässt sich nicht allgemeingültig beantworten. Zu viele Aspekte spielen eine Rolle, die nicht nur mit den charakteristischen Merkmalen der Methoden, sondern auch mit der spezifischen Fragestellung sowie dem spezifischen Bewertungskontext zusammenhängen (Hansjürgens et al. 2012, S. 82). So ist die Wahl des Bewertungsverfahrens nicht nur wesentlich durch den Untersuchungsgegenstand, die Datenlage sowie den verfügbaren Finanz- und Zeitrahmen bedingt, auch Fragen der Validität und die Stakeholdereinbindung sind zu bedenken (Hansjürgens et al. 2012, S. 83). Vor dem Hintergrund dieser Faktoren lassen sich die grundlegenden Stärken und Schwächen der einzelnen Bewertungsmethoden sowie ihre Einsatzmöglichkeiten folgendermaßen grob umreißen (zum Folgenden Hansjürgens et al. 2012, S. 86 ff.):

> Die Methoden der Marktanalyse spielen in der ökonomischen Bewertung eine dominante Rolle. Sie haben den Vorteil, dass sie einfach und kostengünstig anzuwenden sind, da die erforderlichen Marktdaten in der Regel vorliegen

und nicht erst aufwendig empirisch ermittelt oder abgeleitet werden müssen. Individuelle Präferenzen und nutzungsunabhängige Wertekomponenten (Existenzwerte, Optionswerte, Vermächtniswerte), die insbesondere bei regulierenden und kulturellen Leistungen im Vordergrund stehen, können mit ihnen jedoch nicht berücksichtigt werden, sodass durch die ausschließliche oder überwiegende Anwendung von Marktanalysen viele Ökosystemleistungen unterbewertet würden (Hansjürgens et al. 2012, S. 46).

> Die präferenzbasierten Methoden haben gegenüber den marktbasierten Methoden grundsätzlich den Vorteil, dass sie auch jene Ökosystemleistungen bewerten können, die nicht auf Märkten gehandelt werden (sogenannte Nichtmarktgüter oder marktungebundene Werte von Ökosystemen). Dabei sind ausschließlich die direkten präferenzbasierten Methoden (Methoden der geäußerten Präferenz) in der Lage, auch nichtnutzungsabhängige Werte wie Existenz- und Vermächtniswerte zu erfassen und damit den Ansprüchen des erweiterten ökonomischen Wertbegriffs gerecht zu werden. Nur hier sind Aussagen über den Nutzen und damit über Wohlfahrtseffekte gemäß dem ökonomischen Gesamtwert möglich.

> Stakeholder werden nur bei den direkten präferenzbasierten Methoden in den Bewertungsprozess eingebunden, wobei diesem Aspekt bei den deliberativen Ansätzen (Bürgerforum/Marktstandmethode) besonderes Gewicht verliehen wird. Nur hier finden die verschiedenen Interessen und Präferenzen der Nutzer Gehör und bilden die Basis der Bewertung. Die partizipativen Ansätze erfordern zwar einen hohen methodischen Aufwand, haben aber den Vorteil, dass sie die Maßnahmen der öffentlichen Hand über die Bewertung gesellschaftlich legitimieren können und somit Konflikten vorbeugen.

> Die wichtige Frage der Validität ist differenziert zu betrachten, da dieser Aspekt wesentlich von dem Erhebungsdesign und den Rahmenbedingungen der Datenerhebung abhängt. Die präferenzbasierten Methoden, die aufgrund des hypothetischen Charakters und der empirischen Datenbasis mit inhärenten Verzerrungsproblemen behaftet sind, erweisen sich hier als besonders sensibel. Bei den marktbasierten Methoden liegen die Fehlerquellen eher in Missverständnissen und der Fehlinterpretation der Messgrößen, obwohl auch all jene Bewertungen, die auf realen Marktdaten basieren (also sowohl marktbasierte als auch die indirekten präferenzbasierten Bewertungen), grundsätzlich durch politische Markteingriffe wie Steuern, Subventionen, Preisregulierungen, künstliche Monopole etc. verzerrt sein können (Hussain/Gundimeda 2012).

Ergänzend zu den soeben beschriebenen primären Bewertungsmethoden steht als weiteres sekundäranalytisches Verfahren der Nutzentransfer zur Verfügung, mit dem man auf bereits vorliegende Ergebnisse aus einem konkreten Bewertungsprojekt zurückgreift, um sie auf eine andere, aber ähnliche Bewertungssituation zu übertragen (dazu und zum Folgenden Hansjürgens et al. 2012, S. 42 u. 95 f.). So können beispielsweise Zahlungsbereitschaften, die für die Ausweisung eines

Naturschutzgebietes an den ostfriesischen Inseln geäußert wurden, für die Bewertung eines vergleichbaren Projekts an den nordfriesischen Inseln herangezogen werden. Unabdingbare Voraussetzung hierfür ist, dass der zu bewertende Sachverhalt zwischen der Primär- und Sekundärstudie vergleichbar ist (etwa hinsichtlich Flora-Fauna-Struktur, geophysikalischer Faktoren und sozioökonomischer Merkmale), was jedoch häufig schwierig zu beurteilen ist. Als größte Vorteile des Nutzentransfers gelten der geringe Zeit- und Kostenaufwand, die ökonomische Fundierung sowie der Umstand, dass das Verfahren prinzipiell auf alle Ökosystemleistungen anwendbar ist. Allerdings stehen diesen Punkten auch etliche Nachteile gegenüber. So ist der Nutzentransfer nicht durchführbar, wenn für die zu untersuchenden Ökosystemleistungen keine geeigneten Primäruntersuchungen vorliegen. Bisherige Studien zur Zuverlässigkeit des Nutzentransfers zeigen außerdem, dass die Ergebnisse oft ungenau und wenig belastbar sind, weshalb das Verfahren nur eine grobe Abschätzung ökonomischer Werte ermöglicht (Garrod/Willis 1999; Meyerhoff 2012). Der Informationsbedarf für einen Nutzentransfer ist zudem recht hoch, da es sich empfiehlt, mehrere Primärstudien als Grundlage zu Rate zu ziehen, um die Plausibilität der Ergebnisse überprüfen zu können.

## ÖKONOMISCHE ENTSCHEIDUNGSVERFAHREN 2.3

Bei der Kosten-Nutzen-Analyse (KNA), der Kosten-Wirksamkeits-Analyse (KWA) und der Multikriterienanalyse (MKA) handelt es sich um unterschiedliche Entscheidungshilfeverfahren, mit denen sich – basierend auf den soeben beschriebenen Bewertungsansätzen – Maßnahmen nach ökonomischen Gesichtspunkten vergleichen und bewerten lassen. Diese Instrumente, in erster Linie die mit der ökonomischen Bewertung besonders eng verknüpfte KNA, finden in zunehmendem Maße Eingang in öffentliche Entscheidungsprozesse. Vor allem in den USA sind sie seit vielen Jahren etabliert und für alle größeren Investitionsvorhaben der öffentlichen Hand gesetzlich vorgeschrieben (Hansjürgens et al. 2012, S. 51). Aber auch in der Europäischen Union und in Deutschland kommen sie verstärkt zum Einsatz, wenngleich noch nicht im selben Umfang wie im angelsächsischen Raum.

Auf europäischer Ebene hat die Wasserrahmenrichtlinie aus dem Jahre 2000 dieser Praxis erheblichen Vorschub geleistet. Die Richtlinie sieht ökonomische Analysen u. a. bei der Auswahl von kosteneffizienten Maßnahmenprogrammen sowie bei der Begründung von Ausnahmetatbeständen vor – ohne allerdings genau auf die Frage einzugehen, ob nun eine KNA, eine KWA oder eine MKA für die Bewertung von Gewässerkörpern vorzusehen ist (wegen ihrer längeren Tradition in der Praxis des Gewässerschutzes spielt aber wohl die KNA eine besondere Rolle; dazu und zum Folgenden Hansjürgens et al. 2012, S. 57 f.). Analog dazu schreibt auch die Meeresstrategie-Rahmenrichtlinie aus dem Jahre 2008 ökonomische Analysen vor. Seit 2005 wird in der Europäischen Union zudem eine Bewertung von EU-Vorhaben nach den »Regulatory Impact Assessment Guidelines« empfohlen (EK 2005). Diese Richtlinien sind allerdings wesentlich breiter ausgerichtet als eine Kosten-Nutzen-Bewertung – sie enthalten eine ökonomische Bewertung als Bestandteil, beziehen aber einen Satz weiterer Kriterien, auch verteilungsbezogener und sozialer Art, mit ein.

Die erwähnten EU-Richtlinien finden natürlich auch in Deutschland Anwendung – und damit im entsprechenden Rahmen auch die jeweiligen ökonomischen Entscheidungsverfahren (dazu und zum Folgenden Hansjürgens et al. 2012, S. 58 f.). Dennoch ist zu konstatieren, dass Kosten-Nutzen-Analysen hierzulande eine vergleichsweise marginale Rolle spielen (Hanusch 2011). Eine wichtige Ausnahme bildet die Bundesverkehrswegeplanung, wo Kosten-Nutzen-Analysen als Bewertungsinstrument vorgeschrieben sind. Auch Umweltbelange werden dabei aufgegriffen, nach Meinung von Experten jedoch nur in unzureichendem Maße (Klauer/Petry 2005). Die Bewertungsverfahren werden derzeit für den Bundesverkehrswegeplan 2015 überarbeitet und an den Stand der Wissenschaft angepasst, wobei beabsichtigt ist, auch Umwelteffekte konsequenter zu berücksichtigen.[55]

Insgesamt gilt, dass ökonomische Entscheidungsverfahren für den Bereich des Naturschutzes und der Biodiversität noch weitgehend Neuland darstellen (Hansjürgens et al. 2012, S. 59). Erst seit Kurzem werden sie hier in der Politik überhaupt angedacht, ohne aber systematisch und umfassend Eingang in Gesetzesregelungen und Verordnungen gefunden zu haben.

## KOSTEN-NUTZEN-ANALYSE    2.3.1

Ziel einer KNA ist es, unter mehreren Alternativen dasjenige Vorhaben zu ermitteln, das aus volkswirtschaftlicher Sicht am vorteilhaftesten ist (dazu und zum Folgenden Hansjürgens et al. 2012, S. 51). Hierzu sind die mit den einzelnen Vorhaben verbundenen Nutzen (durch die Bereitstellung von Ökosystemleistungen) und Kosten (z. B. durch Biodiversitätsschutzmaßnahmen) abzuschätzen, auf die Gegenwart zu diskontieren und einander gegenüberzustellen. Dem ökonomischen Effizienzpostulat folgend gilt dann diejenige Maßnahme als optimal, die mit der größten gesellschaftlichen Wohlfahrtssteigerung, sprich mit dem höchsten Nettonutzen verbunden ist (verstanden als Differenz zwischen Nutzen und Kosten).

Bei einer KNA werden also im Prinzip unternehmerische Investitionsentscheidungsregeln auf öffentliche Projekte angewendet, jedoch werden hier die Nutzen und Kosten deutlich weiter gefasst, da die ökonomischen Gesamtwirkungen und nicht etwa unternehmerische Nutzen und Kosten im Fokus der Untersuchung

---

55   www.bmvi.de//SharedDocs/DE/Artikel/UI/bundesverkehrswegeplan-2015-methodische-weiterentwicklung-und-forschungsvorhaben.html (20.5.2014)

stehen. Als Beispiel sei hier eine Studie von Grossmann et al. (2010) ausgeführt, die mittels Kosten-Nutzen-Analyse die Wirtschaftlichkeit von naturverträglichen Hochwasserschutzmaßnahmen (Deichrückverlegungen und Rückgewinnung von Überschwemmungsauen) an der mittleren Elbe untersucht hatten (dazu und zum Folgenden Hansjürgens et al. 2012, S. 47). Das Ergebnis zeigt, dass die Schaffung von 35.000 ha Überschwemmungsfläche ohne Berücksichtigung von Ökosystem-leistungen nicht lohnenswert ist: So stehen den Investitionskosten von etwa 407 Mio. Euro vermiedene Hochwasserschäden von 177 Mio. Euro gegenüber. Durch die Betrachtung weiterer wichtiger Kosten und Nutzen – landwirtschaftli-che Produktionsverluste, Bereitstellung von vielfältigen Ökosystemleistungen wie Nährstoffspeicherung und Naherholung auf den Überschwemmungsflächen – ändert sich jedoch das Bild: Die Deichrückverlegungen erzielen so einen Nutzen von ca. 1,2 Mrd. Euro, was dreimal den Kosten der Maßnahme entspricht.

Voraussetzung für die Durchführung einer KNA ist demzufolge die möglichst vollständige Erfassung aller Effekte (Vor- und Nachteile), die es – mithilfe der diskutierten ökonomischen Bewertungsmethoden – in Geldeinheiten zu quantifi-zieren gilt (dazu und zum Folgenden Hansjürgens et al. 2012, S. 51 f.). Obwohl die KNA mit der ökonomischen Bewertung besonders eng verzahnt ist und oft sogar mit ihr gleichgesetzt wird, handelt es sich um einen umfassenden Abwä-gungsprozess (Kasten), der über die enge Monetarisierung von Nutzen und Kos-ten weit hinausgeht und vielmehr in die zuvor skizzierten Abläufe einzuordnen ist (vgl. Schritt 5 des TEEB-6-Schritte-Ansatzes, Kap. IV.2.1).

## SCHRITTE DER KOSTEN-NUTZEN-ANALYSE

*Schritt 1: Abgrenzung des Untersuchungsraumes sowie der Stakeholder*

Im ersten Schritt sind der Untersuchungsraum und die betroffenen Stake-holder einer konkreten politischen Maßnahme abzugrenzen. Diese Erfassung liefert erste Anhaltspunkte dafür, bei welchen Personenkreisen Nutzen und Kosten auftreten können und wo die Bewertung anzusetzen ist. Zu den Stake-holdern ökologischer Leistungen gehören alle, die direkte und indirekte Nut-zen oder Kosten aus einer Maßnahme ziehen.

*Schritt 2: Identifizierung der ökonomisch relevanten Ökosystemleistungen (»Mengengerüst«)*

Inhaltlich zielt dieser Schritt auf die Erfassung eines Mengengerüsts der ver-schiedenen Ökosystemfunktionen und -leistungen (also beispielsweise die Menge an eingesparten t $CO_2$ oder die Anzahl der Besucher in einem Park oder die eingesparte Zeit beim Bau einer neuen Straße). Erst wenn das Gut eindeutig definiert und die Menge erfasst ist, kann die monetäre Bewertung im nächsten Schritt erfolgen.

*Schritt 3: monetäre Bewertung der relevanten Wirkungen*

Je nachdem, welcher Sachverhalt bewertet werden soll und ob Marktdaten zur Verfügung stehen, können unterschiedliche Methoden zum Einsatz kommen. Sind keine Marktpreise vorhanden, etwa aufgrund unvollständigen Wettbewerbs oder der Abwesenheit eines Marktes (wie bei öffentlichen Gütern), muss die Bewertung über direkte und indirekte Verfahren der Präferenzaufdeckung erfolgen. Die Monetarisierung von Nutzen und Kosten erfolgt aus Praktikabilitätsüberlegungen, um die Vergleichbarkeit unterschiedlicher Schäden, bzw. bei anders gearteten Fragestellungen von Nutzen und Kosten, sicherzustellen. In vielen Fällen muss sich die ökonomische Bewertung jedoch mit einer Erfassung des Mengengerüsts begnügen (Schritt 2), da keine adäquaten Verfahren der Wertbestimmung (Monetarisierung) zur Verfügung stehen; dann können nur grobe Empfehlungen über die Vor- und Nachteile einer Maßnahme gegeben werden.

*Schritt 4: Abdiskontierung zukünftiger Nutzen und Kosten*

Sofern Nutzen und/oder Kosten einer Regulierungsmaßnahme in zukünftigen Perioden anfallen, müssen diese auf den Gegenwartszeitpunkt abdiskontiert (abgezinst) werden. Es muss also der heutige Wert zukünftiger Nutzen und Kosten ermittelt werden. Dies ergibt sich daraus, dass in der Zukunft verfügbare Vorteile eine geringere individuelle Wertschätzung in der Gegenwart aufweisen als gegenwärtig verfügbare Vorteile. Die Festlegung eines geeigneten Diskontierungsfaktors stellt dabei ein zentrales Problem dar.

*Schritt 5: Ermittlung des Nettonutzens*

Aus der Gegenüberstellung der (abdiskontierten) Nutzen und Kosten ergibt sich der Gegenwartswert einer Maßnahme. Bei mehreren Alternativen stellt aus ökonomischer Sicht die Maßnahme mit dem höchsten Gegenwartswert (Nettonutzen) die effizienteste Lösung dar, d.h., sie verspricht den größten Wohlfahrtsgewinn.

*Schritt 6: Sensitivitätsanalysen*

In einem letzten Schritt wird eine Sensitivitätsanalyse durchgeführt, die aufzeigen soll, wie sensibel das Gesamtergebnis auf die Veränderungen einzelner Parameterwerte reagiert. Dieser Schritt ist insbesondere erforderlich, um das Ausmaß an Unsicherheit transparent zu machen.

Quelle: Hansjürgens et al. 2012, S. 52 f.

Bei der praktischen Anwendung der KNA ergeben sich grundsätzliche Herausforderungen bei der Bewertung von Nutzen und Kosten sowie der Ermittlung des Gegenwartswertes mittels Diskontierung (dazu und zum Folgenden Hansjürgens et al. 2012, S. 53). Wie die Diskussion der ökonomischen Bewertungsmethoden gezeigt hat, ist die Monetarisierung von Nutzen und Kosten mit erheblichen Schwierigkeiten verbunden. Während die Kosten einer bestimmten Maßnahme oder einer Umweltveränderung sich oft vergleichsweise leicht in Geldeinheiten beziffern lassen, ist es eine schwierige technische Aufgabe (Erhebungsaufwand, Datenverfügbarkeit, Verzerrungseffekte), den Nutzen derselben Maßnahme oder Umweltveränderung in Geldeinheiten zu erfassen. Diese vielfältigen Nutzen sind zudem schwer vorhersagbar, also mit großer Unsicherheit behaftet, sie sind in der Regel zwischen einer Vielzahl von Vorteilsempfängern breit gestreut, und sie reichen mitunter sehr weit in die Zukunft.

Mit dem letzten Punkt hängt das erwähnte Problem zusammen, dass zukünftige Nutzen und Kosten auf ihren Gegenwartswert abdiskontiert werden müssen, um vergleichbar zu sein und sinnvolle Entscheidungen zu ermöglichen (dazu und zum Folgenden Hansjürgens et al. 2012, S. 53). Eine einfache Übertragung der Vorgehensweise bei Infrastrukturvorhaben auf Bereiche des Klima- und Biodiversitätsschutzes ist aus diesem Grund nicht möglich, weil hier besonders lange Zeiträume zu betrachten sind (z. T. über 100 Jahre). Je nachdem, mit welchem Faktor zukünftige Nutzen und Kosten abgezinst und damit gewichtet werden, können sich völlig unterschiedliche ökonomische Schlussfolgerungen ergeben.[56] Die Frage nach einer angemessenen Diskontrate ist in der Literatur in höchstem Maße umstritten und erfordert letztlich eine normative Entscheidung darüber, wie Gegenwarts- und Zukunftsnutzen und -kosten gegeneinander abzuwägen sind.[57] Dieser Punkt wird im Kapitel IV.3 noch einmal aufgegriffen.

## KOSTEN-WIRKSAMKEITS-ANALYSE        2.3.2

Für den Fall, dass verschiedene politische Maßnahmen zu einem vergleichbaren Nutzen führen, kann auch eine Kosten-Effizienz- oder Kosten-Wirksamkeits-Analyse (KWA) durchgeführt werden (dazu und zum Folgenden Hansjürgens et al. 2012, S. 54). Dabei wird der Fokus auf die Nachteile (Kosten) einer Maßnahme gelegt, die Vorteile (Nutzen) werden hingegen annahmegemäß als gleichwertig betrachtet. Dies erlaubt es, die Nutzenseite aus der Betrachtung auszublenden, was dieses Verfahren im Vergleich zur KNA enorm erleichtert. Es gilt demnach, die Maßnahme durchzuführen, bei der im Vergleich zu den anderen Handlungsalternativen die Nachteile am geringsten ausfallen. Diese Maßnahme

---

56 Um dies an einem Beispiel zu verdeutlichen (zum Folgenden Hansjürgens et al. 2012, S. 80): Wenn etwa die gegenwärtige Belastung der Böden in 100 Jahren zu einem Schaden von 50 Mio. Euro führt, beträgt der Gegenwartswert dieses Schadens bei einer Diskontrate von 10 % 3.628 Euro, bei 5 % 380.224 Euro und bei 2 % ca. 6,9 Mio. Euro. An dieser Bandbreite zeigt sich sehr deutlich, zu welch unterschiedlichen Ergebnissen die Wahl des Diskontierungssatzes führt.

57 Diskutiert wird diese schwierige Problematik in Stern (2007) bezüglich der Klimaproblematik und bei Gowdy et al. 2010 in Bezug auf die biologische Vielfalt.

wird als effizient angesehen, da sie bei gegebenem Nutzen die geringsten Kosten verursacht. In der Praxis wird die KWA in der Regel dann durchgeführt, wenn verschiedene Handlungsoptionen zur Erfüllung ein und derselben gesetzlichen Vorgabe in Erwägung gezogen werden. Dies erscheint aus methodischer Sicht aber nur dann angebracht, wenn die Nutzen verschiedener alternativer Maßnahmen tatsächlich identisch sind oder zumindest nahe beieinander liegen. Ist dies nicht der Fall – verfügen die Handlungsoptionen also über unterschiedliche Zielerfüllungsgrade oder besteht vorab keine Klarheit darüber, inwieweit die aus diesen Maßnahmen erwachsenden Nutzen tatsächlich identisch und vergleichbar sind –, ist die Durchführung einer KWA nicht zu empfehlen.

## MULTIKRITERIENANALYSE                                                    2.3.3

Wenn ein mehrdimensionales Problem vorliegt, zu dem verschiedene Lösungsansätze existieren, kann eine Entscheidung aufgrund rein ökonomischer Kriterien unangebracht erscheinen – etwa weil die Bewertung von Vor- und Nachteilen ausschließlich in Form von Geldeinheiten der Komplexität des Falles nicht gerecht wird (dazu und zum Folgenden Hansjürgens et al. 2012, S. 54). In solchen Fällen bietet sich eine Multikriterienanalyse (MKA) an. Dabei werden die Alternativen anhand sozialer, ökonomischer, ökologischer oder auch ethischer Kriterien strukturiert, bewertet und geordnet.

Die MKA ist ein Werkzeug, welches ex ante als Entscheidungshilfe fungieren, gleichzeitig aber auch als Evaluierungsmethode einer Ex-post-Betrachtung dienen kann (dazu und zum Folgenden Hansjürgens et al. 2012, S. 54 f.). Sie kann als integriertes Instrument in Entscheidungsprozessen zur Anwendung kommen, zur systematischen Entscheidungsvorbereitung oder als zielübergreifende Bewertungsmethode eingesetzt werden – entsprechend unterschiedlich wird sie in der Praxis verwendet und entsprechend unterschiedlich kann auch die Vorgehensweise sein. Das Schema einer MKA ist dem folgenden Kasten zu entnehmen.

Die MKA ist zwar nicht mit dem Nachteil behaftet, dass – wie im Fall der KNA – eine Monetarisierung verschiedenartiger Wirkungen vorgenommen werden muss (dazu und zum Folgenden Hansjürgens et al. 2012, S. 55 f.). Dafür müssen die einzelnen Kriterien aber aggregiert und gewichtet werden, um zu einer Gesamtbeurteilung zu gelangen. Die Bestimmung dieser Gewichtung ist aber häufig gerade der kritische Punkt. So wird der Naturschützer vermutlich dem Artenschutz, der Wirtschaftsförderer aber wohl eher den Auswirkungen auf das regionale Bruttoinlandsprodukt ein hohes Gewicht beimessen. Bei Entscheidungsprozessen, in die verschiedene Interessengruppen involviert sind, dient die MKA deshalb häufig der Entscheidungsvorbereitung, um die Implikationen der unterschiedlichen Interessenlagen zu verdeutlichen und die Transparenz und Akzeptanz des Verfahrens zu erhöhen. Dabei ist jedoch zu beachten, dass es bei der Verdichtung und Interpretation der Ergebnisse zu Informationsverlusten kommen kann. Zwingende Voraussetzungen für einen erfolgreichen Einsatz dieses Verfahrens sind aus diesem Grund ein umfassendes Expertenwissen und eine große Erfahrung mit Evaluierungen – Kompetenzen, die auch bei Politik und Verwaltung unabdingbar sind, um einen sinnvollen Umgang mit der MKA zu gewährleisten.

## VORGEHENSWEISE BEI DER MULTIKRITERIENANALYSE

*Schritt 1: Bestimmung der zu bewertenden Maßnahmen*

Projekte, Maßnahmen, Richtlinien und gegebenenfalls Politikfelder sind zu erfassen, möglichst in verschiedenen Kategorien.

*Schritt 2: Identifizierung der Ziele*

Zu berücksichtigen sind sowohl Politikziele als auch Qualitätskriterien.

*Schritt 3: Ableitung von Bewertungskriterien*

Durch diesen Schritt erfolgt die Operationalisierung der ausgewählten Ziele, d. h., die Zielinhalte müssen eindeutig wiedergegeben, die Wirkungen der Maßnahmen vollständig erfasst, Unabhängigkeit gewährleistet und quantitative Messbarkeit sichergestellt werden.

*Schritt 4: Gewichtung der Kriterien*

Die Ziele bekommen eine Rangordnung, entweder durch politische Entscheidungen oder durch Evaluation. Dadurch werden Präferenzen und Interessen offengelegt, subjektive Wertungen und Interessen ausgewiesen und diskutiert.

*Schritt 5: Bewertung des Beitrags jeder Maßnahme zu jedem Ziel*

Es wird ein Wirkungsmodell erstellt, wobei quantitative Daten und Schätzungen, qualitativ geordnete und allgemeine qualitative Beschreibungen einfließen können. Die eigentliche Bewertung erfolgt schließlich durch externe Experten. Optional können zudem Programm- oder Richtlinienverantwortliche und andere Entscheidungsträger mit einbezogen werden. Letztendlich entsteht eine multikriterielle Bewertungsmatrix.

*Schritt 6: Aggregation der Bewertungen und Erstellung einer Rangordnung der Maßnahmen*

Die Gewichtungen und numerischen Bewertungen ergeben zusammen einen Gesamtpunktestand. Somit wird eine vergleichende Bewertung unterschiedlicher Maßnahmen in verschiedenen Dimensionen möglich. Dissensbereiche werden abgegrenzt und auch bei nicht existierender optimaler Lösung können Empfehlungen formuliert werden.

Quelle: Hansjürgens et al. 2012, S. 51

## WELCHES VERFAHREN IST WANN HERANZUZIEHEN?     2.3.4

M it Blick auf die Wahl zwischen KNA und KWA geben Hansjürgens et al. (2012, S. 56) folgende Handlungsanleitung: Wenn es bei einer Maßnahme oder einer Umweltveränderung um unterschiedliche Nutzen geht und diese Nutzen erfassbar sind, ist die KNA anzuwenden. Wenn hingegen eine Maßnahme einen identischen (oder nahezu identischen) Nutzen stiftet, können die Kosten der infrage kommenden Maßnahmen in den Vordergrund gerückt und eine KWA angewendet werden.

Bei der Wahl zwischen KNA und MKA fällt es hingegen schwerer, eine Empfehlung abzugeben (dazu und zum Folgenden Hansjürgens et al. 2012, S. 56). Die Monetarisierung von Nutzen und Kosten bei der KNA stellt gleichzeitig einen Vorteil und einen Nachteil dar: Ein Vorteil ist darin zu sehen, dass die verschiedenartigen Nutzen in Geldeinheiten ausgedrückt und damit »gleichnamig« gemacht werden. Nachteilig ist dieses Vorgehen insofern, als es häufig als schwierig oder sogar unangemessen angesehen wird, eine solche »Gleichnamigkeit« überhaupt herbeizuführen. Diesen Mangel der KNA scheint die MKA zu umgehen, jedoch müssen bei ihr Gewichte für die unterschiedlichen Kriterien gefunden werden, um eine Maßnahme empfehlen zu können. Immerhin scheint die MKA besser in der Lage zu sein, die Multidimensionalität der Wirkungen von Maßnahmen oder Umweltveränderungen zu verdeutlichen. Dies kann für Prozesse der Entscheidungsfindung wichtig sein. Auch können die zunächst gewählten Gewichtungen verändert werden, sodass anschaulich zu erkennen ist, ob und inwieweit eine Veränderung des Gewichts für ein Kriterium zu einer geänderten Rangfolge der verschiedenen betrachteten Alternativen führt.

Alle drei Entscheidungshilfeverfahren können dabei helfen, komplexe Situationen besser zu verstehen, eine anstehende Entscheidung genauer zu analysieren und somit die bestmögliche zu treffen (Hansjürgens et al. 2012, S. 56). Jedes dieser Verfahren hat jedoch mit spezifischen Herausforderungen zu kämpfen, sodass auf die jeweiligen Annahmen bzw. Unklarheiten und Unsicherheiten sehr deutlich hingewiesen werden muss, um eine sorgfältige Handhabung zu gewährleisten.

## DIE DEBATTE UM CHANCEN UND RISIKEN DES ÖKONOMISCHEN BEWERTUNGSANSATZES     3.

Obwohl die ökonomische Bewertung von Biodiversität und Ökosystemleistungen noch weitgehend politisches »Neuland« darstellt (Hansjürgens et al. 2012, S. 59), deutet sich – wesentlich angestoßen durch das »Millennium Ecosystem Assessment« sowie TEEB – ein grundlegender Perspektivenwechsel an. Zunehmend finden ökonomische Argumente und Bewertungsansätze Eingang in naturschutzpolitische Agenden und Strategien, so etwa in die »EU-Biodiversitätsstrategie 2020« (Kap. III.1.2). Ähnliche Tendenzen zeichnen sich in benachbarten Bereichen der Umweltpolitik ab, insbesondere im Klimaschutzbereich, wo der Stern-Report eine kontroverse Diskussion über Sinn und Zweck von klimaökonomischen Kosten-Nutzen-Überlegungen angeregt hat (Stern 2007). Vor dem Hintergrund dieser Entwicklungen wird die Frage, welchen Stellenwert ökonomische Betrachtungen in der Naturschutzpraxis einnehmen sollten, seit einiger Zeit auch in Deutschland kontrovers diskutiert (vgl. etwa Barkmann/Marggraf 2010; Ekardt 2011b; Hansjürgens/Lienhoop 2011; Klie 2010; Lienhoop/Hansjürgens 2010).

Im Brennpunkt der Debatte stehen divergierende »Vorstellungen über ... Aufgabe, Ausgestaltung, Reichweite und Grenzen« (Hansjürgens et al. 2012, S. 61) der ökonomischen Umweltbewertung (Kasten). Während viele Wirtschaftswissenschaftler den ökonomischen Bewertungsansatz »offensiv« propagieren, warnen vor allem Nichtökonomen vor großen Gefahren für den Umwelt- und Biodiversitätsschutz (Hansjürgens et al. 2012, S. 60). Festzustellen ist, dass die Auseinandersetzungen in sehr polarisierender Weise geführt werden, wozu nicht nur diffuse Wertvorstellungen, sondern auch »vielfältige Missverständnisse und Irritationen« beitragen. Einer Versachlichung der Debatte wirkt zusätzlich entgegen, dass im politischen Bereich bislang kaum tragfähige Anwendungsbeispiele zur ökonomischen Umweltbewertung vorliegen.

## IST DER WERT VON BIODIVERSITÄT MESSBAR? EINE AKTUELLE DEBATTE IM AUSTRALISCHEN KONTEXT

Wissenschaftler der Commonwealth Scientific and Industrial Research Organisation (CSIRO), des nationalen australischen Forschungsinstituts, veröffentlichten jüngst eine Studie zu sechs globalen »Megatrends«, zu denen u. a. der globale Biodiversitätsverlust gezählt wurde (Hajkowicz et al. 2012). In dem australischen Onlinediskussionsforum »The Conversation« machte Stefan Hajkowicz, Leiter des Futures-Forschungsprogramms bei CSIRO, deutlich, dass Biodiversität keine »handelbare Ressource« sei und deshalb nicht mit einem Preis bewertet werden könne und betonte dagegen den »enormen kulturellen und spirituellen Wert von Biodiversität«.

Ein Blogger widersprach mit folgendem Argument: »Durch die alleinige Betonung des kulturellen und spirituellen Wertes von Biodiversitätsgütern verstetigt der Autor die Wahrnehmung von Biodiversität als Luxusgut, dessen Verlust wir uns leisten können. Nur wenn [Biodiversität] mit Produktivität, Resilienz sowie mit anderen direkt oder indirekt bereitgestellten Gütern und Dienstleistungen verknüpft wird, bekommt das Argument Gewicht, dass dieser Megatrend zentral für unsere Lebensweise ist.«

Graham Phelps, der Exekutiv-Direktor Parks and Wildlife im Department of Natural Resources im australischen Bundesstaat Northern Territory meinte dagegen: »Ganz gleich, ob wir Biodiversität anhand ihres kulturellen und spirituellen Wertes oder auf der Basis der für die Menschen erbrachten Dienstleistungen messen, laufen wir Gefahr, die biologische Vielfalt im Hinblick auf ihren nutzbaren Wert für die gegenwärtige Generation zu bewerten. Dies stellt den Biodiversitätsschutz vor das Problem, dass ein bestimmtes Element biologischer Vielfalt, das für mich keinen nutzbaren Wert hat, auch nicht schützenswert ist. Vielleicht sollte man Biodiversitätsschutz besser als einen Fall von intergenerationaler Gerechtigkeit ansehen.«

Hajkowicz verteidigte in seiner Antwort seine Haltung folgendermaßen: »Ich stimme darin überein, dass es wichtig ist, den marktfähigen Wert von Ökosystemleistungen zu betonen. Ein Wassereinzugsgebiet in ökologisch einwandfreiem Zustand kann die Kosten der Wasserfiltrierung vermindern. Der schöne Ausblick auf ein naturbelassenes Gebiet kann die Bodenpreise erhöhen. Aber im Gegensatz zu Mineralien, Energie, Nahrung und Wasserressourcen hat das Biodiversitätskapital keine starken Märkte. Sugar Glider [ein in Australien heimisches nachtaktives Säugetier] werden nun mal nicht regelmäßig gekauft und verkauft.«

Quelle: Neef 2012, S. 71

Die zentralen Punkte, die aus ökonomischer Sicht für die ökonomische Umweltbewertung sprechen, wurden bereits an verschiedenen Stellen dieses Kapitels dargelegt. Zusammenfassend lassen sich drei Hauptargumente anführen (zum Folgenden Hansjürgens et al. 2012, S. 107 f.; Lienhoop/Hansjürgens 2010, S. 257 f., vgl. auch Brondizio et al. 2010):

1. *Entscheidungsfunktion*: Die Erfassung und Monetarisierung von »marktunabhängigen« Werten und ihre Einbindung in die KNA macht einen systematischen Prüfprozess erforderlich, der zu mehr Transparenz und Effizienz bei der Entscheidung über die Ausgaben von öffentlichen Geldern beiträgt. Dabei besteht außerdem die Möglichkeit, die Öffentlichkeit über Zahlungsbereitschaftsbefragungen in Entscheidungsprozesse miteinzubeziehen. Befragungen, insbesondere deliberative Bewertungsmethoden, die die Präferenzen der Öffentlichkeit noch stärker anhören, finden in einzelnen Projekten – sowohl in wissenschaftlichen Projekten als auch in politischen Prozessen – bereits Anwendung und erfüllen dadurch eine wichtige gesellschaftliche Funktion.

2. *Demonstrationsfunktion*: Die ökonomische Bewertung trägt dazu bei, Öffentlichkeit, Politiker und Unternehmer für Umweltthemen zu sensibilisieren, indem sie Umweltwirkungen in Einheiten ausdrückt, die von der Allgemeinheit verstanden und verarbeitet werden können (Hampicke 1991; Naturkapital Deutschland – TEEB DE 2013). Die Monetarisierung von Ökosystemleistun-

gen und ihre Einbindung in die KNA wirkt dadurch den Kräften des Marktes entgegen, in dem die Umwelt zumeist als kostenfreie Ware gehandelt und somit nicht beachtet wird.

3. *Feedbackfunktion*: Die ökonomische Bewertung hat schließlich die Funktion, eine Veränderung des Verhaltens gegenüber der Umwelt herbeizuführen. Indem sie den Wert von Umweltdienstleistungen anderen wirtschaftlichen Interessen gegenüberstellt, die um Nutzung von Ressourcen konkurrieren, kann sie helfen, die Umwelt in die westliche Denk- und Wirtschaftsweise zu internalisieren und negative externe Effekte auszuräumen.

Im Folgenden werden – in Auseinandersetzung mit den Argumenten von Hansjürgens et al. (2012) sowie Ekardt (2012) – zentrale Kritikpunkte an der ökonomischen Sichtweise diskutiert, um zu einer möglichst differenzierten Einschätzung der Grenzen und Reichweite des ökonomischen Bewertungsansatzes zu gelangen. Angesichts der unübersichtlichen und ideologisch aufgeladenen Debatte würde es zu weit führen, alle vorgebrachten Argumente und Gegenargumente gegeneinander abzuwägen. Stattdessen sollen zwei Stoßrichtungen der Kritik im Zentrum stehen, die sich – wie die Gutachten zeigen – als besonders entscheidend erweisen: Sie richten sich zum einen gegen die grundlegenden ethischen Annahmen des ökonomischen Abwägungskalküls und zum anderen gegen dessen empirisches Fundament.

## EINWÄNDE GEGEN DIE ETHISCH-NORMATIVE BASIS    3.1

Einwände gegen das Effizienzpostulat zielen auf den Wertemaßstab ab, der dem ökonomischen Abwägungskalkül zugrunde liegt und in Entscheidungshilfeverfahren wie der KNA zum Tragen kommt. Zur Debatte steht hier also die Ökonomie »als Ausprägung einer bestimmten Bewertungsethik« (WBGU 1999b, S. 67), die bestimmte normative Vorstellungen darüber beinhaltet, wie Menschen und Gesellschaften sein *sollen* (Ekardt 2012, S. 18). Zugespitzt ausgedrückt lautet die grundsätzliche Besorgnis, dass die politische Anwendung des ökonomischen Kosten-Nutzen-Kalküls zu einem »ökonomischen Werteimperialismus« (Hansjürgens et al. 2012, S. 73) führen könnte, der zu anderen – etwa ethischen oder rechtlichen – Wertvorstellungen in Konkurrenz oder gar im Widerspruch steht (Klie 2010, S. 108). Dies rekurriert auf die im Kapitel II.4.3 kurz aufgeworfene Frage, inwiefern es sich bei der ökonomischen Effizienzethik um eine *überzeugende* Ethik handelt, eine Frage, die Ekardt (2012) in seinem Gutachten dezidiert verneint (vgl. auch ausführlicher Ekardt 2011a).

Ausgangspunkt von Ekardts Überlegungen bildet die Feststellung, dass die Abwägung zwischen konfligierenden Interessen eine grundlegende Aufgabe in liberaldemokratischen Gemeinwesen darstellt. Themenfelder wie der Klimawandel oder der Biodiversitätsverlust stellen vor diesem Hintergrund besondere Herausforderungen dar, da sie grundlegende Gerechtigkeitsfragen aufwerfen, etwa »inwieweit bestimmte ... negative und und irreversible Folgen ... abgewendet oder hingenommen werden [sollen], und wer ggf. wozu verpflichtet werden« soll (Ekardt 2012, S. 14). Bislang werden derartige Abwägungen auf Basis ethisch begründeter Rechtsprinzipien wahrgenommen – hervorzuheben sind hier vor allem die Prinzipien der Menschenwürde sowie der Unparteilichkeit –, die als verbindliche Grundsätze das normative Fundament liberaler Gesellschaften bilden. Aus diesen Prinzipien lassen sich nun bestimmte gerechtigkeitstheoretische Implikationen ableiten, etwa, dass »eine Gesellschaft dann [gerecht ist], wenn in ihr jeder nach eigenen Vorstellungen leben kann und alle anderen das auch können ...« (Ekardt 2012, S. 14).

Entscheidend ist nun, folgt man Ekardts Argumentation, dass dieses Freiheitsprinzip jedem, also auch »räumlich und zeitlich entfernt lebenden Menschen« zuzugestehen ist (Ekardt 2012, S. 24 ff.). Dieser normative Grundsatz sei im Rahmen des ökonomischen Abwägungskalküls aber gerade nicht mehr garantiert. Es konfrontiert Entscheidungsträger mit einer »zweiten Normativität« (Ekardt 2012, S. 28), einem Entscheidungsmechanismus, der ausschließlich die faktischen Interessen eines ausgewählten Personenkreises zum Maßstab nimmt und damit nicht mehr ohne Weiteres in der Lage scheint, Abwägungsprobleme gerecht – also ausgewogen im Sinne aller potenziell Betroffenen – zu lösen. Verschärfend kommt hinzu, dass sich eine derartige »empiristische Effizienzethik« einem Spannungsverhältnis zwischen normativer Stoßrichtung und der rein empirischen Entscheidungsgrundlage ausgesetzt sieht, da ja die faktischen Präferenzen oder die Motive dahinter moralisch nicht hinterfragt werden (Ekardt 2012, S. 22). Warum aber sollten die Bedürfnisse auserlesener Personen ausschlaggebend dafür sein, was (jetzt und in Zukunft) gut für die Gesellschaft ist?

Die von Ekardt (2012) angesprochenen Gerechtigkeitsfragen spitzen sich offensichtlich besonders dann zu, wenn Entscheidungen anstehen, die langfristige Konsequenzen haben (zum Folgenden Hansjürgens et al. 2012, S. 79 f.), da

> bei intergenerationellen Allokationsentscheidungen die zukünftigen Generationen (im Gegensatz zu den gegenwärtigen Betroffenen) ihre Interessen nicht einbringen können;
> eine Kompensation im Falle zukünftiger Generationen, sofern sie als wünschenswert erachtet wird, möglicherweise nicht durchführbar ist;
> zukünftige Nutzen und Kosten üblicherweise auf den Gegenwartswert abdiskontiert werden und sich je nach Diskontierungsfaktors gravierende Unterschiede in den Gegenwartswerten ergeben. Dies stellt insofern ein Problem dar, als die Kosten oft in der Gegenwart und damit in voller Höhe anfallen, die Nutzen hingegen langfristiger Art und daher (durch Abdiskontierung) weniger stark gewichtet werden.

Speziell um das Problem der Diskontierung ist im Zuge des Stern-Reports eine hitzige Debatte entbrannt, die zwar insbesondere klimaökonomische Fragen aufgreift, aber auch für den Bereich der Biodiversität relevant ist. Wie die TEEB-Studie festhält, stellt die Frage nach einem angemessenen Diskontsatz eine große ethische Herausforderung dar, die sich nicht aus einer rein ökonomischen Perspektive bewältigen lässt (Gowdy et al. 2010; Hansjürgens et al. 2012, S. 80). Angesichts solcher intertemporaler Gerechtigkeitslücken haben verschiedene andere Autoren das Kosten-Nutzen-Kalkül als ethisch fragwürdig kritisiert (Fromm 1997, S. 258; Söllner 1993, S. 411). Für Ekardt (2011b, S. 82) folgt daraus, dass die ökonomische Effizienzlehre ethisch-rechtlichen Abwägungskonzeptionen unterlegen ist, die Entscheidungen nicht nur auf Basis quantitativer Fakten, sondern nach Vorbild juristischer Verhältnismäßigkeitsprüfungen treffen, dabei verschiedene Belange normativ abwägen und in der Regel erhebliche Entscheidungsspielräume belassen.

Dass es aus gerechtigkeitstheoretischen Überlegungen problematisch ist, politische Entscheidungen ausschließlich nach ökonomischen Gesichtspunkten vorzunehmen, ist ein wichtiger Hinweis, dem auch Hansjürgens et al. (2012, S. 69) weitgehend beipflichten. Inwiefern jedoch die Sorge vor einem »ökonomischen Werteimperialismus« derzeit berechtigt ist, hängt in Anbetracht der zurzeit nur marginalen Bedeutung der KNA in Deutschland und der EU davon ab, wie der aktuelle ökonomische Perspektivenwechsel einzuschätzen ist. Es scheint derzeit kaum ernst zu nehmende Anzeichen zu geben, dass die KNA in näherer Zukunft deutlich an naturschutzpolitischer Tragweite gewinnen könnte. Zudem sehen die meisten Ökonomen die KNA nicht primär als alleiniges Entscheidungsinstrument, sondern als eine »Entscheidungshilfe«, die »in politische Prozesse einfließt, aber breitere Abwägungen (unter Einbeziehung weiterer Kriterien) nicht ausschließt« (Hansjürgens et al. 2012, S. 70). In dieser Hinsicht besteht zwischen den Gutachtern weitgehend Konsens, denn wie Hansjürgens et al. (2012, S. 70) schließt auch Ekardt (2012, S. 35 f.) Kosten-Nutzen-Überlegungen nicht völlig aus – sofern es unter dem Primat der rechtlichen Abwägung geschieht. Der ökonomische Ansatz und die bisherige Abwägungspraxis stehen also nicht in einem grundsätzlichen Gegensatz, sondern sie können, geeignete rechtliche und institutionelle Rahmenbedingungen vorausgesetzt, in ein ergänzendes Verhältnis gebracht werden. Das geltende Umwelt- und Planungsrecht bietet vielfältige Ansatzpunkte für die Anwendung des Konzepts der Ökosystemleistungen auf unterschiedlichen Ebenen, sowohl bei den eher generellen Zielnormen wie bei Abwägungsregelungen als auch bei spezifischen ordnungsrechtlichen Regelungen wie der Eingriffs-/Ausgleichsregelung im Bundesnaturschutzgesetz (Hansjürgens et al. 2012, S. 59).[58]

---

58  Das Konzept der Ökosystemleistungen wird jedoch in keinem umweltrechtlichen Gesetz explizit erwähnt, auch die ökonomische Bewertung taucht in den rechtlichen Regelungen zum Biodiversitätsschutz nicht auf (Hansjürgens et al. 2012, S. 59; Unnerstall 2012); vertiefend zu den rechtlichen Rahmenbedingungen ökonomischer Analysen vgl. etwa Hellenbroich/Stratmann 2005; Marggraf et al. 2005.

## EINWÄNDE GEGEN DIE EMPIRISCHE BASIS     3.2

Neben der ethischen Basis steht auch das empirische Fundament ökonomischer Bewertungen zur Debatte. So wurde darauf hingewiesen, dass eine KNA »nie vollständig« und »nicht sehr genau« sei sowie »große Unsicherheiten« beinhalte (McGarity 1998, nach Hansjürgens et al. 2012, S. 72) – eine Kritik, die in erster Linie auf methodisch-technische Quantifizierungsprobleme abzielt. Wie bereits gezeigt wurde, lassen sich Nutzenaspekte des Biodiversitätsschutzes in vielen Fällen und ganz im Gegensatz zu den exakt bezifferten Kosten nur ungenau monetarisieren (Hansjürgens et al. 2012, S. 72), was mit Unwägbarkeiten auf mindestens drei Ebenen zusammenhängt (dazu und zum Folgenden Hansjürgens et al. 2012, S. 49 u. 72):

> Unsicherheiten aufgrund fehlender ökologischer Daten hinsichtlich der Natur und der zu bewertenden Ökosystemleistungen: Dies betrifft fehlende Monitoringinformationen, aber auch unzureichende Kenntnisse über Schwellenwerte und Wirkzusammenhänge (Kap. II.2.1).

> Unsicherheiten über die Motive, die bei der Äußerung individueller Präferenzen im Vordergrund stehen.

> Unsicherheiten hinsichtlich der Validität der Bewertungsergebnisse aufgrund von Verzerrungseffekten oder instabilen Märkten. Bei der Interpretation der Ergebnisse sind deshalb diverse methodische und technische Einschränkungen zu berücksichtigen.

Besonders hypothetische Zahlungsbereitschaftsanalysen (Methoden der geäußerten Präferenz, Kap. IV.2.2.2), die immer dann zum Einsatz kommen, wenn keine Marktpreise vorliegen, stehen durch vielfältige Validitätsprobleme auf methodisch wackligen Füßen. Als besonders gravierend erweisen sich hier Verzerrungen durch die unterschiedliche Zahlungskraft der Befragten sowie der Umstand, dass Befragte häufig nur unzureichend informiert sind, um komplexe ökologische Zusammenhänge zu verstehen und entsprechend zu bewerten (Ekardt 2012, S. 32 f.; Hansjürgens et al. 2012, S. 72 f.). Dass der Befragungssituation zudem ein »fiktives Element« (Ekardt 2012, S. 32) innewohnt, wirkt sich vor diesem Hintergrund zusätzlich problematisch aus.

Dass Ökonomen dennoch bevorzugt mit »harten« quantitativen Fakten operieren und folglich eindeutige Lösungen für komplexe Fragen versprechen, wird vor diesem Hintergrund kritisch gesehen. So wird bemängelt, dass das scheinbar »klare« Endergebnis tendenziell die vielen methodischen Fallstricke verschleiert, die sich bei der Durchführung von ökonomischen Bewertungen auftun, sodass letztlich, so Ekardt (2012, S. 12), eine »nicht voll einlösbare Objektivitätssuggestion« resultiere. Dies ist umso mehr von Bedeutung, als quantitative Fakten im politischen Diskurs über eine besondere »Verführungskraft« verfügen, gerade im Vergleich zu »weichen« qualitativen Aspekten (Hansjürgens et al. 2012, S. 74 f.).

Vor diesem Hintergrund sind Befürchtungen, dass sich die politischen Gewichte zugunsten wirtschaftlicher und monetär fassbarer Aspekte verschieben könnten, nicht von der Hand zu weisen. Nicht zuletzt auch deshalb, weil »eine abnehmende Transparenz von ökonomischen Bewertungsstudien durch eine Zunahme an mathematischen Anwendungen« (Hansjürgens et al. 2012, S. 50) zu beobachten ist, sodass die Gefahr einer einseitigen interessenspolitischen Einflussnahme steigen könnte (Hansjürgens et al. 2012, S. 73 ff.).

Es steht außer Frage, dass die ökonomische Bewertung mit erheblichen Quantifizierungsproblemen zu kämpfen hat und speziell bei nichtmarktfähigen Ökosystemleistungen mit beträchtlichen Ungenauigkeiten behaftet sein dürfte, die in der Praxis nur schwer bemessbar sind. Inwiefern diese auch von Ökonomen anerkannten Einschränkungen die Anwendungspotenziale der ökonomischen Bewertung grundsätzlich beschränken, ist dennoch umstritten. Hansjürgens et al. (2012, S. 72) folgern, dass große methodische Sorgfalt darauf verwendet werden muss, die Unsicherheiten in den Daten und Modellannahmen abzuschätzen und offenzulegen. Kritischere Stimmen hingegen sehen die ökonomische Bewertung mit grundlegenden »Anwendungsproblemen« konfrontiert, die sich auch durch methodische Sorgfalt nur bedingt ausräumen lassen, sodass der »ökonomischen Bewertung wirklich relevanter Sachverhalte ... der Weg versperrt« ist (Ekardt 2012, S. 32). In diesem Zusammenhang wird gerne auf das »Problem der Aggregation inkommensurabler Werte« hingewiesen (Klie 2010, S. 103 f.). Gemeint ist, dass sich zentrale naturschutzpolitische Fragen, etwa der Verlust einer seltenen Art oder Risiken für Leib und Leben, nicht sinnvoll mit wirtschaftlichen Belangen in Geldwerten aufwiegen lassen (Ekardt 2012, S. 33). Mit anderen Worten, es gibt ökonomisch nicht greifbare gesellschaftliche Werte, sodass der Versuch, *jegliche* Nutzen und Kosten auf die Waagschale zu legen, von vornherein zum Scheitern verurteilt ist. Zum Ausdruck kommt hier ein grundlegendes Unbehagen gegenüber dem empiristischen Erkenntnismodell, das die Ökonomie tiefgreifend geprägt hat (Ekardt 2011b, S. 81) und selbst moralisch herausgehobene und unbedingt schützenswerte Güter, wie das menschliche Leben und die menschliche Gesundheit, einer nicht einlösbaren Monetarisierungslogik unterwirft. Folgerichtig kommt Ekardt (2012, S. 33) zum Schluss, dass – sofern man dieses Problem ernst nimmt – »die ökonomische Kosten-Nutzen-Analyse oft nur noch kleine Teilbereiche von Abwägungen wird abbilden können«.

Die Frage, ob es Grenzen des Monetarisierbaren gibt, und wenn ja, wo sie verlaufen, berührt die im Kapitel II.4.3 aufgeworfene Grundproblematik, dass jegliche Bewertung – sei sie ökonomisch oder nicht – letztlich eine anthropozentrische und damit notgedrungen relative Perspektive zum Ausdruck bringt. Wenn es absolute Werte nicht gibt, hat es aber auch wenig Sinn, absolute Grenzen der Bewertung zu definieren. Vielmehr gilt es in jedem Einzelfall abzuwägen, welche Bewertungsansätze für eine bestimmte Aufgabe am ehesten geeignet sind, vor dem Hintergrund des spezifischen Blickwinkels, aus der die jeweilige Wertezuschreibung vorgenommen wird (Brondizio et al. 2010; WBGU 1999b, S. 77 f.). Das ist nun aber im Wesentlichen eine gesellschaftliche und institutionelle Herausforderung und nicht primär eine des Bewertens. Die zuvor genannten Kritikpunkte sprechen also nicht grundsätzlich gegen die ökonomische Zielsetzung, die »Allokationseffizienz von Handlungsentscheidungen« (WBGU 1999b, S. 78) zu optimieren, sondern verdeutlichen die Notwendigkeit einer »weiteren Interpretation [der Ergebnisse] im Rahmen des demokratischen Willensbildungsprozesses, und zwar losgelöst von einer Monetarisierung« (WBGU 1999b, S. 66).

Folgerichtig sollte die ökonomische Sichtweise in erster Linie als eine Bewertungsinstanz unter vielen gesehen werden, die dem »Mainstreaming« und der Selbstreflexion dient und mit dem »Schritte in Richtung einer Inwertsetzung der Umwelt getan werden« können (Hansjürgens et al. 2012, S. 107). Damit im Einklang steht die Sicht gemäßigter Ökonomen, welche die spezifische Bedeutung der ökonomischen Bewertung nicht in erster Linie davon abhängig machen, ob es gelingt, den Wert von Naturleistungen exakt zu monetarisieren (Brondizio et al. 2010; Lienhoop/Hansjürgens 2010, S. 257). Zumindest die zuvor erwähnte Demonstrationsfunktion (sowie auch die eng damit verknüpfte Feedbackfunktion) dürfte auch dann gewährleistet sein, wenn nur »eine ungefähre Vorstellung über die Problemhöhe geschaffen [wird], ohne dass der ermittelte Wert als solcher genau genommen werden soll« (WBGU 1999b, S. 66).

## GRENZEN DES ÖKONOMISCHEN BEWERTUNGSANSATZES    3.3

Als Fazit der Debatte um Chancen und Risiken des ökonomischen Bewertungsansatzes lässt sich festhalten, dass es berechtigte Einwände gibt, die eine vorsichtige Anwendung nahelegen, aber nicht grundsätzlich gegen die ökonomische Bewertung sprechen, sofern sie als Hilfsinstrument konzipiert ist. Die zuvor angesprochenen Gerechtigkeitsfragen und inhärenten methodischen Schwächen fallen besonders dann ins Gewicht, wenn nichtmarginale – also essenzielle, irreversible oder langfristige – Veränderungen zu bewerten sind (dazu und zum Folgenden Hansjürgens et al. 2012, S. 76 ff.). Verantwortlich dafür sind zentrale Grundannahmen der neoklassischen Ökonomie, nämlich dass

1. alle Güter, u. a. Ökosystemleistungen, gegeneinander abgewogen werden können und mithin *substituierbar* sind. Zum Beispiel können in der Landwirtschaft bei vermehrt auftretenden Dürreperioden Bewässerungsanlagen und trockenheitsresistente Pflanzen eingesetzt werden;
2. die Beeinträchtigung von Ressourcen *reversibel* ist, also durch natürliche Regeneration oder technischen Ressourceneinsatz rückgängig zu machen ist (UBA 2007). So geht die Ökonomik bei zunehmender Knappheit einer Ressource davon aus, dass ursprüngliche Entscheidungen an neue Knappheiten anzupassen sind.

Diese Annahmen[59] treffen bei Umweltgütern aber nur bedingt zu, was mit der unsicheren Resilienz von Ökosystemen (d. h. der Möglichkeit eines Ökosystems, nach einer Störung wieder in ein vorheriges Gleichgewicht zurückzufallen) und nichtlinearen Wirkungen von Veränderungen (also sogenannte »tipping points«) zusammenhängt (Kap. II.4.1; dazu und zum Folgenden Hansjürgens et al. 2012, S. 76 ff.). Insbesondere Maßnahmen, mit denen in das Klima oder die biologische Vielfalt eingegriffen wird, müssen sehr vorsichtig abgeschätzt werden, da durch das Überschreiten von kritischen Schwellenwerten plötzlich Anpassungsmöglichkeiten verloren gehen können (UBA 2007; Hansjürgens 1999). Der Nutzen einer Art oder Ökosystemleistung zeigt sich vielfach erst dann, wenn sie nicht mehr existiert oder ihre Funktion irreversibel geschädigt ist (Vatn/Bromley 1994). Die damit einhergehenden Wohlfahrtseinbußen betreffen aber vor allem zukünftige Generationen, deren Präferenzen nicht in die ökonomische Bewertung einfließen (WBGU 1999b, S. 64).

Diese Probleme sind auch unter Ökonomen unumstritten. Zusammenfassend lässt sich demnach festhalten, dass eine ökonomische Bewertung unter folgenden Rahmenbedingungen an ihre Grenzen stößt und demnach politisch nicht maßgeblich sein sollte (zum Folgenden Hansjürgens et al. 2012, S. 80 f.):

> sobald eine Maßnahme große Veränderungen mit sich bringt, die nicht substituierbar sind, z. B. die Abholzung des Regenwaldes;
> wenn durch eine Maßnahme Ressourcen verloren gehen könnten, die essenziell und unverzichtbar sind, wie zum Beispiel technisch nichtsubstituierbare Lebensvoraussetzungen wie Luft, Wasser und Boden;
> wenn Veränderungen drohen, die irreversibel sind und mit nichtabsehbaren Wirkungen einhergehen;
> wenn Beeinträchtigungen in besonderer Weise zukünftige Generationen treffen.

Die besondere Schwierigkeit besteht nun darin festzustellen, ob eine bestimmte Umweltveränderung diese Rahmenbedingungen erfüllt oder nicht (zum Folgenden Hansjürgens et al. 2012, S. 78). Nicht nur, dass die Beantwortung dieser Frage in der Regel einem ziemlich weiten Ermessensspielraum unterliegen kann, die Aufgabe ist vor allem nicht im Rahmen ökonomischer Analysen, d. h. in Rekurs auf individuelle Präferenzen von Betroffenen lösbar (WBGU 1999b, S. 63). Stattdessen sind Kenntnisse und genaue Vorhersagen über dynamische Veränderungen von Ökosystemen und Biodiversität erforderlich, die aufgrund der kaum durchschaubaren Komplexität von Ökosystemen in der Regel äußerst schwierig

---

59 Die (neoklassisch geprägte) ökonomische Sicht schätzt die Substituierbarkeit und Reversibilität von Nutzenstiftungen optimistischer ein als Umweltwissenschaftler oder Vertreter der Ökologischen Ökonomik (dazu und zum Folgenden Hansjürgens et al. 2012, S. 78). Dem relativen Abwägungskalkül werden im neoklassischen Ansatz prinzipiell keine Grenzen gesetzt (Solow 1993). Die Ökonomik sieht zwar durchaus das Problem der Irreversibilität, dieses wird aber – so zumindest der Vorwurf aus Sicht der Ökologischen Ökonomik – nicht ausreichend berücksichtigt (Faucheux/Noel 2001, S. 347 ff.).

sind und große Expertise erfordern. In der Literatur ist deshalb auch von der »ökologischen Lücke« ökonomischer Bewertungen die Rede (dazu grundlegend Pearce 1976, S. 97 ff.).

Aufgrund von Wissenslücken in Bezug auf biologische Prozesse und Interaktionen, die für die Bereitstellung und den Erhalt von Ökosystemleistungen verantwortlich sind, ist es ausgesprochen schwierig, Schwellenwerte von Ökosystemen zu bestimmen (Bateman et al. 2011; Pascual et al. 2010a; dazu und zum Folgenden Hansjürgens et al. 2012, S. 78 f.). Entscheidungen werden daher oft unter großer Unsicherheit und mit relativem Unwissen über ökologische Prozesse und kritische Schwellenwerte gefällt. In solchen Situationen bieten sich sogenannte »safe minimum standards« an, die eine Art Vorsorgeprinzip für den Erhalt von natürlichen Ressourcen darstellen (Bateman et al. 2011). Demnach sollte eine ökonomische Abwägung nur durchgeführt werden, solange eine Entscheidung Veränderungen hervorruft, die definitiv unterhalb von möglichen kritischen Schwellenwerten des betroffenen Ökosystems liegen. Die Einhaltung von derartigen Mindeststandards ist jedoch häufig kontrovers, da damit inakzeptabel hohe Kosten für die gegenwärtigen Generationen verbunden sein können. So werden durch die Etablierung von Schutzgebieten andere Nutzungsarten (Landwirtschaft, Industrie, Trinkwasserbereitstellung) stark eingeschränkt, was entsprechende Opportunitätskosten verursacht (Berrens et al. 1998). »Safe minimum standards« sind deshalb nicht als »absolute Handlungsmaxime« konzipiert, sondern als »kostenabhängige Handlungsnormen« (Schwerdtner Máñez 2008, S. 26). Wo die Grenze gezogen werden soll, was also akzeptable Kostenlevel sind, kann nicht ökonomisch, sondern nur politisch bestimmt werden. Wichtig ist dabei, dass die langfristigen Konsequenzen, die durch die Überschreitung von Schwellenwerten entstehen können, ebenfalls mitbedacht werden (Bateman et al. 2011).

---

# FAZIT                                                                4.

Die ökonomische Umweltbewertung ist ein sich rasant entwickelndes Forschungs- und Anwendungsfeld, das »zur Entscheidungsfindung in Konfliktfällen zwischen dem Schutz und der wirtschaftlichen Nutzung von Natur und Umwelt beitragen« will.[60] Angesichts der Tatsache, dass die gesellschaftlichen Folgekosten von Naturzerstörung und Biodiversitätsverlust immer noch systematisch ausgeblendet werden, wurden in den letzten Jahrzehnten verschiedene Verfahren entwickelt, um Umweltgüter ökonomisch bewerten zu können. Für viele Ökonomen wie Hansjürgens et al. (2012, S. 60) sind sie ein zentrales Element, um die umweltpolitische Zielfindung auf eine rationalere Grundlage zu stellen und hiermit Ineffizienzen und eine falsche Prioritätensetzungen zu überwinden. Der Aspekt der Monetarisierung spielt dabei sicherlich eine zentrale Rolle, wenn-

---

60  www.ufz.de/index.php?de=7141 (20.5.2014)

gleich das ökonomische Methodenspektrum inzwischen auch nichtmonetäre und qualitative Bewertungsmethoden umfasst (deliberative Ansätze).

Der ökonomische Bewertungsansatz ist sowohl gesellschaftlich als auch wissenschaftlich hochumstritten. So wird der Umstand, dass das Problem des Biodiversitätsverlusts in ökonomische Denkkategorien übersetzt wird, dahingehend problematisiert, dass dem Ökonomischen einseitig Vorrang gewährt wird (dazu und zum Folgenden Hansjürgens et al. 2012, S. 60). Kritiker sehen hierin eine einseitige Benachteiligung von Umweltbelangen. Diese Gefahr ist angesichts ökologischer Wissenslücken und methodisch bedingter Bewertungsungenauigkeiten kaum zu bestreiten: Gegenwärtige und mit Bestimmtheit anfallende Kosten für Naturschutzmaßnahmen sind definitiv leichter zu erfassen (und werden dadurch wahrscheinlich höher gewichtet) als der oft weit in die Zukunft reichende und unsichere Nutzen der biologischen Vielfalt. Dies hängt zum einen mit der ökologischen Lücke ökonomischer Bewertungen zusammen, also mit Unsicherheiten hinsichtlich des Bewertungsgegenstandes, andererseits wirken sich aber auch methodenbedingte Bewertungsprobleme aus. Auch der TEEB-Synthesebericht hält fest, dass »in komplexeren Situationen …, wo es um mehrere Ökosysteme und Dienstleistungen und/oder unterschiedliche ethische Haltungen und Einstellungen geht, … eine monetäre Bewertung und Inwertsetzung weniger zuverlässig oder auch ungeeignet sein« kann (TEEB 2010b, S. 17).

Eine pauschale Betrachtung ökonomischer Analysen, die (wie das TEEB-Zitat zeigt) auch unter Ökonomen sehr differenziert diskutiert werden, ist folglich nicht angebracht. So ist in Bezug auf Chancen und Risiken klar zwischen ökonomischen Verfahren der Umweltbewertung (etwa Zahlungsbereitschaftsanalysen) und ökonomischen Verfahren der Entscheidungsunterstützung (etwa Kosten-Nutzen-Analysen) zu differenzieren. Während erstere empirische Verfahren darstellen, mit denen versucht wird, den ökonomischen Wert von Umweltgütern zu beziffern, implizieren letztere eine spezifisch effizienzorientierte Bewertungsethik. Diese baut zwar auf ökonomischen Verfahren der Umweltbewertung auf, hat aber durch ihre normative Stoßrichtung eine wesentlich weitreichendere gesellschaftliche Tragweite. Wenn das ökonomische Effizienzkalkül zur maßgeblichen politischen Entscheidungsmaxime erhoben würde, sind u. a. aufgrund der manifesten Quantifizierungsprobleme gravierende Fehleinschätzungen und -entscheidungen nicht auszuschließen. Deren negative Folgen müssten hauptsächlich von zukünftigen Generationen getragen werden. Nicht zuletzt aus gerechtigkeitstheoretischen Überlegungen heraus sind die Ergebnisse ökonomischer Bewertungen deshalb in einen breiteren gesellschaftlichen Abwägungsrahmen einzubetten, der auch außerökonomische, also nicht direkt kosten- und nutzenbezogene Aspekte einbezieht.

Eine *ergänzende* Integration ökonomischer Analysen in den politischen Willensbildungs- und Entscheidungsprozess ist dennoch denkbar, ja oft sogar wünschenswert – etwa, wenn es darum geht, die Verteilungswirkungen, volkswirt-schaftliche Folgen oder die Kosteneffizienz geplanter Maßnahmen grob abzu-schätzen (Ekardt 2012, S. 35 f.). Diese Informationen können von Interesse sein, ohne dass daran ein automatisiertes Entscheidungsverfahren geknüpft ist. Vor-aussetzung dafür ist allerdings, so Hansjürgens et al. (2012, S. 107), dass man sich über die Grenzen des ökonomischen Bewertungsansatzes im Klaren ist und diese Grenzen auch offen kommuniziert. Voraussetzung ist weiterhin, dass zen-trale Herausforderungen an das Forschungsfeld angegangen werden: Hierzu ge-hören zum einen die bestehenden und bereits im Kapitel II.4.1 angesprochenen Wissenslücken zu den ökologischen Grundlagen von Ökosystemleistungen und Biodiversität, zum anderen die ökonomischen Bewertungsmethoden selber, die es zu verfeinern, weiterzuentwickeln und in ihrer Validität zu verbessern gilt (Hansjürgens et al. 2012, S. 47 ff.).

# ÖKONOMISCHE POLITIKINSTRUMENTE: CHANCEN UND RISIKEN FÜR EINEN NACHHALTIGEN BIODIVERSITÄTSSCHUTZ  V.

Wie im vorhergehenden Kapitel deutlich wurde, ist die ökonomische Bewertung von Ökosystemleistungen und Biodiversität äußerst komplex und mit vielen methodischen Unsicherheiten behaftet, weshalb die Anwendung dieser Bewertungsmethoden bislang weitgehend wissenschaftlichen Experten vorbehalten ist. Die Frage, ob und inwieweit sogenannte »innovative Finanzmechanismen« geeignet sind, zu einem nachhaltigen Biodiversitätsschutz beizutragen, bleibt davon weitgehend unberührt. Zwar entspringen sowohl die monetäre Bewertung von Umweltgütern als auch die umweltpolitische Regulierung mittels anreizbasierter Steuerungsansätze derselben ökonomischen Logik externer Effekte und werden deshalb oft in einem Atemzug genannt, bezüglich der Zielsetzungen sowie potenzieller Chancen und Risiken unterscheiden sich die beiden Herangehensweisen jedoch fundamental: Während es im ersten Fall darum geht, den monetären Wert der biologischen Vielfalt offenzulegen, besteht im zweiten Fall das Ziel darin, das Verhalten von Akteuren durch monetäre Anreize in die gewünschten Bahnen zu lenken – die genaue Kenntnis der gesellschaftlichen Kosten der Umweltnutzung ist dafür nicht zwingend erforderlich.

Ökonomische Instrumente sind in den letzten Jahren zu einem wichtigen Thema der Biodiversitätspolitik geworden und werden inzwischen in verschiedenen politischen Strategiepapieren zunehmend eingefordert (Kap. III.1). Im Unterschied zu anderen politischen Bereichen, in denen innovative Finanzinstrumente fest etabliert sind (z. B. die »Ökosteuer« im Energiebereich), betritt die Politik damit im Bereich des Naturschutzes teilweise Neuland. Während in Europa seit Anfang der 1990er Jahre die Honorierung ökologischer Leistungen der Landwirtschaft fester Bestandteil der EU-Agrarpolitik ist (iDiv 2013, S. 105 f.), gibt es auch international, z. B. in Costa Rica, seit ca. 20 Jahren Erfahrungen mit Zahlungen für Ökosystemleistungen (Porras et al. 2013). Vergleichbare Erfahrungen stammen vor allem auch aus dem Klimaschutz, bei dem mit dem Emissionsrechtehandel seit den 1990er Jahren ein konsequenter Marktansatz verfolgt wird. Unter der Klimarahmenkonvention befindet sich mit REDD+ ein weiteres Steuerungsinstrument in Umsetzung, das über ökonomische Komponenten verfügt und durch die Fokussierung auf den Waldschutz zudem viele Schnittstellen zum Biodiversitätsschutz aufweist.

Im ersten Teil dieses Kapitels wird – nach einem kurzen Abriss zu den Grundlagen umweltpolitischer Instrumente (Kap. V.1) – ein Überblick über die bisherigen Erfahrungen mit ökonomischen Klimaschutzinstrumenten gegeben und daran anknüpfend die Lehren diskutiert, die aus diesem umweltpolitischen »Paradig-menwechsel« für den Biodiversitätsschutz zu ziehen sind (Kap. V.2). Anschlie-ßend werden die Grundprinzipien der wichtigsten biodiversitätsbezogenen An-reizinstrumente vorgestellt (Kap. V.3). Konkret gehören dazu einerseits preis-basierte Instrumente wie Zahlungen für Ökosystemleistungen (»payments for ecosystem services« [PES]) und ökologische Finanzzuweisungen sowie anderer-seits mengenbasierte Instrumente wie das Habitat Banking und handelbare Ent-wicklungsrechte.

Vorauszuschicken ist, dass die meisten dieser Instrumente nur einen indirekten Biodiversitätsbezug haben, sodass sie auch nicht eindeutig als biodiversitätspoli-tische Instrumente zu klassifizieren sind. Teilweise stammen sie aus nicht direkt naturschutzbezogenen Politiksektoren und werden erst seit Kurzem für den Schutz der biologischen Vielfalt eingesetzt oder in Erwägung gezogen. Dies hat zur Folge, dass die Abgrenzungen zu den im Kapitel III.2 besprochenen Instru-menten jenseits des Naturschutzes typischerweise unscharf sind. Die folgende Auswahl an Instrumenten ist deshalb nicht erschöpfend (insbesondere fehlt eine Betrachtung von steuerlichen und Subventionsmaßnahmen), aber dennoch re-präsentativ für das weite und heterogene Feld der ökonomischen Instrumente zum Biodiversitätsschutz.

## INSTRUMENTE DER UMWELTPOLITIK: DEFINITIONEN, ABGRENZUNGEN UND ANALYSEKRITERIEN    1.

Der Umweltpolitik obliegt die Aufgabe, mittels geeigneter Steuerungsmaßnah-men dafür zu sorgen, dass umweltschädliches Verhalten minimiert wird (Loft 2012, S. 13). Dazu kann auf ein Spektrum verschiedener Steuerungsinstrumente zurückgegriffen werden (Abb. V.1), die unterschiedliche Wirkmechanismen aufweisen und damit in unterschiedlicher Weise geeignet sind, das Erreichen umweltpolitischer Ziele und im Besonderen den Schutz der Biodiversität sicher-zustellen (dazu und zum Folgenden Ekardt 2012, S. 78 f.; iDiv 2013, S. 94 f.; Loft 2012, S. 13 f.):

> *Direkt steuerndes Ordnungsrecht und Auflagenpolitik*: Diese Kategorie um-fasst Instrumente, mit denen man eine Verhaltenssteuerung mittels Geboten, Verboten, Auflagen oder Planungsverfahren zu erreichen versucht. Rege-lungsadressaten werden zwingenden Handlungsanweisungen unterworfen, deren effektive Befolgung durch ein möglichst umfangreiches Genehmigungs-, Kontroll- und Sanktionswesen gesichert wird.

> *Ökonomische oder anreizbasierte Instrumente der Umweltpolitik*: Die Ver-haltensänderung soll hier über einen positiven oder negativen wirtschaftlichen Anreiz angeregt werden, ohne dass das umweltschädliche Verhalten selber di-

rekt sanktioniert wird. Die Verhaltenssteuerung erfolgt vielmehr indirekt durch eine Veränderung der ökonomischen Rahmenbedingungen, wodurch die gesellschaftlichen Kosten der Umweltnutzung in die privaten Entscheidungskalküle internalisiert werden sollen (Barbier et al. 1994, S. 179; iDiv 2013, S. 95). Die Akteure haben die Möglichkeit, die Kosten und Nutzen ihrer Entscheidungsvarianten abzuwägen und aus freien Stücken zu handeln.

> *Indirekt wirkende Informations- und motivationsbasierte Instrumente* schließlich »zielen darauf ab, das Umweltbewusstsein von Individuen zu beeinflussen und diese dadurch zu einem umweltfreundlichen Verhalten zu bewegen. Dazu wird versucht, den Erkenntnisstand und die Präferenzen von Akteuren derart zu verändern, dass diese die gesellschaftlichen Auswirkungen ihres Handelns bei Entscheidungen berücksichtigen« (Schwerdtner Máñez 2008, S. 78). Darunter fallen Maßnahmen zur Umweltbildung und -information, aber auch Zertifizierungen (z. B. von nachhaltigen Forstprodukten oder Biolebensmitteln).

ABB. V.1            DAS KONTINUUM UMWELTPOLITISCHER INSTRUMENTE

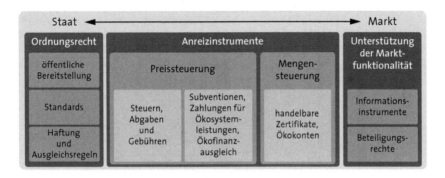

Quelle: nach Ring/Schröter-Schlaack 2013, S. 157

Während ökonomische Instrumente seit einigen Jahren ein wichtiges Element der internationalen Klimapolitik darstellen, dominieren im Bereich des Biodiversitätsschutzes traditionell die ordnungsrechtlichen Maßnahmen, insbesondere in Form der Schutzgebietsausweisung oder des Artenschutzes (Ekardt 2012, S. 79). Angesichts der ernüchternden Ergebnisse bisheriger Schutzbemühungen besteht seit einiger Zeit großes politisches Interesse – geweckt vor allem durch die TEEB-Studie –, Biodiversitätsverluste auf einer stärker ökonomischen Ebene zu bekämpfen, also durch das Setzen von Anreizen. Als zentraler Vorteil dieser Vorgehensweise gilt, dass Verhaltensänderungen auf freiwilliger Basis und aus eigenem Interesse erfolgen, was theoretisch mehr Flexibilität, Kosteneffizienz und Akzeptanz verspricht (Loft 2012, S. 14). Zudem erhofft man sich dadurch eine verstärkte Mobilisierung privatwirtschaftlicher Mittel für den chronisch unterfinanzierten Biodiversitätsschutz (Loft 2012, S. 14). Insgesamt wird in der Schaffung ökonomischer Anreizstrukturen ein Weg gesehen, die in der CBD festgeschriebenen Ziele von Schutz und nachhaltiger Nutzung der biologischen Vielfalt besser miteinander in Einklang zu bringen. Allerdings geht dies auf Kosten der unmittelbaren und uniformen Wirksamkeit, die aufgrund der individuellen Handlungsspielräume unsicher ist – hier hat die ordnungsrechtliche Steuerung, die auch ein absolutes Verbot umweltschädigender Handlungen einschließen kann, eindeutig Vorteile (iDiv 2013, S. 94 f.).

Der Fokus dieses Kapitels liegt auf den Potenzialen und Problemen ökonomischer Instrumente der Naturschutz- und Biodiversitätspolitik – was aber nicht heißt, dass die tradierten ordnungsrechtlichen Instrumente dabei völlig aus dem Blick geraten. Wie die nachfolgende Analyse noch im Detail zeigen wird, erweist es sich als schwierig, die Instrumentenkategorien exakt voneinander abzugrenzen (Ekardt 2012, S. 78 f.; Loft 2012, S. 14 f.). So brauchen ökonomische Instrumente in der Regel eine ordnungsrechtliche Grundlage und einen regulativen Rahmen, um effektiv funktionieren zu können (Ekardt 2012, S. 79). Zudem überlagert sich in der Praxis regelmäßig eine Vielzahl von Politikinstrumenten (Ring/Schröter-Schlaack 2011a, S. 13 f.), was einerseits der Komplexität und dem Querschnittscharakter von Umweltproblemen geschuldet ist, andererseits der Fragmentierung politischer Zuständigkeiten. Es erscheint daher sinnvoller, das umweltpolitische Instrumentarium als ein Kontinuum aufzufassen, das von direkter staatlicher Regulation bis zu durch Konsumentenfreiheit geprägten Marktlösungen reicht (Loft 2012, S. 14).

Auch das ökonomische Instrumentenspektrum ist in sich sehr heterogen strukturiert (Loft 2012, S. 14 f.). Den einen Pol bilden Instrumente, bei denen das Preissignal unilateral durch staatliche Regulierung festgesetzt wird (Steuern, Abgaben, Subventionen etc.). Am anderen Pol finden sich Instrumente, die stärker auf das Spiel der Marktkräfte setzen, bei denen das Preissignal also multilateral zwischen mehreren, prinzipiell gleichberechtigten Akteuren ausgehandelt wird (z. B. handelbare Entwicklungsrechte). Ebenfalls etabliert ist die Unterscheidung zwischen preissteuernden (Steuern, Abgaben, Subventionen) sowie mengensteuernden Ansätzen (handelbare Zertifikate, Ökokonten): Erstere verteuern unerwünschte Handlungen (resp. fördern erwünschte), letztere begrenzen die insgesamt mögliche Umweltbeanspruchung (iDiv 2013, S. 95).[61]

Die folgende Analyse befasst sich vorrangig mit demjenigen Teil des ökonomischen Instrumentenspektrums, das gemeinhin als »innovativ« bezeichnet wird, weil das Preissignal nicht einseitig, sondern durch marktähnliche Austauschbe-

---

61 Kategorisierungen, die zwischen markt- und finanzbasierten Instrumenten differenzieren, haben sich hingegen als weniger fruchtbar erwiesen und eher zu Verwirrung beigetragen (Pirard 2012, S. 66) – weder in der Fachliteratur noch in politischen Kontexten lässt sich eine konsistente Verwendung dieser Begriffe beobachten (Loft 2012, S. 15 f.).

ziehungen bestimmt wird. Instrumente, die diese Bedingung erfüllen, verkörpern die ökonomische Idee auf paradigmatische Weise und sind dadurch Gegenstand sowohl großer Hoffnungen als auch weitreichender Befürchtungen. Unilaterale Maßnahmen wie Steuern und klassische Subventionen, die gemeinhin ebenfalls zu den ökonomischen Instrumenten gezählt werden und in der Umweltpolitik seit Längerem etabliert sind, sind hingegen – wie die Informations- und motivationsbasierten Instrumente – *nicht* Gegenstand dieser Untersuchung.

## ANALYSEKRITERIEN

Der Erfolg ökonomischer Instrumente bemisst sich aus umweltpolitischer Sicht in erster Linie daran, wie effektiv sie sind, inwiefern es also gelingt, bei den Adressaten die gewünschte Verhaltensänderung hervorzurufen und damit eine Umweltverbesserung zielgenau zu erreichen. Daneben gibt es verschiedene weitere Kriterien, die bei der Beurteilung von Politikinstrumenten zu beachten sind (Ring/Schröter-Schlaack 2011a, S. 21 f.). Im Vordergrund steht dabei die ökonomische Effizienz, außerdem sind auch soziale und institutionelle Aspekte von Bedeutung. Die folgenden Analysekriterien haben sich (in dieser oder ähnlicher Form) in der umweltökonomischen Literatur weitgehend etabliert und bilden die Hintergrundfolie für die nachstehende Instrumentenanalyse (dazu und zum Folgenden Loft 2012, S. 19 ff.):

> *Ökologische Wirksamkeit*: Im Rahmen der ökologischen Wirksamkeit (auch ökologische Treffsicherheit) wird beurteilt, inwieweit das jeweilige Instrument geeignet ist, das vorgegebene Umweltqualitätsziel zu erreichen. Dabei gilt es, verschiedene Aspekte zu berücksichtigen: Wie gut ist das Instrument auf das zu schützende Gut zugeschnitten? Trägt es langfristig zur Erreichung des Umweltqualitätszieles bei? Daneben ist auch die für die Zielerreichung erforderliche Zeitspanne Teil der Beurteilung der ökologischen Wirksamkeit.

> *Ökonomische Effizienz*: Hier geht es um die Frage, mit welchen Kosten eine bestimmte Umweltverbesserung erreicht werden kann. Dazu werden die Aufwendungen für die Instrumentenein- und -durchführung betrachtet. Zum einen sind das die Opportunitäts- und Produktionskosten, also die Ausgaben für alle Maßnahmen, die der Erreichung eines bestimmten Schutzzieles dienen. Daneben sind die Transaktionskosten von großer Bedeutung, also die Informationsbeschaffungs-, Verhandlungs-, Monitoring- und Durchsetzungskosten. Neben der Kosteneffizienz ist in diesem Zusammenhang aber auch die dynamische Anreizwirkung eines Instruments zu betrachten, also die Fähigkeit, umwelttechnischen Fortschritt zu induzieren und langfristige Verhaltensänderung von Akteuren zu befördern.

> *Verteilungswirkungen*: Anhand dieses Kriteriums sollen die sozialen Verteilungswirkungen des jeweiligen Instruments im Hinblick auf Einkommen und Eigentumsrechte beurteilt werden. Es wird untersucht, ob es positive oder negative ökonomische Auswirkungen durch die Anwendung des Instruments

gibt und wie sich diese zwischen den verschiedenen betroffenen Akteuren verteilen. Inwiefern diese Verteilungswirkungen gerecht sind (siehe für eine Über-
sicht Pascual et al. 2010b), steht hierbei nicht primär im Blickpunkt, da diese
Beurteilung immer auch vom konkreten politischen, kulturellen und gesellschaftlichen Kontext abhängt (Vatn et al. 2011).

> *Legitimität des Implementierungsprozesses*: Die Legitimität – hier verstanden
  als gesellschaftliche Akzeptanz des politischen Handelns – betrifft die Frage,
  wie Entscheidungen zustande kommen: Welche Akteure werden unter welchen Bedingungen bei der Entscheidungsfindung sowie dem Prozess der Etablierung und Implementierung der Instrumente berücksichtigt? Aspekte, die in
  die Beurteilung eingehen, sind Verantwortlichkeit, Transparenz und Verteilung der Entscheidungsgewalt.

## LEHREN AUS DEM KLIMASCHUTZ     2.

Das 1997 beschlossene und auf der UN-Klimakonferenz in Durban 2011 bis
2020 verlängerte Kyoto-Protokoll (KP) gilt als entscheidender Wendepunkt der
internationalen Klimapolitik. Es verpflichtet die teilnehmenden Industriestaaten
(Annex-B-Länder) zu maßgeblichen Reduktionen ihrer Treibhausgasemissionen:
in der 1. Verpflichtungsperiode (2008–2012) um durchschnittlich 5,2 %, in der
2. Verpflichtungsperiode (bis 2020) für die meisten der beteiligten Staaten um
20 % im Vergleich zum Ausgangsjahr 1990 (UN 2012, S. 7 f.). Zur Zielerreichung
sieht das Kyoto-Protokoll eine Reihe von flexiblen ökonomischen Mechanismen
vor (sogenannte Kyoto-Mechanismen). Dazu zählt in erster Linie ein zwischenstaatlicher Emissionshandel, der es den Annex-B-Staaten ermöglicht, Emissions-
rechte untereinander zu handeln. Ergänzend dazu haben die Vertragsstaaten die
Möglichkeit, ihren Reduktionsverpflichtungen mittels projektbasierter Maßnahmen in Entwicklungs- und Schwellenländern (»clean development mechanism«
[CDM]) oder anderen Annex-B-Staaten (»joint implementation« [JI]) nachzu-
kommen. Da es aufgrund des globalen Charakters des Klimaproblems keine
Rolle spielt, wo und durch wen Emissionsreduktionen erzielt werden, soll diese
flexible Architektur sicherstellen, dass Klimaschutzmaßnahmen dort durchgeführt werden, wo sie am kostengünstigsten sind. Dadurch trägt das Kyoto-
Protokoll ökonomischen Effizienzüberlegungen Rechnung, die für eine möglichst
kosteneffiziente Zielerreichung plädieren. Nicht umsonst gilt das Klimaproblem
als »idealer Anwendungsfall für das Instrument Emissionshandel« (Hansjürgens
2008, S. 25): Nach dem Vorbild des Kyoto-Protokolls wurden in den letzten Jahren auch auf (supra)nationaler und regionaler Ebene verschiedene Emissions-
handelssysteme etabliert, so vor allem in der EU, aber u. a. auch in Kanada,
Südkorea oder Australien (Grubb 2012; ICAP 2014).

Das Kyoto-Protokoll steht dennoch schon seit Längerem in der Kritik, sein Erfolg ist zweifelhaft (Hansjürgens 2008). Die verankerten Reduktionsziele gelten als wenig ambitioniert. Zudem haben die USA das Protokoll nie ratifiziert, andere haben jüngst ihren Austritt erklärt (Kanada) oder nehmen an der 2. Verpflichtungsperiode nicht mehr teil (Russland, Japan und Neuseeland). Da auch maßgebliche Emittenten wie China und Indien als Schwellenländer keiner Reduktionsverpflichtung unterliegen, beschränkt sich die Liste der unter dem Kyoto-Protokoll zu Emissionsreduktionen verpflichteten Staaten auf Australien, die EU und einige andere Staaten, die insgesamt für nicht einmal 15 % der weltweiten Emissionen verantwortlich sind.[62] Die Diskussion um die internationale Klimaarchitektur soll im Folgenden aber nicht im Vordergrund stehen. Der Fokus des vorliegenden Abschnitts richtet sich stattdessen auf die konkreten Erfahrungen, die mit ökonomischen Instrumenten im Klimaschutz gemacht wurden, wobei hier – wie eingangs erwähnt – Marktinstrumente im Vordergrund stehen. Das Ziel ist, angesichts der zahlreichen Nahtstellen zwischen Klima- und Biodiversitätsschutz, tragfähige Schlussfolgerungen für einen nachhaltigen Biodiversitätsschutz abzuleiten.

## DAS EUROPÄISCHE EMISSIONSHANDELSSYSTEM    2.1

Die EU beschloss im Jahr 2003 (Richtlinie 2003/87/EG vom 13. Oktober 2003, im Folgenden ETS-RL), ein Emissionshandelsregime (European Union Emissions Trading System [EU-ETS]) als Hauptklimaschutzinstrument einzurichten, das über die Hälfte der angestrebten Emissionssenkungen erbringen soll (Ekardt 2012, S. 47). 2005 gestartet, befindet sich der EU-ETS aktuell in der dritten Handelsperiode (2013–2020). Noch im Rahmen der Verhandlungen zum Kyoto-Protokoll vor 1997 stand die EU der Einführung marktorientierter Klimaschutzinstrumente skeptisch gegenüber und gab den Widerstand erst auf Druck der USA auf (Böhringer/Lange 2012, S. 2). Deshalb entbehrt es nicht einer gewissen Ironie, dass der EU-ETS heute mit 30 teilnehmenden Staaten (EU-Mitgliedstaaten sowie Norwegen, Island, Liechtenstein) das weltweit größte Emissionshandelssystem ist und als »Blaupause für einen internationalen Emissionshandel« gilt (Ellerman/Buchner 2007, S. 84; Hansjürgens 2008, S. 25).

Im Unterschied zum staatlichen Emissionshandel des Kyoto-Protokolls zielt der europäische Emissionshandel auf den Privatsektor ab: Erfasst sind bislang ca. 12.000 Großanlagen energieintensiver Industriesektoren (Stromerzeugung, Eisen- und Stahlproduktion, Zement- und Kalkherstellung, Papier- und Zelluloseherstellung; dazu und zum Folgenden Ekardt 2012, S. 48). Im Rahmen des EU-ETS unterliegt der Ausstoß von $CO_2$ zunächst einem Genehmigungsvorbehalt (Art. 4 ETS-RL). Zudem werden Betreiber von $CO_2$ emittierenden Anlagen dazu ver-

---

62  www.bmub.bund.de/themen/klima-energie/klimaschutz/internationale-klimapolitik/ kyoto-protokoll (20.5.2014)

pflichtet, für jede t $CO_2$, die sie ausstoßen, eine europäische Emissionsberechti-
gung (»European Union Allowances« [EUA]) abzugeben (Art. 12 Abs. 3 ETS-RL).
Die EUAs sind handelbar (Art. 12 Abs. 1 u. 2 ETS-RL), wobei der Sinn des Systems nicht primär der Handel, sondern die schrittweise Verringerung der Emissionen der beteiligten Industriezweige ist. Das Ziel ist, analog zum Emissionshandel des Kyoto-Protokolls, über eine konsequente Mengensteuerung (»cap
and trade«) ein bestimmtes Umweltziel zu volkswirtschaftlich möglichst geringen
Kosten zu erreichen (Hansjürgens 2008, S. 25). Dazu wird die Gesamtemissions-
menge politisch begrenzt (»cap«), die Preisfestlegung sowie die konkrete Verteilung der Ressourcen regelt dann im Idealfall alleine der freie Markt (»trade«).

In der Realität ist der EU-ETS von diesem optimalen Modell noch weit entfernt,
wie die Erfahrungen der letzten Jahre gezeigt haben. Die Verteilung der Zertifikate erfolgte während der ersten beiden Handelsperioden durch nationale Allo-
kationspläne, in Deutschland anhand eines komplizierten Verfahrens, das institutionell bei der Deutschen Emissionshandelsstelle (DEHSt) verankert ist (Ekardt
2012, S. 48). In der ersten Handelsperiode (2005–2007) führte die größtenteils
kostenlose und sehr großzügige Zuteilung der EUAs an die verpflichteten Anla-
genbetreiber zu einem Überangebot an Zertifikaten, deren Preis praktisch gegen
null sank. Eine Folge davon war, dass Unternehmen, die einen Teil der zu erwartenden $CO_2$-Opportunitätskosten im Vorgriff über die Preisgestaltung auf die
Verbraucher abgewälzt hatten, dank des EU-ETS maßgebliche Zusatzerträge
realisieren konnten (sogenannte Windfallprofits) (Böhringer/Lange 2012, S. 14 f.;
Hermann et al. 2010) – eine Fehlentwicklung, die nicht nur die Steuerungswirkung des Instruments fraglich macht, sondern auch den an Zertifikatserlöse ge-
koppelten Energie- und Klimafonds auszutrocknen droht. In der zweiten Handelsperiode (2008–2012) stiegen die Zertifikatspreise zwar auf über 30 Euro (je
t $CO_2$), brachen dann aber im Zuge der Wirtschaftskrise wieder ein und haben
sich inzwischen auf einem Niveau um die 5 Euro eingependelt (Abb. V.2). Dies
gilt als zu wenig, um langfristig Investitionen und Innovationen anzureizen, und
gefährdet laut Projektionsbericht der Bundesregierung die Klimaziele Deutschlands bis 2020 (BMU 2013a u. 2013b).

Angesichts der manifesten »Krise« des europäischen Emissionshandels wird auf
politischer Ebene seit Längerem über eine Neugestaltung des Systems debattiert
(Bundesregierung 2012c). 2008 wurde eine grundlegende Reform des EU-ETS
beschlossen, die mit der dritten Handelsperiode ab 2013 in Kraft getreten ist.
Neben der ausgedehnteren Handelsperiode (2013–2020), strengeren Reduktionszielen[63] und der Integration neuer Sektoren (Luftfahrtbranche, Aluminiumindus-

---

63  Bis 2020 plant die EU, ihre THG-Emissionen in Relation zu 1990 um mindestens 20 %
    zu reduzieren. Der Emissionshandel soll dabei die Hauptlast erbringen, indem die davon
    erfassten Sektoren in der dritten Handelsperiode (2013–2020) ihre Emissionen im Ver-
    gleich zum Emissionsniveau des Jahres 2005 um 21 % reduzieren (siehe Richtlinie
    2009/29/EG vom 23. April 2009; Ekardt 2012, S. 48).

trie) soll mit den folgenden Maßnahmen auf den Zertifikatspreis eingewirkt werden (zum Folgenden Ekardt 2012, S. 48 f.):

> jährliche Verknappung der Gesamtmenge der Zertifikate um 1,74 %;
> Vereinheitlichung der Zuteilungsregelungen;
> Versteigerung der Zertifikate in einem größeren Umfang als bislang.

Da diese Regelungen nach Meinung von Experten voraussichtlich nicht ausreichen werden, um das Überangebot an EUAs und den damit verbundenen Preiszerfall bei den Zertifikaten in den Griff zu bekommen, wurden – nach längerem Hin und Her – weitere Zusatzmaßnahmen beschlossen, um den Emissionshandel zu stützen. So sollen 900 Mio. Emissionszertifikate vorerst nicht auf den Markt kommen (»backloading«), um dem Überschuss an Zertifikaten entgegenzuwirken (EK 2014a). Auch für den Start der 4. Handelsperiode ab 2021 sind weitere Maßnahmen dieser Art geplant (EK 2014b).

---

ABB. V.2     ENTWICKLUNG DER ZERTIFIKATSPREISE DES EU-ETS (GEGLÄTTETER VERLAUF)

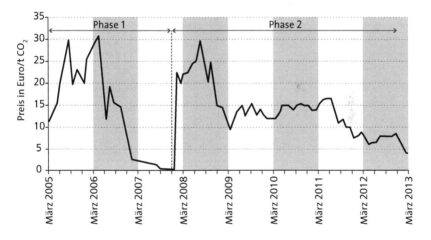

Quelle: Weller 2013, S. 15

Da auch der zwischenstaatliche Emissionshandel im Rahmen des Kyoto-Protokolls an einem Überangebot an Zertifikaten krankt – bedingt u. a. durch den wirtschaftlichen Transformationsprozess der postkommunistischen Staaten –, hegen Experten »erhebliche Zweifel« (Ekardt 2012, S. 49) an der Effektivität des Instruments Emissionshandel, dem Regelungslücken und eine teilweise mangelnde Abstimmung mit anderen rechtlichen Instrumenten nachgesagt werden (Hansjürgens 2012a, S. 10). Konkret wird neben zu geringen Reduktionszielen und fehlenden langfristigen Zielfestlegungen vor allem die mangelnde Breite des europäischen Handelssystems kritisch gesehen. So bleiben wesentliche Emissionssektoren wie der Verkehr, Gebäudewärme oder Ernährung weitgehend unberücksichtigt (dazu und zum Folgenden Ekardt 2012, S. 49), sodass nur etwa die Hälfte der europäischen $CO_2$-Emissionen erfasst wird (Böhringer/Lange 2012, S. 2). Der auf die EU beschränkte geografische Fokus begünstigt ferner Verlagerungseffekte (»carbon leakage«), weshalb die Kopplung mit anderen Emissionshandelssystemen geboten erscheint und von der EU auch explizit vorgesehen ist (RL 2004/101/EG vom 27. Oktober 2004, sogenannte Verbindungsrichtlinie). Mit dem zwischenstaatlichen ETS des Kyoto-Protokolls bestehen bereits differenzierte rechtliche Verknüpfungen, insofern als Unternehmen durch projektbasierte Maßnahmen in Entwicklungsländern (CDM-Maßnahmen) Emissionsgutschriften erwerben können (Ekardt 2012, S. 49; Hansjürgens 2008, S. 25).[64] Diese viel genutzte Kompensationsmöglichkeit steht jedoch in der Kritik, nicht nur, weil sie zu einem Preisverfall bei Zertifikaten aus CDM-Projekten geführt hat und Strukturreformen in Europa behindert, sondern auch, weil viele CDM-Zertifikate als ökologisch fragwürdig eingeschätzt werden (Ekardt 2012, S. 49 f.; Hermann et al. 2010, S. 44).

Welche Lehren lassen sich aus den soeben beschriebenen Fehlentwicklungen von ETS-Systemen ziehen? Diese Frage wird von Experten unterschiedlich beantwortet. Die einen sehen die Ursachen der Probleme in einem politisch unzulänglich umgesetzten Handelsregime und fordern etwa, die begonnenen Schritte »in der Hinwendung der EU zu marktorientierter Umweltpolitik« konsequent fortzuführen (Böhringer/Lange 2012, S. 6). Erforderlich sei, den Marktkräften freieres Spiel zu geben, indem bestehende Handelshemmnisse und Ausnahmeregelungen abgebaut, möglichst viele Sektoren einbezogen und andere, potenziell störende Klimainstrumente[65] auf den Prüfstand gestellt werden. Das Kalkül ist, dass im Endeffekt ein optimal ausgestalteter Emissionshandel alle anderen klimapolitischen Instrumente überflüssig macht (Böhringer/Lange 2012, S. 6). Auch Ekardt (2012, S. 51 f.) scheint in diese Richtung zu tendieren, wenn er dafür plädiert, »mit der EU-Ebene als Steuerungsinstanz einen reformierten, an der Primärenergie und u. U. ergänzend an der Landnutzung ansetzenden ETS« zu etablieren. Um Verlagerungseffekten vorzubeugen, schlägt Ekardt (2012) die flankierende Erhebung von $CO_2$-Importsteuern (»border adjustments«) vor. Zu klären wäre allerdings, inwiefern dieses Vorgehen mit handelsrechtlichen Bestimmungen vereinbar ist. Darüber hinaus ist damit zu rechnen, dass die Transaktionskosten eines derart allumfassenden Handelsregimes beträchtlich sind, sodass berechtigte Zweifel hinsichtlich der praktischen Umsetzbarkeit bestehen.

---

64  In der zweiten Handelsperiode des EU-ETS (2008–2012) konnten Unternehmen bis zu 50 % ihrer Reduktionsleistung durch CDM-Maßnahmen erbringen. Diese Quote ist allerdings für die dritte Handelsperiode (2013–2020) deutlich reduziert worden (UBA 2013, S. 17).

65  Zur Debatte steht in diesem Zusammenhang vor allem die Vereinbarkeit von EU-ETS und EEG-Abgabe (Gawel et al. 2013; Hansjürgens 2012a).

Andere Experten stehen dem Instrument Emissionshandel kritischer gegenüber und weisen darauf hin, dass sich die Lehrbuchvorstellung eines idealtypischen Emissionshandels in der von politisch-ökonomischen Eigeninteressen geprägten Realität kaum verwirklichen lässt (Gawel et al. 2013; Spash 2010). Aus dieser Sicht erscheinen die Ineffizienzen des bestehenden EU-ETS nicht als behebbare Designmängel, sondern als unausweichliche Konsequenz »politischer Regulierungsspiele« (Gawel et al. 2013, S. 1), wo vielfältige Machtinteressen ökonomischen Modellannahmen den Boden entziehen. Daraus lässt sich dann zweierlei schließen: Entweder man lehnt wie Spash (2010) den Emissionshandel radikal ab, oder man akzeptiert seine politisch bedingten Unzulänglichkeiten und zieht ergänzend dazu alternative Regulierungsinstrumente (Steuern, Abgaben etc.) in Betracht (Gawel et al. 2013).

## CLEAN DEVELOPMENT MECHANISM

Der »clean development mechanism« (CDM) ist einer der drei flexiblen Mechanismen, die im Rahmen des Kyoto-Protokolls vorgesehen sind (neben Emissionshandel und »joint implementation«). Streng genommen handelt es sich nicht um ein eigenständiges ökonomisches Klimaschutzinstrument, sondern um einen Unteraspekt des zwischenstaatlichen Emissionshandels (Ekardt 2012, S. 46), der es Vertragsstaaten aus Annex B erlaubt, durch Klimaschutzprojekte in Entwicklungs- und Schwellenländern Emissionsgutschriften (»certified emission reductions« [CER]) zu erwerben.[66] Die Gutschriften können dann entweder verkauft oder auf die gemäß Kyoto-Protokoll zulässige Emissionsmenge angerechnet werden. Die Grundidee ist, auf diese Weise nicht nur zu einem möglichst kosteneffizienten, sondern auch entwicklungspolitisch sinnvollen Klimaschutz beizutragen, was angesichts der internationalen Dimension des Klimaproblems durchaus sinnvoll erscheint.

Es liegt auf der Hand, dass die konkrete Ausgestaltung eines derartigen Kompensationsmechanismus viele schwierige Fragen aufwirft. In erster Linie muss geklärt werden, welche Projekttypen im Rahmen des CDM überhaupt anrechenbar sind. Darüber hinaus ist genau zu definieren, welche ökologischen und sozialen Kriterien CDM-Projekte zu erfüllen haben. Diese Punkte wurden 2001 im Übereinkommen von Marrakesch konkretisiert. So kommen grundsätzlich Senken- als auch technische Projekte[67] infrage (Kollmuss et al. 2008, S. 25), sofern sie zu Treibhausgasemissionsreduktionen führen und die folgenden zentralen Bedingungen erfüllen (zum Folgenden Loft 2009, S. 127 ff. u. 2012, S. 49 ff.):

---

66  Ein ähnliches Prinzip verfolgt die JI, nur dass die Projekte hier in einem anderen Vertragsstaat lokalisiert sind und die Zertifikate »emission reduction units« (ERU) heißen.

67  Als Senkenprojekte zählen Aktivitäten im Bereich Aufforstung und Wiederaufforstung, nicht jedoch die nachhaltige Waldbewirtschaftung (Loft 2012, S. 48). Bei den technischen Maßnahmen sind Nuklearprojekte und der Bau von HFCKW-22-Fabriken unzulässig.

> *Nachhaltigkeit*: Voraussetzung für alle Projekte des CDM ist das ausdrücklich im Kyoto-Protokoll genannte Ziel, Nicht-Annex-B-Staaten in ihrem Bemühen um eine nachhaltige Entwicklung zu unterstützen (Kreuter-Kirchhof 2005). Die beteiligten Projektteilnehmer müssen deshalb hinsichtlich der ökologischen und sozioökonomischen Auswirkungen des Projekts den Nachweis der Unbedenklichkeit erbringen (Scholz/Noble 2005). Die Definition konkreter Nachhaltigkeitskriterien ist allerdings gemäß dem völkerrechtlichen Souveränitätsprinzip alleine Aufgabe des Gastgeberlandes, hierzu wurden auf internationaler Ebene keine Vorgaben gemacht (González/Schomerus 2010, S. 14). Die Anforderungen fallen deshalb sehr unterschiedlich aus, in einigen Nicht-Annex-B-Staaten wird auch gänzlich auf stringente Nachhaltigkeitskriterien verzichtet (Kollmuss et al. 2008).

> *Zusätzlichkeit*: Um sicherzustellen, dass CDM-Projekte klimapolitisch zielführend sind, werden nur Emissionsminderungen anerkannt, die »zusätzlich zu denen entstehen, die ohne die zertifizierte Projektmaßnahme entstehen würden« (Schwarze 2000, S. 165). Die Berechnung der »zusätzlichen« Emissionsreduktionen stützt sich auf ein hypothetisches Referenzszenario, die sogenannte »baseline« (González/Schomerus 2010, S. 11). Abzuschätzen ist, wie hoch die Emissionen bei »business as usual« ausgefallen wären. Es ist von entscheidender Bedeutung, dass die »baseline« genau und verlässlich festgelegt wird, da vom Niveau des Referenzszenarios abhängt, wie hoch die Emissionsgutschriften ausfallen (Scholz/Noble 2005). Angemessene Methoden zur Bestimmung des Referenzszenarios werden vom CDM-Exekutivrat bekannt gegeben.

Damit gewährleistet ist, dass auch tatsächlich nur solche Emissionsreduktionen zertifiziert und den Annex-B-Staaten angerechnet werden, die diesen Regelungen entsprechen, haben die Projekte einen aufwendigen und entsprechend teuren Prüfprozess zu durchlaufen (dazu und zum Folgenden Loft 2012, S. 49 ff.). Die Zertifizierung erfolgt in einem zweistufigen Verfahren, in das der CDM-Exekutivrat sowie unabhängige (oft private) Sachverständige (»designated operational entity« [DOE]) involviert sind (Abb. V.3).

Die erste Phase sieht die Überprüfung, Validierung und Registrierung des Projekts vor. Dabei wird untersucht, ob das Projekt die Zulässigkeitsvoraussetzungen für CDM-Projekte erfüllt. In einer zweiten Phase werden die aus dem Projekt resultierenden Emissionsreduktionen verifiziert und zertifiziert (Kreuter-Kirchhof 2005). Die Ermittlung der dafür erforderlichen Daten fällt in den Aufgabenbereich der Projektteilnehmer, die einen Monitoringbericht zu erstellen haben. Für Senkenprojekte gelten besondere Bedingungen: Um dem Problem der begrenzten Dauerhaftigkeit der Kohlenstoffeinbindung und -speicherung zu begegnen (etwa aufgrund von Rodung oder Waldbränden), werden die erteilten Zertifikate zeitlich befristet. Den Zeitpunkt der ersten Verifizierung und Zertifizierung können die Projektteilnehmer bestimmen, danach ist sie bis zum Ablauf des Kreditierungszeitraums alle fünf Jahre zu erneuern.

ABB. V.3                                                    DER CDM-PROJEKTZYKLUS

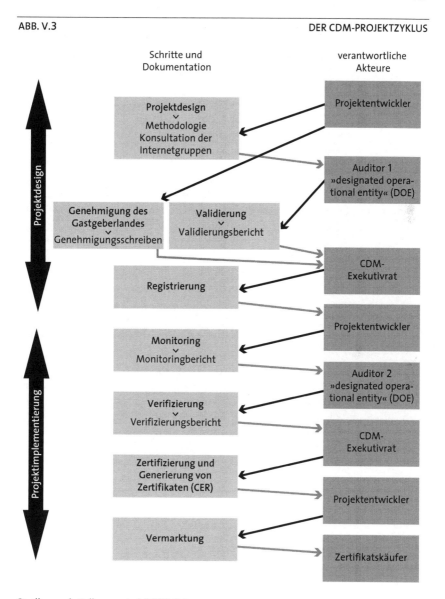

Quelle: nach Kollmuss et al. 2008, S. 8

Vom reinen Volumen her gesehen, gilt der CDM als sehr erfolgreich, sowohl hinsichtlich der generierten Investitionssummen als auch hinsichtlich der erzielten Emissionsreduktionen (Lederer 2010; Loft 2012, S. 48). Die nach den Regelungen des CDM durchgeführten und zertifizierten Projekte haben bis zum Ende der ersten KP-Verpflichtungsperiode 2012 etwa 1,4 Mrd. CERs generiert, bis zum Jahr 2020 kommen nach Prognosen der UNEP etwa weitere 5,5 Mrd. CERs hinzu (Loft 2012, S. 55).[68] Bis 2012 wurden insgesamt knapp 4.500 Projekte mit einem Minderungsvolumen von 2,15 Mrd. t $CO_2$ und einem Investitionsvolumen von über 200 Mrd. US-Dollar registriert[69], davon über 300 mit deutscher Beteiligung. Als wichtigstes Scharnier zwischen EU-ETS und zwischenstaatlichem Emissionshandel wird der CDM besonders von europäischen Unternehmen stark nachgefragt.[70] Was prima facie günstig erscheint, hat jedoch auch negative Konsequenzen: Die hohe Anzahl an generierten Zertifikaten, die derzeit auf den Markt kommen, lässt ihren Preis ins Bodenlose fallen, was Auswirkungen auf zukünftige Investitionen hat (Loft 2012, S. 80). Das vom CDM-Exekutivrat 2011 eingesetzte Panel zum »CDM Policy Dialogue« spricht gar von Marktkollaps (UNFCCC 2012, S. 67). Hinzu kommen aufgrund der aufwendigen Prüf- und Zertifizierungsverfahren relativ hohe Transaktionskosten, welche sich ebenfalls negativ auf die ökonomische Effizienz des Mechanismus auswirken (dazu und zum Folgenden Loft 2012, S. 56 f.). Die Kosten für Vorprüfung und Projektplanung werden auf etwa 100.000 bis 200.000 Euro pro Projekt geschätzt (Dieter/Elsasser 2004; Lederer 2010). Das Monitoring des tatsächlich akkumulierten Kohlenstoffs, das der Projektverantwortliche alle fünf Jahre durchzuführen hat, kostet zusätzlich etwa 50.000 Euro.

Trotz – oder vielmehr gerade wegen – der großen Investitionsvolumen wurden Bedenken laut, dass die klima- und entwicklungspolitischen Ziele des CDM nur begrenzt erreicht werden. Der Blick auf die konkreten Projekte zeigt, dass vor allem in industrielle Prozesse in Schwellenländern wie China und Indien investiert wird, während Senkenprojekte in ärmeren Entwicklungsländern nur eine marginale Rolle spielen (Loft 2012, S. 48).[71] Der CDM folgt damit zwar ökonomischen Marktgesetzen, da sich Reduktionen von industriellen THG-Emissionen in Schwellenländern – aufgrund der dort vorherrschenden politischen und infrastrukturellen Rahmenbedingungen – besonders günstig umsetzen lassen. Ob er damit allerdings substanziell zur nachhaltigen Entwicklung in ärmeren Entwicklungsländern beiträgt, gilt als fraglich (Ellis et al. 2007; Loft 2012, S. 48; Olsen 2007), umso mehr, als auf die Festlegung von verbindlichen Nachhaltigkeitskriterien oder Mindeststandards verzichtet wurde (zum Folgenden Loft 2012, S. 51 f.). Bei den (wenigen) Senkenprojekten erweist sich dies auch aus Biodiver-

---

68  www.cdmpipeline.org/overview.htm (20.5.2014)
69  www.umweltbundesamt-daten-zur-umwelt.de/umweltdaten/public/theme.do?node
    Ident=5777 (20.5.2014)
70  vergleiche dazu die online zugängliche Projektdatenbank zu CDM- und JI-Projekten mit
    deutscher Beteiligung unter www.dehst.de/DE/Klimaschutzprojekte/JI-CDM-Projektda
    tenbank/ji-cdm-projektdatenbank_node.html (20.5.2014)
71  www.cdmpipeline.org/cdm-projects-type.htm (20.5.2014)

sitätsschutzgründen als problematisch, da weder die Verwendung von genetisch modifizierten Organismen noch die von gebietsfremden Arten auf internationaler Ebene untersagt worden ist – sie muss lediglich im Projektentwurfsplan (»project design document« [PDD]) angegeben werden (Sterk 2004).

Befürchtungen, dass der CDM in der aktuellen Form vor allem ökonomischen Marktgesetzen folgt und damit in erster Linie den wirtschaftlichen Interessen der Industrieländer und weniger dem Klimaschutz dient, entzünden sich vor allem am Zusätzlichkeitskriterium. Die bisherigen Erfahrungen haben gezeigt, dass die Feststellung der Zusätzlichkeit eines Projekts äußerst komplex ist. In Untersuchungen kommt man zu dem Schluss, dass in vielen Fällen weder eine klare Logik noch eine überzeugende Argumentation existiert, die ein Projekt als »zusätzlich« auszeichnet (Schneider 2007; Sepibus 2009; dazu und zum Folgenden Loft 2012, S. 50 ff.). Verschärfend kommt hinzu, dass sowohl für den Investor aus dem Annex-B-Staat als auch für das Schwellen- oder Entwicklungsland ein Anreiz besteht, die Emissionen des Referenzszenarios möglichst hoch anzusetzen. Denn dadurch können die erzielbaren Emissionsreduktionsgutschriften für den Industriestaat erhöht werden, da Schwellen- oder Entwicklungsländer keinen Reduktionsverpflichtungen unterliegen, sind hohe Emissionsausgangswerte für sie ohne Nachteil. Dass die privatwirtschaftlichen Sachverständigen (DOEs), die den Validierungs- und Zertifizierungsprozess durchführen, von den Projektentwicklern bezahlt und ausgewählt werden, zieht die Objektivität und damit die Legitimität des Prozesses vor diesem Hintergrund zusätzlich in Zweifel (Sepibus 2009).

Unabhängig davon, wie gravierend diese kritischen Punkte eingeschätzt werden, besteht weitgehend Einigkeit darüber, dass der CDM im Post-Kyoto-Prozess weiterer Reformen bedarf. Bereits im Jahr 2003 wurde von NGOs mit dem sogenannten »CDM Gold Standard« ein unabhängiges Zertifizierungsschema entwickelt, das mit strengeren Standards für CDM-Projekte für mehr ökologische und soziale Nachhaltigkeit sorgen will (González/Schomerus 2010).[72] Das hochrangig besetzte Panel zum »CDM Policy Dialogue« hat kürzlich verschiedene Maßnahmen empfohlen, um den vor dem Kollaps stehenden CDM-Kohlenstoffmarkt zu stabilisieren, die ökologische Lenkungswirkung des CDM zu verbessern und Bürokratie abzubauen (UNFCCC 2012). Neben verschärften Emissionszielen und einer Reform der Governancestrukturen rät das Panel u. a. dazu,

> eine Art Fonds zur Stabilisierung des CDM-Kohlenstoffmarktes einzurichten, durch den überschüssige Zertifikate aufgekauft werden können;
> die methodischen Standards im Zusammenhang mit dem Zusätzlichkeitskriterium und der Feststellung der »baseline« stringenter auszuarbeiten (standardisierte »baseline«);
> mittels transparenter und möglichst objektiver Kriterien verstärkt sicherzustellen, dass CDM-Projekte zu einer nachhaltigen Entwicklung beitragen;

---

72 www.cdmgoldstandard.org (20.5.2014)

> die Teilhabe der bislang unterrepräsentierten Entwicklungsländer zu verbessern.

## LANDNUTZUNG: DIE BRÜCKE ZUR BIOLOGISCHEN VIELFALT      2.2

Im Kyoto-Protokoll wurde bestimmt, dass Industriestaaten (Annex-I-Länder der Klimarahmenkonvention) einen Teil ihrer Reduktionsverpflichtungen durch den Erhalt von natürlichen Speichern oder die Schaffung von Senken – sogenannte LULUCF-Maßnahmen (»land use, land-use change and forestry«) – erfüllen können (Loft 2012, S. 37), und zwar sowohl im Rahmen von zwischenstaatlichen CDM-Projekten als auch auf nationaler Ebene. Dies trägt dem Umstand Rechnung, dass die Landnutzung, vor allem im Zusammenhang mit land- und forstwirtschaftlichen Aktivitäten, neben dem Bereich der fossilen Brennstoffe zu den wichtigsten Treibern des globalen Klimawandels zählt (Abb. V.4) (Ekardt 2012, S. 57; Loft 2012, S. 33). Wälder, Grünland und Moore sind aber auch maßgebliche Senken für Kohlenstoff (Loft 2012, S. 38 ff.), sodass die Pflege resp. die Wiederherstellung dieser Ökosysteme (Aufforstung, Renaturierung etc.) sowie auch ihre bodenschonende Bewirtschaftung klimapolitisch von großer Bedeutung sind. Gleichzeitig haben Landnutzungsänderungen direkte und indirekte Auswirkungen auf die biologische Vielfalt, und LULUCF-Maßnahmen sind somit auch biodiversitätspolitisch von großem Interesse.

---

**ABB. V.4        ANTHROPOGENE TREIBHAUSGASEMISSIONEN VON 2010 NACH SEKTOREN**

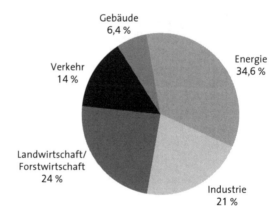

Eigene Darstellung nach IPCC 2014b, S. 9

Die umstrittenen LULUCF-Regelungen des Kyoto-Protokolls wurden für die erste Verpflichtungsperiode (2008–2012) im Rahmen der sogenannten »marrakesh accords« von 2001 konkretisiert: Während Senkenprojekte im Rahmen des CDM auf Aufforstung und Wiederaufforstung beschränkt sind, haben die Vertragsstaaten aus Annex B die Wahl, auch nationale Aktivitäten (seit 1990) im Bereich Wald-, Acker- und Grünlandbewirtschaftung sowie die Begrünung von Ödland zu bilanzieren.[73] Für die Anrechnung von Maßnahmen im Waldmanagement gelten bislang länderspezifische Obergrenzen, desgleichen sind CDM-Senkenprojekte nur in beschränktem Umfang zugelassen. Diese bislang eher restriktive Handhabung von LULUCF-Maßnahmen hat mit Befürchtungen zu tun, dass durch allzu großzügig gewährte Anrechnungsmöglichkeiten in diesem Sektor ein wirtschaftliches Umsteuern, das dringend erforderlich ist, behindert wird (Benndorf 2006). Zudem ist die Anrechnung von Landnutzungsänderungen kompliziert und umstritten:

> Eine besondere methodologische Herausforderung stellen die konsistente Bilanzierung sowie das Monitoring der Maßnahmen dar. Die bisherigen Berechnungsmethoden gelten aufgrund ihrer Komplexität und vieler potenzieller Schlupflöcher als mangelhaft (EK 2012a). Für die zweite Verpflichtungsperiode bis 2020 wurden deshalb auf der Klimakonferenz in Durban neue Anrechnungsregeln vereinbart, die ein robusteres und konsistenteres Verfahren ermöglichen (Grassi 2012).
> Zudem besteht die große Gefahr von Verlagerungseffekten sowie der mangelnden Dauerhaftigkeit der Aktivitäten (weshalb CDM-Zertifikate aus Senkenprojekten auch zeitlich befristet sind).
> Schließlich steht auch die soziale und ökologische Nachhaltigkeit der Aktivitäten im Fokus. Hinsichtlich des Biodiversitätsschutzes sind dabei zwar Synergien, aber auch Zielkonflikte denkbar, je nachdem, wie die Maßnahmen durchgeführt werden (Stichwort »Monokulturplantagen« etc.).

Diese Punkte werden nachfolgend am Beispiel eines neuen Mechanismus vertieft, der unter dem Schlagwort »reducing emissions form deforestation and forest degradation« (REDD+) die aktuelle LULUCF-Debatte prägt.

## REDUCING EMISSIONS FROM DEFORESTATION AND FOREST DEGRADATION (REDD+)

Auf der 11. Vertragsstaatenkonferenz in Montreal 2005 wurde erstmals der Vorschlag in die internationalen Klimaschutzverhandlungen eingebracht, Entwicklungsländer finanziell zu vergüten, wenn sie bereit und in der Lage sind, ihre

---

73 Jeder Vertragsstaat aus Annex B musste sich vor Beginn der ersten Verpflichtungsperiode verbindlich entscheiden, welche dieser optionalen Aktivitäten er in die nationalen Emissionsberechnungen einbezieht (Benndorf 2006). Zwei Drittel der Vertragsstaaten (darunter Deutschland) bilanzieren die Waldbewirtschaftung, aber nur drei Mitgliedstaaten die Acker- und Grünlandbewirtschaftung (EK 2012a, S. 10). Unabhängig davon ist jeder Industriestaat grundsätzlich dazu verpflichtet, Nettoemissionen aus Entwaldung und Aufforstungsmaßnahmen in den nationalen Bilanzen auszuweisen (Loft 2012, S. 38).

entwaldungsbedingten Emissionen zu reduzieren (»reducing emissions from deforestation« [RED]) (dazu und zum Folgenden Loft 2012, S. 58). In den folgenden Verhandlungsrunden kam man darin überein, dass nicht nur die Vermeidung von Entwaldung, sondern auch die Minderung der Walddegradation und letztlich auch solche Maßnahmen erfasst werden sollen, die die Kohlenstoffaufnahmekapazität stehender Wälder erhöhen – etwa durch nachhaltiges Waldmanagement (das »+« im Akronym REDD+). Das Ziel ist, einen »globalen Waldkohlenstoffmarkt« (Ekardt 2012, S. 61) zu etablieren, der es den in der Regel besonders waldreichen Entwicklungsländern ermöglichen soll, neue Einnahmequellen aus dem Waldschutz zu erschließen. Nach langjährigen Verhandlungen kam es auf der 19. Vertragsstaatenkonferenz der UNFCC in Warschau zu verschiedenen bindenden Entscheidungen zum REDD+-Mechanismus, dem sogenannten »Warsaw Framework for REDD+« (United Nations Climate Change Secretariat 2013).[74] Gleichzeitig sind auf nationaler und lokaler Ebene erste Pilotprojekte im Rahmen verschiedener multilateraler REDD+-Programme[75] implementiert worden (Korhonen-Kurki et al. 2012; Loft 2012, S. 59).

Emissionen aus Entwaldung tragen maßgeblich zum Klimawandel bei (Scholz/ Schmidt 2008, S. 1). Dafür verantwortlich ist hauptsächlich die großflächige Zerstörung von Tropenwäldern, während die Wälder in gemäßigten Breiten noch eine Kohlenstoffsenke darstellen, wenn auch mit abnehmender Tendenz (Loft 2012, S. 39). Vor diesem Hintergrund ist der REDD+-Mechanismus in erster Linie als ein marktbasiertes Klimaschutzinstrument konzipiert, das am nachhaltigen Waldschutz in Entwicklungsländern ansetzt. REDD+ soll allerdings auch dem Biodiversitätsschutz zugutekommen. Das Instrument bietet nach Meinung von Fachleuten die »einzigartige Chance, die Tropenwälder der Erde im großen Maßstab zu schützen, einen Beitrag für den Erhalt der Biodiversität zu leisten, Armut durch nachhaltige ländliche Entwicklung zu bekämpfen sowie verbessertes Naturressourcenmanagement und die Anpassung an den Klimawandel voranzutreiben« (Loft 2012, S. 59; Scholz/Schmidt 2008, S. 1). Ob und wie diese ambitionierten Ziele aber erreicht werden können, ist umstritten und hängt von der weiteren Ausgestaltung des Mechanismus ab. Die bisherigen Erfahrungen, die im Rahmen von Pilotprojekten gemacht wurden, ergeben ein ge-

---

74  Die Warschauer Beschlüsse beinhalten u. a. Grundsatzentscheidungen zu Schutzklauseln für die Biodiversität sowie die Rechte lokaler und indigener Bevölkerungsgruppen, zur Regelung der Finanzierung sowie zum Monitoring, Reporting und Verifizierung der Emissionen.

75  Dazu gehören das »UN-REDD Programme« verschiedener UN-Einrichtungen (United Nations Environment Programme [UNEP], United Nations Development Programme [UNDP] und Food and Agriculture Organization of the United Nations [FAO]) sowie die »Forest Carbon Partnership Facility« (FCPF) und das »Forest Investment Program« (FIP) der Weltbank. Einen guten Überblick über die verstreuten REDD+-Aktivitäten und die entsprechenden Finanzströme bietet die »Voluntary REDD+ Database«, einsehbar unter www.reddplusdatabase.org (20.5.2014).

mischtes Bild und zeigen, dass Anspruch und Wirklichkeit noch häufig auseinanderfallen (Schmidt et al. 2011). Der folgende, schlaglichtartige Überblick über Probleme und Lösungsansätze beleuchtet kritische Aspekte marktorientierter LULUCF-Instrumente und eröffnet einen ersten Einblick in biodiversitätsspezifische Steuerungsfragen.

## ÖKOLOGISCHE ASPEKTE

Die Fokussierung auf die Ökosystemleistung Kohlenstoffspeicherung birgt die Gefahr, dass in der Ausgestaltung und Umsetzung eines REDD+-Mechanismus die Vielschichtigkeit der biologischen Vielfalt nicht ausreichend berücksichtigt wird und der gesamte Mechanismus damit ökologisch nicht nachhaltig ist (dazu und zum Folgenden Loft 2010, S. 43 f., u. 2012, S. 73 f.). So stellt sich beispielsweise bei Entscheidungen über die Anpflanzung von Wäldern die Frage, ob schnell wachsender und damit viel Kohlenstoff assimilierender Eukalyptus als Monokultur angepflanzt werden soll oder doch eher ein Mix aus einheimischen Arten, der für eine entsprechende biologische Vielfalt sorgt, dafür aber langsamer wächst und mehr Pflege erfordert. Würden Anreize gesetzt, die sich hauptsächlich auf das Kriterium einer schnellen Kohlenstoffassimilierung stützen, ginge dies mit großer Wahrscheinlichkeit auf Kosten der biologischen Vielfalt. Das wäre wohl aber auch aus Sicht des Klimaschutzes fatal: Denn vielfältigere Waldökosysteme verfügen vermutlich über eine größere Robustheit gegenüber Störungen und sind somit eher in der Lage, Kohlenstoff langfristig zu speichern. Eine kritische Untersuchung der bisherigen Projekte durch Germanwatch e.V. von 2011 zeigt, dass zwar die Mehrheit der REDD+-Vorhaben positive Effekte auf die Biodiversität hat, dass aber bislang nur eine Minderheit der Projekte den Schutz der Biodiversität durch entsprechende Schutzklauseln systematisch in den Blick nimmt (Schmidt et al. 2011).

Insbesondere drohen im Rahmen von REDD+ sogenannte *Verlagerungseffekte* (dazu und zum Folgenden Loft 2010, S. 71 f., u. 2012, S. 71 f.). Es geht um das Problem, dass Maßnahmen zur Vermeidung von Entwaldung zwar dort, wo sie durchgeführt werden, zu Treibhausgasreduktionen führen, es dafür jedoch an anderen Stellen zu verstärkter Waldvernichtung und -degradation kommen kann und somit nur eine räumliche Verlagerung der Emissionen stattfindet. Die Gefahr von Verlagerungseffekten existiert zwar bei allen Maßnahmen zur Reduzierung von Emissionen, ist aber im LULUCF-Sektor besonders ausgeprägt (Ogonowski et al. 2009). Sie ist besonders dann virulent, wenn ein REDD+-Mechanismus auf subnationaler bzw. Projektebene etabliert würde, da die beteiligten Entwicklungsländer keinen Emissionsreduktionspflichten im Rahmen des KP unterliegen und somit eine Verlagerung von Entwaldungsmaßnahmen in Gebiete außerhalb der zertifizierten Projektfläche nicht ins Gewicht fiele. Aus diesem Grund erscheint es sinnvoll und wird angestrebt, den REDD+-Mechanismus auf nationaler Ebene umzusetzen, sodass letztlich nur REDD+-Gutschriften für

Emissionsreduktionen erteilt würden, die der jeweilige Staat insgesamt erbringt – was natürlich das Problem internationaler Verlagerungseffekte noch nicht löst. Außerdem muss der REDD+-Mechanismus so konstruiert werden, dass die *Dauerhaftigkeit* der Emissionsminderung sichergestellt wird. Das Problem ist, dass unter Schutz gestellte natürliche Wälder zu einem späteren Zeitpunkt, etwa nach der Zertifizierung von Emissionsgutschriften, doch noch in Nutzfläche umgewandelt oder durch natürliche Ereignisse (Feuer, Stürme, Überflutungen) zerstört werden könnten. In den vergangenen Jahren wurden verschiedene Ansätze zur Handhabung dieser Problematik entwickelt. Im Rahmen des CDM wurden beispielsweise für Aufforstungsprojekte temporäre Gutschriften entwickelt, d. h., die mit der Maßnahme generierten Emissionsgutschriften müssen nach einer gewissen Zeitspanne durch neue Zertifikate ersetzt werden. Ein anderer Vorschlag sieht die Einrichtung eines sogenannten »banking mechanism« vor, als Rücklage eines Teils der ausgegebenen Emissionsgutschriften (Loft 2012, S. 71). Eine dritte Variante, die vor allem im Hinblick auf die freiwilligen Kohlenstoffmärkte in Erwägung gezogen wird, ist die Einbeziehung des privaten, kommerziellen Versicherungssektors (siehe hierzu ausführlich Loft 2010).

Schließlich ist für das Funktionieren eines REDD+-Mechanismus die genaue Bestimmung der durch die Vermeidung von Entwaldung erzielten Emissionsreduktionen essenziell (dazu und zum Folgenden Loft 2012, S. 61 ff.). Das setzt zum einen standardisierte Methoden zur Messung der Kohlenstoffspeicherkapazität von Wäldern und zum Monitoring der Maßnahmen voraus. Darüber hinaus muss ein Berichterstattungs- und Überprüfungswesen etabliert werden, um die generierten Emissionsreduktionen ggf. durch eine unabhängige Institution zertifizieren lassen zu können (IISD 2011). Fest steht, dass – im Unterschied zum traditionellen Vertragswaldschutz – finanzielle Unterstützung nur dann gewährt werden soll, wenn Emissionsreduktionen nachgewiesen werden. Nach derzeitigem Stand der Verhandlungen ist geplant, REDD+-Gutschriften auf Basis eines hypothetischen Business-as-usual-Szenarios zu berechnen, das sich im Kern auf die historischen Entwaldungsraten auf nationaler Ebene stützt (Abb. V.5).

Da diese Herangehensweise – wie sich bereits beim CDM gezeigt hat – mit großen Unschärfen behaftet ist, Ansatzpunkte für Manipulation und Missbrauch bietet und zudem diejenigen Staaten belohnt, die bislang wenig in den Waldschutz investiert haben, sollen ergänzend verschiedene Indikatoren der forstwissenschaftlichen Entwicklung herangezogen werden (IISD 2011; Schmidt 2009). Die dafür benötigten Methoden stehen im Prinzip zur Verfügung. So ist es dank Fortschritten in Fernerkundungsmethoden im Prinzip unproblematisch, Waldflächen mit großer Sicherheit zu identifizieren (Mora et al. 2012; TAB 2012b). Etwas schwieriger ist die Erfassung der gespeicherten resp. emittierten Kohlenstoffmenge, die stark von der Bewuchsform abhängig und nur mittels ergänzender Feldanalysen zu ermitteln ist. Die wenigsten Entwicklungsländer verfügen jedoch über die finanziellen, technologischen und personellen Mittel, um solche komplexen Analysen flächendeckend durchzuführen. Die internationalen Anstrengungen in der aktuellen Phase sind deshalb primär darauf ausgerichtet, entsprechende Kapazitäten auf nationaler und subnationaler Ebene aufzubauen, um die sogenannte »REDD+-readiness« zu erreichen und damit für einen REDD+-Mechanismus bereit zu sein.

**ABB. V.5**                    **BESTIMMUNG DER VERMIEDENEN ENTWALDUNG ANHAND
EINES REFERENZNIVEAUS**

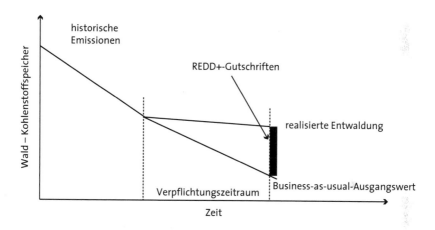

Quelle: nach Angelsen 2008

## SOZIALE ASPEKTE

Bei REDD+ handelt es sich um ein Instrument, das verschiedene Governanceebenen umfasst – von der internationalen Ebene, auf der die relevanten Standards und Verfahren definiert werden, über nationale Aktionspläne bis hin zu kleinskaligen Projekten und Walderhaltungsmaßnahmen (Loft 2012, S. 59) (Abb. V.6).

Ein wichtiger Aspekt der »REDD+-readiness« eines Entwicklungslandes besteht demzufolge in den institutionellen und rechtlichen Rahmenbedingungen, die das Management von Wäldern und die gerechte Verteilung der Finanzmittel ermöglichen. Neben dem Schutz der biologischen Vielfalt gilt es hierbei vor allem, die sozialen Folgen im Blick zu behalten.

Die Frage, welche Akteure von den finanziellen Transfers für Waldschutzmaßnahmen profitieren sollen, ist hierbei von zentraler Bedeutung – umso mehr, als die traditionell nachhaltige Waldbewirtschaftung, wie sie von vielen indigenen Bevölkerungsgruppen betrieben wird, nicht unter das Zusätzlichkeitskriterium fällt. Da es in solchen Fällen historisch nicht zu größeren Entwaldungen kam, ist der fortlaufende Schutz der Wälder durch diese Akteure in der Regel kein Anlass für die Erteilung von REDD+-Gutschriften (Loft 2012, S. 78).

---

**ABB. V.6**                                    **GOVERNANCEEBENEN EINES REDD+-MECHANISMUS**

internationale Ebene (UNFCCC):
> Generierung der finanziellen Mittel
  durch Fonds oder Marktmechanismus
> Verteilung der finanziellen Mittel
> Formulierung von Standards für
  Monitoring, Berichterstattung
> Review der nationalen Referenzwerte

nationalstaatliche Ebene:
> Monitoring, Berichterstattung
> nationale Waldpolitiken
> Verteilung der finanziellen Mittel
> Forstinventar
> Register generierter Emissionsreduktionen

subnationale/lokale Ebene:
> Umsetzung von Erhaltungsmaßnahmen
> Monitoring
> Verteilung der finanziellen Mittel

Quelle:  nach Loft 2012, S. 59

Darüber hinaus haben erste Erfahrungen mit projektbasierten REDD+-Pilotprojekten gezeigt, dass die Gefahr besteht, dass lokale Bevölkerungsgruppen angesichts der häufig ungeklärten Eigentums- und Nutzungsrechte in vielen Entwicklungsländern schlimmstenfalls sogar die Kontrolle über ihr angestammtes Gebiet verlieren könnten – ein Phänomen, das auch als »green grabbing«[76] bezeichnet wird. Das Risiko verschärft sich im Rahmen des freiwilligen Kohlenstoffmarktes, wo sich internationalen Investoren neue Geschäftsmodelle eröffnen, die mit den Rechten lokaler Gruppen wie auch mit den Belangen des Biodiversitätsschutzes in Konflikt stehen (Kasten) (Neef 2012, S. 27 f. u. 87).

---

76  »Green grabbing« wurde durch eine Konferenz mit dem Titel »Nature™ Inc.« in Den Haag im Jahr 2011 international bekannt gemacht und bezeichnet den Prozess der zunehmenden ökonomischen Aneignung von Natur, Ökosystemen und Biodiversität (z. B. im Rahmen des Emissionszertifikatehandels, REDD+-Projekten etc.) durch international tätige Investoren, aber auch Umweltorganisationen (Neef 2012, S. 107).

## DER FREIWILLIGE KOHLENSTOFFMARKT UND DIE ANEIGNUNG INDIGENER TERRITORIEN: DER FALL »CELESTIAL GREEN VENTURES«

Im März 2012 erwarb das irische Unternehmen Celestial Green Ventures in Brasilien die Kohlenstoff- und Biodiversitätsrechte über ein Gebiet von über 20 Mio. ha für eine Summe von 120 Mio. US-Dollar vom indigenen Volk der Munduruku. Repräsentanten des Unternehmens hatten im August 2011 ein Treffen mit Vertretern der Munduruku sowie der lokalen Verwaltung organisiert, bei der sich nach Angaben eines der Häuptlinge die Mehrheit der versammelten Munduruku gegen die Transaktion ausgesprochen und die Firmenvertreter sogar bedroht hatten. Dennoch unterzeichneten einige Munduruku und die Berater der lokalen Verwaltung den Vertrag, in dem festgelegt ist, dass die in dem riesigen Gebiet lebenden Dorfgemeinschaften über einen Zeitraum von 30 Jahren jegliche landwirtschaftlichen Aktivitäten in dem Gebiet unterlassen müssen. Der Vorstandsvorsitzende von Celestial Green Ventures betonte dagegen, das Unternehmen habe in dem gesamten Prozess das internationale Prinzip der »freiwilligen, vorherigen und in Kenntnis der Sachlage erteilten Zustimmung (›free, prior and informed consent‹)« eingehalten.

Auf seiner Webseite präsentiert sich das Unternehmen als eine »Ökosystemschutzfirma«, die sich auf die Entwicklung von Waldschutzprojekten im Rahmen des freiwilligen Kohlenstoffmarktes spezialisiert hat. Das Ziel des an der Frankfurter Börse notierten Unternehmens sei, ökologisch empfindliche Gebiete natürlichen Waldes, die von illegalem Bergbau, Brandrodungsfeldbau und Holzfällerei bedroht sind, vor Entwaldung zu schützen. Dabei solle nicht nur der Wald geschützt, sondern insbesondere auch die Biodiversität bewahrt und in die lokalen Gemeinschaften investiert werden. Das Unternehmen bekennt sich dabei zu den Zielen der UN-Dekade für Biodiversität 2011–2020 und verweist auf die Verwendung eines neu entwickelten, quantitativen Biodiversitätsmessungsansatzes, der die Artenvielfalt des Gebiets bestimmen und regelmäßig überprüfen könne. 2011 sponserte das Unternehmen den »International Green Awards«.

Die brasilianische Zeitung O Estado de Sao Paulo zitierte Marcio Meira, Historiker und Präsident der Regierungsbehörde Fundação Nacional do Índio (FUNAI), mit den Worten: »Die Indianer unterschreiben häufig Verträge, ohne zu wissen, was sie da unterzeichnen. Sie dürfen keinen Baum mehr fällen und ebnen letztlich der Biopiraterie den Weg.« Laut demselben Artikel kommentierte die brasilianische Umweltministerin die Transaktion: »Wir müssen verhindern, dass die Möglichkeiten, die Entwicklung von Biodiversität voranzubringen, Handlungen von Biopiraterie verschleiern.« FUNAI geht davon aus, dass brasilianische Gerichte die Verträge für ungültig erklären werden. Nach Angaben von Bloomberg hat das Unternehmen Celestial Green

Ventures in den vergangenen zwölf Monaten fast 85 % seines Börsenwertes
verloren.

Quelle: Neef 2012, S.19

Vor diesem Hintergrund sind in den letzten Jahren Aspekte wie die Rechte der
lokalen Bevölkerung ins Zentrum der Verhandlungen gerückt. So wurde auf der
Klimakonferenz 2010 in Cancún Einigkeit darüber erzielt, dass internationale
Schutzklauseln (»safeguards«) zur Abfederung der sozialen wie auch ökologischen Risiken essenzieller Bestandteil eines REDD+-Mechanismus bilden sollen –
laut den Warschauer Beschlüssen ist die nationale Implementierung von Nachhaltigkeitskriterien Voraussetzung für die finanzielle Unterstützung. Allerdings
sind die im Rahmen der Klimaverhandlungen formulierten Prinzipien bislang
sehr vage gehalten, und es ist noch nicht geklärt, wie sie konkretisiert und in die
teilweise völlig unterschiedlichen nationalen Kontexte übertragen werden sollen.[77] Sie gelten demnach als wenig wirkungsvoll sowie schlecht überprüfbar,
zudem ist die Situation im Bereich der Standards ziemlich unübersichtlich. Denn
ergänzend dazu beziehen sich die verschiedenen multilateralen REDD+-Initia-
tiven (UN-REDD, Forest Carbon Partnership Facility) auf eigene Richtlinien,
während verschiedene NGOs und privatwirtschaftliche Akteure eine ganze Reihe
separater Standards für den freiwilligen Kohlenstoffmarktes anbieten.[78]

### ÖKONOMISCHE ASPEKTE

Obwohl die Vermeidung von Emissionen aus Entwaldung als eine vergleichsweise kostengünstige Maßnahme zur Reduktion von Emissionen angesehen wird,
sind erhebliche finanzielle Mittel erforderlich, um diese Emissionen in den kommenden Jahren signifikant zu reduzieren (dazu und zum Folgenden Loft 2010,
S. 92 f., u. 2012, S. 75). Sie werden vor allem zum Ausgleich der laufend anfallenden Opportunitätskosten benötigt, die durch den Verzicht auf anderweitige
(degradierende) Nutzungsformen entstehen (Pagiola/Bosquet 2009). Zusätzlich
entstehen Kosten für den Kapazitätsaufbau in Entwicklungsländern (Monito-
ringsysteme etc.) sowie die Etablierung von Governancestrukturen. Eine Studie
schätzt, dass bis 2030 jährliche Gesamtkosten in Höhe von 17 bis 33 Mrd. US-
Dollar anfallen könnten, wenn die Emissionen aus Entwaldung und Degradation
um die Hälfte verringert werden sollen (Eliasch 2008).

Folglich wird für den Erfolg eines REDD+-Mechanismus die Ausgestaltung und
Umsetzung des Finanzierungsmechanismus entscheidend sein (dazu und zum

---

77  http://blog.ufz.de/klimawandel/archives/835 (12.1.2015)
78  Zu den wichtigsten gehören »Plan Vivo« (Plan Vivo Foundation), der »CarbonFix
    Standard« (seit 2012 Teil des Gold Standards der Gold Standard Foundation) sowie der
    »Verified Carbon Standard« (The Climate Group, International Emission Trading As-
    sociation und World Economic Forum) (Loft/Schramm 2011).

Folgenden Loft 2010, S. 93, u. 2012, S. 76). Es gilt, Lösungen für eine Reihe von Herausforderungen bereitzuhalten. Am dringlichsten ist, eine Antwort auf die Frage zu finden, wie die benötigten jährlichen Finanzsummen zur Verminderung der Emissionen aus Entwaldung generiert werden sollen. Diesbezüglich wurden in den vergangenen Jahren verschiedene Lösungsvorschläge gemacht (Karsenty et al. 2012; Parker et al. 2009). Diskutiert wird, nach einer Phase des Kapazitätsaufbaus einen Handel von REDD+-Gutschriften einzurichten, der direkt an den zwischenstaatlichen Emissionshandel angebunden wird. Als nichtmarktbasierter Gegenentwurf dazu wurde die Einrichtung eines internationalen Fonds vorgeschlagen, außerdem sind verschiedene Mischlösungen zwischen Kohlenstoffhandel und Fondsansatz im Gespräch. Eine weitere Option ist die Etablierung eines sogenannten »nested approach«, ein Ansatz, der ein nationales mit einem subnationalen System kombiniert. Dabei werden die Entwaldungsraten auf nationaler Ebene erfasst, die Emissionsgutschriften jedoch für einzelne Projekte erteilt und von den Gutschriften abgezogen, die dem gesamten Staat zustehen. Dies böte die Chance, den Privatsektor auf Projektebene zu beteiligen und gleichzeitig die Entwaldungsraten auf nationaler Ebene zu erfassen (Chagas et al. 2011; Parker et al. 2009).

Auf der 19. Vertragsstaatenkonferenz der UNFCCC in Warschau wurde beschlossen, dass der »Green Climate Fund« eine Schlüsselrolle bei der Bereitstellung der finanziellen Mittel spielen soll. Die Entscheidung hinsichtlich der konkreten Ausgestaltung des Finanzierungsmechanismus, also ob marktbasiert oder nicht, wurde hingegen auf die 21. Vertragsstaatenkonferenz in Paris 2015 vertagt. So oder so braucht es ein massives finanzielles Engagement von Industrieländern, wenn REDD+ eine Chance haben soll – außer Frage steht, dass die bisher gemachten Finanzierungszusagen bei Weitem noch nicht ausreichend sind. Bislang hat sich besonders Norwegen auf internationaler Ebene als Geldgeber hervorgetan, etwa durch großzügige Zahlungen an den Amazonas-Fonds (siehe Kap. V.3.1.1). Auch Deutschland zählt zu den wichtigen Geberländern im Bereich des Waldschutzes:

> Ab 2013 will die Bundesregierung auf Dauer die jährliche Summe von 500 Mio. Euro für den internationalen Biodiversitäts- und Waldschutz zur Verfügung stellen. Eine »trennscharfe Abgrenzung zwischen Waldvorhaben und REDD+-Vorhaben« ist nach Auskunft der Bundesregierung dabei allerdings nicht möglich (Bundesregierung 2012b, S. 9).
> Im Rahmen der Fast-Start-Klimafinanzierung hat die Bundesregierung zwischen 2010 und 2012 350 Mio. Euro für REDD+ bereitgestellt (Bundesregierung 2012b, S. 4).[79] Sie ist zusätzlich in der Interim-REDD+-Partnerschaft[80] aktiv, einer freiwilligen Plattform, die dem Erfahrungsaustausch und der Kooperation von an REDD+ beteiligten Ländern dient.

---

79 www.bmz.de/de/was_wir_machen/themen/klimaschutz/minderung/REDD (20.5.2014)
80 http://reddpluspartnership.org/en (20.5.2014)

> Darüber hinaus ist Deutschland mit 84 Mio. Euro größter Geldgeber der Forest Carbon Partnership Facility der Weltbank, die REDD+-Maßnahmen in 36 Partnerländern unterstützt (Bundesregierung 2012b, S. 4).

> Schließlich ist Deutschland Initiator des Programms »REDD for Early Movers«, das eigenverantwortliche Pionieraktivitäten von nationalen und subnationalen Akteuren unterstützt. Dafür wurden 32,5 Mio. Euro über sechs Jahre aus dem Energie- und Klimafonds bereitgestellt (Bundesregierung 2012b, S. 7).

Eine weitere Herausforderung an die Ausgestaltung eines REDD+-Mechanismus liegt darin, die durch die Erhaltung eines Waldes auf internationaler Ebene generierten staatlichen Einkünfte auch an diejenigen weiterzugeben, die auf eine degradierende Nutzung verzichtet haben (dazu und zum Folgenden Loft 2010, S. 93, u. 2012, S. 76). Der Aufbau effektiver, gerechter und transparenter Anreiz- bzw. Verteilungssysteme auf nationaler Ebene wird daher mitentscheidend für den Erfolg eines REDD+-Mechanismus sein (Vatn/Angelsen 2009; Vatn/Vedeld 2011). Hier werden verschiedene Lösungsansätze diskutiert, von der Verknüpfung mit regulierten Kohlenstoffmärkten über nationale Zahlungsprogramme für Ökosystemleistungen bis hin zu unterschiedlich strukturierten (nichtstaatlichen oder staatlichen) Fondslösungen sowie staatlichen Verteilungsmechanismen (Steuern, Subventionen) (Abb. V.7).

ABB. V.7        FINANZIELLE VERTEILUNGSMECHANISMEN BEI REDD+

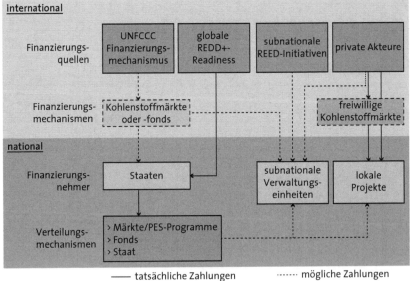

Quelle: nach Luttrell et al. 2012

## SCHLUSSFOLGERUNGEN FÜR DEN BIODIVERSITÄTSSCHUTZ       2.3

In der Theorie gelten umweltökonomische Instrumente, welche die Verteilung von Umweltgütern weitgehend dem Markt überlassen, als besonders effizient und effektiv (Loft 2012, S. 126) – wie die Erfolgsaussichten in der Praxis aussehen, weiß man allerdings kaum. Der Klimaschutz ist eines der wenigen Politikfelder, in dem verschiedene anreizbasierte Steuerungsinstrumente bereits systematisch angewendet (EU-ETS, CDM) oder erprobt werden (REDD+) und damit belastbare Erkenntnisse zu Wirksamkeit und Auswirkungen vorliegen. Die bisherigen Erfahrungen ergeben ein ambivalentes Bild. Das Beispiel des CDM hat gezeigt, dass Marktmechanismen zwar tatsächlich das Potenzial haben, beträchtliche finanzielle Investitionen für umweltpolitische Ziele zu generieren. Zu konstatieren ist aber auch, dass die praktische Umsetzung des theoretischen Instrumentendesigns an Grenzen stößt, die durch Zielschwächen sowie Zielkonflikte bedingt sind:

> So hängt die Zielgenauigkeit der Instrumente wesentlich davon ab, ob es gelingt, Klimaschutzmaßnahmen auf eine konsistente und verlässliche Weise in handelbare Gutschriften zu übersetzen. Dies setzt zweierlei voraus: erstens die genaue Messung und Berechnung der Emissionen, zweitens die Feststellung der Zusätzlichkeit und damit der klimapolitischen Wirksamkeit der Maßnahmen auf Basis eines Referenzszenarios. Beide Schritte sind mit großen Unsicherheiten und großem bürokratischem Aufwand verbunden, nicht zuletzt, um Missbrauch zu verhindern.

> Zu beachten ist weiterhin, dass ökonomische Klimaschutzinstrumente nicht selten vielfältige nichtintendierte ökologische und soziale Nebeneffekte zeitigen, wie die Diskussion von REDD+ und LULUCF-Maßnahmen gezeigt hat. Damit verbieten sich eigentlich isolierte Betrachtungen der Steuerungswirkung, da eine zu einseitige Fokussierung auf klimapolitische und ökonomische Steuerungsziele die Gefahr birgt, dass sowohl die Belange des Biodiversitätsschutzes als auch diejenigen lokaler Gemeinschaften ins Hintertreffen geraten. Damit dies nicht geschieht, ist es erforderlich, auch sozialökologische Anforderungen und Zielsetzungen in die Instrumente zu integrieren (etwa durch spezifische Schutzklauseln) und bei Fehlentwicklungen regulierend in das Marktgeschehen einzugreifen.

Somit lässt sich festhalten, dass der Erfolg ökonomischer Instrumente entscheidend von ihrer regulativen Ausgestaltung und von flankierenden behördlichen Eingriffen abhängt. Erschwerend kommt hinzu, dass sich vorab kaum genau kalkulieren lässt, welche Wirkungen konkrete Regelungen in der Praxis tatsächlich entfalten (dazu und zum Folgenden Loft 2012, S. 81). Im Rahmen der Klimaschutzinstrumente begegnete man dieser Herausforderung auf unterschiedliche Weise: Der CDM wurde relativ schnell umgesetzt, eine Adaption soll aufgrund

der bisher erlangten Erfahrungen für künftige Verpflichtungsperioden vorgenommen werden. Die Umsetzung der einfachen Idee, die hinter REDD+ steckt,
wird hingegen seit einigen Jahren intensiv im Rahmen von Pilotprojekten sozu-
sagen prospektiv beforscht, wodurch diese Erfahrungen in die Formulierung entsprechender Umsetzungsregelungen eingehen können. Aufgrund der Komplexität des Schutzgutes Biodiversität ist davon auszugehen, dass die Auswirkungen
der Anwendung ökonomischer Instrumente in diesem Bereich noch schwerer
vorhersehbar sein werden.

Die Implementierung umweltökonomischer Instrumente gerät vor diesem Hintergrund zu einer Gratwanderung. Denn mit dem bürokratischen Regelungsaufwand steigen auch die Transaktionskosten für die Akteure, gleichzeitig sinken
damit die Kosteneffizienz wie auch die Anreizwirkung. Im Extremfall steht dadurch die Anreizwirkung des Instruments insgesamt auf dem Spiel, wie derzeit
bei CDM und EU-ETS zu beobachten ist: Relativ hohen Kosten für Maßnahmen
stehen geringe Zertifikatspreise gegenüber, sodass Unternehmen nur noch wenig
Anstoß für klimafreundliche Investitionen haben. Unter anderem angesichts
»exorbitant hoher Transaktionskosten« sowie eines »Mangel[s] an adäquaten
Institutionen« (Hansjürgens 2008, S. 32) gibt es Stimmen, die für den Klimaschutzbereich ein Umschwenken von einem internationalen Top-down-Regime,
wie es paradigmatisch vom Kyoto-Protokoll verkörpert wird, zu stärker national
und lokal verankerten Politiklösungen fordern. Sogenannte Bottom-up-Ansätze
sind zwar von der Stoßrichtung her eher pragmatisch als ambitioniert, versprechen dafür aber eine größere Kosteneffizienz und weniger komplexe Willensbil-
dungsprozesse, was sich – so die Hoffnung – in ehrgeizigeren Reduktionszielen
und Vereinbarungen niederschlägt. Sie könnten sich damit, im Sinne der politischen Umsetzbarkeit, als erfolgversprechender erweisen. Fraglich bleibt allerdings, ob eine Reihe dezentraler und nichtharmonisierter Aktivitäten ausreichend ist, das globale Klimaproblem zu lösen.

Diese Debatte ist für den Biodiversitätsschutz nicht irrelevant, da sich in diesem
Bereich die besprochenen Steuerungsprobleme sogar noch zuzuspitzen drohen.
Verantwortlich dafür sind die besonderen Merkmale des Schutzgutes »biologi-
sche Vielfalt« (Kap. II):

> *Heterogenität*: Während sich die den Klimawandel bedingenden anthropoge-
  nen Treibhausgasemissionen als homogenes Gut klar abgrenzen lassen und
  mit den Kohlenstoffäquivalenten eine übergreifende Maßeinheit für die verschiedenen Maßnahmen zur Verfügung steht, handelt es sich bei der biologischen Vielfalt um einen hochgradig heterogenen und schwierig greifbaren
  Gegenstand, der zudem völlig unterschiedliche Nutzendimensionen aufweist
  (dazu und zum Folgenden Loft 2012, S. 127). So ist die biologische Vielfalt
  Voraussetzung für vielfältige ökologische Prozesse und Funktionen, die auf
  komplexe Weise verschiedene Ökosystemleistungen bereitstellen. Zugleich

kann sie teilweise, z. B. in Form ästhetischer Erfahrungen, direkt genutzt werden. Demzufolge gibt es auch keine übergreifende Maßeinheit, mit der sich die Qualität von Biodiversitätsschutzmaßnahmen abbilden lässt, wodurch sich die Anforderungen an Überwachungs- und Kontrollmechanismen (und damit auch die Transaktionskosten) erhöhen dürften. Zusätzlich gilt es, potenzielle Zielkonflikte zwischen den verschiedenen, sich wechselseitig beeinflussenden Nutzendimensionen und der Biodiversität insgesamt im Auge zu behalten.

> *Skalenabhängigkeit:* Während es sich beim Klima um ein globales Gut handelt, hängen Zustandsbewertungen der biologischen Vielfalt stark von der betrachteten räumlichen Skala ab (lokal, regional und global) (Loft 2012, S. 127). Dadurch steigen die institutionellen Anforderungen, nicht zuletzt deshalb, weil Instrumente zum Schutz und der nachhaltigen Nutzung der Biodiversität auf verschiedenen räumlichen Ebenen implementiert und sehr differenziert aufeinander abgestimmt werden müssen. So hat der Schutz der biologischen Vielfalt auch auf kleinskaliger Ebene anzusetzen. Dies bringt wiederum die Gefahr komplexer Verlagerungseffekte mit sich, die wesentlich schwieriger zu bewerten und zu kontrollieren sind als beim Klimaschutz, zumal sich hier wiederum die Frage der Äquivalenz von Auswirkungen stellt (Ekardt 2012, S. 67).

## BIODIVERSITÄTSSPEZIFISCHE STEUERUNGSINSTRUMENTE     3.

Anders als im Klimaschutz wurde im Biodiversitätsschutz bislang noch kein internationales Regime etabliert, in dem anreizbasierte Instrumente eine Hauptrolle spielen.[81] Zwar gibt es, wie das Beispiel REDD+ zeigt, starke Bestrebungen, biodiversitätsspezifische Aspekte in ökonomische Klimaschutzinstrumente zu integrieren, diese sind jedoch noch nicht sehr weit gediehen. Allerdings lässt sich seit einigen Jahren sowohl vonseiten der Wissenschaft wie auch der Politik ein wachsendes Interesse an ökonomischen Instrumenten beobachten, die geeignet sein könnten, Marktversagen bei öffentlichen Naturgütern und dem daraus resultierenden Biodiversitätsverlust entgegenzuwirken. Eingangs dieses Kapitels wurde bereits darauf hingewiesen, dass dabei zwischen zwei grundlegenden Steuerungsmechanismen zu differenzieren ist, nämlich zwischen preisbasierten und mengenbasierten Systemen (Kap. V.1). Im Kontext des Natur- und Biodiversitätsschutzes lassen sich diesen beiden Kategorien jeweils die folgenden, als besonders »innovativ« geltenden Finanzinstrumente zuordnen:

---

81  Zwar gibt es den in der Biodiversitätskonvention verankerten Access-and-Benefit-Sharing-Mechanismus (Zugang zu genetischen Ressourcen und gerechter Vorteilsausgleich bei der Nutzung dieser Ressourcen), der seit 2010 mit dem Nagoya-Protokoll geregelt ist, jedoch (noch) keine großen finanziellen Anreize geschaffen hat.

> Bei den preisbezogenen Ansätzen sind dies Zahlungen für Ökosystemleistungen und ökologische Finanzzuweisungen oder »Fiskaltransfers« (bzw. ökologischer Finanzausgleich). Beide Instrumente honorieren die nachhaltige Bereitstellung öffentlicher Güter, zielen also auf Art und Weise der Landnutzung ab. Im Grunde genommen werden damit die relativen Kosten von umweltfreundlichen Managementalternativen gesenkt und damit gezielt monetäre Anreize für biodiversitätsförderliches Verhalten gesetzt (iDiv 2013, S.95). Zentrales Unterscheidungsmerkmal sind die jeweiligen Regelungsadressaten: Zahlungen für Ökosystemleistungen richten sich an private, ökologische Finanzzuweisungen an öffentliche Akteure.

> Bei den mengenbezogenen Ansätzen stehen das Habitat Banking (resp. Ökokonten) und handelbare Entwicklungsrechte im Vordergrund. Mit diesen Instrumenten wird versucht, den Verbrauch natürlicher Ressourcen quantitativ oder qualitativ zu begrenzen. Dazu wird »quasi ordnungsrechtlich« (Ekardt 2012, S.108) eine absolute Verbrauchsobergrenze bestimmt (Loft 2012, S.114): Jeder Akteur, der die entsprechende Ressource nutzen will, muss dann entsprechende Berechtigungen vorweisen, die wiederum in bestimmten Einheiten handelbar sind (Ekardt 2012, S.108). Wie beim Emissionshandel verspricht man sich davon Effizienzgewinne, indem Schutzmaßnahmen durch die Marktkräfte primär dorthin gelenkt werden, wo sie am günstigsten durchzuführen sind (Ekardt 2012, S.108). Der zentrale Unterschied besteht darin, was jeweils gehandelt wird (dazu und zum Folgenden Loft 2012, S.114): Bei Habitat-Banking-Systemen sind dies zertifizierte Kompensationsmaßnahmen im Sinne des Naturschutzes und der Landschaftspflege, bei handelbaren Entwicklungsrechten (»tradable development rights« [TDR]) sind es hingegen, wie der Name bereits sagt, Flächennutzungs- oder -entwicklungsrechte.

Bis auf Zahlungen für Ökosystemleistungen, im deutschen Sprachraum besser unter der Honorierung ökologischer Leistungen seit vielen Jahren vor allem in der Agrarumweltpolitik bekannt (iDiv 2013, S.105 ff.), befinden sich die angesprochenen Instrumente noch weitgehend in der Erprobungs- und Entwicklungsphase, und es haben sich bislang noch keine standardisierte Praxis oder feststehenden Prozeduren entwickelt. Dies hat auch damit zu tun, dass Biodiversitätsschutzinstrumente hauptsächlich auf lokaler und regionaler Ebene – und damit unter sehr disparaten soziopolitischen und ökologischen Rahmenbedingungen – umgesetzt werden. Angesichts dieser heterogenen Situation stehen in der Fachliteratur vor allem prinzipielle Designüberlegungen und konzeptionelle Erwägungen im Vordergrund, während sich Untersuchungen zu den praktischen ökologischen, ökonomischen und gesellschaftlichen Auswirkungen vor allem an Einzelfallanalysen festmachen und somit kaum verallgemeinerbar sind. Die folgende Darstellung konzentriert sich darauf, die Grundprinzipien der einzelnen Instrumente und die sich herauskristallisierenden Chancen und Risiken zu beleuchten, ohne allzu sehr auf die vielfältigen Details der unterschiedlichen Umsetzungsformen einzugehen.

## ZAHLUNGEN FÜR ÖKOSYSTEMLEISTUNGEN                3.1

Bei Zahlungen für Ökosystemleistungen (»payments for ecosystem services« [PES]) handelt es sich um ein umweltökonomisches Instrument, das seit einigen Jahren in Naturschutzkreisen große Aufmerksamkeit genießt. Dabei geht es, von der Grundidee her, um finanzielle Transaktionen zwischen mindestens einem »Käufer« einer klar definierten Ökosystemleistung und mindestens einem »Verkäufer«, in der Regel ein Landnutzer (meistens Landwirte, aber auch Fischer und Waldnutzer), der durch Nutzungsverzicht, durch nachhaltige Nutzung oder durch die Renaturierung von Ökosystemen für die Bereitstellung dieser Ökosystemleistungen sorgt (Ekardt 2012, S. 118; iDiv 2013, S. 105 ff.; Loft 2012, S. 83; Wunder 2005). Als Käufer tritt häufig der Staat auf, in manchen Fällen auch Unternehmen oder Privatpersonen, die von den Ökosystemleistungen profitieren (Neef 2012, S. 108). Angesichts der zunehmenden Degradierung verschiedener Ökosysteme erwartet man von diesem Ansatz u. a. auch positive Effekte für den Biodiversitätsschutz – obwohl das Instrument ausschließlich auf die langfristige Bereitstellung von Ökosystemleistungen abzielt und der Zusammenhang zwischen der biologischen Vielfalt und ihren heterogenen Gütern bekanntlich noch weitgehend ungeklärt ist (Kap. II.4.1).

PES-ähnliche Konzepte lassen sich weit zurückverfolgen. Nach Meinung einiger japanischer Autoren waren Zahlungen für Ökosystemleistungen in Japan bereits in der Edo-Periode (1603–1868) bekannt (Neef 2012, S. 57). In den USA wurden in den 1930er und 1950er Jahren Zahlungsprogramme etabliert, die Landwirte für das Durchführen von Maßnahmen gegen Bodenerosion honorierten (dazu und zum Folgenden Loft 2012, S. 83 f., 90 f. u. 98 f.), und auch die europäischen Agrarumweltprogramme können als frühe Beispiele von PES bezeichnet werden. Weitere Verbreitung haben PES jedoch erst seit Mitte der 1990er Jahre gefunden, seither steigt die Zahl der Programme kontinuierlich an – schätzungsweise gibt es heute weltweit mehr als 300 davon (OECD 2010, S. 28).

Gemäß OECD (2010, S. 28 f.) belaufen sich die finanziellen Mittel, die allein in China, Costa Rica, Mexiko, Großbritannien und den USA in nationale PES fließen, auf jährlich etwa 6,53 Mrd. US-Dollar. Global gesehen werden die größten PES-Summen in den Industriestaaten aufgewendet, wohingegen das in den biodiversitätsreichen Entwicklungs- und Schwellenländern aufgebrachte Finanzvolumen noch vergleichsweise gering ist (Tab. V.1; Vatn et al. 2011). Von den weltweit im Rahmen von PES mobilisierten Zahlungen entfällt laut Schätzungen von Milder et al. (2010) jedoch nur ein Bruchteil (ca. 1,8 Mrd. US-Dollar) auf Maßnahmen zum Biodiversitätserhalt im engeren Sinne (Extensivierung der Landwirtschaft, kompletter Landnutzungsverzicht, Schaffung von Nistmöglichkeiten für Vögel etc.); das meiste davon sind öffentliche Gelder (finanziert durch Steuern oder Abgaben), während private PES-Programme bei den biodiversitätsspezifischen Förderungen nur eine geringe Rolle spielen.

TAB. V.1                          JÄHRLICHE BUDGETS AUSGEWÄHLTER NATIONALER UND
                                  REGIONALER PES-PROGRAMME

| nationale PES-Programme | jährliches Budget in US-Dollar |
|---|---|
| China, »Sloping Land Conversion Programme« (SLCP) | 4,0 Mrd. |
| Costa Rica, »Payments for Environmental Services« (PES) | 12,7 Mio. |
| Mexiko, »Payments for Environmental Hydrological Services« (PEHS) | 18,2 Mio. |
| Großbritannien, »Rural Development Programme for England« | 0,8 Mrd. |
| USA, »Conservation Reserve Program« (CRP) | 1,7 Mrd. |
| **regionale PES-Programme** | **jährliches Budget in US-Dollar** |
| Australien, »Tasmanian Forest Conservation Fund« (FCF) | 14,0 Mio. |
| Australien, »Victoria State ecoMarkets« | 4,0 Mio. |
| Bulgarien und Rumänien, »Danube Basin« | 0,58 Mio. |
| Ecuador, »Profafor« | 0,15 Mio. |
| Tansania, »Eastern Arc Mountains« | 0,4 Mio. |

Quelle: nach OECD 2010, S. 29

## GRUNDPRINZIPIEN VON PES                                         3.1.1

Hinter PES steht der umweltökonomische Grundgedanke, dass Umweltprobleme
auf Marktversagen beruhen und durch die Internalisierung von (in diesem Falle
positiven) Externalitäten zu lösen sind (Hecken/Bastiaensen 2010). Das Ziel ist –
ähnlich wie bei REDD+, nur allgemeiner und nicht auf Kohlenstoffspeicherung
beschränkt –, Anreize für eine nachhaltige Bewirtschaftung von Ökosystemen zu
schaffen und von nichtnachhaltigen Nutzungsformen abzuhalten, die einzelwirt-
schaftlich zwar sinnvoll sein mögen, volkswirtschaftlich gesehen aber von Nachteil sind. PES gelten in diesem Zusammenhang als besonders vielversprechendes
ökonomisches Steuerungswerkzeug, das nicht nur dem Umweltschutz, sondern
auch der Armutsbekämpfung zugutekommen soll. Hierfür sprechen die folgenden Kernmerkmale des Instruments:

> Es werden positive anstatt negative finanzielle Anreize gesetzt, was sich vor
  allem im Kontext der armen, aber besonders biodiversitätsreichen Entwicklungsländer als erfolgversprechend erweisen könnte.

> Die Honorierung erfolgt zudem auf freiwilliger Basis und ist an die tatsächliche Bereitstellung der Ökosystemleistungen gekoppelt (resp. entsprechender Managemententscheidungen) (»conditionality«), wodurch sie sehr ergebnis- und standortorientiert und damit effizient erfolgen kann (Börner et al. 2010, S. 1273; iDiv 2013, S. 111).

Um mittels PES eine Anreizwirkung zu erzeugen, ist allerdings erforderlich, dass der Umfang der finanziellen Anreize mindestens den Opportunitätskosten entspricht, also dem Ertrag, den der Landnutzer im Rahmen der schädlichen Landnutzungsform hätte erzielen können (dazu und zum Folgenden Loft 2012, S. 83 ff.). So hat beispielsweise der Besitzer einer Parzelle tropischen Regenwalds aufgrund von Marktversagen aus einzelwirtschaftlicher Sicht oftmals einen Anreiz, Wald in Weidefläche umzuwandeln (Abb. V.8). Um den Waldbesitzer dazu zu bewegen, wie in der Abbildung V.8 gezeigt, von der Umwandlung in Weidefläche abzusehen (mit den entsprechenden gesellschaftlichen Kosten), müssen im Rahmen von PES mindestens die Verluste durch den entsprechenden Nutzungsverzicht ausgeglichen werden (»minimum payment«). Andererseits sollten die Zahlungen aber auch nicht höher ausfallen als die gesellschaftlichen Kosten, die durch eine Umwandlung entstünden (»maximum payment«), da das PES-Programm ansonsten volkswirtschaftlich nicht effizient wäre.

| ABB. V.8 | GRUNDPRINZIP VON PES: HONORIERUNG VON WALDERHALTUNG |

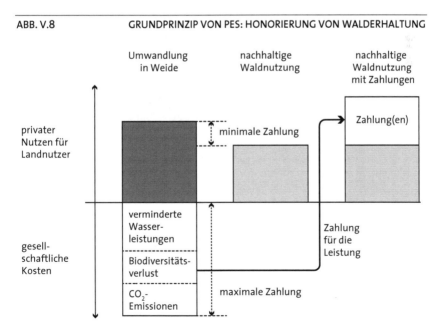

Quelle: nach iDiv 2013, S. 106

»Verkäufer« und »Käufer« von Ökosystemleistungen haben im Rahmen von PES unterschiedlichen Zugang zu Informationen über die Höhe des hypothetisch entgangenen Gewinns, also der Opportunitätskosten, die von unterschiedlichen Faktoren abhängen – etwa der Nähe zu der für die Bewirtschaftung notwendigen Infrastruktur, der landwirtschaftlichen Produktivität, der Bodenqualität oder der Marktpreise für landwirtschaftliche Güter (Ferraro 2008; dazu und zum Folgenden Loft 2012, S. 101 f.). Im Hinblick auf die meisten Informationen zu diesen Faktoren haben die Landbesitzer leichten Zugang, während sie für Außenstehende (etwa die Nutznießer von Ökosystemleistungen) oftmals nur durch kostenintensive Studien zu erlangen sind. Diese Informationsasymmetrie führt im Rahmen der Preisbildung zu zwei Arten von Problemen: Zum einen setzt sie einen Anreiz für die Landbesitzer, die Opportunitätskosten möglichst hoch zu veranschlagen, um so im Rahmen von PES die für die Bereitstellung der Ökosystemleistungen erzielbaren Zahlungen in die Höhe zu treiben und dadurch einen möglichst großen Profit zu generieren (»hidden information«). Zum anderen können in einer solchen Situation die Monitoringmaßnahmen so kostenintensiv sein, dass die vom Landbesitzer bereitgestellten Informationen genutzt werden müssen und dieser dadurch angeben kann, mehr Dienstleistungen bereitgestellt zu haben, als tatsächlich geschehen (»hidden action«). Beides führt letztlich dazu, dass die Käufer in einem PES-Programm einen höheren Preis zahlen, als nötig wäre, um dem Anbieter einen ausreichenden Anreiz für die Bereitstellung der Ökosystemleistungen zu bieten.

Um zu verhindern, dass die Informationen über die Höhe der Opportunitätskosten nach oben manipuliert werden, werden vermehrt sogenannte »inverse« oder auch »procurement auctions« eingesetzt (OECD 2010, S. 67; dazu und zum Folgenden Loft 2012, S. 102 u. 105 f.). Im Rahmen solcher Auktionen, wie beispielsweise im »BushTender-Programm« des australischen Bundesstaates Victoria, werden die Landbesitzer als potenzielle Anbieter von Umweltleistungen von einem Vermittler oder einer Käufervertretung dazu aufgefordert, Angebote darüber abzugeben, zu welchem Preis sie bereit wären, die gewünschten Ökosystemleistungen zur Verfügung zu stellen. Dieser Preis wird in der Regel mindestens die anfallenden Opportunitätskosten abbilden. Dadurch, dass unter idealen Umständen viele potenzielle Anbieter auf eine begrenzte Anzahl von PES-Verträgen bieten, schafft die Auktion einen Anreiz, einen Preis anzugeben, der den wahren Opportunitätskosten sehr nahe kommt. Hierdurch kann die Kosteneffektivität zusätzlich gesteigert werden. Der Vermittler oder Käufervertreter kann dann idealerweise aus einer Vielzahl an Angeboten diejenigen auswählen, die die meisten Ökosystemleistungen pro Landeinheit zu den geringsten Kosten versprechen, solange bis das Gesamtbudget aufgebraucht ist. Nicht zu vernachlässigen sind allerdings die institutionellen (sowie technischen und informationellen) Anforderungen dieses Verfahrens, weshalb es bis heute vornehmlich in Industriestaaten zur Anwendung gekommen ist (Ferraro 2008).

## INSTITUTIONELLE ANFORDERUNGEN

Das Gelingen von PES ist an einige grundlegende institutionelle Bedingungen geknüpft. Erforderlich ist zuallererst ein robustes Monitoring, das die Veränderungen in der Bereitstellung der fraglichen Ökosystemleistungen erfasst (dazu und zum Folgenden Loft 2012, S. 88 f.). Da nur solche Managementmaßnahmen belohnt werden sollen, die auch tatsächlich zu einer zusätzlichen Bereitstellung von Ökosystemleistungen führen, resultieren analoge Fragen wie bei REDD+: Neben geeigneten Proxies (Stellvertretervariablen) und Indikatoren betreffen sie in erster Linie die Definition eines realistischen Referenzszenarios (auf Basis historischer Entwicklungen und anhand von Prognosen zur Bildung externer Treiber wie Bevölkerungswachstum oder ökonomischer Entwicklung), ohne die sich die tatsächliche Zusätzlichkeit der Maßnahmen nicht beurteilen lässt. Im Idealfall werden die Zahlungen direkt auf Basis des generierten Outputs an Ökosystemleistungen getätigt, was in der Realität aufgrund fehlender oder mangelhafter Indikatoren und Daten oft nicht möglich ist (Engel et al. 2008, S. 668). Deshalb sind die Zahlungen in der Praxis häufig nicht am konkreten Ergebnis ausgerichtet (Bereitstellung der Ökosystemleistungen), sondern orientieren sich an den erbrachten Managementmaßnahmen und Aufwendungen (»input-based«), die durch Landnutzungsproxies einfacher zu überwachen sind. Dies gilt vor allem auch dann, wenn das Monitoring sehr aufwendig ist oder die Zeitspanne zwischen Umsetzung der Managementmaßnahme und der messbaren Veränderung in der Bereitstellung von Ökosystemleistungen so lang, dass es dem Landnutzer nicht zumutbar ist, auf das Vorliegen konkreter Messergebnisse zu warten.

Eine weitere wichtige Grundvoraussetzung für das Funktionieren von PES ist, dass die Eigentumsrechte am Land, das Grundlage der fraglichen Ökosystemleistungen ist, klar definiert und durchsetzbar sind (Börner et al. 2010; dazu und zum Folgenden Loft 2012, S. 87 f.). Nur dann hat der Landnutzer die Sicherheit, dass es zu keinen Eingriffen Dritter kommt und die von ihm getroffene Managemententscheidung auch tatsächlich zur Bereitstellung der Ökosystemleistungen führt und er hierfür honoriert bzw. kompensiert wird. Ob PES-Programme reüssieren, ist vor diesem Hintergrund weniger eine theoretische, sondern vor allem eine praktische Frage, die wesentlich von den konkreten Rahmenbedingungen abhängt. Die bisherigen Erfahrungen zeigen, dass gerade in Entwicklungsländern, wo besonders hohe Erwartungen in PES gesetzt werden, die Umsetzungshürden in Form etwa von fragilen institutionellen Rahmenbedingungen, ungeklärten oder nicht durchsetzbaren Eigentumsrechten sowie ungenügenden technologischen Kapazitäten besonders hoch sind (Arriagada et al. 2012, S. 382). Schätzungsweise 100 Mio. Bauernfamilien in Entwicklungsländern verfügen nicht über die Eigentums- oder eigentumsähnlichen Rechte an dem Land, das sie bewirtschaften (Meyer/Burger 2010).

Eine Möglichkeit, diese institutionellen Barrieren zumindest teilweise zu umgehen, besteht darin, intermediäre Governancestrukturen zu etablieren (dazu und zum Folgenden Loft 2012, S. 106 ff.). Dabei handelt es sich häufig um Umweltfonds, die überwiegend zur Finanzierung von Schutzgebieten errichtet werden (Emerton et al. 2006), zunehmend aber auch für die Umsetzung von PES zum Einsatz kommen (Goldman-Benner et al. 2012). Vor dem Hintergrund der weit verbreiteten Korruption in Entwicklungsländern besteht ihre Hauptaufgabe darin, im Auftrag der Geldgeber (für gewöhnlich Vertreter von Nutzern der Ökosystemleistungen) die verantwortlichen Landnutzer zu identifizieren und ihr nachhaltiges Handeln finanziell zu kompensieren. In den Leitungsgremien sind in der Regel unterschiedliche Akteursgruppen vertreten, die meist einzeln ernannt werden (Kasten).

## DER AMAZONAS-FONDS ALS INTERNATIONALES PES-MEGAPROJEKT

Die Einrichtung des sogenannten Amazonas-Fonds (AF) wurde im Jahr 2007 auf der COP 13 in Bali angekündigt und fand im darauffolgenden Jahr per Dekret der brasilianischen Regierung statt. Der Fonds, der von der brasilianischen Entwicklungsbank verwaltet wird, unterstützt REDD+-Projekte und verschiedene Umweltmaßnahmen wie nachhaltige Waldnutzung, die Rehabilitierung von entwaldeten Flächen und den Biodiversitätsschutz. Finanziert werden soll der Fonds hauptsächlich durch internationale Geber: Seit 2009 beteiligt sich Norwegen maßgeblich mit insgesamt 390 Mio. US-Dollar, während die deutsche Kreditanstalt für Wiederaufbau 2010 eine Beteiligung von 28 Mio. US-Dollar vertraglich zusicherte. Im Jahr 2011 stieg der halbstaatliche Energiekonzern Petrobas mit 4,2 Mio. US-Dollar in den AF ein.[82] Ein Steeringkomitee, dem auch Vertreter der Zivilgesellschaft angehören, entscheidet über die Genehmigung von Anträgen, die von öffentlichen Institutionen, Staatsunternehmen und NGOs gestellt werden können. Bis Mitte 2012 wurden insgesamt 30 Projekte genehmigt. Zwar wurden auch einige Anträge aus dem Privatsektor eingereicht, diese wurden aber bislang allesamt abgelehnt, da das Steeringkomitee entschieden hat, keine finanzielle Unterstützung an profitorientierte Unternehmen zu geben.

Quelle: Neef 2012, S. 16

Generell lässt sich sagen, dass die etablierten Leitungsstrukturen so ausgestaltet sind, dass im Hinblick auf die Mittelvergabe ein hohes Maß an Transparenz gewährleistet werden kann (und mithin auch der Privatsektor die Etablierung von Umweltfonds prinzipiell gutheißt). Die Mittelvergabe erfolgt anhand der im Rahmen der Etablierung des Fonds gesetzten Ziele und ist damit unabhängig von

---

82  www.amazonfund.gov.br/FundoAmazonia/fam/site_en/Esquerdo/doacoes (20.5.2014)

politischer Einflussnahme oder Marktpreisschwankungen (Spergel/Wells 2009). Beispiele für Umweltfonds im Rahmen von PES-Programmen sind Costa Ricas »Fondo de Financiamiento Forestal« (FONAFIFO), Guatemalas »Sierra de las Minas Water Fund«, Mexikos »Fondo Mexicano para la Conservación de la Naturaleza« (FMCN) und Brasiliens »Fundo Brasileiro para a Biodiversidade« (FUNBIO).

## ÖKOLOGISCHE EFFEKTIVITÄT UND ÖKONOMISCHE EFFIZIENZ

Bei PES handelt es sich um eine heterogene Instrumentenkategorie, deren Steuerungswirkung maßgeblich von kontextspezifischen Faktoren und der konkreten Ausgestaltung abhängt. Entsprechend heterogen ist auch das Bild, das sich in puncto ökologischer Wirksamkeit von PES-Programmen ergibt – umso mehr, als Ökosysteme eine Vielzahl an Gütern und Leistungen produzieren, die auf komplexe Art und Weise untereinander sowie mit der biologischen Vielfalt zusammenhängen (Loft 2012, S. 23; siehe dazu Kap. II.4.1).

Derzeit gibt es nur wenige Studien, in welchen die ökologischen Konsequenzen von PES genauer analysiert wurden (dazu und zum Folgenden Loft 2012, S. 92 f.). In der Praxis ist es häufig schwierig, einen kausalen Zusammenhang zwischen konkreten Managementmaßnahmen und der Bereitstellung einzelner Ökosystemleistungen, die oft nur grob definiert, geschweige denn angemessen operationalisiert sind, zweifelsfrei herzuleiten. Notwendiger Ausgangspunkt ist dabei neben einer ausreichenden und verlässlichen Datengrundlage ein präzise definiertes und realistisches Referenzszenario, ohne das die Bemessung ökologischer Veränderungen ins Leere läuft. Doch selbst wenn es gelingt, diese methodischen Hürden zu überwinden, bleiben die tatsächlichen ökologischen Auswirkungen aufgrund von möglichen Verlagerungseffekten, der fraglichen Dauerhaftigkeit der Maßnahmen sowie komplexer ökosystemarer Wechselwirkungen oftmals im Unklaren. So können PES zwar auf lokaler Ebene aufgrund der Bereitstellung einer einzelnen Dienstleistung als wirkungsvoll beurteilt werden – wenn dies jedoch gleichzeitig dazu führt, dass sich die Landnutzungsänderungen an andere Orte verschieben (direkter Verlagerungseffekt), andere Habitattypen zu alternativen Landnutzungsformen verwendet werden (indirekter Verlagerungseffekt) oder dadurch andere Ökosystemleistungen oder gar die biologische Vielfalt insgesamt beeinträchtigt werden, dann fällt die ökologische Bilanz in der Gesamtbetrachtung negativ aus.

Vor diesem Hintergrund können folgende Voraussetzungen formuliert werden, um eine positive ökologische Gesamtwirkung von PES zu ermöglichen bzw. PES zu optimieren:

1. Es sollten möglichst Bündel von Ökosystemleistungen geschnürt werden, deren Bereitstellung als Gesamtes honoriert wird (Nachwuchsgruppe Ökosystemleistungen 2013, S. 11). Denn dadurch, dass möglichst viele (und nicht nur

einzelne) Ökosystemleistungen auf einer Fläche optimiert werden, reduziert sich das Risiko kontraproduktiver Effekte auf die biologische Vielfalt – dies lässt sich auch aus den Befunden von Kapitel II.4.1 ableiten, durch die festgestellt wurde, dass zwar einzelne Ökosystemleistungen durchaus negativ mit der Biodiversität korreliert sein können, Biodiversität jedoch insgesamt einen positiven Einfluss auf Ökosystemleistungen zu haben scheint.

2. Die Honorierung sollte möglichst ergebnisorientiert erfolgen und durch ein langfristiges und umfassendes Monitoringsystem abgesichert sein, um auszuschließen, dass es zu Verlagerungseffekten kommt (Loft 2012, S. 92).

Eine derartige Ausweitung von PES-Programmen dürfte jedoch mit höheren Transaktionskosten verbunden sein, die einen wesentlichen Anteil der gesamten PES-Kosten ausmachen (dazu und zum Folgenden Loft 2012, S. 93 f.). Die Transaktionskosten setzen sich zusammen aus den Such- und Informationskosten im Vorfeld der Etablierung eines PES-Programms, den Verhandlungs- und Entscheidungsfindungskosten im Rahmen der konkreten Fixierung der Bedingungen, unter denen das PES-Programm umgesetzt werden soll, sowie den Monitoring- und Durchsetzungskosten, die entstehen, wenn das Programm in Kraft getreten ist und operationalisiert wird (Pagiola/Bosquet 2009). Dass die Transaktionskosten tatsächlich häufig »ernüchternd« hoch sind (Wunder et al. 2008), wird durch bisherige Erfahrungen bestätigt. Ihr Ausmaß wird im Wesentlichen durch drei Faktoren bestimmt, nämlich

1. wie einfach es ist, die Bereitstellung der Ökosystemleistungen zu überprüfen,
2. wie komplex die fraglichen Ökosystemleistungen sind sowie
3. wie häufig Transaktionen getätigt werden.

Für die Frage der Einführung eines PES-Programms ist die Höhe der Transaktionskosten von großer Bedeutung – geraten sie zu hoch, lohnt es sich nicht, eines zu initiieren. Um einen möglichst wirkungsvollen und effizienten Einsatz der Finanzmittel zu ermöglichen, empfiehlt es sich deshalb, vor der Etablierung eines PES-Programms dessen Ziele, d.h. die bereitzustellenden Ökosystemleistungen, genau festzulegen (»targeting«) (dazu und zum Folgenden Loft 2012, S. 95; OECD 2010, S. 57 ff.). Außerdem sind diejenigen Flächen zu identifizieren, die bei gegebenem Mitteleinsatz den höchsten Nutzengewinn versprechen. Gängige Zielpriorisierungen hierbei sind u. a. das Maß an vorhandener Biodiversität, die Höhe des auf der Fläche lastenden Umwandlungsdrucks oder die geringsten Produktionskosten für die Bereitstellung der Ökosystemleistungen. Mittels geeigneter Indikatoren lassen sich dann Optimierungspotenziale erkennen und im Idealfall auch ausschöpfen, wobei es jedoch verschiedene Zielkonflikte – etwa zwischen öffentlichen Transaktionskosten und höherem Zielerreichungsgrad – abzuwägen gilt.

## EINE FRAGE DER GERECHTIGKEIT: MARKT ODER STAAT?      3.1.2

Die Abgrenzung von PES zu alternativen Schutzwerkzeugen, insbesondere Subventionen, ist nicht ganz eindeutig und unter Experten umstritten. Während PES nach der gängigen Definition von Wunder (2005) rein marktbasierte Maßnahmen darstellen, die auf freiwilliger Basis zwischen privaten Akteuren ausgehandelt werden, verweisen etliche Autoren darauf, dass Schemata dieser Art in der Praxis kaum vorkommen und gegenüber staatlich finanzierten (durch Steuern und Abgaben) deutlich in der Minderheit sind. Loft (2012, S. 16 f.) und andere schlagen deshalb vor, grundsätzlich zwischen marktbasierten PES im engeren Sinne (»markets for ecosystem services«) und öffentlichen PES im weiteren Sinne (»publicly based payments«) zu unterscheiden, wobei letztere ein wesentlich breiteres Spektrum von Transfermechanismen umfassen (sowohl hinsichtlich möglicher Käufer wie auch Zahlungsmodalitäten) (Vatn et al. 2011, S. 7). Während also die »Verkäufer« in der Regel die Landnutzer sind, die über das Management des Ökosystems entscheiden, können auf Käuferseite nicht nur die eigentlichen Profiteure der Ökosystemleistungen (private Nutznießer wie etwa Anwohner oder Unternehmen), sondern auch NGOs, Gemeinden oder staatliche Institutionen auftreten (Ekardt 2012, S. 118; Loft 2012, S. 84). Letztlich ergibt sich so ein heterogenes Portofolio unterschiedlichster PES-Schemata, das von zwischenstaatlichen Ansätzen wie dem Yasuní ITT (Kasten) über subventionsähnliche Leistungen bis hin zu reinen Marktansätzen reicht.

### YASUNÍ ITT

Ecuador ist eines der biodiversitätsreichsten Länder der Welt und hat sich wie 191 weitere Staaten und die EU im Rahmen der CBD zum Schutz und zur nachhaltigen Nutzung der biologischen Vielfalt verpflichtet. In der nordwestlichen Amazonasregion, einer der artenreichsten Regionen weltweit, gründete Ecuador 1979 den 9.280.000 ha großen Yasuní-Nationalpark, der 1989 von der UNESCO zum Biosphärenreservat erklärt wurde. In dem Primärwaldgebiet sind zudem die indigenen Waorani-Stämme beheimatet, von denen einige bisher ohne Kontakt zur Außenwelt leben (Arsel/Angel 2012).

Doch das zweitärmste Land Lateinamerikas ist wirtschaftlich auch auf die Ausbeutung seiner Ölvorkommen angewiesen. Im Nordosten des Yasuní-Nationalparks, in der Region Ishpingo-Tambococha-Tiputini (ITT), wurde vor einigen Jahren ein ausbeutbares Ölvorkommen von schätzungsweise 412 Mio. Barrel Schweröl und potenzielle Reserven im Umfang von ca. 900 Mio. Barrel entdeckt (Arsel/Angel 2012). Obwohl Ecuador mit dem Schutz des Gebietes der globalen Gemeinschaft verschiedene Ökosystemleistungen wie Kohlenstoffsequestrierung und -speicherung bereitstellt und die biologische Vielfalt bewahrt, steckt das Land dadurch in einem Dilemma:

Denn der Schutz der biologischen Vielfalt kostet Ecuador ca. 7,2 Mrd. US-Dollar – was in etwa der Summe entspricht, welche die Förderung und der Verkauf des Öls einbringen würde (Marx 2010).

2007 schlug die ecuadorianische Regierung vor, auf eine Förderung des Öls zu verzichten, wenn dem Land ein Teil des durch die Ölförderung entgangenen Gewinns ersetzt wird. Das Entwicklungsprogramm der UN richtete daraufhin zur Bündelung der von Geberstaaten bereitgestellten Mittel einen Treuhandfonds ein und knüpfte die Auszahlung der Gelder an Ecuador an die Bedingung, dass sie für Zwecke der Förderung einer nachhaltigen Entwicklung verwendet werden: Biodiversitätserhalt, erneuerbare Energien, soziale Entwicklungsprojekte in den angrenzenden Gebieten sowie Forschung, Wissenschaft und Technologie in den Bereichen Biologie, Energie- und Wassermanagement. Die Yasuní-Initiative ist damit einzigartig, da sie über den Wald- und Klimaschutz im engeren Sinne weit hinausgeht. Sie kann im Grunde als ein internationales PES-Projekt apostrophiert werden, in dem der Staat Ecuador als Bereitsteller (bzw. als Vertreter einer Vielzahl individueller Bereitsteller) von Ökosystemleistungen und Biodiversität mit den global verstreuten Nutzern dieser Dienstleistungen (vertreten durch Staaten und NGOs sowie privatwirtschaftliche Akteure) finanziell honoriert wird.

Als Voraussetzung für ein Inkrafttreten der Vereinbarung wurde festgelegt, dass bis 31. Dezember 2011 ein Gesamtbetrag von 100 Mio. US-Dollar in den Fonds eingezahlt werden sollten. Trotz breiter parlamentarischer Unterstützung und trotz grundsätzlicher Zustimmung zu den Zielen der ITT-Initiative war die Bundesregierung nicht bereit, die Initiative finanziell zu unterstützen. Als Begründung führte sie unter anderem an, »keinen ›Präzedenzfall‹ mit Geld für ein ›Unterlassen‹ schaffen zu [wollen], dem andere Staaten folgen könnten« (Bundesregierung 2011, S. 4). Nachdem bis August 2013 lediglich Zahlungen in Höhe von 13 Mio. US-Dollar sowie Bürgschaften in Höhe von 335 Mio. US-Dollar eingegangen waren, wurde die Initiative von der ecuadorianischen Regierung als gescheitert erklärt und Ölbohrungen in dem betreffenden Gebiet frei gegeben.

Quelle: Loft 2012, S. 86 f.

Dass staatliche Institutionen in der PES-Praxis eine tragendere Rolle spielen, als theoretisch postuliert, hat verschiedene Gründe (dazu und zum Folgenden Loft 2012, S. 90 f.). Zum einen hat dies mit der Freifahrerproblematik zu tun, die immer dann virulent wird, wenn es sich bei den erfassten Ökosystemleistungen um öffentliche Güter handelt, was sehr häufig der Fall ist. Unter diesen Bedingungen besteht für private Investoren kaum ein ökonomischer Anreiz für Investitionen, da sich nämlich andere Nutzer schwerlich vom Konsum ausschließen lassen. Als Ausweg bieten sich öffentlich-finanzierte PES-Programme an, durch die die Allgemeinheit über öffentliche Abgaben beteiligt wird (Engel et al. 2008, S. 667). Zum anderen gelten öffentliche Institutionen – vorausgesetzt, sie sind geprägt von rechtsstaatlichen und demokratischen Strukturen und Prozessen – als am ehesten legitimiert, mit den sozialen Herausforderungen umzugehen, die sich im Rahmen von PES-Programmen vor allem im Kontext von Entwicklungs- und Schwellenländern stellen (Farley/Costanza 2010). Hierbei stehen Fragen nach Verteilungswirkungen und des gerechten Zugangs im Vordergrund (zum Folgenden Loft 2012, S. 96 ff.):

> *Verteilungswirkungen*: PES können beträchtliche Auswirkungen auf die Wohlfahrt der Nutzer natürlicher Ressourcen haben. Insbesondere in Entwicklungs- und Schwellenländern sind viele Menschen – vor allem ärmere Bevölkerungsschichten – zur Sicherung ihres Lebensunterhalts auf die Nutzung natürlicher Ressourcen angewiesen. Nutzungsrestriktionen, die im Rahmen von PES vorkommen können, sind für sie deshalb von elementarer Bedeutung (Vatn et al. 2011). Darüber hinaus sind weitere indirekte Auswirkungen auf ärmere Bevölkerungsgruppen möglich. So können Arbeitsplätze verloren gehen, wenn größere Flächen der industriellen Landwirtschaft entzogen werden (Zilberman et al. 2008). Oder es kann sich durch eine Zunahme geschützter Flächen die Landwirtschaftsfläche verknappen, was einen Anstieg in den Preisen landwirtschaftlicher Produkte zur Folge haben und sich negativ auf die Lebenshaltungskosten gerade ärmerer Bevölkerungsgruppen auswirken kann (Clements et al. 2010; Karsenty 2007; Zilberman et al. 2008).

> *Gerechter Zugang*: Theoretisch sind zwar gerade die ärmeren Landnutzer besonders dafür prädestiniert, an PES zu partizipieren. Das ist deshalb der Fall, weil sie meist in Regionen siedeln, in denen die Opportunitätskosten gering sind, und weil sie zudem häufig in Randgebieten zu finden sind, die durch schlechtere Bodenqualität oder Steillagen gekennzeichnet sind (Vatn et al. 2011). In der Realität sind es jedoch oftmals die (wohlhabenden) Eigentümer größerer Flächen, die besonders von PES profitieren. Denn ihnen fällt es wesentlich einfacher, Teile ihres Landes aus der Nutzung zu nehmen und in PES zu integrieren, da ihr Lebensunterhalt nicht unmittelbar von den landwirtschaftlichen Gütern abhängt, die auf diesen Flächen angebaut werden. Zusätzlich sind sie meist auch sozial besser vernetzt, haben leichteren Zugang zu Information und Bildung und damit die größeren Chancen, von (finanziellen) Transfers aus PES zu profitieren (Porras et al. 2011).

Die bisherigen Erfahrungen deuten darauf hin, dass PES soziale Schieflagen sogar noch verstärken können, wenn ihre gesellschaftlichen Implikationen nicht bedacht werden (Loft 2012, S. 98; Muradian et al. 2010, S. 1204). Obwohl ärmere Bevölkerungsgruppen nicht notwendigerweise die Verlierer der Implementierung von PES sind, gibt es doch wenige Beispiele, die zeigen, dass es für diese Bevölkerungsschicht zu messbaren Vorteilen kommt (Loft 2012, S. 100). Vor diesem Hintergrund spielen Fragen der Verteilungsgerechtigkeit, des gerechten Zugangs und der Armutsbekämpfung in der Literatur zu PES eine zunehmend wichtigere Rolle (Loft 2012, S. 96).

Dabei ist festzustellen, dass divergierende Vorstellungen und Einschätzungen bezüglich der zentralen Zielsetzung und Stoßrichtung des Instruments vorherrschen. Anhänger des Marktes zeigen sich überzeugt davon, dass PES ihre Stärken als effizientes Naturschutzinstrument vor allem dann ausspielen können, wenn sich ihre Umsetzung möglichst unbeeinflusst von staatlichen Eingriffen vollzieht (Engel et al. 2008; Wunder 2005). Nur wenn die Preise freiwillig zwischen Bereitstellern und Nutzern ausgehandelt würden, sei eine im ökonomischen Sinne optimale Allokation der vorhandenen Finanzmittel und natürlichen Ressourcen garantiert, die auch im Sinne des Biodiversitätsschutzes sei. Hierfür sprechen u. a. die Erfahrungen aus Industriestaaten wie Finnland, wo marktorientierte PES-Lösungen aufgrund ihrer positiven Anreizwirkung und Freiwilligkeit die Akzeptanz von Naturschutzmaßnahmen offenbar steigern konnten, während ordnungsrechtliche Nutzungseinschränkungen auf Widerstand gestoßen sind (Loft 2012, S. 98; Paloniemi/Tikka 2008). Die Vertreter des Marktmodells schließen daraus, dass beim Design von PES demzufolge kompetitive Aspekte im Vordergrund stehen und soziale Fragen wie die Armutsbekämpfung möglichst der Regie anderer Politikinstrumente überlassen werden sollten (Loft 2012, S. 100). Marktkritische Stimmen merken dazu an, dass Marktansätze auf theoretischen Vorstellungen beruhen, die mit der Realität oft nicht kompatibel sind (Farley/Costanza 2010; Hecken/Bastiaensen 2010; Muradian et al. 2010). So seien PES in der Praxis häufig mit institutionellen und ökologischen Unwägbarkeiten konfrontiert, welche die Transaktionskosten in die Höhe treiben und den freien Wettbewerb substanziell behindern können. Insbesondere in einem armutsgeprägten Umfeld hänge der langfristige Erfolg von PES zudem entscheidend von der gerechten Honorierung der betroffenen Landbevölkerung ab, da ohne deren soziale Inklusion auch keine legitimen und letztlich wirksamen Governancestrukturen geschaffen werden.

Die Debatte um die Ausrichtung von PES macht deutlich, dass zwischen den unterschiedlichen Zielvorstellungen ein grundlegender Abwägungskonflikt besteht, dessen konkrete Ausprägung jedoch stark vom jeweiligen politischen und institutionellen Umfeld abhängt (Loft 2012, S. 100; Porras et al. 2011, S. 11). So ist es gerade in Entwicklungsländern oftmals schwierig, das Ziel eines möglichst effizienten Naturschutzes mit dem einer möglichst gerechten Verteilung der Mittel in Einklang zu bringen. Dieser Zielkonflikt ist tief im Grundkonzept von PES (und vergleichbaren Biodiversitätsschutzinstrumenten) verankert, wie das Zusätzlichkeitskriterium zeigt. Es hat zur Folge, dass Landnutzer, die ihr Land in der Vergangenheit nachhaltig bewirtschaftet haben, kaum oder gar nicht honoriert werden. In Industrieländern zeigt sich andererseits, dass PES-Programme einer wichtigen Zielgruppe, nämlich den intensiv wirtschaftenden Landwirten mit hohen Opportunitätskosten, in den wenigsten Fällen genügend finanzielle Anreize bieten können, ihre lukrativen, aber tendenziell umweltschädlichen Management-praktiken zu ändern (Neef 2012, S.77). Sofern wirtschaftliche Entwicklung, Armutsbekämpfung sowie Biodiversitätsschutz daher neben der kosteneffizienten Bereitstellung von Ökosystemleistungen Ziele von PES darstellen sollen, sind entsprechende politische Begleitmaßnahmen und gesetzliche Schutzvorschriften in den meisten Fällen wahrscheinlich unumgänglich (Grieg-Gran et al. 2005; Loft 2012, S.100).

## ÖKOLOGISCHE FINANZZUWEISUNGEN                                    3.2

Ökologische Finanzzuweisungen im Rahmen eines ökologischen Finanzausgleichs (oder »Fiskaltransfers«, »ecological fiscal transfers« [EFT]) sind vom Grundprinzip her eng mit Zahlungen für Ökosystemleistungen verwandt: Hier wie dort handelt es sich um Zahlungen, mit denen die Bereitstellung öffentlicher Naturgüter honoriert werden soll – letztlich mit dem Ziel, positive Anreize für ein biodiversitätsförderliches Verhalten zu setzen. Im Gegensatz zu den zuvor ausgeführten Zahlungen für Ökosystemleistungen, die in erster Linie auf private Akteure zielen, setzt ein ökologischer Finanzausgleich ökonomische Anreize für öffentliche Akteure (iDiv 2013, S.119). Obwohl die Einführung von EFT in verschiedenen Staaten (u.a. Indonesien und Deutschland) diskutiert wird, sind sie bisher lediglich in Brasilien auf Ebene der Bundesstaaten und in Portugal tatsächlich realisiert worden (Ring et al. 2011). Die folgenden Ausführungen fassen die spärlichen Erfahrungen mit diesem Instrument kurz zusammen.

### WIRKUNGSWEISE VON EFT

Finanzzuweisungen zur Verteilung und Zuweisung öffentlicher Einnahmen zwischen und innerhalb verschiedener staatlicher Ebenen stellen ein weit verbreitetes finanzpolitisches Instrument dar. Eine entsprechende Funktion übernimmt in Deutschland der Finanzausgleich (dazu und zum Folgenden iDiv 2013, S.117 f.; Ring/Mewes 2013, S.172 f.). In seiner vertikalen Dimension dient er der Verteilung und Zuweisung öffentlicher Einnahmen von der nationalen Ebene auf die Länder bzw. von der Landesebene auf die kommunale Ebene (kreisfreie Städte, Landkreise, kreisangehörige Gemeinden). Zusätzlich hat der Finanzausgleich in Deutschland eine ausgeprägte und verfassungsmäßig verankerte Umverteilungs-funktion, denn ein wichtiges Ziel besteht in der Verminderung fiskalischer Ungleichgewichte zwischen den Gebietskörperschaften. Für die Berechnung der Zuweisungen wird in der Regel der Finanzbedarf einer Gebietskörperschaft ihrer Finanzkraft, d.h. ihren eigenen Einnahmen, gegenübergestellt. Durch die Verwendung des Einwohnerindikators als gängigem, abstraktem Bedarfsindikator für die Bereitstellung unterschiedlicher öffentlicher Güter und Leistungen profitieren heute vor allem einwohnerstarke Gebietskörperschaften vom Finanzausgleich. Dies macht insofern Sinn, als dass zahlreiche öffentliche Leistungen für die Bewohner der jeweiligen Gebietskörperschaft erbracht werden.

Während Städte und Großstädte auf diese Weise für ihre zahlreichen Bildungs-, Gesundheits- und kulturellen Leistungen (wie z.B. Universitäten, höhere Schulen, Krankenhäuser, Theater, Opernhäuser) entschädigt werden, werden die wichtigen Naturschutzleistungen, die vor allem ländliche und naturnahe Räume erbringen und die der ganzen Bevölkerung zugutekommen, bislang nicht systematisch honoriert (iDiv 2013, S.117 f.; Ring/Mewes 2013, S.172 f.). Hinzu kommt, dass Entscheidungen über die Frage, wo in einem Staat Biodiversitätsschutzmaßnahmen, wie die Errichtung von Schutzgebieten, stattfinden sollen, oftmals auf Ebene des Zentralstaates getroffen werden (dazu und zum Folgenden Loft 2012, S.110 f.). Hingegen fallen die daraus resultierenden Kosten (also Opportunitäts- und Transaktionskosten) überwiegend auf einer niedrigeren Verwaltungsebene an. Vor diesem Hintergrund stellen ökologische Finanzzuweisungen ein relativ neues Mittel dar, um derartige innerstaatliche Disparitäten in der Erbringung naturschutzrelevanter Maßnahmen finanziell auszugleichen und gleichzeitig öffentliche Akteure dazu anzustoßen, diese Maßnahmen auch weiterhin durchzuführen. Die Transferzahlungen können zweckgebunden und unter Bedingung der Umsetzung bestimmter zentralstaatlicher Maßnahmen bereitgestellt werden. Meist erfolgen sie jedoch in Form von bedingungslosen Pauschalen.

Im Rahmen ökologischer Finanzzuweisungen sind neben den herkömmlichen sozioökonomischen auch systematisch ökologische Indikatoren zu berücksichtigen, welche die Bereitstellung ökologischer öffentlicher Güter und Leistungen abbilden (iDiv 2013, S.118 f.; Ring/Mewes 2013, S.173). Diese Indikatoren bilden die Basis für die Verteilung ökologischer Finanzzuweisungen. Internationale Erfahrungen damit bestehen in Brasilien auf bundesstaatlicher Ebene seit Anfang der 1990er Jahre (dazu und zum Folgenden iDiv 2013, S.120; Ring/Mewes 2013, S.173). In bislang 16 von 26 Bundesstaaten wurden dort ökologische Indikatoren in den jeweiligen Landesfinanzverfassungen verankert, um die Rückverteilung der auf Landesebene aufkommensstärksten Mehrwertsteuer (Programm »ICMS Ecológico«) an die Kommunen zu regeln. Zur Ermittlung der Höhe der Transferzahlungen stützen sich 13 Bundesstaaten auf die Fläche von Naturschutzgebieten als Basisindikator, daneben werden von Bundesstaat zu Bundesstaat verschiedene weitere ökologische Indikatoren berücksichtigt (Ring et al. 2011). In Europa ist Portugal der erste EU-Mitgliedstaat, der mit seinem neuen Kommunalfinanzierungsgesetz von 2007 ökologische Indikatoren für Finanzzuweisungen von der nationalen an die kommunale Ebene eingeführt hat (Santos et al. 2012). Als Indikator kommt die Fläche von Natura-2000-Gebieten sowie von weiteren, nach nationalen Standards ausgewiesenen Schutzgebieten zur Anwendung.

## UMWELTPOLITISCHE LEISTUNGSFÄHIGKEIT: BISHERIGE ERFAHRUNGEN

Da EFT, wie sie bislang in Brasilien und Portugal eingeführt sind, die Opportunitätskosten des Biodiversitätsschutzes kompensieren, werden Zahlungen in der Regel nicht an weiter gehende ergebnisorientierte Anforderungen geknüpft (dazu und zum Folgenden Loft 2012, S. 111). Allerdings gibt es je nach geltenden Finanzverfassungen und gesellschaftlichen Rahmenbedingungen unterschiedliche Gründe, ökologische Finanzzuweisungen einzuführen (Ring et al. 2011; iDiv 2013, S. 119). In der spärlichen, bisher zu EFT publizierten Literatur werden daher deren ökologische Auswirkungen nicht ausdrücklich behandelt (Barton et al. 2011). Im Prinzip lassen sich die ökologischen Wirkungen von EFT abschätzen, indem ein Vergleich der vor ihrer Einführung geschützten Flächen mit den danach neu hinzugekommenen Schutzgebieten durchgeführt wird. Unter Umständen spielen auch andere Indikatoren eine Rolle, die zu berücksichtigen sind. Grundsätzlich ist, ähnlich wie bei PES, ein Business-as-usual-Szenario zu entwerfen, das über den historischen Trend hinsichtlich der relevanten ökologischen Faktoren im betroffenen Staat Auskunft gibt (Barton et al. 2011).

So war etwa das brasilianische EFT-Programm »ICMS Ecológico« im Jahr 1991 als ein Mechanismus zur Kompensation von Landnutzungseinschränkungen eingeführt worden, entwickelte sich aber im Laufe der Jahre immer mehr zu einem Anreizmechanismus für die Etablierung neuer Schutzgebiete (May et al. 2002; dazu und zum Folgenden Loft 2012, S. 111). Einige Autoren sehen einen direkten Zusammenhang zwischen dem Zuwachs an geschützter Fläche und der Implementierung des Programms (May et al. 2002; Ring 2008a). Neuere Zahlen aus dem brasilianischen Bundesstaat Paraná indizieren einen Anstieg der Fläche ausgewiesener Schutzgebiete um 164,5 % seit der Einführung von »ICMS Ecológico«. Ein Großteil dieses Anstiegs fand in den ersten zehn Jahren statt – ein Hinweis darauf, dass mittlerweile ein gewisser Sättigungseffekt eingetreten ist und geeignete Flächen mit geringen Opportunitätskosten knapp geworden sind (Ring et al. 2011, S. 103).

Da das portugiesische EFT-Programm noch sehr jung ist und es zudem zu verschiedenen Änderungen im nationalen Finanzausgleichssystem gekommen ist (Santos et al. 2012), lassen sich dessen ökologischen Effekte nicht genau bestimmen (dazu und zum Folgenden Loft 2012, S. 111 f.). Dennoch deuten Santos et al. (2012) darauf hin, dass das portugiesische Programm für Gemeinden mit einem hohen Anteil an unter Schutz gestellter Fläche eine große finanzielle Bedeutung haben kann. In der Gemeinde Castro Verde beispielsweise, deren Schutzgebietsanteil an der Gemeindefläche 76 % beträgt, tragen Schutzgebiete über die neuen ökologischen Finanzzuweisungen mit 34 % zum Kommunalhaushalt bei (iDiv 2013, S. 120; Ring/Mewes 2013, S. 174).

Auf Basis der bisherigen Erfahrungen in Brasilien und Portugal lässt sich festhalten, dass es durch ökologische Finanzzuweisungen für ausgewiesene Gebiete des Natur- und Biodiversitätsschutzes offenbar weitgehend gelungen ist, eine Honorierung der dadurch erzielten positiven externen Effekte zu erreichen (dazu und zum Folgenden Loft 2012, S. 112 f.). Indem die Schutzgebietsfläche als ökologischer Indikator in Finanzausgleichssysteme integriert wird, sind von daher Anreize für die Schaffung neuer oder die Ausweitung bestehender Schutzgebiete zu erwarten. Allerdings ist damit noch nicht garantiert, dass die geschützten Habitate auch gut verwaltet werden. Dies ist insbesondere dann der Fall, wenn – wie bei den EFT in Brasilien und Portugal – die Finanzzuweisungen nicht zweckgebunden sind. Da es sich um allgemeine oder Schlüsselzuweisungen handelt, können sie unter Umständen sogar für umweltschädliche Maßnahmen eingesetzt werden. Deshalb wäre wichtig, dass neben den Schutzgebietsflächen auch weitere qualitative Indikatoren Berücksichtigung finden, um den Zustand und das Management der Schutzgebiete neben anderen biodiversitätsrelevanten Faktoren besser abbilden zu können (Barton et al. 2011; Santos et al. 2012).

Dies macht deutlich, dass, wie bei den anderen Biodiversitätsschutzinstrumenten auch, EFT ebenfalls mit einem Zielkonflikt zwischen öffentlichen Transaktionskosten und ökologischem Wirkungsgrad konfrontiert sind (dazu und zum Folgenden Loft 2012, S. 112 f.). Denn qualitative Schutzgebiets- bzw. Biodiversitätsindikatoren machen ein umfassenderes Monitoring durch staatliche Stellen erforderlich, was entsprechend höhere Kosten verursacht. Werden die Mittel hingegen nur auf Basis quantitativer Flächenindikatoren verteilt, können meistens bereits bestehende Daten kostengünstig verwendet werden. Die Kosten der Einführung von EFT hängen folglich wesentlich von den damit verknüpften Zielsetzungen und insbesondere von den gewählten Indikatoren ab (Ring/Mewes 2013, S. 175). Im Großen und Ganzen werden sie jedoch als vergleichsweise gering eingeschätzt, da in der Regel auf bestehende staatliche Verwaltungsstrukturen zurückgegriffen werden kann und für viele Schutzgebiete, wie z. B. Natura-2000-Gebiete, ohnehin umfangreiche Monitoringmaßnahmen durchgeführt werden (Barton et al. 2011).

Da EFT in ihrer bisherigen Ausgestaltung der Erhöhung von Schutzgebietsflächen dienen, haben sie Auswirkungen auf diejenigen Landnutzer, die innerhalb der neu ausgewiesenen Schutzgebietsflächen leben resp. wirtschaften (dazu und zum Folgenden Loft 2012, S. 113). Obwohl im Prinzip keine Kompensation für Landnutzer vorgesehen ist, die von Nutzungseinschränkungen durch die Ausweisung oder Ausweitung von Schutzgebieten betroffen sind, gibt es Fälle in Brasilien, in denen Gemeinden EFT-Mittel dafür verwendet haben, private Landnutzer für ihren Nutzenverzicht zu entschädigen (Ring 2008b).

## ÖKOKONTEN UND HABITAT BANKING                              3.3

Die Zerstörung, Fragmentierung und Degradierung von Lebensräumen im Zuge von Urbanisierung und Infrastrukturentwicklung gelten als zentrale Treiber des Verlusts an biologischer Vielfalt. In verschiedenen Ländern bestehen deshalb Regelungen, dass unvermeidbare Eingriffe in Natur und Landschaft (etwa im Zuge von Infrastrukturmaßnahmen) so zu kompensieren sind, dass kein Nettoverlust an biologischer Vielfalt resultiert (»biodiversity offsets«) (Ekardt 2012, S. 83 f.; Loft 2012, S. 116). Entsprechender Vorreiter ist das US-amerikanische »Wetland Mitigation Scheme« aus den 1970er Jahren. Aber auch in Deutschland wurde eine derartige Anforderung bereits 1976 als naturschutzrechtliche Eingriffsregelung im Bundesnaturschutzgesetz (BNatSchG) verankert. Demnach ist der Verursacher eines Eingriffs dazu verpflichtet, vermeidbare Beeinträchtigungen von Natur und Landschaft zu unterlassen (§ 15 Abs. 1 BNatSchG). Kommt eine Vermeidung des Eingriffs im Rahmen zumutbarer Alternativen nicht in Betracht, ist der Verursacher aufgerufen (§ 15 Abs. 2 BNatSchG), diese »durch Maßnahmen des Naturschutzes und der Landschaftspflege auszugleichen (Ausgleichsmaßnahmen) oder zu ersetzen (Ersatzmaßnahmen)« (Loft 2012, S. 115). Dass das Vorhaben selber dabei nicht zur Debatte steht, macht laut Ekardt (2012, S. 86) deutlich, dass es sich bei der naturschutzrechtlichen Eingriffsregelung um ein reines Folgenbewältigungsprogramm handelt – und nicht etwa um ein Instrument, um naturbelastende Projekte grundsätzlich infrage zu stellen. Die konkreten Kompensationsvorgaben orientieren sich am Äquivalenzprinzip, d. h., die beeinträchtigten Funktionen des Naturhaushalts müssen »in gleichartiger Weise wiederhergestellt ... und das Landschaftsbild landschaftsgerecht wiederhergestellt oder neu gestaltet« sein (Ekardt 2012, S. 86; Loft 2012, S. 115). Auch auf EU-Ebene werden derzeit im Zuge der No-net-loss-Initiative analoge Entschädigungs- resp. Ausgleichsregelungen erarbeitet, mit denen Nettoverluste an biologischer Vielfalt vermieden werden sollen (Kap. III.1.2).[83] Schließlich gibt es neben den gesetzlichen auch freiwillige Kompensationsprogramme wie das »Business and Biodiversity Offsets Program«, an dem über 40 Unternehmen, NGOs und Regierungsorganisationen teilnehmen.[84]

Da es besonders für kleinere und mittlere Eingriffsverursacher eine große Herausforderung darstellen kann, die Ausgleichsmaßnahme selbst vorzunehmen, werden die gesetzlichen Eingriffsregelungen zunehmend an ergänzende Mechanismen wie Ökokonten oder Habitat Banking (auch »biodiversity banking« oder »compensation banking«) gekoppelt, die eine zeitliche, räumliche und persönliche Entkopplung von Eingriff und Ausgleich ermöglichen (Ekardt 2012, S. 90; Loft 2012, S. 116). Die Bevorratung vorgezogener Kompensationsmaßnahmen

---

83  http://ec.europa.eu/environment/nature/biodiversity/nnl/index_en.htm (28.5.2013)
84  http://bbop.forest-trends.org/index.php (28.5.2013)

mittels Ökokonten und Flächenpools (oder sogenannten Habitat Banken) entspricht – wie sich begrifflich schon andeutet – dem Prinzip eines Sparkontos: Ein ökologisches »Guthaben« wird durch vorgezogene Kompensationsmaßnahmen »angespart« und bei späterem Eingriff in entsprechender Höhe »abgebucht«, ggf. auch mit ökologischen »Zinsen«, wenn der ökologische Wertzuwachs im Laufe der Zeit bei der Bewertung angerechnet wird (Ekardt 2012, S. 92 f.). Eine Habitat Bank (Flächenpool) dient der Ansammlung kompensationsgeeigneter Flächen nach einem einheitlichen planerischen Konzept, um eine ökologisch vorteilhafte Bündelung von Kompensationsmaßnahmen auf größeren zusammenhängenden Flächen und die Vermeidung punktueller Zersplitterungen zu erreichen (Ekardt 2012, S. 92).

Weltweit gibt es inzwischen über 45 Habitat-Banking-Systeme (Madsen et al. 2011), die meisten davon in Nordamerika. In Deutschland sieht § 16 BNatSchG vor, dass Ausgleichs- und Ersatzmaßnahmen gezielt bevorratet werden können. Dabei ist hierzulande wie auch in anderen Ländern die Möglichkeit vorgesehen, Ausgleichsmaßnahmen durch geeignete Zertifizierungsprogramme handelbar zu machen. Wie in anderen Märkten ist ein essenzielles Element die Preisbildung durch Angebot und Nachfrage am gehandelten Gut (dazu und zum Folgenden Loft 2012, S. 117). Die Nachfrage wird durch gesetzliche Vorschriften zur Durchführung von Ausgleichsmaßnahmen erzeugt (Ekardt 2012, S. 84). Im Wesentlichen sind dabei drei Akteursgruppen involviert (Abb. V.9):

---

ABB. V.9        AKTEURE EINES HABITAT-BANKING-SYSTEMS

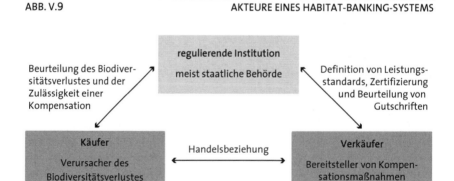

Quelle: nach eftec/IEEP 2010

---

> Als übergeordneter Akteur wird eine Institution benötigt, die das Handelssystem entwirft, etabliert sowie den laufenden Prozess des Handels umsetzt und überwacht, sowohl im Hinblick auf die ökologische und ökonomische

Leistungserbringung wie auch die Rechtmäßigkeit der Maßnahmen (siehe ausführlich eftec/IEEP 2010).[85]

> Angeboten werden Ausgleichsmaßnahmen von privaten, aber auch von öffentlichen Landnutzern, die Naturschutzmaßnahmen zu niedrigen Opportunitätskosten durchführen können.

> Käufer sind meist Entwickler von Infrastrukturmaßnahmen, deren Aktivitäten zu einem Verlust an biologischer Vielfalt führen und die damit zur Kompensation verpflichtet sind.

Beim Habitat Banking resp. dem Ökopunktehandel handelt es sich folglich um ein Mischinstrument, das eine ordnungsrechtliche Regulierung durch eine ökonomische Mengensteuerungskomponente ergänzt (Ekardt 2012, S. 96). Davon verspricht man sich nicht nur eine besonders kosteneffiziente Internalisierung der Naturschutzkosten, sondern auch neue Anreizstrukturen, die Unternehmen zu einem selbstverantwortlichen Naturschutz animieren sollen. Die bisherigen Erfahrungen zeigen allerdings, dass die Eigenschaften und letztlich auch die Erfolgsaussichten von Habitat-Banking-Systemen wie beim Emissionshandel wesentlich von der praktischen Umsetzung und der Ausgestaltung des regulativen Rahmens abhängen (dazu und zum Folgenden Loft 2012, S. 117 f.):

> So muss die rechtliche Grundlage für das Habitat-Banking-System geschaffen und dabei insbesondere darauf geachtet werden, dass diese mit bestehenden Gesetzen und politischen Leitlinien in Einklang steht.

> Darüber hinaus müssen die Verfahrensregelungen zur Beurteilung der bereitgestellten Leistung, ihrer Zertifizierung und Gutschrift geschaffen werden, ebenso wie Anforderungen an die Zulässigkeit der Kompensation von biodiversitätsschädigenden Maßnahmen.

> Eine weitere Aufgabe besteht in der Schaffung der nötigen Transparenz bezüglich der Methodik, nach der Gut- und Lastschriften be- und verrechnet werden, im Hinblick auf die Verfügbarkeit notwendiger Daten für alle interessierten Akteure sowie von Leitlinien für die Teilnehmer am Handelssystem.

> Besonders wichtig sind Regelungen, anhand derer ermittelt werden kann, inwiefern der Biodiversitätsverlust einer Fläche dem Biodiversitätsgewinn auf einer anderen Fläche entspricht (Äquivalenzanforderung).

Die breiten Regulierungsanforderungen haben, zusammen mit dem zumeist lokalen oder regionalen Fokus des Instruments, zu einer großen Bandbreite an unterschiedlichen Programmen geführt.[86] In den USA hat sich seit den 1990er Jah-

---

85  Daneben sind noch weitere Akteure in ein Habitat-Banking-System involviert: So etwa Banken und Versicherer, deren Aufgaben in der Absicherung von Leistungsausfallsrisiken bestehen, oder Zwischenhändler (sogenannte Ökoagenturen oder Broker), die ab einer bestimmten Marktgröße Teile der Transaktionen für Käufer und/oder Verkäufer abwickeln (Loft 2012, S. 118).

86  für einen Überblick vgl. Madsen et al. 2010 u. 2011

ren – mit dem »wetland mitigation banking« und dem »conservation banking« – eine veritable Habitat-Banking-Industrie auf nationaler Ebene entwickelt, die stark von kommerziellen Interessen sowie privatwirtschaftlichen Akteuren geprägt ist. Jährlich werden in den USA 1,5 bis 2,4 Mrd. US-Dollar in Kompensationsmaßnahmen investiert. Über die Jahre wurden so insgesamt bis zu 280.000 ha wiederhergestellt oder geschützt – mit steigender Tendenz (Madsen et al. 2010, S. vii). Obwohl in Deutschland mit der Flexibilisierung der Eingriffsregelung schrittweise die Voraussetzungen für einen Ökopunktehandel geschaffen wurden, hat sich hierzulande noch kein vergleichbarer Markt entwickelt. Dies hat einerseits historische Gründe, da Flächenpools und Ökokonten ursprünglich als kommunale Planungsinstrumente im Zuge der Bauleitplanung entwickelt wurden und erst mit der Novellierung des BNatSchG von 2002 auf alle naturschutzrechtlich relevanten Eingriffe (also auch von privaten Akteuren) ausgeweitet wurden (Bruns et al. 2000). Andererseits ist die konkrete Regelung der Kompensationsbevorratung und -handelbarkeit bis dato Ländersache, was zu einer sehr unübersichtlichen rechtlichen Situation sowie einer Vielzahl unterschiedlicher Ansätze geführt hat (Naumann et al. 2008). Die aktuell verhandelte Bundeskompensationsverordnung (auf Basis der Novellierung des BNatSchG vom 1. März 2010) soll hier Abhilfe schaffen und bundesweit einheitliche Standards etablieren.

Bisher haben nur wenige Bundesländer den Ökopunktehandel konkret geregelt, darunter Hessen, das Saarland, Sachsen-Anhalt und Baden-Württemberg (Diederichsen 2010, S. 843; Ekardt 2012, S. 92). Dabei spielt Hessen, das bereits 2005 entsprechende Bestimmungen angeordnet hat, hierzulande eine Pionierrolle (Diederichsen 2010, S. 845). So wurde in Hessen ein von den Naturschutzbehörden geführtes Zentralregister eingerichtet, in dem alle Kompensationsmaßnahmen sowie geeignete Flächenpools verzeichnet sind (dazu und zum Folgenden Ekardt 2012, S. 94 f.). Zudem wurde die Hessische Landesgesellschaft mbH als Ökoagentur anerkannt. Sie soll den Ökopunktehandel mit einem umfassenden Dienstleistungsangebot unterstützen, tritt u. a. als Mittlerin auf und ist gegen Entgelt zur vollständigen Übernahme der Verursacherpflichten befugt.[87]

Zwar zeigt das Beispiel Hessen, dass in Deutschland nach dem Vorbild der USA Bestrebungen ersichtlich sind, eine stärkere marktbasierte Ausrichtung des Ökopunktehandels zu erreichen. Trotz dieser Bemühungen hat sich aber bisher weder in Hessen noch andernorts in Deutschland ein florierender Handel mit Ökopunkten entwickelt, was nicht zuletzt an deren niedrigen Preisen liegt, die in Hessen zwischen dem vorgeschriebenen Mindestpreis von 0,35 und 1 Euro schwanken.[88] Dadurch gibt es – wie beim Emissionshandel – kaum Anreize für

---

87  www.hlg.org (16.5.2013)
88  www.main-netz.de/nachrichten/regionalenachrichten/hessen/art11995,1750817
    (17.5.2013)

private Investoren, sich finanziell zu engagieren, da die Preise für die Ausgleichsflächen dazu über den Opportunitäts- und Transaktionskosten der Anbieter liegen müssen (Carroll et al. 2009; dazu und zum Folgenden Loft 2012, S. 122 f.). Die bislang nur geringe Marktaktivität und die niedrige Zahl an Teilnehmern wirkt sich zusätzlich hemmend auf das Handelsgeschehen aus, da dadurch die Informationskosten steigen sowie kaum Unterschiede in den Opportunitätskosten verschiedener Flächen bestehen, was die Investitionsanreize ebenfalls senkt (Wissel/Wätzold 2010, S. 406 f.).

## ÄQUIVALENZPRINZIP UND BIOTOPWERTEVERFAHREN

Das oberste Ziel von Habitat-Banking-Systemen besteht darin, einen Nettoverlust an biologischer Vielfalt zu verhindern. Folglich muss die Kompensationsmaßnahme den Biodiversitätsverlust, der durch die Eingriffsmaßnahme entsteht, mindestens vollständig ausgleichen (Loft 2012, S. 116). Mit anderen Worten, Eingriffs- und Kompensationsfläche müssen hinsichtlich biodiversitätsrelevanter Parameter äquivalent sein. Ohne diese Anforderung wäre der Biodiversitätsschutz nicht gewährleistet, da der Verlust des Habitats einer Art eben nicht *gleichwertig* durch die Bereitstellung eines Habitats einer anderen Art kompensiert werden kann (Loft 2012, S. 121).[89]

Im Hinblick auf den Nachweis der Äquivalenz besteht ein großes Maß an Unsicherheit. Diese rührt daher, dass das Wissen sowohl um biodiversitätsrelevante Parameter als auch um die komplexen ökologischen Wirkungszusammenhänge in einem Ökosystem vielfach unzureichend ist und es demnach sehr schwierig ist, mögliche Auswirkungen von Kompensationsmaßnahmen auf die biologische Vielfalt im Vorhinein genau zu bestimmen (eftec/IEEP 2010; dazu und zum Folgenden Loft 2012, S. 117 u. 121). Typischerweise werden für die Beurteilung der Äquivalenz die Artenzusammensetzung, Habitatstruktur und Quantität bereitgestellter Ökosystemleistungen herangezogen (Wissel/Wätzold 2010). Die ökologische Leistungsfähigkeit der zu Kompensationszwecken wiederhergestellten, neu geschaffenen oder verbesserten Ausgleichsfläche soll den wesentlichen ökologischen Strukturen und Prozessen sowie der Artenzusammensetzung entsprechen, die an anderer Stelle verloren gegangen sind. Es soll also der gleiche Ökosystemtyp mit denselben Arten ersetzt werden (z. B. Wald, Grasland oder Feuchtgebiete). Auch ist es wichtig, die Ausgleichshabitate in vergleichbarer Größe und Verbindung zu anderen Ökosystemen zu schaffen. Diesen Anforderungen gerecht zu

---

89 Daneben stellt sich wie bei PES die Frage nach der Zusätzlichkeit der durch die Kompensationsmaßnahme bereitgestellten Biodiversität (eftec/IEEP 2010; dazu und zum Folgenden Loft 2012, S. 122). Flächen, die nicht unter Nutzungsdruck stehen oder auf denen unabhängig von Kompensationsmaßnahmen Schutzmaßnahmen durchgeführt werden, dürfen nicht als Kompensationsflächen in ein Habitat Banking-Programm aufgenommen werden, da hier die Biodiversität auch ohne weiteres Zutun gesteigert worden wäre (Burgin 2010).

werden, stellt jedoch eine immense Herausforderung dar, da die meisten Aspekte von Ökosystemen kaum exakt rekonstruierbar sind. Die Kosten für umfangreiche Untersuchungen zu Habitatstruktur, Artenzusammensetzung, ökosystemaren Funktionen und Leistungen können so stark steigen, dass sich eine Ausgleichsmaßnahme nicht mehr profitabel umsetzen lässt (Kate et al. 2004).

Eine Analyse implementierter Habitat-Banking-Systeme hat gezeigt, dass die Methoden zur Bestimmung der Äquivalenz von zerstörtem Habitat und Ausgleichsfläche sehr unterschiedlich sind (Santos et al. 2011). Allein für das US-amerikanische Wetland-Banking-System wurden etwa 40 Methoden zur Erfassung der Habitatqualität entwickelt (Loft 2012, S. 117). In Deutschland haben die Naturschutzbehörden bei der Bewertung von Eingriff und Kompensation sowie deren Bilanzierung einen weiten Spielraum (was jedoch mit der neuen Bundeskompensationsverordnung geändert werden soll) (Ekardt 2012, S. 86). Die Bewertung wird auf Basis des sogenannten Biotopwerteverfahrens vorgenommen. Im Grundprinzip wird die zu betrachtende Fläche dabei in homogene Teilflächen zerlegt, die einem einheitlichen Biotoptyp entsprechen, dessen Wert in einer länderspezifischen Liste definiert ist (Naumann et al. 2008, S. 11). Multipliziert man diesen Wert mit der Fläche des jeweiligen Biotops, erhält man die Anzahl an Ökopunkten. Für die Bewertung wird zunächst der nach diesen Vorgaben zu bestimmende ursprüngliche Wert der betreffenden Fläche vor Durchführung der Ausgleichs- oder Ersatzmaßnahme festgehalten (Bestandswert) und eine vorläufige Einschätzung des Wertzuwachses durch die geplante Maßnahme vorgenommen (Ausgangswert) (dazu und zum Folgenden Ekardt 2012, S. 94). Soll die Maßnahme dann zur Kompensation eines Eingriffs verwertet werden, ist eine bilanzierende Abschlussbetrachtung vorzunehmen, wobei die anzurechnende Kompensationsleistung sich als Differenz zwischen Abschluss- und Bestandswert ergibt.

Das Biotopwerteverfahren ist nicht standardisiert und wird von Bundesland zu Bundesland unterschiedlich gehandhabt. Dies und die Tatsache, dass die resultierenden Ökopunkte keine absoluten Werte repräsentieren, sondern nur relativ zu Biotoptypen definiert sind, schränken deren Vergleichbarkeit und damit auch ihre Handelbarkeit stark ein. Zusätzlich bestehen auch Zweifel an der Validität des Verfahrens, das zwar leicht durchzuführen ist, dafür aber auch ein nur sehr grobes Bewertungsraster zur Verfügung stellt (Naumann et al. 2008, S. 15). Somit besteht die Gefahr, dass Äquivalenz in der Praxis oftmals nicht erreicht wird. Zu diesem Schluss kommt auch Burgin (2010) mit Blick auf mehrere Studien zu den Auswirkungen von Kompensationsmaßnahmen im Rahmen des US-amerikanischen »Wetland Mitigation Program« (dazu und zum Folgenden Loft 2012, S. 121). Obwohl das US-amerikanische Wetland-Banking-System als ein Erfolgsbeispiel gesehen wird, da es dazu geführt habe, dass Tausende Hektar an geschützten Feuchtgebieten geschaffen wurden, die ohne dieses Programm nicht entstanden wären (Kate et al. 2004), sei es ein Problem, dass die renaturierten Habitate oftmals nicht dieselbe ökologische Leistungsfähigkeit erreichen wie bereits bestehende (Turner et al. 2001). Darüber hinaus erschwere unzureichendes Monitoring und mangelnde Verfügbarkeit von Daten eine genaue Ermittlung der Qualitätsveränderung der Gebiete (Burgin 2008).

## HANDELBARE NUTZUNGS- ODER ENTWICKLUNGSRECHTE     3.4

Anders als beim Habitat Banking, das eine naturschutzrechtliche Regelung um eine Handelskomponente ergänzt (handelbare Kompensationsmaßnahmen), geht es bei handelbaren Nutzungs- oder Entwicklungsrechten um einen genuin ökonomischen Ansatz. Nach dem Vorbild des $CO_2$-Emissionshandels wird die Flächeninanspruchnahme mengenmäßig begrenzt, indem jeder Akteur, der ein Gebiet auf eine bestimmte Art nutzen möchte, dafür entsprechende Berechtigungen vorweisen muss, die gekauft werden können und handelbar sind (Ekardt 2012, S. 108; Wissel/Wätzold 2010, S. 405). Einem derartigen Handel wird – besonders im Vergleich zur traditionellen Ausweisung von Schutzgebieten – ein Höchstmaß an wirtschaftlicher Effizienz und Flexibilität attestiert. Die Reduzierung der Flächeninanspruchnahme resp. der Schutz der biologischen Vielfalt findet dann nämlich, zumindest theoretisch, primär dort statt, wo sie zu den geringsten Opportunitätskosten zu erreichen ist; die Landnutzung wird hingegen hauptsächlich dort intensiviert, wo sie den größten Profit verspricht (Bizer et al. 2011; Loft 2012, S. 119).

In den USA bereits implementiert sind Systeme, in denen auf die Bebauung ausgerichtete Flächenentwicklungsrechte gehandelt werden (»tradable development rights« [TDR]), die der Verdichtung von urbanen Räumen und der Vermeidung von Zersiedelungen der Landschaft dienen (Ekardt 2012, S. 108 f.). Hierzu werden für Gebiete mit hohem Schutzwert (»sending areas/zones«) seitens des Gesetzgebers Nutzungseinschränkungen definiert und den Verfügungsrechteinhabern als Kompensation für die Nutzungseinschränkung zusätzliche oder ausgeweitete Nutzungs- bzw. Entwicklungsrechte an anderen Gebieten (»receiving areas/zones«) zugeteilt (Loft 2012, S. 119). Vorhabenträger in »receiving areas« haben in solchen Systemen dann prinzipiell die Wahl, ob sie innerhalb der planerisch vorgegebenen – ggf. sukzessive absinkenden – Entwicklungsgrenzen bleiben oder ob sie Entwicklungsrechte hinzukaufen und damit durch eine Mehrnutzung/Verdichtung am Standort ihr Vorhaben optimieren (Ekardt 2012, S. 109). TDRs sollen dazu beitragen, dass Infrastrukturprojekte möglichst nicht in schützenswerten Gebieten durchgeführt werden, sondern dort, wo ohnehin Entwicklungsmaßnahmen geplant sind (Loft 2012, S. 118).

In Deutschland besonders lebhaft diskutiert wurde bislang die Einführung eines Handels mit Flächenausweisungsrechten – ein mehrjähriger Modellversuch des Umweltbundesamtes ist kürzlich angelaufen (dazu und zum Folgenden Ekardt

2012, S. 109).[90] Im Unterschied zu einem TDR-Ansatz sind die zentralen Akteure nicht private Eigentümer, sondern vielmehr die Gemeinden als Bauplanungsträger. Ausgehend von einem zu bestimmenden »cap«, also etwa der in der nationalen Biodiversitätsstrategie (NBS) angestrebten Begrenzung des deutschlandweiten Siedlungs- und Verkehrsflächenwachstums auf maximal 30 ha pro Tag bis 2020, dürften in einem solchen System Gemeinden nur noch dann neue Siedlungsflächen ausweisen, wenn sie über die entsprechenden Berechtigungen (Flächenausweisungszertifikate oder -kontingente) verfügen. Diese sind dann wiederum etwa an einer dafür eingerichteten Börse handelbar, d. h., Gemeinden mit hohem Flächenbedarf müssen am Markt Berechtigungen hinzukaufen, während Gemeinden mit hohem Freiflächenanteil Berechtigungen verkaufen können. So soll

> das quantitative Gesamtziel erreicht werden;
> die Kosteneffizienz der Zielerreichung gewährleistet werden, indem Gemeinden mit geringen Opportunitätskosten (etwa aufgrund niedriger Baulandnachfrage), ihre Ausweisungsberechtigungen verkaufen können, während solche mit hohem Baulandpreis und -bedarf als Nachfrager am Markt auftreten;
> ein permanenter Anreiz für die Entwicklung innovativer und kosteneffizienter Anpassungsmaßnahmen und Flächenentwicklungsstrategien gesetzt werden.

Wie die Analyse des Emissionshandels mit seinen strukturellen Defiziten gezeigt hat, hängt die Anreizwirkung von Zertifikatsansätzen wesentlich von ihrer regulativen Ausgestaltung ab. Dies betrifft etwa das Setzen einer angemessenen Mengenbegrenzung und die Zuteilungsmethode von Berechtigungen (Ekardt 2012, S. 110). Um die Wirksamkeit des Instruments zu gewährleisten, ist darüber hinaus entscheidend, dass Monitoring- und Überwachungsmaßnahmen getroffen werden. Wie bereits angesprochen, stellen sich beim Biodiversitätsschutz dabei wesentlich größere Herausforderungen als beim Klimaschutz. Anders als bei $CO_2$-Emissionen, der relevanten Größe im Klimabereich, handelt es sich bei der biologischen Vielfalt um kein homogenes und eindeutig messbares Gut, sodass die ökologischen Auswirkungen unterschiedlicher Landnutzungen sehr differenziert zu beurteilen sind (Wissel/Wätzold 2010, S. 406). Entscheidend sind nicht nur die Art und das Ausmaß der Landnutzung, sondern es sind auch räumliche, zeitliche und funktionelle Charakteristika der betroffenen Habitate zu berücksichtigen (Wissel/Wätzold 2010, S. 407 f.). Derartige komplexe Zusammenhänge und Wechselwirkungen lassen sich in einem Zertifikatsansatz sowohl aus methodischen wie auch aus Kostengründen nicht abbilden. In der Regel greift man stattdessen auf grobe Hilfseinheiten wie Baulandabmessungen oder Bebauungsdichten zurück, die als wesentliche Treiber für Biodiversitätsverluste gelten (Ekardt 2012, S. 108) – der Zusammenhang mit der biologischen Vielfalt ist dabei aber immer nur indirekt.

---

90  www.flaechenhandel.de (20.5.2014)

So geht die Erschließung von Siedlungsflächen mit Bodenabtrag, Verdichtung und Versiegelung einher und führt zu einem anhaltenden Verlust biologisch-ökologisch aktiver Böden (dazu und zum Folgenden iDiv 2013, S. 126 f.). Zugleich nimmt dadurch der Anteil solcher Flächen zu, auf denen die Leistungen des Naturhaushalts stark eingeschränkt bzw. vollständig unterbunden werden (Wittenbecher 1999, S. 13). Im Zusammenspiel mit Anreizen zur Intensivierung der agrarischen Nutzung, z. B. durch die Förderung des Anbaus von Energiepflanzen, führt die Flächeninanspruchnahme für Siedlungszwecke insgesamt zu einem Verdrängungswettbewerb unter den agrarisch genutzten Standorten, bei dem weniger intensive (und damit naturschutzfachlich attraktive) Nutzungsformen, wie z. B. Grünland, in intensivere Nutzungsformen überführt werden (TAB 2012a, S. 165 f.). Abbildung V.10 zeigt, dass der Verlust landwirtschaftlich bewirtschafteter Flächen aufgrund des Siedlungs- und Verkehrsflächenwachstums zwischen 1990 und 2010 vornehmlich zu Lasten ackerbaulicher Nutzungsformen gegangen ist. Allerdings wurde dieser Rückgang der Ackerflächen durch eine intensivere Nutzung der bislang als Grünland bewirtschafteten Flächen zumindest teilweise kompensiert.

ABB. V.10    FLÄCHENNUTZUNGSÄNDERUNGEN IN DEUTSCHLAND ZWISCHEN 1990 UND 2010

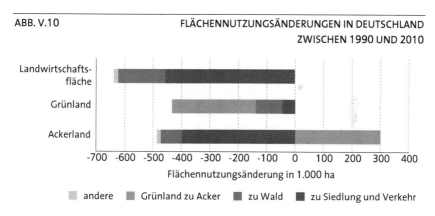

Quelle: nach Tietz et al. 2012, S. 16

Daher besteht bei Flächenzertifikatsansätzen, die in erster Linie auf die quantitative Begrenzung der Flächeninanspruchnahme sowie die Minimierung von Opportunitätskosten ausgerichtet sind, immer die Gefahr, dass auch oder gerade Flächen in Anspruch genommen werden, denen in ökologischer Hinsicht ein besonders hoher Wert zukommt (dazu und zum Folgenden Ekardt 2012, S. 111). Ordnungsrechtliche Gegenmaßnahmen wie spezielle Handelsregeln (z. B. kein Austausch von Zertifikaten unterschiedlicher Habitattypen) oder qualitative Ergänzungen (z. B. Berücksichtigung von Flächenwertigkeiten) erscheinen notwendig und werden im Kapitel VI erörtert. Sie sind jedoch aufwendig, erhöhen die Transaktionskosten und den Regelungsaufwand und senken dadurch tendenziell die ökonomische Attraktivität sowie die Akzeptanz des Instruments (Wissel/Wätzold 2010, S. 410).

## CHANCEN UND RISIKEN MENGENBASIERTER INSTRUMENTE        3.5

Bei der Diskussion um Habitat Banking und handelbare Entwicklungsrechte stehen Fragen der ökologischen Steuerungswirkung klar im Vordergrund. Die soziale Dimension dieser Instrumente wird in der Fachliteratur hingegen nur am Rande thematisiert – wohl weil sich, anders als im Fall von PES, die Verteilungswirkungen aufgrund der geringen Reichweite entsprechender Programme (lokale und regionale Ebene) und der bislang weitgehenden Beschränkung auf Industriestaaten in Grenzen halten. Zu erwarten ist, dass mit der zunehmenden Implementierung in Entwicklungs- und Schwellenländern auch soziale Aspekte stärker in den Blick geraten. Obwohl der Transfer von TDR oder Ausgleichsflächen eine zusätzliche Einnahmequelle für lokale Gemeinschaften darstellen kann, sind die entsprechenden Programme – ähnlich wie bei PES – für die betroffenen Landeigentümer immer auch auf langfristige Sicht mit Nutzungsverzicht und wirtschaftlichen Einbußen verbunden (Loft 2012, S. 123). Um Landkonflikte zu vermeiden, sind deshalb klar definierte Eigentumsrechte und stabile politisch-rechtliche Rahmenbedingungen eine wesentliche Vorbedingung der Implementierung (Bovarnick et al. 2010, S. 41; Loft 2012, S. 124).

Sowohl der quantitativen Absenkung der Flächeninanspruchnahme für Siedlungs- und Verkehrszwecke als auch der qualitativen Kompensation von Eingriffen in Natur und Landschaft wird eine hohe biodiversitätspolitische Bedeutung zugewiesen:

> Eine effektivere Reduzierung der Flächeninanspruchnahme für Siedlungs- und Verkehrszwecke im Rahmen eines Zertifikatehandels würde wesentliche Treiber des anhaltenden Biodiversitätsverlusts in Deutschland adressieren (dazu und zum Folgenden iDiv 2013, S. 134 f.): erstens den direkten Habitatverlust durch Bebauung und Versiegelung, zweitens die Zerschneidung der Landschaft durch Infrastruktureinrichtungen. Zusätzlich ist zu erwarten, dass eine geringere Versiegelung und irreversible (Zer-)Störung von Böden zur Sicherung einer dauerhaften Bereitstellung von Bodenökosystemleistungen führt.

> Mit Blick auf das ökologische Potenzial von Habitat Banking und Ökokonten wird angeführt, dass sie eine Koordinierung und Bündelung von Kompensationsmaßnahmen und -flächen ermöglichen und somit einer Zersplitterung kleinräumiger Kompensationsmaßnahmen entgegenwirken; durch das Vorziehen von Ausgleichsmaßnahmen sollen sich zusätzliche positive Effekte ergeben (Ekardt 2012, S. 96). Vor diesem Hintergrund erhofft man sich bei optimaler Umsetzung sogar einen Mehrwert für die Natur, der über die eigentliche Zielsetzung »kein Nettoverlust« hinausgeht.

Zusammen mit den postulierten Kostenvorteilen (durch Minimierung der volkswirtschaftlichen Kosten) begründet sich daraus die wachsende Popularität von Habitat-Banking- und TDR-Programmen. Ob sich diese theoretischen Erwartungen durch die Praxis bestätigt finden, ist allerdings unklar. So kommen Santos et al. (2011) im Rahmen einer Literaturstudie zu dem Ergebnis, dass es aufgrund der sehr unterschiedlichen Auswirkungen der von ihnen betrachteten Fallstudien nicht möglich sei, ein einheitliches Fazit hinsichtlich der ökologischen Wirksamkeit dieser Instrumente zu ziehen (Loft 2012, S. 120). Auch die ökonomischen Ziele sind durch viele Programme offenbar nicht erreicht worden, wie in neueren Studien festgestellt wurde (Vatn et al. 2011, S. 55 ff.).

Viele Naturschützer sehen den Handel mit Flächenzertifikaten oder Ökopunkten kritisch (Kasten). Es ist von »schmutzigem Geld« die Rede sowie von einer »licence to trash«, die letztlich die systematische Zerstörung von Natur legitimiere anstatt sie zu verhindern (Ring/Schröter-Schlaack 2011a, S. 72) – ein schwunghafter Handel mit Ökopunkten sei insofern nicht wünschenswert.[91] Tatsächlich scheint ein Kernproblem dieser Instrumente darin zu bestehen, dass die damit verknüpften ökonomischen und ökologischen Anforderungen in einem schwierig aufzulösenden Spannungsverhältnis stehen, und zwar in zweierlei Hinsicht:

> Die tatsächliche Effektivität des Habitat Banking sowie von Flächenzertifikaten hängt wesentlich davon ab, ob sich die unterschiedliche Bedeutung von Flächen für die biologische Vielfalt angemessen berücksichtigen lässt (dazu und zum Folgenden Ekardt 2012, S. 97 ff.). Handelbare Flächenausweisungsrechte sind nur dann naturschutzpolitisch sinnvoll, wenn ökologisch besonders wertvolle Gebiete ausgespart bleiben. Beim Habitat Banking ist die geforderte Gleichwertigkeit von Eingriff und Ausgleich sicherzustellen, was im Rahmen der derzeit implementierten Bewertungsverfahren (so etwa das deutsche Biotopwerteverfahren) nicht wirklich gewährleistet ist. Daher sind Maßnahmen erforderlich, die jedoch auf Kosten der ökonomischen Effizienz und gesellschaftlichen Akzeptanz gehen.

> Speziell für den Fall des Habitat Banking gilt: Angesichts der dadurch wohl kaum vermeidbaren Unsicherheiten im Hinblick auf die tatsächliche und erfolgreiche Durchführung der Kompensierung sollten Kompensationsmaßnahmen auf Ausgleichsflächen immer die ultima ratio darstellen. Dies besagt auch die in vielen Ländern gesetzlich festgeschriebene Mitigationshierarchie, nach der primär alles dafür getan werden sollte, Eingriffe in die biologische Vielfalt auf der zu entwickelnden Fläche zu vermeiden (dazu und zum Folgenden Loft 2012, S. 120). Da die Eingriffsvermeidung oftmals höhere Kosten verursacht als die Durchführung von Kompensationsmaßnahmen auf Ausgleichsflächen, besteht für Projektentwickler oftmals ein ökonomischer An-

---

91 www.main-netz.de/nachrichten/regionalenachrichten/hessenr/art11995,1750817
(17.5.2013)

reiz, die Mitigationshierarchie zu umgehen. Die Implementierung eines Kompensationsprogramms kann so in Extremfällen dazu führen, dass Anreize für Entwicklungsprojekte in ökologisch sensiblen Gebieten gesetzt werden (eftec/ IEEP 2010). Die ökologische Effektivität von Kompensationsmaßnahmen in Verbindung mit Habitat Banking hängt daher wesentlich davon ab, welche gesetzlichen Anforderungen an deren Zulässigkeit geknüpft werden und wie hoch die Hürde für die Durchführung von Kompensationsmaßnahmen gesetzt wird – was jedoch wiederum den Handel einschränkt und damit die ökonomische Attraktivität des Instruments mindert (Wissel/Wätzold 2010).

### BIOBANKING IM AUSTRALISCHEN BUNDESSTAAT NEW SOUTH WALES

Im Mai 2010 startete die Regierung von New South Wales das Programm »BioBanking«, das erste rechtlich bindende Instrument in Australien zum Schutz von ökologisch gefährdeten Gebieten. Mittels dieses Instruments müssen z. B. Bauunternehmer sogenannte »Ökosystemkredite« von Landeigentümern in biodiversitätsreichen Schutzgebieten aufkaufen, wenn sie Genehmigungen für städtische Bauprojekte auf bislang unter Schutz stehenden Flächen erhalten wollen. Die Eigentümer der ökologisch wertvollen Ausgleichsflächen müssen sich im Gegenzug zum dauerhaften Schutz der biologischen Vielfalt verpflichten (OEH NSW 2012). Die Regierung des Bundesstaates, verschiedene Großunternehmen und Consultingfirmen versprechen sich von BioBanking ein Win-win-Ergebnis, das sowohl dem Biodiversitätsschutz als auch der Notwendigkeit von städtischer Entwicklung und Wirtschaftswachstum Rechnung trägt. Insgesamt würde der Gesamtwert von Biodiversität mindestens erhalten bleiben oder bestenfalls sogar gesteigert werden – und dies zu geringeren Kosten als über öffentlich finanzierte Programme zur Erhaltung der biologischen Vielfalt (DECCW NSW 2009).

Die Green Party von New South Wales lehnte das Programm dagegen von Beginn an entschieden ab. Sie argumentierten, dass BioBanking zu einem Nettoverlust von Biodiversität führen würde: »Es ist schlichter Unsinn zu behaupten, dass der Schutz eines sensiblen Ökosystems in einem Gebiet bedeutet, dass man nun die biologische Vielfalt geschützt hat. Das Ergebnis von Bio Banking wird sein, dass ökologisch empfindliches Land an begehrten Standorten für immer verloren geht, zusammen mit den seltenen Pflanzen- und Tierarten, die nur in diesen Gebieten existieren.«

Der Präsident des Umweltverbands Total Environment Centre brachte seine Opposition gegen BioBanking in ähnlicher Form zum Ausdruck: »Die Behauptung aufzustellen, dass eine gefährdete Frosch-, Vogel- oder Reptilienart durch ein paar Bäume an einem anderen Standort ausgeglichen werden kann, erklärt das Prinzip des ›Erhaltens und Verbesserns‹, das in der Gesetzgebung verankert sein sollte, für null und nichtig.«

Der Nature Conservation Council des Bundesstaates NSW lehnte das Instrument ebenfalls ab und teilte in einer Stellungnahme mit, dass BioBanking es den Unternehmen erlauben würde, »sich aus der Verpflichtung zum Schutz gefährdeter Arten und deren Habitaten herauszukaufen«.

Quelle: Neef 2012, S. 78 f.

Hoffnungen, dass die Einführung von mengenbasierten Biodiversitätsschutzinstrumenten wie den hier untersuchten ökonomische und ökologische Interessen in Ausgleich bringen können, lassen sich zum jetzigen Zeitpunkt nicht bestätigen. Hauptsächlich verantwortlich dafür ist die gravierende Abbildbarkeitsproblematik im Zusammenhang mit dem Schutzgut Biodiversität, sodass die Beurteilung der Steuerungswirkung immer über eine gewisse Unschärfe verfügt. Dies spricht zwar nicht grundsätzlich gegen die Einführung mengenbasierter Biodiversitätsschutzinstrumente, bestätigt aber eine Schlussfolgerung, die bereits beim Klimaschutz gezogen wurde: nämlich dass handelsbasierte Systeme – angesichts drohenden Missbrauchs, unerwünschter Nebeneffekte und ökologischer Risiken – »eine strikte hoheitlich-rechtliche Einrahmung und eine starke Beteiligung staatlicher Institutionen benötigen, sollen sie tatsächlich wirksam sein« (Ekardt 2012, S. 111). Mit dem bürokratischen und Regelungsaufwand steigen aber immer auch die Transaktionskosten, was wiederum die ökonomische Anreizwirkung senkt. Bei der Implementierung der Instrumente sind demzufolge ökonomische und ökologische Zielsetzungen vorsichtig gegeneinander abzuwägen, eine Aufgabe, die neben Expertenwissen einen funktionierenden institutionellen Rahmen sowie einen ganzheitlichen Blick auf den bestehenden Instrumentenmix, also das Zusammenspiel mit anderen relevanten Politikinstrumenten, verlangt (Wissel/Wätzold 2010, S. 410).

## FAZIT UND SCHLUSSFOLGERUNGEN 4.

Die Umweltökonomie sieht in der Tatsache, dass der Wert der Biodiversität auf Märkten unvollständig abgebildet wird, eine wesentliche Ursache für den weltweit fortschreitenden Biodiversitätsverlust (dazu und zum Folgenden Loft 2012, S. 125). Mithilfe ökonomischer Instrumente versucht die Biodiversitätspolitik dem gegenzusteuern, indem sie die ökonomischen Rahmenbedingungen so verändert, dass ein spürbarer ökonomischer Anreiz für biodiversitätsförderliche Verhaltensmuster gesetzt wird. Die dafür infrage kommenden Instrumente können grob drei Kategorien zugeteilt werden (zum Folgenden Loft 2012, S. 125 f.):

1. solche, die – auf staatlicher Regulierung beruhend – das Preissignal des Umweltgutes und somit das Verhalten privater und öffentlicher Akteure beeinflussen (Abgaben, Steuern, Subventionen, Finanzzuweisungen);

2. solche, die durch die Zuweisung und Durchsetzung von Eigentumsrechten die Grundlage für vertragliche bzw. marktliche Austauschbeziehungen schaffen (Zahlungen für Ökosystemleistungen);

3. solche, die als Mischformen der ersten beiden Kategorien durch eine regulatorische Maßnahme Nutzungsrechte definieren und diese durch einen ebenfalls regulatorischen Akt in ihrer Menge begrenzen ($CO_2$-Zertifikate, Habitat Banking, TDR).

Die beiden letztgenannten Kategorien folgen der Annahme, dass ein Marktmechanismus zu einer effizienten und daher (wirtschaftlich) optimalen Verteilung von Umweltgütern führt (dazu und zum Folgenden Loft 2012, S. 126 f.). Um den Markt als Allokationsinstrument nutzen zu können, müssen allerdings verschiedene Voraussetzungen erfüllt sein. Insbesondere sollte das zu handelnde Gut ein einheitliches und standardisierbares Produkt sein, was, wie bereits im Kapitel II gezeigt wurde, auf die biologische Vielfalt *nicht* zutrifft. Bei der Biodiversität handelt es sich vielmehr um ein abstraktes und heterogenes Schutzgut, das über komplexe ökologische Wirkzusammenhänge mit verschiedenen, räumlich und zeitlich zu differenzierenden Einzelgütern (resp. Ökosystemleistungen) zusammenhängt. Diese Güter können zudem in Konkurrenz zueinander stehen, sodass die Inwertsetzung einzelner von ihnen nicht zwingend zu einem höheren Maß an Biodiversitätsschutz führt.

Vor diesem Hintergrund lautet eine zentrale Schlussfolgerung dieses Kapitels, dass eine biodiversitätsbezogene Feinsteuerung problematisch ist, und zwar deshalb, weil die instrumentelle Ausgestaltung mit besonders hohen Fehlerrisiken und Unsicherheiten behaftet ist (Ekardt 2012, S. 132; iDiv 2013, S. 46). Anders als bei Klimaschutzmaßnahmen (deren Wirkung in Tonnen vermiedenen Treibhausgasausstoßes abgebildet werden kann), fehlt bei Biodiversitätsschutzmaßnahmen eine einfache Maßeinheit zur Bestimmung der Steuerungswirkung (Loft 2012, S. 127). Grob steuernde Instrumente, die nicht explizit die Biodiversität zum Ziel haben – wie etwa Instrumente der allgemeinen Flächensteuerung –, erscheinen deshalb grundsätzlich erfolgversprechender als feinsteuernde Instrumente wie das Habitat Banking, die direkt bei der Biodiversität ansetzen. Diese allgemeinen Empfehlungen sind jedoch nur als grober Fingerzeig zu verstehen – denn hervorzuheben ist, dass die umweltpolitische Lenkungswirkung einzelner Instrumente in erster Linie von ihrer konkreten Ausgestaltung im jeweiligen politisch-institutionellen Kontext abhängt.

In marktbasierte Instrumente werden viele Hoffnungen gesetzt, vor allem was einen kosteneffizienten Naturschutz sowie eine Beteiligung des Privatsektors und die Erschließung neuer Finanzierungsquellen betrifft. Ob sich die theoretische prognostizierte Steuerungswirkung der Instrumente auch in der Praxis wiederfindet, steht jedoch noch nicht fest und ist aufgrund der bislang sehr unübersichtlichen Situation und der fehlenden Erfahrungen schwierig abzuschätzen.

Obwohl sich die meisten Anreizinstrumente für einen nachhaltigen Biodiversitätsschutz derzeit noch im Erprobungsstadium befinden, zeichnen sich bereits etliche praktische Herausforderungen ab. Im Fokus stehen insbesondere Zielkonflikte zwischen ökologischen, ökonomischen und sozialen Belangen: Zwar haben Marktmechanismen laut Theorie den Vorteil, das umweltpolitische Ziel besonders effizient erreichen zu können. In der Praxis stehen dem jedoch aufwendige Monitoringmaßnahmen entgegen, mit denen die oft unklare ökologische Steuerungswirkung zu überprüfen ist. Weiterhin zeigen die ersten Erfahrungen mit REDD+, dass soziale Verteilungswirkungen bei der Folgenabschätzung zu berücksichtigen sind. Hier spielt vor allem eine Rolle, dass Biodiversitätsschutzinstrumente auf lokaler Ebene bei der Landnutzung ansetzen und vielfältige Nutzungsrestriktionen zur Folge haben können – mit entsprechenden sozialen Konsequenzen, die vor allem in Entwicklungsländern ins Gewicht fallen dürften.

So lässt sich festhalten, dass ökonomische Steuerungsansätze zum Schutz und der nachhaltigen Nutzung von Biodiversität mithin wesentlich mehr staatliches Engagement erfordern als gemäß der reinen ökonomischen Lehre geboten scheint. Es braucht flankierende institutionelle Maßnahmen wie Kontrollmechanismen und ordnungsrechtliche Regelungen (z. B. Ge- und Verbote), um negative soziale und ökologische Folgen abfedern zu können (Loft 2012, S. 128 f.). Dadurch steigen die Transaktionskosten, was wiederum die ökonomische Kosteneffektivität mindert. Bei der Ausgestaltung und Implementierung von Biodiversitätsschutzinstrumenten dürfen ökonomische Gesichtspunkte folglich nicht allein maßgeblich sein. Dies gilt insbesondere im Kontext von Entwicklungs- und Schwellenländern, wo es regelmäßig an einem institutionellen Ordnungsrahmen sowie den technologischen Kapazitäten mangelt, um eine adäquate Inwertsetzung der biologischen Vielfalt und eine sozialverträgliche Realisierung entsprechender Instrumente garantieren zu können.

Die Hauptherausforderung dürfte letztlich darin liegen, einen für den Biodiversitätserhalt maßgeschneiderten Instrumentenmix zu erreichen. Wie ein solcher Instrumentenmix aussehen könnte, ist eine schwierige und bislang ungelöste Aufgabe, vor allem auch vor dem Hintergrund, dass jenseits des klassischen Naturschutzes zahlreiche weitere Politikinstrumente mit zumindest indirekten Auswirkungen auf die biologische Vielfalt eingesetzt werden. Im Kapitel VI finden dazu weitere Überlegungen statt.

# INTERAKTIONEN UND WIRKUNGSÜBERLAGERUNGEN: INSTRUMENTE DES BIODIVERSITÄTSSCHUTZES IM POLITIKMIX VI.

Die zuvor besprochenen Biodiversitätsschutzinstrumente beeinflussen in der Regel nicht unmittelbar die biologische Vielfalt, sondern nur sehr mittelbar, etwa indem versucht wird, Menschen durch finanzielle Anreize zu einem »biodiversitäts-chonenderen« Verhalten zu bewegen (iDiv 2013, S. 38). Ob dies gelingt, hängt von vielen Faktoren ab. Speziell bei ökonomischen Steuerungsansätzen, die auf Freiwilligkeit bauen und den Adressaten dadurch Freiheitsgrade im Verhalten offenlassen, bestehen komplexe Wirkungszusammenhänge mit entsprechenden Wirkunsicherheiten und möglichen »Wirkungsbrüchen« (Abb. VI.1). Sie ergeben sich nicht nur aus unerwarteten Verhaltensmustern (Verhaltensebene) sowie Problemen der richtigen Instrumentenwahl und -ausgestaltung, wie bei anderen umweltpolitischen Instrumenten auch, sondern hängen darüber hinaus mit den bereits angesprochenen Besonderheiten des Gegenstands Biodiversität zusammen (dazu und zum Folgenden iDiv 2013, S. 39 ff. u. 46). So ist nicht nur die Ziel-größe Biodiversität schwierig zu steuern (Zielebene), wie das vorige Kapitel ge-zeigt hat, sondern auch die relevanten Treiber für den Biodiversitätsverlust (Flä-chenverbrauch, Klimawandel, invasive Arten etc.; Kap. II) sind im Einzelnen oft nicht bekannt (Objektebene).

ABB. VI.1    BIODIVERSITÄTSSCHUTZ: EIN KOMPLEXES STEUERUNGSGEFÜGE

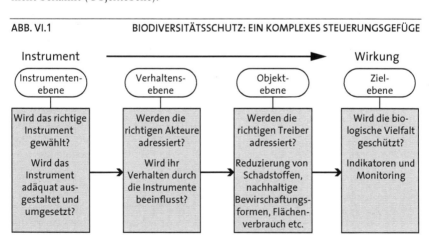

Quelle:    nach iDiv 2013, S. 40

Wie im Kapitel III dargelegt wurde, haben die Heterogenität und Dynamik der biologischen Vielfalt zur Folge, dass zahlreiche politische Regelungsbereiche auf unterschiedlichen Entscheidungsebenen (global, national, regional, lokal) positive oder negative Effekte auf die Biodiversität entfalten (iDiv 2013, S. 134). Dabei kann es zu synergistischen wie auch antagonistischen Beeinflussungen kommen. Aufgrund dieser Wechselwirkungen muss bei der Auswahl und Beurteilung von Politikinstrumenten für den Biodiversitätsschutz und die dauerhafte Bereitstellung von Ökosystemleistungen stets der relevante *Politikmix* untersucht werden (dazu und zum Folgenden iDiv 2013, S. 97; Ring/Schröter-Schlaack 2013, S. 157). Ein Politikmix ist die intendierte oder unbeabsichtigte Kombination von Politikinstrumenten mit Auswirkungen auf das Regelungsobjekt, hier den Biodiversitätsschutz (Ring/Schröter-Schlaack 2011b, S. 15). Bislang sind die wissenschaftlichen Beiträge zur Analyse und Betrachtung von mischinstrumentellen Ansätzen allerdings erstaunlich begrenzt. Der überwiegende Anteil von Studien zur Instrumentenwahl beschränkt sich auf die Evaluation einzelner Politikinstrumente bzw. den Vergleich zweier Alternativen, dasselbe gilt für die umweltökonomischen Lehrbücher. Interaktionen zwischen den Instrumenten und Wirkungsüberlagerungen bei den regulierten Akteuren, Aktivitäten oder räumlichen Bezugseinheiten werden regelmäßig ausgeblendet, obwohl sie zu erheblichen Wirkungsbrüchen, Fehlanreizen oder ineffizienter Doppelförderung führen können.

Vor diesem Hintergrund soll im vorliegenden Kapitel, auf Grundlage des Gutachtens von iDiv (2013), ein genauerer Blick auf mischinstrumentelle Ansätze im Biodiversitätsschutz geworfen werden. Im Mittelpunkt stehen drei anreizorientierte Instrumente, die sich in der politischen Diskussion befinden und in diesem Bericht teilweise bereits aus einzelinstrumenteller Sicht beleuchtet worden sind (Kap. V.3): Zahlungen für Ökosystemleistungen, der ökologische Finanzausgleich sowie handelbare Flächenausweisungsrechte. Nach einem kurzen und schlaglichtartigen Überblick über die Politikmixforschung (Kap. VI.1) wird die funktionale Rolle dieser drei innovativen Finanzinstrumente im Politikmix herausgearbeitet (Kap. VI.2), und zwar anhand exemplarischer Instrumentenkombinationen aus dem Landwirtschaftsbereich (Agrarumweltmaßnahmen und ordnungsrechtliche Mindeststandards), der Finanzpolitik (ökologischer Finanzausgleich und Schutzgebietsausweisung) sowie der Raumordnung (handelbare Flächenausweisungsrechte und planungsrechtliche Flächennutzungssteuerung). Das besondere Augenmerk gilt dabei möglichen Wechselwirkungen mit bestehenden ordnungs- bzw. planungsrechtlichen Regelungen, die im Hinblick auf potenzielle Synergien und Konflikte beleuchtet werden.

# INSTRUMENTENANALYSE IM POLITIKMIX – THEORETISCHE ASPEKTE    1.

Für die Beurteilung bestehender Politikmixe bzw. zur Erarbeitung von Empfehlungen hinsichtlich ihrer Weiterentwicklung bieten sich im Wesentlichen dieselben Kriterien an, die zur Bewertung und Analyse von Einzelinstrumenten entwickelt wurden: ökologische Effektivität, ökonomische Effizienz, soziale Verteilungswirkungen sowie die institutionelle Legitimität (Kap. V.1; dazu und zum Folgenden iDiv 2013, S. 100 f.). Bei der Analyse von Politikmixen liegt der Fokus jedoch nicht mehr auf der Maximierung der ökologischen Effektivität oder ökonomischen Effizienz einzelner Politikmaßnahmen, sondern auf dem funktionalen Zusammenspiel der Instrumente und ihrer Wirkmechanismen – also ihrer Komplementarität oder dem Konfliktpotenzial der relevanten Instrumente, ihren Wechselwirkungen untereinander und der Eignung des Politikmixes, alle Faktoren anzusprechen, die für das bestehende Problem verantwortlich sind (Ring/Schröter-Schlaack 2011b). Der geeignete Mix aus Instrumenten und Akteuren wird also notwendigerweise von der Natur des Problems, den Zielgruppen und den kontextspezifischen Rahmenbedingungen abhängen. Von daher ist bei der Analyse von Politikmixen ein problemorientierter Zugang (statt dem instrumentenbezogenen Zugang bei einzelinstrumentellen Betrachtungen) zu wählen.

Nach der umweltökonomischen Lehrmeinung gilt die Kombination mehrerer Politikinstrumente als bestenfalls redundant, schlimmstenfalls aber als ineffizient (Gawel 1991, S. 7; dazu und zum Folgenden iDiv 2013, S. 97 f.). Ungeachtet dessen haben sich in den letzten Jahren – nicht zuletzt aufgrund wachsender praktischer Erfahrungen mit Instrumentenkombinationen – einige interessante theoretische Forschungsansätze und Analyseraster entwickelt, die sich entweder mit einer Bestandsaufnahme bestehender Politikmixe oder ihren potenziellen Vorteilen beschäftigen. Mit Blick auf instrumentelle Wechselwirkungen lassen sich grundsätzlich vier verschiedene Interaktionsmöglichkeiten zwischen zwei gleichzeitig zur Anwendung gebrachten Instrumenten unterscheiden (Gunningham et al. 1998; zum Folgenden iDiv 2013, S. 97 f.):

> *Komplementäre Kombinationen* verstärken die positiven Wirkungen zweier Instrumente. Beispielsweise erhöht die Förderung innovativer ressourcenschonender Technologien die Kosteneffektivität eines Zertifikatemarktes, da die Marktteilnehmer schneller und kostengünstiger Vermeidungspotenziale realisieren können.

> *Kontraproduktive Kombinationen* führen demgegenüber zu einer wechselseitigen Störung der Instrumentenwirkung. So engen ordnungsrechtliche Auflagen zur Ressourcennutzung den Anpassungsspielraum der Teilnehmer an einem Zertifikatemarkt ein und schmälern dadurch die Kosteneffektivität der Zertifikatslösung.

> Bei *sequenziellen Kombinationen* folgt ein Instrument auf ein bereits etabliertes. So geht einer staatlichen Regulierung oftmals eine Phase freiwilliger Selbstverpflichtung voran. Ist abzusehen, dass diese Selbstregulierung nicht für die gewünschte Verhaltensänderung sorgt, werden ordnungsrechtliche Auflagen zur Anwendung gebracht.

> Bei *kontextspezifischen Instrumentenkombinationen* schließlich kommt es zu nichtintendierten Überlagerungen mehrerer Instrumente (iDiv 2013, S. 136). Die daraus resultierenden Wirkungen hängen dann nicht von instrumentenspezifischen Eigenschaften ab, sondern von der konkreten institutionellen Regelungssituation.

Der letzte Punkt verweist auf die Bedeutung einer Governanceperspektive, um die Passfähigkeit einer Politikmixstruktur zu eruieren. Laut Gossum et al. (2010) beruht diese wesentlich auf dem institutionellen Kontext, in den ein Instrument (zusätzlich) eingeführt werden soll, den vorhandenen Erfahrungen mit bestimmten Politikinstrumenten sowie der Steuerungs- und Durchsetzungskraft der Administrative.

Verschiedene Beiträge haben sich aus theoretischer Sicht mit den Vorteilen mischinstrumenteller Steuerungsansätze beschäftigt (dazu und zum Folgenden iDiv 2013, S. 98 f.). So hat u. a. die OECD (2007, S. 25 ff.) das synergistische Zusammenspiel mehrerer Instrumente systematisiert und daraus verschiedene Argumente für Politikmixe abgeleitet. Neben einer verbesserten Informationsbereitstellung für bestimmte Adressaten, z. B. durch die Einführung eines Labels zur Lenkung der Konsumnachfrage, kann ein weiteres Instrument im Politikmix (zusätzliche) Innovationsanreize setzen (z. B. durch Zuschüsse für Forschung und Entwicklungsaktivitäten) und so andere Instrumente unterstützen, die etwa auf die Reduzierung der Ressourcenintensität von Produkten zielen. Weiterhin kann es sinnvoll sein, Anreize zur Verhaltensänderung an verschiedene Adressaten zu senden, z. B. wenn Eigentums- und Nutzungsrechte an einer Ressource (etwa die agrarische Nutzung von gepachteten Flächen) bei verschiedenen Akteuren liegen. Schließlich können Instrumentenkombinationen Unsicherheiten hinsichtlich der zu erwartenden Anpassungskosten reduzieren. Beispielsweise wird bei Emissionshandelssystemen diskutiert, eine Obergrenze für den Preis von Umweltnutzungszertifikaten festzulegen. Diese Konstruktion würde ein Sicherheitsventil (»safety valve«) gegenüber allzu hohen Zertifikatspreisen darstellen, die sich aus einer unerwartet hohen Nachfrage nach Nutzungsrechten ergeben können (OECD 2008). Auch bei prohibitiv hohen Transaktionskosten, welche die effiziente Ausgestaltung eines Instruments verhindern können, kann ein Instrumentenmix unter Umständen zu ähnlichen Umweltwirkungen bei geringeren Governancekosten gelangen (Lehmann 2010).

Nach diesem kurzen Einblick in die einschlägige Literatur lässt sich zusammenfassend folgender Befund zum Stand der Politikmixforschung geben (zum Folgenden iDiv 2013, S. 99):

> Die Betrachtung des Zusammenwirkens mehrerer Politikinstrumente im Mix ist gegenüber der Analyse einzelinstrumenteller Steuerungsstrategien deutlich unterrepräsentiert.
> Vorliegende Arbeiten zum Politikmix haben sich vornehmlich mit einigen interessanten Kernproblemen befasst, etwa im Zusammenhang mit dem klimapolitischen Zertifikatemarkt.
> Der Bereich des Biodiversitätsschutzes ist bei der Analyse von Politikmixen hingegen bislang unterrepräsentiert, die Betrachtung von Ökosystemleistungen fehlt nahezu vollständig.

## BEISPIELHAFTE POLITIKMIXANALYSEN IM KONTEXT DES BIODIVERSITÄTSSCHUTZES 2.

Die relativ nachlässige Behandlung biodiversitätsbezogener Politikmixe aus theoretischer Sicht steht in einem starken Kontrast zur politischen Praxis, in der sich – wie bereits mehrfach angesprochen wurde – eine Vielzahl von biodiversitätsrelevanten Strategien und Instrumenten überlagert. Dies hat nicht nur mit dem Querschnittscharakter des Biodiversitätsschutzes zu tun, wodurch sich nicht-intendierte Wechselwirkungen verschiedener Instrumente aus unterschiedlichen Sektoren ergeben (Kap. III.2). Die Heterogenität und das multifunktionale Leistungsspektrum des Naturhaushalts führen in Bezug auf Erhaltung und Nutzung zu unterschiedlichen Zielen, die naturschutzpolitisch oft nur durch verschiedene Instrumente erreichbar sind (Gunningham et al. 1998; dazu und zum Folgenden iDiv 2013, S. 96 f.; Ring/Schröter-Schlaack 2013, S. 156). Von Naturschutzseite ist deshalb immer wieder die Forderung zu hören, dasselbe biodiversitätspolitische Ziel mit mehreren Instrumenten gleichzeitig zu verfolgen, um den durch Komplexität und Dynamik der biologischen Vielfalt bedingten Unsicherheiten in den Instrumentenwirkungen Rechnung zu tragen (Gunningham/Young 1997).

Vor diesem Hintergrund werden im Folgenden drei Politikmixkonstellationen genauer in den Blick genommen, die zwar nicht unmittelbar dem Naturschutzbereich zuzuordnen sind, gleichwohl aber vielfältige Wirkungen auf die biologische Vielfalt und das Management von Ökosystemleistungen entfalten (iDiv 2013, S. 135). Ausgangspunkt ist jeweils ein innovativer ökonomischer Steuerungsansatz – Zahlungen für Ökosystemleistungen, ökologischer Finanzausgleich sowie handelbare Flächenausweisungsrechte –, dessen Wirkmechanismen im konkreten Regelungsumfeld beleuchtet werden. Dabei steht insbesondere das Zusammenspiel mit ordnungsrechtlichen Rahmenbedingungen im Vordergrund. Welche Synergien lassen sich erzielen? Wo konfligieren typischerweise verschiedene Anreize? Welche Wirkmechanismen fehlen? Welche Akteure sind noch nicht genügend einbezogen? Konkret werden die folgenden Instrumentenkombinationen untersucht (zum Folgenden iDiv 2013, S. 103 ff.):

> *Agrarumweltmaßnahmen und ordnungsrechtliche Mindeststandards*: Mit der Einführung anreizorientierter Instrumente für den Naturschutz, z. B. sogenannte Zahlungen für Ökosystemleistungen (PES), werden – wie im Kapitel V dargelegt – hohe Erwartungen hinsichtlich der Effizienz von Maßnahmen zum Schutz der biologischen Vielfalt und der nachhaltigen Nutzung von Ökosystemleistungen verbunden. So auch in Deutschland, wo in Land- und Forstwirtschaft anreizorientierte Agrarumwelt- und Vertragsnaturschutzmaßnahmen seit Längerem etabliert sind. Gleichzeitig zeigen die bisherigen Erfahrungen jedoch, dass diese Programme in höchst unterschiedlichem Maße nachgefragt werden und unterschiedliche Grade der Zielerreichung aufweisen. Es ist zu fragen, welche Faktoren des Instrumentendesigns bei der Ausgestaltung des Ordnungsrechts oder der PES selbst, aber auch welche gegenläufigen Anreize von weiteren Politikinstrumenten, ggf. auch aus anderen Sektoren, eine erfolgreiche Implementation und Durchführung der Maßnahmenprogramme behindern.

> *Ökologischer Finanzausgleich und Schutzgebietsausweisung*: Mit der Integration von Naturschutzindikatoren in den Finanzausgleich könnte auf Länder- bzw. kommunaler Ebene ein blinder Fleck der bisherigen Instrumentierung der Naturschutzpolitik adressiert werden. Während Anreizprogramme für private Landnutzer ein weitverbreiteter Ansatz zur Erhaltung der biologischen Vielfalt (z. B. Vertragsnaturschutzprogramme) und der dauerhaften Sicherung von Ökosystemleistungen (z. B. Agrarumweltmaßnahmen zur Grundwasserreinhaltung) sind, fehlt derzeit ein Mechanismus zur Anerkennung der mit Schutzgebieten einhergehenden Opportunitäts- und Managementkosten für öffentliche Entscheidungsträger (Ring/Schröter-Schlaack 2013). Aufzuzeigen ist daher, wie eine »Übersetzung« dieser naturschutzrechtlichen Verpflichtungen der Länder und Kommunen in Bezug auf entsprechende ausgleichswürdige Finanzbedarfe innerhalb des Finanzausgleichssystems gelingen könnte.

> *Handelbare Flächenausweisungsrechte und planungsrechtliche Flächennutzungssteuerung*: Durch die anhaltend hohe Flächeninanspruchnahme für Siedlungs- und Verkehrszwecke gehen einerseits Lebensräume für Flora und Fauna verloren bzw. werden zerschnitten, andererseits erzeugt das Siedlungswachstum auf zuvor agrarisch genutzten Standorten einen Intensivierungsdruck auf den verbliebenen landwirtschaftlichen Flächen. Ein Ziel der »Nationalen Nachhaltigkeitsstrategie« ist daher die Begrenzung des Siedlungsflächenwachstums von derzeit rund 75 ha je Tag auf maximal 30 ha je Tag bis zum Jahr 2020 (Bundesregierung 2002). Insbesondere dem Instrument der handelbaren Flächenausweisungsrechte, das nach dem Vorbild des $CO_2$-Emissionshandels Kommunen nur noch nach Vorlage eines Ausweisungsrechtes die Ausweisung neuen Baulandes erlaubt, wird ein Höchstmaß an Effizienz bei der Reduzierung der Flächeninanspruchnahme attestiert (Kap. V.3.4). Offen bleibt aber, wie ein solches flexibilisierendes Element in die bestehende planungsrechtliche Steuerung der Flächennutzung eingebunden werden kann,

welche Einschränkungen zur Sicherung der ökologischen Anforderungen notwendig sind und welche tatsächlichen Wirkungseffekte des Handelssystems dabei erhalten bleiben.

Vorauszuschicken ist, dass mit den folgenden, auf dem iDiv-Gutachten (2013, S. 94 ff.) basierenden Analysen kein Anspruch auf eine umfassende Politikmix-untersuchung erhoben wird. Es wird jeweils nicht der gesamte instrumentelle Kontext mit seinen unzähligen Wechselwirkungen und Wirkungsüberlagerungen betrachtet, sondern es werden zwei Einzelinstrumente herausgegriffen und in ihrem Wechselspiel beleuchtet, und auch dies nur in den wesentlichen Grund-mustern – alles andere würde den Rahmen dieser Untersuchung bei Weitem sprengen. Aus dem gleichen Grund werden die jeweiligen Instrumente auch nicht differenziert bewertet, um konkrete Empfehlungen für ihre Optimierung in dem jeweils gegebenen Regelungsumfeld abzuleiten (iDiv 2013, S. 100). Die folgen-den Beispiele sind dennoch dafür gedacht, die funktionale Rolle innovativer Finanzinstrumente im Politikmix auf allgemeiner Ebene zu klären, vor allem im Hinblick auf potenzielle Synergien und Konflikte mit dem bestehenden Ord-nungsrecht.

## AGRARUMWELTMASSNAHMEN UND ORDNUNGSRECHTLICHE MINDESTSTANDARDS                                                          2.1.

Ziel der im Kapitel V.3.1 ausführlich behandelten Zahlungen für Ökosystemleis-tungen (PES) ist es, ökonomische Anreize für den Schutz der Biodiversität und die Bereitstellung von Ökosystemleistungen zu schaffen (dazu und zum Folgen-den iDiv 2013, S. 105 f.). In Europa ist dieses Instrument seit 1992 fester Be-standteil der EU-Agrarpolitik. Über Agrarumweltmaßnahmen können Landwirte Verträge abschließen und Zahlungen dafür in Anspruch nehmen, dass sie freiwil-lige, über die festgeschriebenen Mindeststandards hinausgehende Umweltmaß-nahmen durchführen.

Den Ausgangspunkt für die Ausgestaltung von Agrarumweltprogrammen bilden die bestehenden Vorschriften zur guten fachlichen Praxis sowie zur Cross Compliance. Diese Regelungen definieren bestimmte Bewirtschaftungsstandards, bei deren Verstoß ordnungsrechtliche Sanktionen drohen. Für das Zusammen-spiel zwischen ordnungsrechtlichen Vorschriften und anreizorientierten PES ist die Frage grundlegend, wie weit das Ordnungsrecht verpflichtende Festlegungen treffen soll und ab wann freiwillige Honorierungen zu greifen haben. Die ent-sprechende Gestaltung des Politikmixes umfasst eine grundlegende Abwägung zwischen zwei Prinzipien, die nachfolgend vorgestellt werden: dem Verursacher-prinzip einerseits, das im Ordnungsrecht grundlegend ist, sowie dem ökonomi-schen Effizienzprinzip andererseits, das nach einer präzisen Definition und Ver-teilung der Verfügungsrechte unter Minimierung von Kosten (Produktions- und

Transaktionskosten) verlangt. Mit Blick auf die Landwirtschaft ergeben sich die folgenden Fragen: Wie sind die Verfügungsrechte im Hinblick auf die Landwirtschaft verteilt, und wer hat demnach für die Beseitigung negativer und/oder die Bereitstellung positiver externer Effekte aufzukommen, die Landwirte oder die Gesellschaft? Was wird dem Landnutzer als sozialpflichtig und was als ausgleichsfähig angerechnet?

### VERURSACHERPRINZIP UND VERFÜGUNGSRECHTE AUS ÖKONOMISCHER SICHT

Als zentrales umweltpolitisches Prinzip gilt, dem Verursacher von Umweltschäden – also demjenigen, der die Umwelt durch physischen Eingriff beeinträchtigt – Vorgaben zu machen (Auflagen) bzw. ihn zur Zahlung der daraus resultierenden Kosten zu verpflichten (dazu und zum Folgenden iDiv 2013, S. 107 f.). Zum Beispiel ist nach dem Verursacherprinzip der Gewässerverschmutzer für die Wasserreinigung haftbar zu machen. Damit wird das Verursacherprinzip dem Gemeinlastprinzip gegenübergestellt, bei dem die Allgemeinheit die Kosten für physische Umweltbeeinträchtigungen aufbringt. So einleuchtend das Verursacherprinzip erscheint, so werden aus ökonomischer Sicht dennoch grundlegende Zweifel an seiner Sinnhaftigkeit angemeldet. Die Kritik lautet, dass die Ermittlung eines einseitigen physischen Verursachers bei strenger Betrachtung ins Leere laufen muss, da nicht nur das Tun des Schädigers, sondern auch die Anwesenheit des Geschädigten immer für den Schaden *ursächlich* sind – denn ohne Geschädigten gibt es auch keinen Schaden (Feess/Seeliger 2013, S. 182 ff.). Wenn es aber keinen eindeutigen Verursacher gibt, hängt die juristische Identifikation eines solchen immer auch von »einer normativen Würdigung der Gesamtumstände und damit von der Zielsetzung ab, die mit der Zuweisung der Verursachung bezweckt wird« (Feess/Seeliger 2013, S. 186). Laut ökonomischer Theorie kann diese Zielsetzung nur in der möglichst effizienten Internalisierung externer Effekte bestehen – um dies zu erreichen, scheint es jedoch gerade nicht geboten zu sein, stets um jeden Preis den Emittenten zu belasten.

Vielmehr ist aus ökonomischer Sicht dafür maßgeblich, dass die Eigentums- resp. Verfügungsrechte[92] (»property rights«) an der Umweltressource vor Eintreten konkreter Beeinträchtigungen präzise und exklusiv definiert sind – ob sie dem Schädiger oder dem Geschädigten zugesprochen werden, spielt dabei keine Rolle. Verdeutlicht werden kann dies am Beispiel des externen Effekts Gewässerverschmutzung durch die Landwirtschaft (zum Folgenden iDiv 2013, S. 109): Es gibt einen Viehzüchter V, der die anfallende Gülle immer zum Anfang des Jahres auf den hofnahen Flächen ausbringt. Dies hat zur Folge, dass im Boden

---

92    Die Verfügungsgewalt eines Subjekts über Ressourcen wird als »property rights« (Verfügungsrechte; Handlungsrechte) bezeichnet. Im alltäglichen Fall ist das Verfügungsrecht dabei gleich dem Eigentum, es deckt sich aber nicht immer mit den bürgerlichrechtlichen Eigentumszuschreibungen und -grenzen (Hampicke 2001).

hohe Nährstoffüberschüsse entstehen, die zu einem großen Teil ins Grundwasser gelangen. Der Trinkwasserbetreiber T entnimmt das Trinkwasser aus einem Grundwasserreservoir, dem das nährstoffreiche Grundwasser zufließt, das aufgrund der hohen Nährstoffbelastung nicht mehr direkt als Trinkwasser genutzt werden darf. Damit verursacht V einen negativen externen Effekt und T entstehen Kosten beispielsweise durch Trinkwasseraufbereitung oder Erschließung einer unbelasteten Quelle. Besäße T ein Recht auf sauberes Wasser, so müsste der Emittent (in diesem Fall V) entweder die Wasserverschmutzung einstellen oder Schadensersatz leisten (T sein Verfügungsrecht abkaufen). Besäße er es nicht und besäße damit der Emittent das Verfügungsrecht bezüglich der Wasserqualität, so könnte T ihm Zahlungen anbieten, um die Emission zu reduzieren (Hampicke 2001).

Es ist also keineswegs selbstverständlich, die Eigentumsrechte dem Trinkwasserbetreiber zuzuteilen (dazu und zum Folgenden iDiv 2013, S. 109 f.). Der Viehzüchter kann zwar als physischer Verursacher der externen Effekte aufgefasst werden, ob aber dem Trinkwasserbetreiber das Recht zur Untersagung der externen Effekte eingeräumt wird, hängt von der angesprochenen »normativen Würdigung der Gesamtumstände« durch die Gesellschaft und die Rechtsprechung ab (Feess/Seeliger 2013, S. 186). Dem Staat fällt somit die Aufgabe zu, Verfügungsrechte zu verteilen und damit eindeutige Verhältnisse zu schaffen. Eindeutig definierte und verliehene »property rights« entscheiden darüber, wer für die Erhaltung einer Ressource bezahlen muss, wer von ihr profitieren kann und wer, wenn überhaupt, sie gegebenenfalls irreversibel vernichten darf (Hampicke 2001). Fehlende oder mangelnde Verfügungsrechte hingegen bereiten vor allem in Bezug auf öffentliche Güter Probleme. So findet eine regellose Übernutzung dann statt, wenn für eine Ressource keine Verfügungsrechte zugeteilt sind und/oder durchgesetzt werden können – es besteht »open access«, jeder hat freien Zugang und kann sich bedienen. In diesem Sinne existieren externe Effekte auch nur deshalb, weil eine Lücke oder Unklarheit in der Verteilung der Verfügungsrechte besteht.

## ZUR FUNKTIONALEN ROLLE VON AGRARUMWELTMASSNAHMEN IM POLITIKMIX

Aus den vorhergehenden Überlegungen lassen sich zwei grundsätzliche Möglichkeiten ableiten, wie sich im Bereich der Landwirtschaft ein verstärkter Schutz von biologischer Vielfalt erreichen lässt (zum Folgenden iDiv 2013, S. 110 f.):

> Gemäß dem Verursacherprinzip kann der Landwirt als »technischer Verursacher« von Umweltbelastungen durch eine ordnungsrechtliche Verschärfung resp. Konkretisierung der Regelungen zur guten fachlichen Praxis und Cross Compliance dazu gezwungen werden, stärker auf den Schutz der Naturressourcen zu achten – dies hätte eine Einschränkung der Verfügungsrechte der Landwirte zur Folge.

> Auf Grundlage der Theorie der Verfügungsrechte kann umgekehrt abgeleitet werden, dass das Verfügungsrecht über landwirtschaftliche Flächen beim Landwirt liegt und die Gesellschaft ihm die Leistungen zur Schonung von Umweltressourcen und Erhaltung der Biodiversität in Form von Honorierungszahlungen entgelten muss – was eine weitgehende Beibehaltung des derzeitigen Niveaus der guten fachlichen Praxis und eine Stärkung anreizorientierter Programme implizieren würde.

Welche dieser Herangehensweisen sich biodiversitätspolitisch eher auszahlt, darüber gehen die Meinungen auch unter den Gutachtern auseinander: Während in iDiv (2013, S. 51 ff.) einerseits aus juristischer Perspektive für eine Stärkung des Ordnungsrechts argumentiert wird,[93] wird andererseits in iDiv (2013, S. 105 ff.) aus ökonomischer Sicht eher für eine Forcierung anreizorientierter Programme plädiert (bei weitgehender Beibehaltung geltender Standards). Beide Optionen haben ihre spezifischen Vor- und Nachteile (zum Folgenden iDiv 2013, S. 111 f.): Für die Verschärfung verbindlicher Mindeststandards spricht, dass ein generelles Schutzniveau geschaffen wird, das nicht von der freiwilligen Teilnahme an zusätzlichen Programmen abhängt. Der dadurch zu erwartende Effektivitätsgewinn wird allerdings mit Effizienzverlusten bezahlt: Denn in flächendeckenden Vorgaben können standörtliche Gegebenheiten nur schlecht oder kaum abgebildet werden, sodass ein Teil der Landwirte unverhältnismäßig stark eingeschränkt werden könnte – z. B. solche, die auf wasserdurchlässigen und ertragsschwachen Gebieten wirtschaften, wo die Vermeidung von Nitrateinträgen ins Grundwasser mit höheren Opportunitätskosten verbunden ist. Demgegenüber kann die Honorierung von Umweltleistungen sehr ergebnis- und standortorientiert erfolgen und sich damit als effizienter und akzeptanzfähiger erweisen – verbunden jedoch mit einer unsicheren Zielerreichung und unter Umständen mit höheren gesellschaftlichen Kosten, da auf langfristige Sicht ausreichende Mittel an die Landwirte zu

---

93 Dabei identifiziert iDiv (2013, S. 61 ff.) die folgenden Ansatzpunkte für eine Verbesserung der rechtlichen Anforderungen an die gute fachliche Praxis: allgemeines Verbot der Beseitigung von Landschaftselementen; allgemeines Umwandlungsverbot für Dauergrünland mit Befreiungsvorbehalt; Mindestanteil an extensiven land- bzw. forstwirtschaftlichen Flächen; Mindestanzahl an Tier- und Pflanzenarten differenziert nach Landschafts- oder Bodenarten; Mindestgehalt an organischen Stoffen in Ackerböden differenziert nach Bodenarten; Mindestanzahl an Bodenorganismen differenziert nach Bodenarten; verbindliche Grenzen für Düngemittel; verbindliche Grenzen für Pflanzenschutzmittel; Verbot bestimmter Pflanzenschutzmittel; Verbot von Dünge- und Pflanzenschutzmitteln auf besonders sensiblen Flächen.

gewähren sind, um Planungssicherheit sowie ein ausreichendes Zusatzeinkommen zu garantieren.[94]

Grundsätzlich gilt jedoch, dass ordnungsrechtliche Standards und anreizorientierte Programme nicht in einem grundsätzlichen Widerspruch zueinander stehen. Vielmehr geht es letztlich darum, jene Kombination aus Ordnungsrecht und Anreizinstrument zu finden, welche die Erreichung des umweltpolitischen Ziels zu den volkswirtschaftlich geringsten Kosten ermöglicht (iDiv 2013, S. 137). Dies wiederum setzt eine klare Definition und Verteilung der Verfügungsrechte voraus. Es muss festgelegt werden, welche ökologischen Leistungen von den Landwirten durch die Einhaltung ordnungsrechtlicher Vorgaben zu erfüllen sind und welche ökologischen Leistungen »Zusatzleistungen« darstellen, die über die einzuhaltenden ökologischen Standards hinausgehen und deshalb zu honorieren sind (iDiv 2013, S. 114). Ein Politikmix aus agrarpolitischen Bewirtschaftungsvorschriften und anreizorientierten Agrarumweltmaßnahmen muss also in besonderer Weise auf die komplementäre Beziehung beider Instrumente abheben – wo das Ordnungsrecht gilt, sollte keine Zahlung an Landwirte erfolgen, vielmehr bildet das Ordnungsrecht die »baseline« für den darüber hinaus zielenden Wirkungsbereich des Anreizmechanismus und insofern operieren die Instrumente in klar abgegrenzten Sphären (iDiv 2013, S. 137).

Die Grenze zwischen unentgeltlicher Leistung, die nach der guten fachlichen Praxis gefordert ist, und Honorierung ökologischer Leistungen, die für zusätzliche Leistungen gezahlt werden, wird letztlich durch die Gesellschaft bestimmt (dazu und zum Folgenden iDiv 2013, S. 114 f.). Das überzeugendste, konsensfähige Kriterium für diese Grenzziehung und damit für die Definition von Verfügungsrechten ist nach Hampicke (2000) die Zumutbarkeit, die von der Höhe finanzieller Einbußen resp. eines Zusatzeinkommens bei den Landwirten abhängt und sich letztlich auf die Akzeptanz durch die Landwirte sowie die Umsetzbarkeit auswirkt. Wenn eine tragfähige Landwirtschaft als Nahrungsproduzentin und zur Erhaltung und Pflege der Kulturlandschaft gewollt ist, ist sehr genau zu überlegen, wie die Verteilung der Verfügungsrechte erfolgen soll, da Auflagen und Honorierungen unterschiedliche Wirkungen auf die Einkommens-

---

94  Die Einführung einer ergebnisorientierten Honorierung könnte sich für die Gesellschaft auch als volkswirtschaftlich kostenneutral erweisen, sofern dadurch ein adäquater Beitrag zur Erhaltung der Kulturlandschaft erfolgt, der sonst auf anderem Wege finanziert werden müsste (iDiv 2013, S. 115). Allerdings sind dabei auch verschiedene, schwierig abzuschätzende »trade-offs« zu berücksichtigen – etwa zwischen öffentlichen Verwaltungskosten und höherem Zielerreichungsgrad –, welche die Kosteneffizienz des Instruments negativ beeinflussen (Kap. V.3.1.1; iDiv 2013, S. 113).

und Vermögensverteilung haben.[95] Wird die Landwirtschaft durch die Auflagen-
politik zu stark finanziell belastet, muss sie – um eine hinreichende Einkom-
menssicherung zu garantieren –, auf anderem Wege finanziert werden. Unsinnig
würde es erscheinen, wenn eine Belastung der Landwirtschaft auf der einen Seite
ihre Subventionierung auf der anderen Seite konterkariert.

Sowohl die bestehenden Ge- und Verbotsregelungen als auch die ergänzenden
Agrarumweltmaßnahmen führen derzeit nicht zu dem gewünschten Biodiversitätsschutz, was bei den Mindeststandards auf mangelnde Kontrollen und aus-
bleibende Sanktionen, bei den anreizorientierten Programmen auf die mangelnde
ergebnisorientierte Honorierung zurückgeführt werden kann (Freese 2011; iDiv
2013, S. 110). Bei der Verbesserung des derzeitigen Politikmixes ist auch die
Wirkung von Instrumenten anderer Sektoren mit gegensätzlichen, negativen
Auswirkungen auf Biodiversität und Ökosystemleistungen zu berücksichtigen,
z. B. durch kontraproduktive Subventionen wie im Fall der Bioenergie (vgl. auch
Kap. III.2.2; dazu und zum Folgenden iDiv 2013, S. 115 f.). In diesem Fall wird
deutlich, dass die PES-Zahlungen in der Regel nicht mit der Anreizwirkung der
Zahlungen für Biomasse konkurrieren können (Schramek et al. 2012) – das ge-
wünschte Biodiversitätziel wird durch den Politikmix aus Ordnungsrecht und
PES nicht erreicht. Denkbare Lösungen sind ein Abbau und/oder eine weitere
Beschränkung der kontraproduktiven Subventionen in anderen Wirtschaftssek-
toren, eine Erhöhung der Zahlung von PES oder eine Verschärfung des Ordnungsrechts, dessen Regelungen alle Landnutzer in jedem Fall einhalten müssen.
Ordnungsrechtliche Verschärfungen müssten gegebenenfalls anhand der verfassungsrechtlichen Zumutbarkeitskriterien geprüft werden, außerdem kann die
weitgehende Einschränkung des eigenen Handlungsspielraumes durch Ge- und
Verbotsregelungen bei den betroffenen Landwirten zu Unwillen und kontraproduktiven Verhaltensmustern führen (iDiv 2013, S. 110). Die Akzeptanz von Landwirten für die Durchführung von anspruchsvollen Maßnahmen ließe sich hingegen dadurch steigern, dass wieder eine Anreizkomponente bei den Zahlungen erlaubt wird, die nicht nur die reinen Opportunitätskosten der Landwirte deckt,
sondern auch eine tatsächliche Honorierung der erbrachten Leistung darstellt.

---

95  Nach Geisbauer/Hampicke (2012) ist Landwirtschaftsbetrieben aufgrund von massiven
finanziellen Einbußen nur eingeschränkt zumutbar, z. B die Vorschriften zur guten fachlichen Praxis neben dem Schutz der abiotischen Ressourcen Boden und Gewässer auch
auf »biotische« Ziele wie Artenvielfalt auszuweiten. Die Autoren belegen diese Aussage
am Beispiel von Berechnungen zum Schutz von Ackerwildkräutern. In Bereichen wie
z. B. der Nährstoffproblematik biete sich dagegen eine Verschärfung und Vereinheitlichung des Ordnungsrechts an, das dann durch weiter ausgestaltete freiwillige PES-
Maßnahmen ergänzt werden könnte.

## ÖKOLOGISCHER FINANZAUSGLEICH UND
## SCHUTZGEBIETSAUSWEISUNG                                     2.2

Nach wie vor bildet die Ausweisung von Schutzgebieten zum Schutz bedrohter
Arten und Lebensräume quasi das Rückgrat des Naturschutzes (dazu und zum
Folgenden iDiv 2013, S. 116). Die nationale (Naturparks, Naturschutzgebiete,
Landschaftsschutzgebiete), europäische (Natura-2000-Gebiete) oder gar internationale Bedeutung (Nationalparks, Biosphärenreservate) zahlreicher Schutzgebie-
te weist bereits darauf hin, dass diese mit einem Nutzen verbunden sind, der weit
über die Grenzen des eigentlich geschützten Gebietes hinausreicht. Sie stellen
zahlreiche Ökosystemleistungen bereit (insbesondere Regulations- und kulturelle
Leistungen), deren Wert sich nach wissenschaftlichen Schätzungen auf weltweit
bis zu 5.200 Mrd. US-Dollar pro Jahr belaufen könnte (Balmford et al. 2002).
Da es sich beim Natur- und Biodiversitätsschutz weitgehend um ein öffentliches
Gut handelt, fallen dessen Kosten hingegen überwiegend dezentral an: in Form
von Landnutzungseinschränkungen bei den privaten Landnutzern und Kommunen oder in Form von Einrichtungs-, Verwaltungs-, Management- und Pflege-
kosten bei den öffentlichen Gebietskörperschaften verschiedener Ebenen.

Gerade die Schutzgebiete mit höherem Naturschutzwert bringen besonders starke Landnutzungseinschränkungen mit sich und sind folglich für private Landnutzer wenig profitabel (Stoll-Kleemann 2001; dazu und zum Folgenden iDiv
2013, S. 116). Auch auf öffentlicher Seite wirkt das bestehende institutionelle
Gefüge eher als Anreiz gegen mehr Naturschutz: Kommunale Haushalte profitieren von intensiver wirtschaftenden Unternehmen in der Regel durch höhere
Gewerbesteuereinnahmen. Darüber hinaus versuchen Kommunen durch die Ausweisung von Siedlungsgebieten ihre Einwohnerzahlen zu steigern, was ihnen einerseits höhere Einnahmen über die Einkommensteuer, andererseits aber auch
höhere Zuweisungen über den kommunalen Finanzausgleich bringt. Demgegenüber steht ein weitgehend öffentlich getragener Naturschutzsektor, dem es zur
Durchführung seiner Aufgaben oft personell und finanziell an Ressourcen fehlt
(SRU 2002).

Vor diesem Hintergrund wird von politischer wie auch wissenschaftlicher Seite
seit Längerem darüber nachgedacht, wie neben privaten auch öffentliche Akteure
stärker dazu motiviert werden können, sich mehr für den Naturschutz zu engagieren. Eine Option stellen die im Kapitel V.3.2 diskutierten ökologischen Finanzzuweisungen dar. In Deutschland wird seit geraumer Zeit gefordert, etwa pro-
minent vom Sachverständigenrat für Umweltfragen (SRU 1996), den Finanzausgleich entsprechend um eine ökologische Komponente zu ergänzen und so
öffentliche Naturschutzleistungen gezielt anzuregen.

## UMSETZUNGSMÖGLICHKEITEN IN DEUTSCHLAND

Konkrete Vorschläge für die Ökologisierung des Finanzausgleichs beziehen sich in Deutschland überwiegend auf die Einbeziehung des Naturschutzes in den kommunalen Finanzausgleich (dazu und zum Folgenden iDiv 2013, S. 121 f.; Ring/ Mewes 2013, S. 174 f.). Diskutiert wird beispielsweise, den Finanzbedarf um einen Naturschutzansatz zu erweitern, der die lokalen ökologischen Leistungen repräsentiert, deren Nutzen über die Gemeinde- resp. Stadtgrenzen hinausreichen. Dabei würde die normierte überschneidungsfreie Schutzgebietsfläche innerhalb der Gemeinde- bzw. Stadtgrenzen berechnet und entsprechend ihrer Bedeutung für den Naturschutz und den damit verbundenen Landnutzungseinschränkungen gewichtet. So würde z. B. 1 ha Nationalparkfläche mit 100 % seiner Fläche, 1 ha Landschaftsschutzgebiet aber nur mit 30 % seiner Fläche einfließen. Ring (2008a) hat diese Variante für den kommunalen Finanzausgleich in Sachsen modelliert, mit dem erwartbaren Ergebnis, dass insbesondere die peripheren und naturschutzfachlich wertvollen Räume überdurchschnittlich gewinnen, während die dichter besiedelten und landwirtschaftlich intensiver genutzten Räume in der Tendenz einen Teil ihrer Zuweisungen verlieren würden.

Die ungleiche Verteilung von Kosten und Nutzen des Naturschutzes ist aber nicht nur für die kommunale Ebene innerhalb der Bundesländer relevant, sondern auch für den Länderfinanzausgleich (dazu und zum Folgenden iDiv 2013, S. 118 u. 122 f.). Im Vergleich der Bundesländer lässt sich feststellen, dass einige Bundesländer mehr, andere weniger Schutzgebiete im Vergleich zum Bundesdurchschnitt ausgewiesen haben und damit einen unterschiedlichen gesellschaftlichen Nutzen erbringen. In seiner jetzigen Form ist der Länderfinanzausgleich letztlich ein reiner Finanzkraftausgleich mit der (fiktiven) Einwohnerzahl des jeweiligen Bundeslandes als abstraktem Bedarfsindikator. Die fiktive Einwohnerzahl ergibt sich aus der tatsächlichen Einwohnerzahl, dem anerkannt erhöhten Bedarf der Stadtstaaten Berlin, Hamburg und Bremen sowie der erhöhten Bedarfe der besonders dünn besiedelten Länder Mecklenburg-Vorpommern, Brandenburg und Sachsen-Anhalt, die gesondert über eine Einwohnergewichtung berücksichtigt werden. Neben der tatsächlichen Einwohnerzahl, dem Stadtstaatenfaktor und dem Dünnsiedelfaktor könnte ein Naturschutzfaktor ergänzt werden, der die relative Naturschutzleistung eines Bundeslandes im Vergleich zum Bundesdurchschnitt berücksichtigt. Schröter-Schlaack et al. (2013) haben dazu verschiedene Indikatoren des Natur- und Landschaftsschutzes identifiziert, die sich für eine schrittweise Integration in den Länderfinanzausgleich eignen würden: beginnend bei Natura-2000-Gebieten, über streng geschützte Gebiete des Natur- und Artenschutzes, den Landschaftsschutz, die Landschaftsfragmentierung bis hin zur Berücksichtigung komplexer Faktoren wie die nationale Verantwortlichkeit der Bundesländer für den Schutz bestimmter, besonders streng geschützter Arten.

ABB. VI.2     VERÄNDERUNG DER FINANZKRAFT DER LÄNDER DURCH INTEGRATION VON
NATUR- UND ARTENSCHUTZGEBIETEN IN DEN LÄNDERFINANZAUSGLEICH

| | | | Änderung der Finanzkraft |
|---|---|---|---|
| ▨ -20 bis -15 | ▨ -14 bis 0 | ▨ 1 bis 15 | in €/Einwohner für 2010 |
| ■ 16 bis 30 | ■ 31 bis 45 | ■ 46 bis 60 | gegenüber Status quo |

Quelle:     nach Schröter-Schlaack et al. 2013, S. 67

In der Abbildung VI.2 ist die Veränderung der Finanzkraft pro Kopf des jeweiligen Landes für das Jahr 2010 dargestellt, wenn Gebiete des Natur- und Artenschutzes im Länderfinanzausgleich berücksichtigt würden. Dieser Indikator berücksichtigt Gebiete des strengen Natur- und Artenschutzes, wozu Nationalparke, die Naturschutzgebiete, die Fauna-Flora-Habitat-Gebiete sowie die europäischen Vogelschutzgebiete gehören. Es zeigt sich, dass insbesondere Mecklenburg-Vorpommern und Brandenburg im Vergleich zum Bundesdurchschnitt außerordentlich hohe Leistungen für den Naturschutz erbringen und entsprechend von einem reformierten Länderfinanzausgleich profitieren würden (Abb. VI.2).

## ZUR FUNKTIONALEN ROLLE DES ÖKOLOGISCHEN FINANZAUSGLEICHS IM POLITIKMIX

Um ökologische öffentliche Aufgaben systematischer im Länderfinanzausgleich und den kommunalen Finanzausgleichsgesetzen der Länder zu berücksichtigen, würde es sich in einem ersten Schritt anbieten, Schutzgebiete als Indikator für Finanzzuweisungen zu berücksichtigen, denn diese haben eine große Bedeutung für die Erhaltung der Biodiversität und spielen eine besondere Rolle für zahlreiche regulative und kulturelle Ökosystemleistungen (dazu und zum Folgenden iDiv 2013, S. 124). Damit käme dem Politikfeld Naturschutz eine völlig neue und bis dato noch nicht zugestandene Anerkennung zuteil, indem ökologische öffentliche Aufgaben erstmals als Kosten- und Leistungsbestandteile öffentlicher Finanzbeziehungen anerkannt würden. Eine Erweiterung des Finanzausgleichs in dieser Form könnte somit das ordnungsrechtliche Instrument Schutzgebiete anreizorientiert komplementieren.

Gleichzeitig würde dadurch eine wichtige Lücke geschlossen, was die Adressierung wichtiger Akteure durch ökonomische Instrumente angeht (dazu und zum Folgenden iDiv 2013, S. 124 f.). Förderprogramme des Natur-, Agrar- und Forstumweltschutzes sprechen bislang überwiegend private Akteure an, d. h. die Landnutzer im Agrar- und Forstbereich, jedoch kaum öffentliche Akteure. Gerade diese spielen aber oft eine große Rolle im Widerstand gegen neue Schutzgebiete, da sie eine Einschränkung ihrer Entwicklungsmöglichkeiten und damit negative Auswirkungen auf die kommunalen Haushalte befürchten. Im Gegenzug sind Kommunen stark an der Ausweisung neuer Siedlungs- und Gewerbeflächen interessiert, nicht zuletzt, um eigene Einnahmen zu erhöhen und stärker über Zuweisungen im Finanzausgleich zu profitieren. Insofern schließt ein um ökologische Indikatoren ergänzter Finanzausgleich eine Lücke im Instrumentenkanon für den Naturschutz und könnte durch die Honorierung öffentlicher Akteure eine zu anderen ökonomischen Naturschutzinstrumenten komplementäre Funktion erfüllen.

Synergien sind mit all denjenigen Instrumenten zu erwarten, die ein Mehr an Natur- und Biodiversitätsschutz erreichen wollen (Schröter-Schlaack et al. 2013,

S. 86 f.; dazu und zum Folgenden iDiv 2013, S. 125). Dabei steuert ein ökologischer Finanzausgleich relativ »grob«, denn der überwiegende Anteil der Zuweisungen im Finanzausgleich wird in Form allgemeiner oder Schlüsselzuweisungen gewährt, bei denen es im Ermessen des Empfängers steht, wie die Mittel verwendet werden. Dennoch würde ein entsprechender Naturschutzindikator allein schon über die Anerkennung von Schutzgebieten positive Anreize für das Politikfeld Naturschutz bei den betroffenen Akteuren bieten, ebenso wie derzeitige Indikatoren in den Finanzausgleichsgesetzen eine entsprechende Anreizwirkung entfalten, etwa zur Erhöhung von Einwohnerzahlen über Eingemeindungen von Umlandgemeinden.

Eine Bedeutungs*zunahme* des Naturschutzes bei Abwägungen zwischen verschiedenen Handlungsoptionen führt zwangsweise zu einer Bedeutungs*abnahme* derjenigen Politikfelder und Instrumente, die heute maßgeblich für den andauernden Biodiversitätsverlust verantwortlich sind (dazu und zum Folgenden iDiv 2013, S. 125). Daher könnte ein ökologischer Finanzausgleich tendenziell als konfligierend mit Interessen der wirtschaftlichen Entwicklung, der Intensivierung der Landnutzung, des Ausbaus der öffentlichen Infrastruktur und des Verkehrssektors wahrgenommen werden. Da aber die Vertreter von Naturschutzinteressen im Vergleich zu den Vertretern der Verursacherbereiche Land- und Forstwirtschaft, Wirtschaft, Bau, Verkehr, Transport, Sport und Tourismus bislang zumeist einen geringeren politischen Einfluss und ein schwächeres Durchsetzungspotenzial aufweisen (SRU 2002, S. 25), könnte eine Anerkennung von Naturschutzindikatoren in den Finanzverfassungen von Bund und Ländern zu faireren Wettbewerbsbedingungen zwischen den verschiedenen Politikfeldern und langfristig zu einem Umdenken führen.

## HANDELBARE FLÄCHENAUSWEISUNGSRECHTE UND PLANUNGSRECHTLICHE FLÄCHENNUTZUNGSSTEUERUNG    2.3

Die Flächennutzung in Deutschland unterliegt einem umfassenden Planungsvorbehalt (dazu und zum Folgenden iDiv 2013, S. 128). Maßgeblicher Akteur im Planungssystem sind die Gemeinden, die im Rahmen der kommunalen Bauleitplanung letztendlich verbindliche Festlegungen über die Art der zulässigen Bodennutzung treffen. Die Bauleitplanung ist dabei eingebettet in ein System überlokaler Planungen (Bundesraumordnung, Landes- und Regionalplanung) und gesetzlicher Bestimmungen (Baugesetzbuch etc.).

Die Nachfrage nach einer Regulierung der Flächennutzung im Gemeindegebiet wird durch Grundstückseigentümer, Gewerbetreibende und die Bürger einer Gemeinde generiert (dazu und zum Folgenden iDiv 2013, S. 128). Mit einer expansiven Baulandpolitik gehen zahlreiche Vorteile für diese Gruppen einher (Eigentumswertsteigerung, baureifes Land, Flexibilität in der Standortwahl und

Prestigegewinne durch Ansiedlungserfolge), sodass sie einer Siedlungsflächen-
ausweisung überwiegend positiv gegenüberstehen. Der trotz des demografischen
Wandels anhaltend hohe Flächenverbrauch in Deutschland verdeutlicht, dass
auch die kommunalen Planungsträger erheblichen Anreizen zur Ausdehnung der
Siedlungs- und Verkehrsflächen unterliegen, während der Nutzen der Bereitstellung ökologischer Bodenfunktionen durch naturnahe Flächennutzung kaum Berücksichtigung findet.

Vor diesem Hintergrund wird eine intensive Diskussion um die Instrumentierung
einer nachhaltigen Siedlungsflächenpolitik geführt (dazu und zum Folgenden
iDiv 2013, S. 128 f.). Neben der Verschärfung des bestehenden planungsrechtlichen Instrumentariums zur Steuerung der Siedlungsentwicklung wird vor allem
die Einführung handelbarer Flächenausweisungsrechte vorgeschlagen (siehe dazu
Kap. V.3.4). Im Gegensatz zur planungsrechtlichen Steuerung würde ein System
handelbarer Umweltnutzungsrechte die Entscheidung über den Umfang und die
Art der Nutzung der regulierten Flächen den Regelungsadressaten selbst überlassen und dadurch die volkswirtschaftlichen Kosten minimieren. An die Stelle einer
planungsrechtlichen Nutzungserlaubnis, die zumeist mit speziellen Vorgaben zur
Art und Weise der Flächennutzung verbunden ist, würde die allgemeine Pflicht
treten, bei Nutzung von Flächen ein entsprechendes Umweltnutzungsrecht (Zerti-
fikat) vorzuweisen. Dieses könnte entweder kostenlos an die Regelungsadressaten
verteilt oder aber versteigert werden. Bezogen auf die Steuerung der Siedlungsentwicklung in Deutschland ließe sich das in der Nachhaltigkeitsstrategie angestrebte
30-ha-Ziel somit erreichen, indem solche Zertifikate als Flächenausweisungsrechte
geschaffen und an die Kommunen als zuständige Regelungsadressaten verteilt
würden. Voraussetzung für eine Baulandausweisung vonseiten der Kommunen
wäre dann die Vorlage eines Ausweisungsrechtes.

### DIE EINBINDUNG HANDELBARER FLÄCHENAUSWEISUNGSRECHTE IN DIE RÄUMLICHE PLANUNG

Da das Instrument handelbarer Flächenausweisungsrechte rein quantitativ wirkt,
eignet es sich in seiner Grundkonzeption allerdings nicht, die heterogenen Folgen
der Flächeninanspruchnahme zu berücksichtigen und eine effektive Erreichung
des 30-ha-Ziels sicherzustellen (dazu und zum Folgenden iDiv 2013, S. 130).
Isoliert eingesetzt, könnte die Anwendung handelbarer Flächenausweisungsrechte nämlich dazu führen, dass gerade jene Flächen für Siedlungszwecke in
Anspruch genommen werden, die (auch) aus ökologischer Sicht am wertvollsten
sind und daher eigentlich einer naturnahen Nutzung vorbehalten bleiben sollten.
Diese Gefahr würde angesichts der Rahmenbedingungen kommunaler Flächennutzungsentscheidungen noch verstärkt, da die ökologische Wertigkeit der in
einer Gemeinde vorhandenen Flächen sich nicht positiv auf die kommunalen
Finanzmittel auswirkt.

Eine Lösung dieser Probleme könnte in der Kombination planungsrechtlicher und anreizorientierter Ansätze zu einem Politikmix liegen (dazu und zum Folgenden iDiv 2013, S. 130). Ein solcher mischinstrumenteller Einsatz könnte sich dann als sinnvoll erweisen, wenn sowohl die ökologischen Wirkungen der Umweltbeanspruchung als auch die Anpassungskosten der Regelungsadressaten sehr heterogen sind (Tab. VI.1). Mit großen Unterschieden in den Vermeidungskosten, aber homogener Schadwirkung der Umweltbeanspruchung, ermöglichen handelbare Zertifikate nach ökonomischer Lehrmeinung eine relativ effiziente Ressourcenallokation. Steigt hingegen die Heterogenität der Schadwirkung bei gleichzeitig homogenen Vermeidungskosten der Regelungsadressaten, scheinen ordnungsrechtliche Instrumente geeigneter zu sein, da Zertifikate in ihrer Reinform heterogene Umweltauswirkungen ignorieren. Sind schließlich beide Stellgrößen heterogen, so könnte sich ein Politikmix als sinnvollste Variante erweisen – auch wenn mischinstrumentelle Lösungen aus ökonomischer Sicht nicht ideal sind, da mit Effizienzeinbußen zu rechnen ist.

**TAB. VI.1        INSTRUMENTENWAHL BEI VORLIEGEN VON TRANSAKTIONSKOSTEN**

| | | Vermeidungskosten der Regelungsadressaten | |
|---|---|---|---|
| | | homogen | heterogen |
| Schadwirkung der Umweltbeanspruchung | homogen | jede Regulierung | handelbare Umweltzertifikate |
| | heterogen | Ordnungsrecht/ Zonierung | Politikmix |

Quelle: nach Sterner 2003, S. 145

Die nach Schröter-Schlaack (2013) aussichtsreichste Kombination von Planungsrecht und handelbaren Flächenausweisungsrechten besteht in der Einteilung des Zertifikatemarktes in verschiedene Handelszonen, die sich nach planungsrechtlichen Maßstäben bestimmen (dazu und zum Folgenden iDiv 2013, S. 130 f.). Hierbei können die in den Landesentwicklungsplänen verankerten qualitativen Gebietsfestsetzungen wie Vorbehalts- oder Vorranggebiete für bestimmte Flächennutzungsarten oder aber auch die Einteilung der Gemeinden nach dem Zentralen-Orte-Prinzip[96] als Grundlage für die Zonenbildung und Einschränkung des

---

96 Zentrale Orte verfügen als Versorgungskerne über soziale, kulturelle und wirtschaftliche Einrichtungen, die über die eigenen Einwohner hinaus auch die Bevölkerung der umliegenden Gebiete versorgen (dazu und zum Folgenden iDiv 2013, S. 131). Zentrale Orte sollen über eine leistungsfähige Infrastruktur verfügen bzw. eine solche entwickeln, um die Bevölkerung mit öffentlichen und privaten Dienstleistungen zu versorgen. Damit einher geht auch die aktive Entwicklung zusätzlicher Bauflächen. Alle übrigen Kommunen sind nichtzentrale Orte, denen lediglich eine sogenannte Eigenentwicklung zugestanden wird, die sich an den Bedürfnissen der ortsansässigen Bevölkerung orientiert.

Handels mit Flächenausweisungsrechten fungieren (Hansjürgens/ Schröter 2004, S. 263). Zentrale Bedingung für die Zoneneinteilung ist die weitgehende Homogenität des Nutzens aus dem Verzicht auf weitere Siedlungsflächenausdehnung auf den einbezogenen Flächen. Der Handel mit Ausweisungsrechten gewährleistet dann eine effiziente Allokation der zulässigen Flächeninanspruchnahme *innerhalb* der Zonen. Die Einteilung des Zertifikatemarktes in Zonen und die Begrenzung des Handels »homogenisieren« also die auf den Teilmärkten gehandelten Rechte und Folgen der Siedlungsflächenausdehnung.

Zu beachten ist jedoch, dass eine zunehmende Beschränkung des freien Handels mit Ausweisungsrechten durch eine detaillierte Zonenbildung die Transaktionskosten eines solchen Systems erhöht (dazu und zum Folgenden iDiv 2013, S. 132 f.). Gemeinden müssen sich unter Umständen auf mehreren Teilmärkten engagieren, wenn das Gemeindegebiet mehrere Zonen umfasst. In der Folge haben sie auch ein entsprechend aufgeschlüsseltes Portfolio von Ausweisungsrechten zu verwalten. Weiterhin sind die Opportunitätskosten der Gemeinden aus der Erreichung des 30-ha-Ziels durch die Zonierung des Handelsgebietes höher, als dies bei einem unbeschränkten Handel der Fall wäre. Durch die Begrenzung des Handels können bestehende Unterschiede in den Opportunitätskosten nur noch innerhalb einer Zone, aber nicht mehr zwischen den Zonen ausgeglichen werden. Daher müssen Gemeinden mit relativ hohen Opportunitätskosten (bei einem Verzicht auf Siedlungsentwicklung) in einigen Zonen auf Flächenausweisung verzichten (wenn bei den übrigen Gemeinden der Zone die Opportunitätskosten noch höher sind), während in anderen Zonen Gemeinden mit relativ geringen Opportunitätskosten weiteres Bauland ausweisen können (wenn bei den übrigen Gemeinden jener Zone die Opportunitätskosten noch geringer sind). Schließlich wird die Effizienz der Allokation des Siedlungsflächenwachstums ganz wesentlich von der Zuteilung der zulässigen Flächeninanspruchnahme auf die einzelnen Teilzonen bestimmt. Je weniger treffsicher die Regelungsbehörde die tatsächlichen Folgen der Flächeninanspruchnahme (respektive den Nutzen des Erhalts der ökologischen Bodenfunktionen) bestimmen kann, desto höher werden die Effizienzverluste dieser Second-Best-Lösung gegenüber einer aus volkswirtschaftlicher Sicht idealen Lösung sein.

### ZUR FUNKTIONALEN ROLLE VON HANDELBAREN FLÄCHENAUSWEISUNGS-RECHTEN IM POLITIKMIX

Wie die vorhergehenden Überlegungen zeigen, könnten handelbare Umweltnutzungsrechte wesentliche Impulse zur Erreichung des 30-ha-Ziels liefern (dazu und zum Folgenden iDiv 2013, S. 129 u. 132 f.). Einerseits sind sie in der Lage, eine quantitative Begrenzung des Siedlungsflächenwachstums effektiv zu erreichen, während Festsetzungen der Raumordnung allgemein und flexibel bleiben müssen, um dem verfassungsrechtlichen Gebot der kommunalen Selbstverwaltung zu genügen. Eine regionsweite Begrenzung für den Umfang zukünftiger Siedlungsentwicklung ist politisch leichter durchsetzbar als gemeindescharfe Entwicklungsgrenzen. Andererseits ermöglicht die Handelbarkeit der Ausweisungsrechte den Kommunen trotz sicherer umweltpolitischer Zielerreichung eine maximale Handlungsfreiheit, die wesentlich zur kosteneffizienten Umsetzung beiträgt: Gemeinden mit höheren Kosten wegen eines Verzichts auf Siedlungsentwicklung werden zusätzliche Ausweisungsrechte von Gemeinden mit geringeren Kosten erwerben, was die volkswirtschaftlichen Kosten der Zielerreichung minimiert.

Es ist aber auch deutlich geworden, dass ein System handelbarer Flächenausweisungsrechte zur biodiversitätspolitisch sinnvollen Steuerung der Siedlungsentwicklung allein nicht ausreicht (dazu und zum Folgenden iDiv 2013, S. 133). Verantwortlich dafür ist, dass es sich beim Boden nicht um ein »homogenes« Gut handelt, sodass Unterschiede in den Bodenfunktionen zu einer unterschiedlichen Schutzwürdigkeit von Flächen führen, die berücksichtigt werden muss. Es ist vor allem dieser Aspekt, der auf die Notwendigkeit eines mischinstrumentellen Ansatzes in diesem Bereich hinweist. Die Ausarbeitung eines gemischten Instrumenteneinsatzes, bestehend aus existierenden Standards und ökonomischen Anreizinstrumenten, erfordert ein sorgfältiges Austarieren des Zusammenspiels mit dem Planungsrecht und eine sehr exakte institutionelle Ausgestaltung. Der hier skizzierte Vorschlag stellt bei der Einbindung handelbarer Flächenausweisungsrechte in die planerische Steuerung der Landnutzung das Planungsrecht als »Führungsinstrument« ins Zentrum des Politikmixes. Den handelbaren Ausweisungsrechten kann bei der Steuerung der Siedlungsentwicklung nur eine vollzugsunterstützende Wirkung zukommen. Eine starke ordnungsrechtliche Flankierung des anreizorientierten Zertifikateregimes ist angezeigt, da zahlreiche Konsequenzen von Flächennutzungsentscheidungen externe Effekte nach sich ziehen bzw. unmittelbar die Bereitstellung öffentlicher Güter beeinflussen. Durch ein Handelssystem mit Ausweisungsrechten allein würde die Bereitstellung dieser Güter vernachlässigt, da der einzelnen Gemeinde nicht in ausreichendem Maße Vorteile aus ihrer Bereitstellung zufließen würden. In der Folge würde zwar eine quantitative Steuerung der Siedlungsentwicklung ermöglicht, es wäre aber keinesfalls sichergestellt, dass die Flächenausweisung an den aus ökologischer Sicht sinnvollen Standorten vorgenommen würde.

Das Planungs- und Ordnungsrecht bleibt somit zentral für die örtliche Steuerung der Siedlungsentwicklung (dazu und zum Folgenden iDiv 2013, S. 133 f.). Wie zuvor dargestellt, mangelt es der Planung nicht an qualitativen, d. h. auf Ort und Art der Nutzung ausgerichteten Steuerungsansätzen. Vielmehr herrscht ein Mangel an effektiven Steuerungsansätzen zur quantitativen Begrenzung der Flächenausweisung, die gegen die starken fiskalischen Anreize zur Ausweisung von Siedlungsflächen bestehen können. Dies ist genau die Stärke des Zertifikatehandels. Durch die Vorgabe einer Obergrenze für die verfügbaren Ausweisungsrechte sorgt das Zertifikatesystem für eine effektive Umsetzung des Flächensparziels. Die Option, Ausweisungsrechte zu handeln, ermöglicht Abhilfe gegen exzessive Opportunitätskostenunterschiede innerhalb der Zonen bzw. schafft eine Inwertsetzung von lokalen Entwicklungsstrategien, die auf eine Neuausweisung von Siedlungsflächen verzichten. Es ist also davon auszugehen, dass die Anpassungskosten der Gemeinden in einem Politikmix aus Planung und Zertifikatehandel zur Erreichung des Flächensparziels geringer sein werden als unter bloßer raumplanerischer Steuerung (z. B. durch die Festsetzung bindender Flächensparziele für jede Gemeinde), obwohl auf mögliche weitere Effizienzgewinne aus einem unbeschränkten Handel mit Ausweisungsrechten aus ökologischen Gründen bewusst verzichtet wird.

## FAZIT UND SCHLUSSFOLGERUNGEN    3.

Praktische Politik ist stets durch das Vorhandensein von Politikmixen geprägt (dazu und zum Folgenden iDiv 2013, S. 134). Dies trifft im Besonderen auf Politiklösungen zu, die den andauernden Biodiversitätsverlust und die damit verbundene Beeinträchtigung von Ökosystemen und ihrer Leistungsfähigkeit entgegenwirken sollen. Aufgrund der einzelne Wirtschafts- und Politiksektoren übergreifenden Rolle von Biodiversität und Ökosystemleistungen ist eine Vielzahl von Entscheidungsträgern (öffentliche Hand, Unternehmen und Konsumenten) auf verschiedenen Entscheidungsebenen (global, national, regional und lokal) gleichzeitig und möglichst widerspruchsfrei zu adressieren.

Die in diesem Kapitel diskutierten Instrumentenkombinationen machen die Besonderheiten und Herausforderungen exemplarisch deutlich (zum Folgenden iDiv 2013, S. 135): Sie sind auf unterschiedliche Akteure und Entscheidungsebenen gerichtet (lokale Akteure im Fall der Agrarumweltmaßnahmen, öffentliche Entscheidungsträger beim ökologischen Finanzausgleich und bei handelbaren Flächenausweisungsrechten), unterscheiden sich in ihrer räumlichen Differenzierung (Agrarumweltmaßnahmen sind räumlich spezifisch, ökologischer Finanzausgleich und handelbare Flächenausweisungsrechte hingegen unspezifisch) und stammen aus unterschiedlichen Sektoren, nämlich dem Landwirtschaftsbereich, der Finanzpolitik sowie der Raumordnung. Letzteres bedingt verschiedenartige Zielsetzungen, die bei einer Analyse der naturschutzpolitischen Wirkungen und Ausgestaltungsmöglichkeiten zu berücksichtigen sind.

Dabei gibt es keine Blaupause für ein optimales Design eines Politikmixes für den Biodiversitätsschutz und das Management von Ökosystemleistungen (dazu und zum Folgenden iDiv 2013, S. 138). Landschaften und Ökosysteme unterscheiden sich in ihren biodiversitätsbezogenen Merkmalen und sind im Hinblick auf Biodiversitätsverluste unterschiedlichen Treibern ausgesetzt. Menschen und Bevölkerungsgruppen schätzen den Wert von Biodiversität und Ökosystemleistungen verschieden ein und reagieren deshalb (wie auch aus anderen Gründen) unterschiedlich auf instrumentelle Beeinflussung. Jede Politiklösung hat sich schließlich in ein spezifisches Regelungsumfeld einzufügen, was komplexe und mithin oft unvorhersehbare instrumentelle Wechselwirkungen bedingt. Alle diese

Punkte sprechen gegen die Möglichkeit von Generallösungen, sondern verdeutlichen die Notwendigkeit problem- und kontextspezifischer Politikansätze. Aus
den skizzierten Beispielen lassen sich dennoch einige allgemeine Empfehlungen
an die Gestaltung eines biodiversitätspolitisch sinnvollen Politikmixes ableiten
(zum Folgenden iDiv 2013, S. 136 ff.):

1. An die Schlussfolgerung aus Kapitel III.3 ist anzuknüpfen und noch einmal
   deutlich darauf hinzuweisen, dass der zu betrachtende Politikmix sich nicht
   auf Umwelt- oder Naturschutzpolitik beschränken sollte. Vielmehr sind auch
   weitere Sektorpolitiken, wie z. B. Landwirtschaft, Energie, Siedlungsentwicklung und Transport, in die Betrachtung einzuschließen. So ist in der Landwirtschaftspolitik etwa über die schrittweise Erhöhung der umwelt- und na-
   turschutzfachlichen Anforderungen an die Gewährung der Beihilfen im Zuge
   der Cross-Compliance-Anforderungen und des »greenings« bereits ein erster
   Schritt in Richtung Mainstreaming des Biodiversitätsschutzes erfolgt. In dem
   Maße jedoch, in dem wirtschaftlich besonders leistungsfähige Landwirte
   (auch angeregt durch alternative Unterstützungsmöglichkeiten aus anderen
   Sektoren, z. B. die Förderung des Anbaus regenerativer Energieträger) immer
   weniger auf die Förderung im Rahmen der Agrarpolitik angewiesen sind, ver-
   mindert sich die Steuerungskraft dieses Instruments. In diesem Sinne ist über
   alternative Ansätze zur Sicherung eines ausreichenden Biodiversitätsschutzes
   nachzudenken. Anreizbasierte Agrarumweltmaßnahmen können dabei eine
   Rolle spielen, genauso wie die Anhebung des allgemein und auch unabhängig
   von Cross Compliance einzuhaltenden Mindeststandards der landwirtschaftlichen Flächennutzung. Auch bestätigt sich in diesem Zusammenhang erneut
   die erhebliche Bedeutung eines wirksamen und konsequent umgesetzten Um-
   weltschutzes für die Erhaltung von Natur und Biodiversität (Kap. III.3).
2. Wie die Beispiele deutlich machen, bestehen zwischen ordnungsrechtlichen
   und anreizorientierten Steuerungsansätzen – obwohl ihnen unterschiedliche
   Steuerungslogiken zugrunde liegen – diverse Synergiepotenziale, die sich biodiversitätspolitisch fruchtbar machen lassen. Am deutlichsten zeigt sich dies
   beim ökologischen Finanzausgleich: Im resultierenden Politikmix würde die
   ordnungsrechtliche Ausweisung von neuen Schutzgebieten durch Kommunen
   bzw. Länder in der Regel zu einer Erhöhung der Zuweisungen (resp. einer
   Minderung der Zahllast) führen. Die Integration von Naturschutzindikatoren
   in den Finanzausgleich hätte somit eine vollzugsunterstützende Wirkung durch
   die Steigerung der Akzeptanz bestehender Schutzgebiete und je nach konkreter Ausgestaltung der Indikatoren auch eine Anreizwirkung für das verbesserte Management und/oder für die Schaffung neuer Schutzgebiete. Beide Instrumente, Schutzgebietsrecht und Finanzausgleich, wirken gleichzeitig, wobei
   vom Finanzausgleich keine unmittelbare Schutzwirkung ausgine. Auch bei
   den handelbaren Flächenausweisungsrechten ist es so, dass die funktionale
   Rolle des Anreizinstruments in der Vollzugsunterstützung liegt. Das heißt, das
   Handelssystem wird quasi in das planungsrechtliche Regelungssystem eingebet-

tet, ergänzt dieses und befördert die Erreichung entsprechender Zielvorgaben. Hingegen verläuft die Abgrenzung zwischen Ordnungsrecht und Anreizinstrument bei den Agrarumweltmaßnahmen wesentlich schärfer, da die ordnungsrechtlichen Bewirtschaftungsstandards ja gerade die Schwelle festlegen sollen, ab der freiwillige, darüber hinausgehende Fördermaßnahmen möglich sind. Dennoch besteht auch in diesem Fall ein komplementäres Zusammenspiel, wenn auch die Festlegung der genauen Grenze zwischen Mindeststandards und Anreizinstrument politisch umstritten ist.

3. Ein Politikmix kann Schritt für Schritt entwickelt werden und mit den einfacheren Optionen zur Umsetzung von Instrumenten beginnen. Diese Vorgehensweise bietet sich gerade in der föderalen Struktur der Bundesrepublik Deutschland an, die komplizierte Kompetenzregelungen zur Folge hat. Zwar würde beispielsweise ein System handelbarer Flächenausweisungsrechte in einer auf das gesamte Bundesgebiet bezogenen Ausgestaltung die höchsten Effizienzvorteile in der Umsetzung des 30-ha-Ziels bieten. Dem steht allerdings die Kompetenzverteilung des Raumordnungsrechtes entgegen, die den Bundesländern eine herausgehobene Stellung einräumt. Der Handel mit Flächenausweisungsrechten ließe sich daher nicht durch den Bund verbindlich einführen, sondern müsste über einen aufwendigen Abstimmungsprozess durch die Länder gemeinsam beschlossen werden. Ein erster Schritt könnte aber in regionalen Handelssystemen oder Pilotvorhaben auf Länderebene bestehen. Als positive Beispiele mögen hier der »Virtuelle Gewerbeflächenpool« im Kreis Kleve, dem inzwischen bundesweit zahlreiche Nachahmer gefolgt sind, oder die Institution des »Flächentausches« in der Regionalplanung des Regierungsbezirkes Düsseldorf gelten. Auch wenn in diesen Ausgestaltungen das ursprüngliche Konzept handelbarer Flächenausweisungsrechte nur in Ansätzen umgesetzt ist (regionale Grenzen, nur freiwillige Beteiligung an einem Gewerbeflächenpool, Tausch ohne monetäres Entgelt) bieten sie doch erste Anknüpfungspunkte für eine Übertragung und Implementation flexibler Mechanismen in das bestehende planungsrechtliche Instrumentarium zur Steuerung der Siedlungsentwicklung.

## GESELLSCHAFTLICHE UND POLITISCHE DISKURSE ZUR INWERTSETZUNG VON BIODIVERSITÄT: NATIONALE UND INTERNATIONALE PERSPEKTIVEN VII.

Ökonomische Argumente, der Verweis auf menschliche Eigeninteressen und (volks)wirtschaftliche Motive gewinnen in politischen und wissenschaftlichen Naturschutzdiskursen weltweit an Gewicht. Gleichzeitig beginnen sich auf einer institutionell-praktischen Ebene die Konturen neuer Governancestrukturen herauszubilden, die verstärkt auf marktbasierte Ansätze setzen – mit bislang noch weitgehend unklaren Auswirkungen. Diese Entwicklung wird von Akteuren aus verschiedenen gesellschaftlichen Bereichen (Politik, Zivilgesellschaft, Wirtschaft, Öffentlichkeit) seit einigen Jahren kontrovers diskutiert. Die starke Polarisierung der Wertvorstellungen und Weltanschauungen zum Verhältnis Mensch – Natur – Ökonomie hat auf dem Rio+20-Gipfel in Brasilien sicherlich einen neuen Höhepunkt erreicht (Neef 2012, S. 9).

Etliche Beispiele aus der jüngeren Technikgeschichte (Grüne Gentechnik, Kernenergie etc.) verdeutlichen, dass sich gesellschaftliche Widerstände und Akzeptanzprobleme gravierend auf die weitere Entwicklung und Einführung neuer Technologien auswirken können. »Partizipation« und »Bürgerbeteiligung« zählen deshalb zu den immer wichtiger werdenden Schlagworten in der Technologiepolitik. Nicht zuletzt gilt die Einbindung der Zivilgesellschaft als zentraler Treiber einer nachhaltigen Entwicklung, weshalb nichtstaatlichen Akteuren schon 1992 mit der Agenda 21 ein formales Recht auf Partizipation an den entsprechenden Politikprozessen der Vereinten Nationen zugesprochen wurde (organisiert in Form sogenannter »major groups«, die jeweils eine gesellschaftliche Interessengemeinschaft wie NGOs, indigene Gruppen oder den Privatsektor vertreten) (adelphi 2012, S. 44). Allerdings erweist sich eine gesamtgesellschaftliche Verständigung oft als außerordentlich schwierig, da in Konflikten rund um neue Technologien nicht nur unterschiedliche Einschätzungen von Chancen und Risiken zum Tragen kommen, sondern auch kulturell und historisch geprägte Wertvorstellungen und Deutungsmuster.

Dieses Konglomerat an sinnstiftenden Ideen, Konzepten und Kategorien lässt sich wissenschaftlich als Diskurs fassen (dazu und zum Folgenden Neef 2012, S. 4; Hajer 1997). Die Analyse von Diskursen kann dabei helfen, gesellschaftlichen Widerständen und Akzeptanzproblemen, die sich im Zusammenhang mit neuen Technologien ergeben können, bereits in einem frühen Stadium auf die Spur zu kommen, ihre tiefer liegenden Motive herauszuschälen und drohende Konfliktpotenziale zu erkennen. Der Fokus liegt dabei weniger auf der reinen Aussagenebene, sondern mehr auf den tatsächlichen Praktiken der Akteure, da diskursive Prozesse im Rahmen bestimmter Handlungen produziert, reproduziert und transformiert werden (Neef 2012, S. 44).

Beim Verlust der biologischen Vielfalt handelt es sich um ein globales Phänomen, das seit Jahrzehnten den Gegenstand internationaler Politikprozesse darstellt. Entsprechend ist auf der einen Seite zu erwarten, dass die Diskurse zur Inwertsetzung von Biodiversität sich weltweit zu harmonisieren und zu überlagern beginnen. Auf der anderen Seite ist aber auch mit länderspezifischen Ausprägungen und Nuancen zu rechnen, die vor dem Hintergrund der jeweiligen historischen Entwicklung und in ihrer gesellschaftlich-institutionellen sowie geografischen Einbettung zu deuten sind (Neef 2012, S. 3 f.; Reuber/Pfaffenbach 2005). Insgesamt ergibt sich so eine komplexe und hoch dynamische Gemengelage, der nachfolgend durch eine kontrastierende Analyse der gesellschaftlichen Diskurse aus unterschiedlichen Ländern Rechnung getragen wird. Neben Deutschland wurden – auf Basis der Gutachten von adelphi (2012) und Neef (2012) – fünf weitere exemplarische Länder aus unterschiedlichen Weltregionen und mit unterschiedlichem Entwicklungsgrad untersucht (Brasilien, Tansania, Thailand, Japan, Australien), um ein möglichst weites Spektrum komplementärer Perspektiven und Erfahrungen einzufangen. Nach einem kurzen Überblick über die einzelnen Länder und aktuelle politische Entwicklungen werden die jeweiligen Diskurse des Privatsektors, der Zivilgesellschaft sowie das öffentliche Meinungsbild beleuchtet.

## ÜBERBLICK ÜBER DIE UNTERSUCHTEN LÄNDER     1.

Die im Rahmen dieses Berichts neben Deutschland untersuchten Länder sind aufgrund ihrer geografischen und politischen Bedingungen von besonderer Bedeutung für die Erhaltung der globalen Biodiversität und zeichnen sich durch unterschiedliche Politikmaßnahmen und gesellschaftliche Diskurse zur ökonomischen Inwertsetzung von Ökosystemleistungen aus (Neef 2012, S. 2). Die drei ausgewählten Schwellen- und Entwicklungsländer (Brasilien, Thailand, Tansania) gehören darüber hinaus zu den Schwerpunktländern der deutschen internationalen Zusammenarbeit in den Bereichen Umwelt, Klimaschutz und Entwicklung:

> *Brasilien* war im Jahr 2012 Gastgeber des Rio+20-Gipfels und steht aufgrund seines großen Anteils an den Regenwäldern des Amazonasbeckens immer wieder im Zentrum globaler Biodiversitätsdebatten (dazu und zum Folgenden Neef 2012, S. 5). Das Land beheimatet 70 % der global bekannten Tier- und Pflanzenarten und hat weltweit die höchste Zahl an endemischen Arten. Neben dem Amazonasgebiet ist auch das 22 % der Landesfläche umfassende Savannengebiet der Cerrados von entscheidender Bedeutung für die endemische Artenvielfalt. Brasilien ist derzeit eines der Länder, in denen die Widersprüchlichkeiten der »grünen Ökonomie« wohl am deutlichsten sichtbar sind. Zum

einen verzeichnet es eine der höchsten Entwaldungsraten weltweit und trägt mit den damit verbundenen Emissionen zu einem erheblichen Anteil zum globalen $CO_2$-Ausstoß bei. Zum anderen hat Brasilien eine ganze Reihe von marktbasierten Instrumenten zum Schutz von Waldökosystemen und biologischer Vielfalt ins Leben gerufen, hat ein ausgedehntes System von Schutzgebieten, ist neben den USA der führende Hersteller von Bioethanol und produziert fast die Hälfte seiner Energie aus erneuerbaren Ressourcen.

> *Tansania* beheimatet 6 der 25 weltweit bekannten Biodiversitätshotspots (dazu und zum Folgenden Neef 2012, S. 20). Am bekanntesten sind die ausgedehnten Savannengebiete, zu denen auch der Serengeti-Nationalpark gehört. Tansania ist eines der Länder mit den längsten Erfahrungen hinsichtlich der ökonomischen Inwertsetzung von Biodiversität: Seit Jahrzehnten kommen Fototouristen und Trophäenjäger insbesondere wegen der riesigen Wildpopulationen ins Land. Das Land verfügt über mehr als 300 Säugetierarten, von denen zahlreiche akut vom Aussterben bedroht sind. Wegen des begrenzten Wirkungsgrads der Ausweisung von Schutzgebieten wurden in jüngster Zeit interessante Erfahrungen mit gemeindebasierten Schutzstrategien gemacht. Tansania gehört zu den ersten neun UN-REDD-Pilotländern und ist damit bei REDD+ ins internationale Rampenlicht gerückt.

> *Thailand* ist eines der artenreichsten Länder Südostasiens und verfügt über sechs unterschiedliche biogeografische Zonen, deren Artenvielfalt zwischen 8 und 10 % der globalen pflanzlichen und tierischen Diversität ausmacht (dazu und zum Folgenden Neef 2012, S. 34). Die Biodiversität in Thailand ist durch illegale Abholzung und Jagd, wenig nachhaltigen Tourismus, Umwandlung von Wald in Agrarflächen für Nahrungs- und Bioenergieproduktion, Umweltverschmutzung und die Umwidmung von Feuchtgebieten und Mangrovenwäldern in Shrimp-Aquakultur-Systeme gefährdet. Biodiversitätsschutz wurde bislang vor allem durch die Ausweisung umfassender Schutzgebiete (mehr als 20 % der Landesfläche) und ein striktes Command-and-Control-System betrieben. Obwohl es zahlreiche wissenschaftliche Studien zur ökonomischen Bewertung von Ökosystemen in Thailand gibt, hat das Land erst in den letzten Jahren Erfahrungen mit marktbasierten Instrumenten zur Inwertsetzung und zum Schutz der Artenvielfalt gemacht, insbesondere in Form von Pilotprojekten zu PES mit Unterstützung internationaler Geldgeber.

> Mit etwa zwei Dritteln der Landesfläche unter Wald ist *Japan* eines der waldreichsten Länder der Erde (dazu und zum Folgenden Neef 2012, S. 49). Es verfügt über 18.100 km natürlicher Küste und eine Reihe bedeutsamer mariner Ökosysteme. Ein großer Anteil von Reptilien-, Amphibien-, Fisch- und Meeressäugerarten gilt als gefährdet bzw. vom Aussterben bedroht. Ähnlich wie Deutschland hat Japan umfangreiche Erfahrungen mit kleinräumigen Vergütungssystemen für die Erhaltung von Kulturlandschaften, wie z. B. die Satoyama-Landschaft – ein Mosaik aus Wald, Nassreisterrassen und extensiv bewirtschaftetem Agrarland –, die von erheblicher Bedeutung für die Artenvielfalt

in anthropogen beeinflussten Ökosystemen ist. Der starken Übernutzung von Küsten- und Meeresregionen steht die geringe Nutzung von inländischen Naturreserven im ländlichen Raum gegenüber. Japan ist zu einem großen Anteil an REDD+-Projekten in Südostasien, Afrika und Teilen Südamerikas beteiligt. Im Oktober 2010 war Japan das Gastgeberland für die 10. Vertragsstaatenkonferenz der Konvention für die biologische Vielfalt (CBD-COP 10), die mit der Verabschiedung des sogenannten Nagoya-Protokolls mit dem Schwerpunkt »Access and Benefit-Sharing of Genetic Resources« endete.

> *Australien* hat eine einzigartige biologische Vielfalt und verfügt mit dem Great Barrier Reef über das größte zusammenhängende Korallenriff der Welt (dazu und zum Folgenden Neef 2012, S. 66). 92 % der höheren Pflanzenarten, 87 % der Säugetiere und 93 % der Reptilien sind endemisch und bringen dem Land einen Platz unter den zwölf artenreichsten Ländern ein. Gleichzeitig haben australische Wissenschaftler die Entwicklung ökonomischer Bewertungsmethoden für Umweltgüter maßgeblich vorangetrieben und gehören weltweit zu den führenden Umweltökonomen. Das Land hat in den letzten Jahren umfassende Erfahrungen mit anreizorientierten Instrumenten im Bereich Klimaschutz und Biodiversitätserhaltung gesammelt. Es ist zudem eines der Industrieländer, die am stärksten in die Finanzierung von REDD+-Pilotprojekten in Entwicklungs- und Schwellenländern involviert sind.

## AKTUELLE POLITISCHE ENTWICKLUNGEN UND DISKURSE IM BIODIVERSITÄTSSCHUTZ     2.

Der Verhandlungsprozess um Rio+20 legte die Interessenkonflikte offen, die innerhalb der Staatengemeinschaft in Bezug auf eine stärkere Verknüpfung von Naturschutz und Ökonomie bestehen. Wesentliche Konfliktlinien verlaufen dabei zwischen den großen Wirtschaftsblöcken. Die industrialisierten Länder des globalen Nordens, die in der Regel nur über geringe Naturressourcen verfügen, betonen die ökologischen und wirtschaftlichen Chancen, die mit der Umstellung auf eine nachhaltigere Wirtschaftsweise und insbesondere die nachhaltige Nutzung von Naturkapital verbunden sind. So setzte sich vor allem die EU, die mit ihrer Biodiversitätsstrategie 2020 auch die ökonomische Inwertsetzung von Biodiversität forciert (Kap. III.1.2), vehement für die Verabschiedung einer globalen »Green Economy Road Map« ein, basierend u. a. auf der Erkenntnis, »welche Vorteile Ökosystemleistungen der Wirtschaft und der Gesellschaft insgesamt verschaffen und welches Potenzial Investitionen in das Naturkapital für eine umweltverträgliche Wirtschaft bieten« (EK 2011b, S. 8).

Mit Ausnahme von zehn afrikanischen Staaten (darunter Tansania), die mit der Gabarone-Deklaration erklärten, »den Wert von Naturkapital in volkswirtschaftliche Gesamtrechnungen und in die Planungen und die Berichterstattung von Unternehmen« einzubeziehen (Republic of Botswana/Conservation International 2012), stand die Mehrheit der Entwicklungs- und Schwellenländer der politischen Forderung nach einer Umstellung auf nachhaltigere Wirtschaftsweisen anfangs kritisch gegenüber. Befürchtet wurde, dass mit diesem angekündigten Paradigmenwechsel vor allem ein grüner Protektionismus Einzug halten könnte, der den biodiversitätsreichen Ländern des globalen Südens den Zugriff auf ihre Naturressourcen und Entwicklungschancen verwehrt (adelphi 2012, S. 34). Während mehrere Schwellenländer, darunter Brasilien, Costa Rica und Indonesien, frühzeitig aus der Koalition der Gegner ausschwenkten, weil sie sich von den neu entstehenden Märkten für Ökosystemleistungen einen wirtschaftlichen Aufschwung erhoffen, blieben die ALBA-Staaten bei ihrer Kritik und wehrten sich gegen die Übernahme ökonomisch konnotierter Konzepte (»grüne Ökonomie«, Ökosystemleistungen, Naturkapital) in das Abschlussdokument (adelphi 2012, S. 46, 48 u. 166). Interessant ist die Position dieser Staatengruppe, weil sie zumindest rhetorisch nicht primär auf wirtschaftliche Aspekte abzielt, sondern mit dem Konzept des »buen vivir«(gutes Leben) neue Aspekte in die politische Diskussion einbrachte. Das Recht auf »gutes Leben«, das in Ecuador und Bolivien Verfassungsrang besitzt, basiert auf indigenen Traditionen und Wertvorstellungen und betont – als Alternative zu westlichen Produktions-, Konsum- und Wachstumsmodellen – die Harmonie mit der »Mutter Erde« (»Pacha Mama«) (Neef 2012, S. 9). Mit Blick auf die Kritik der ALBA-Staaten fallen jedoch Inkonsistenzen zwischen der offiziellen, sozialistisch geprägten Staatsrhetorik und der tatsächlichen Praxis ins Auge (adelphi 2012, S. 50 f.). Ein gutes Beispiel dafür ist Ecuador, wo mit dem REDD+-Programm »Socio Bosque« und der »Yasuní-ITT-Initiative« verschiedene Projekte bestehen, die auf ökonomische Prinzipien bauen.

Je weiter die Inwertsetzung der Biodiversität fortschreitet, desto deutlicher kristallisieren sich die politischen Konfliktlinien und Diskurskonstellationen in der internationalen Politikarena heraus, wie die Debatten rund um Rio+20 gezeigt haben. Der internationale Trend zu einer stärkeren politischen Betonung von ökonomischen Argumentationsmustern im Biodiversitäts- und Ökosystemmanagement spiegelt sich aber auch in den nationalen politischen Diskursen wider – wenngleich mit zum Teil unterschiedlichen Gewichtungen (Neef 2012, S. 84 f.). Abbildung VII.2 veranschaulicht die jeweilige Situation in den untersuchten Ländern, wobei eine ungefähre Standortbestimmung im Kräftefeld der drei biodiversitätspolitischen Einflussfaktoren Staat/Regierung, Zivilgesellschaft sowie Markt vorgenommen wird.

ABB. VII.1        AKTUELLE TRENDS IN DEN UNTERSUCHTEN LÄNDERN HINSICHTLICH DER
ZUSTÄNDIGKEITEN FÜR BIODIVERSITÄTS- UND ÖKOSYSTEMMANAGEMENT

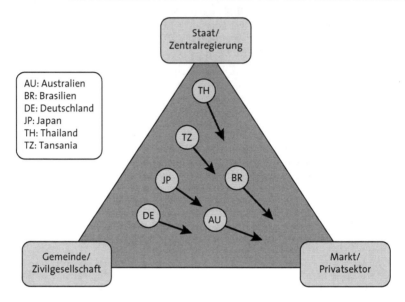

AU: Australien
BR: Brasilien
DE: Deutschland
JP: Japan
TH: Thailand
TZ: Tansania

Quelle: ergänzt nach Neef 2012, S. 84

## SITUATION IN DEUTSCHLAND        2.1

Im internationalen Kontext gilt die Bundesrepublik als eine der Protagonistinnen
für ökonomische Ansätze im Biodiversitätsschutz, insbesondere seit die Bundesregierung im Rahmen der G8-Umweltministerkonferenz Biodiversität als zentrales Thema auf die Agenda gesetzt und damit den Grundstein für die TEEB-
Initiative gelegt hat (Potsdam-Initiative) (adelphi 2012, S. 65). Dem folgten weitere internationale Initiativen unter maßgeblicher deutscher Beteiligung: So wurde ein Jahr darauf, auf der 9. Vertragsstaatenkonferenz in Bonn, die »Business
and Biodiversity Initiative« ins Leben gerufen, mit dem Ziel, »die Wirtschaft
stärker in den Natur- und Artenschutz einzubinden« (BMU 2008, S. 5). Dementsprechend gehört Deutschland (zusammen mit der EU und anderen Industrieländern) auch zu den wichtigsten Unterstützern des Green-Economy-Konzepts
und hat sich im Vorfeld von Rio+20 darum bemüht, das Thema mit entsprechenden Memoranden und Konferenzen auf die internationale (und nationale)
Agenda zu heben (BMU/BDI 2012).

Ein ganz anderes Bild ergibt sich beim Blick auf die nationale Ebene. Zwar gibt
es starke Bestrebungen vonseiten der Regierung – siehe die vom BMU und BfN

geförderte nationale TEEB-Studie »Naturkapital Deutschland« –, auch deutsche Entscheidungsträger und die Bevölkerung für die ökonomische Dimension der Natur zu sensibilisieren. Wie die eher schleppende Einführung des Ökopunkte-handels aber deutlich macht (Kap. V.3.3), ist die praktische Umsetzung ökono-mischer Konzepte und Politikinstrumente in Deutschland mit landesspezifischen Hindernissen konfrontiert und bislang noch nicht wesentlich vorangekommen. In der deutschen Naturschutzpraxis dominieren immer noch traditionelle Schutz-instrumente (Kap. III.1.3).

Die Umsetzung ökonomischer Ansätze wird zum einen durch die bestehenden behördlichen Strukturen und Entscheidungsabläufe behindert, die föderal und kleinteilig angelegt sind und in denen umweltökonomische Bewertungsansätze und Entscheidungsverfahren (KNA etc.) (im Unterschied etwa zum angelsäch-sischen Raum) nur auf wenig Akzeptanz stoßen (adelphi 2012, S. 71; vgl. etwa Dehnhardt/Schätzlein 2012). Zum anderen haben sowohl die politisch einfluss-reichen Natur- und Umweltschutzverbände als auch der Privatsektor – aus un-terschiedlichen Gründen und Motiven – große Vorbehalte gegen Ökonomi-sierungstendenzen im Naturschutz. Vor diesem Hintergrund setzt die deutsche Regierung auf ein dialogorientiertes Vorgehen, etwa bei der Umsetzung der NBS, und bemüht sich um eine ausgewogene Kommunikation der ökonomischen Per-spektive, in der neben den nutzenorientierten auch ethische, ästhetische und altru-istische Gesichtspunkte zur Sprache kommen (vgl. etwa Eser et al. 2011).

## ERGEBNISSE DER INTERNATIONALEN FALLSTUDIEN                    2.2

In *Thailand* und *Tansania* werden die derzeitigen Versuche, eine Reihe von PES- und REDD+-Pilotprojekten auf den Weg zu bringen, vorwiegend von ausländi-schen Geldgebern im Rahmen der umwelt- und klimaschutzorientierten Ent-wicklungszusammenarbeit getragen, während der nationale politische Diskurs noch stark von den Konfliktlinien zwischen einer weiteren Ausdehnung und schärferen Kontrolle staatlich verwalteter Schutzgebiete und der Legitimierung und Stärkung lokaler, gemeinschaftsbasierter Rechte an natürlichen Ressourcen geprägt ist (dazu und zum Folgenden Neef 2012, S. 20, 34 u. 85). In *Thailand* hat die Erhaltung von Ökosystemen und biologischer Vielfalt erst in jüngster Zeit eine zunehmende Beachtung in den politischen und gesellschaftlichen Dis-kursen gefunden, nachdem bis weit in die zweite Hälfte des 20. Jahrhunderts die Ausbeutung von natürlichen Ressourcen und die großflächige Entwaldung im Tiefland und in den Teakwäldern der Bergregionen Nordthailands im Vorder-grund gestanden hatte. Seit den 1990er Jahren wurden die Schutzgebiete massiv ausgeweitet, die meisten davon überlappen sich jedoch mit Territorien, die tradi-tionell von Kleinbauern und waldabhängigen Gemeinden ohne verbriefte Nut-zungsrechte beansprucht werden. Eine ähnliche Situation zeigt sich in *Tansania,* wo der nationale Politikrahmen zum Schutz der Wildpopulationen während der Kolonialzeit und in den ersten Jahrzehnten nach der Unabhängigkeit durch eine zentralisierte Form der Kontrolle gekennzeichnet war. Dabei wurden staatlich verwaltete Schutzgebiete ausgewiesen, traditionelle Nutzer vertrieben und Wilderei von bewaffneten Parkwächtern unterbunden (Benjaminsen/Svarstadt 2010). Erst in den späten 1980er Jahren begann sich allmählich ein Partizipationsdiskurs herauszubilden, in dem die Bedeutung der lokalen Bevölkerung für den Wildschutz betont wurde.

In *Brasilien* und *Australien* gibt es erhebliche Verwerfungen und Inkonsistenzen im Rahmen des von beiden Ländern propagierten Übergangs zur »grünen Ökonomie« und zur Inwertsetzung von Biodiversität (dazu und zum Folgenden Neef 2012, S. 85). Beide Länder haben erheblich vom Rohstoffboom der letzten Jahre profitiert und die industrielle Extraktion ihrer natürlichen Ressourcen in weiten Landesteilen gefördert sowie vorangetrieben und greifen damit massiv in sensible Ökosysteme (wie das Amazonasgebiet, die Cerrados und das Great Barrier Reef) ein. Parallel dazu wurden sowohl auf nationaler Ebene als auch auf Ebene einiger Bundesstaaten marktbasierte Instrumente zum Biodiversitäts- und Ökosystemschutz eingeführt. Es lässt sich beobachten, dass dies in beiden Staaten mit einem Zurückfahren staatlicher Auflagen insbesondere für die großen Konzerne einhergeht. Die Regierungen beider Länder haben sich damit einem – aus ihrer Sichtweise – »pragmatischen« umweltpolitischen Kurs verschrieben, der industrielle Großprojekte und Geschäftspraktiken von Unternehmen konditionieren und nicht grundsätzlich infrage stellen will. Offensichtlich besteht dabei sowohl in *Australien* als auch in *Brasilien* die Auffassung, dass die Länder groß genug seien, um manche Regionen für extraktive Industrien (Bergbau, Erdöl und Erdgas) freizugeben, während andere Regionen unter Schutz gestellt werden. Ein wesentlicher Unterschied zwischen den beiden Ländern besteht darin, dass in Brasilien die Finanzströme in das Biodiversitäts- und Ökosystemmanagement durch den Einfluss internationaler Entwicklungsbanken und ausländischer Geldgeber (z. B. im Rahmen des Amazonas-Fonds, Kap. V.3.1.1) einen weitaus internationaleren Charakter angenommen haben, als dies in Australien der Fall ist.

Als ressourcenarmes Land versucht *Japan* derzeit die negativen Folgen seiner langjährigen, ressourcenintensiven Industrialisierungspolitik auf inländische Ökosysteme mit der Wiederbelebung der traditionellen japanischen Kulturlandschaft und der Wiedereinführung einiger ausgewählter Symboltierarten in einzelnen, bislang wenig kohärenten Ansätzen teilweise wieder rückgängig zu machen (dazu und zum Folgenden Neef 2012, S. 85). Die Regierung stützt sich zwar in ihren Bemühungen auf eine Allianz verschiedener Akteure aus der Zivilgesellschaft, dem Privatsektor, der Wissenschaft und der lokalen Verwaltung, bislang tritt dabei aber noch weitgehend der (hochverschuldete) Staat als »Käufer« von Ökosystemleistungen auf. Die im Zusammenhang mit der CBD-COP 10 in Nagoya

2010 begonnene Offensive zur stärkeren Sensibilisierung des Privatsektors und der Öffentlichkeit für Biodiversitätsbelange hat bislang noch wenig Breitenwirkung gezeigt.

---

## DISKURSE DES PRIVATSEKTORS UM DEN BIODIVERSITÄTSSCHUTZ 3.

Nach dem Vorbild des Klimaschutzes, dessen Zielsetzungen durch entsprechende Politikmaßnahmen bereits eng mit wirtschaftlichen Aktivitäten verflochten sind, wurden in den letzten Jahren weltweit etliche internationale Initiativen gestartet, um den Privatsektor stärker für die ökonomische Bedeutung der biologischen Vielfalt sowie die unternehmerischen Risiken, die mit ihrem Verlust einhergehen, zu sensibilisieren. Im Unterschied zu der abstrakten Idee der »grünen Ökonomie«, die als ein allgemeiner Appell für ein nachhaltigeres Wirtschaftsmodell aufzufassen ist (ohne dass bislang geklärt wäre, was darunter genau zu verstehen ist), zielen Kampagnen wie die internationale »Biodiversity in Good Company«[97], die »EU Business und Biodiversity Kampagne«[98] oder das BMU-Projekt »Unternehmen Biologische Vielfalt 2020« ganz konkret auf die Veränderung betriebswirtschaftlicher Managementprozesse. Die Absicht ist, den Schutz von Arten und Lebensräumen stärker in die unternehmerischen Wertschöpfungsprozesse zu integrieren, etwa indem die Auswirkungen der Unternehmensaktivitäten analysiert und dokumentiert sowie geeignete Umweltmanagementsysteme entwickelt werden. Im Zentrum steht dabei zunehmend das Konzept der Ökosystemleistungen, das sich durch seine nutzenorientierte Perspektive für die Wirtschaft als anschlussfähiger erweist als die abstrakte Idee der biologischen Vielfalt. So entwickelte beispielsweise der World Business Council for Sustainable Development (WBCSD), eine globale Interessenvertretung von Unternehmen, den »Guide to Corporate Ecosystem Valuation« (dazu und zum Folgenden adelphi 2012, S. 54). Das Dokument soll Unternehmen ermöglichen, Nutzen und Wert von Ökosystemleistungen zu errechnen, welche ihre Geschäftsfelder tangieren. Entwickelt wurde der Leitfaden als erster Versuch einer Operationalisierung der Befunde aus dem TEEB-Bericht (econsense 2012).

Im Zusammenhang mit dem Rio+20-Gipfel gab es über 700 Selbstverpflichtungen zum nachhaltigeren Handeln seitens Staaten und aus der Zivilgesellschaft (Lingenthal/Bürgi 2012), aber insbesondere auch von multinationalen Konzernen und Finanzdienstleistern, die auf der Konferenz eine erstaunlich große Präsenz zeigten und sich neben Vertretern von Regierungen und internationalen Umweltorganisationen präsentierten, um neue Koalitionen zu verkünden (dazu und zum

---

97  www.business-and-biodiversity.de (20.5.2014)
98  www.business-biodiversity.eu (20.5.2014)

Folgenden Neef 2012, S. 7 f.). Der deutsche Versicherungskonzern Allianz beispielsweise sicherte gemeinsam mit deutschen und niederländischen Energie-
konzernen zu, Emissionszertifikate für mehrere Mio. US-Dollar im Rahmen von
REDD+-Projekten, u. a. dem Surui-Projekt in Brasilien, zu kaufen. Eine Koalition von internationalen Finanzdienstleistern verabschiedete die »Natural Capital
Declaration«, die bis Oktober 2012 von 40 Finanzunternehmen unterzeichnet
wurde.[99] 45 Vorstandsvorsitzende nationaler und multinationaler Konzerne, wie
Coca Cola und Nestlé, unterschrieben ein Kommuniqué, in dem sie auf die
Knappheit der Wasserressourcen verwiesen und an Regierungen appellierten,
einen »fairen und angemessenen Preis« für Wasser festzulegen. Anklang fand
außerdem die 50:50-Kampagne der Weltbank (lanciert im Rahmen der 2010
gestarteten Initiative »Wealth Accounting and the Valuation of Ecosystem Services«[100], deren Zielsetzung – die Beförderung der Naturkapitalbilanzierung – bis
heute von mehr als 60 Ländern und 90 Unternehmen unterstützt wird.

Das Bewusstsein für die betriebswirtschaftliche Bedeutung des »Naturkapitals«
und die Bereitschaft zu freiwilligem Engagement scheint also auch im Privatsektor zu wachsen (adelphi 2012, S. 110). Insgesamt gesehen ist aber die Zahl
der Firmen, die sich aktiv für den Biodiversitätsschutz engagierten, noch eher
gering.[101] So erwähnt der Bodensee-Stiftung zufolge nur etwa ein Viertel der
Großunternehmen die Begriffe Biodiversität, Natur- oder Artenschutz in ihren
Nachhaltigkeits- oder Umweltberichten, obwohl eine Integration von Biodiversitätsfragen in die Unternehmensstrategie einen positiven Effekt auf Image und
Reputation des Unternehmens zu versprechen scheint (adelphi 2012, S. 110).[102]

In diesem Zusammenhang wird von einigen Naturschützern kritisch angemerkt,
dass die publikumswirksamen Aktivitäten bislang hauptsächlich der Imagepflege
und damit in erster Linie den wirtschaftlichen Eigeninteressen der Unternehmen
dienten (sogenanntes »greenwashing«). Eng damit verknüpft ist die Befürchtung
vieler NGOs, dass es durch die zunehmend ökonomische Ausrichtung des Naturschutzes zu einem »Ausverkauf der Natur« durch ausländische Investoren, zu
großflächigen Landnahmen und einer Verschärfung von Ressourcenkonflikten
kommen könnte. Wie das Beispiel des Klimaschutzes zeigt, bei dem mit dem
Emissionshandel, dem CDM und REDD+ bereits langjährige Erfahrungen mit
marktbasierten Instrumenten vorliegen, stehen die Profitinteressen, die Unternehmen in diesen neuen Märkten verfolgen, nicht ohne Weiteres mit den Zielen
des Naturschutzes in Einklang (Kap. V.2).

---

99  www.naturalcapitaldeclaration.org (20.5.2014)
100 www.wavespartnership.org (20.5.2014)
101 So verzeichnet die Initiative »Biodiversity in Good Company« bislang nur 23, zumeist
    deutsche Mitgliedsunternehmen (www.business-and-biodiversity.de/ueber-uns/mitglieder
    [20.5.2014]).
102 www.bodensee-stiftung.org/projekte/european-business-biodiversity-campaign
    (20.5.2014)

## SITUATION IN DEUTSCHLAND                                    3.1

Die bessere Vereinbarung von unternehmerischen und naturschützerischen Interessen wird von der deutschen Regierung auch auf nationaler Ebene intensiv
vorangetrieben: etwa im Rahmen der kürzlich gestarteten Dialog- und Aktions-
plattform »Unternehmen Biologische Vielfalt 2020«, welche die Eigeninitiative
des Privatsektors und den Austausch mit Interessenvertretern des Naturschutzes
fördern soll. Wirtschafts- und Industrieverbände aus Deutschland (VCI, BDI,
DIHK, econsense) unterstützen diese und ähnliche Initiativen und haben sich
zum Ziel bekannt, »die biologische Vielfalt zu schützen und zu fördern sowie
ihre Bestandteile nachhaltig zu nutzen« (BDI 2012a, S. 1). Diese Absichtserklärun-
gen schlagen sich in der Praxis bislang allerdings kaum nieder, auch wenn das
Thema Biodiversitätsmanagement von deutschen Unternehmen zunehmend als
wichtige Nachhaltigkeitsherausforderung anerkannt wird. Insgesamt aber nimmt
»Biodiversität noch keine Priorität auf der Agenda von Unternehmen« ein, wie
auf dem 2. Dialogforum »Biodiversität und Unternehmen« festgestellt wurde
(BMU/BfN 2011). Bestehendes Engagement beschränkt sich hauptsächlich auf
Großunternehmen, die ihre Aktivitäten zumeist auf die publikumswirksame Unterstützung und Förderung von Naturschutzvorhaben begrenzen.[103] Auch
scheint die Beteiligung deutscher Unternehmen an den neu entstehenden, freiwilligen Märkten für Ökosystemleistungen bislang eher zurückhaltend auszufallen.

Vor diesem Hintergrund betonen Interessenvertreter der deutschen Wirtschaft
und Industrie in verschiedenen Stellungnahmen und Positionspapieren zur Biodiversitätspolitik zwar die ökonomischen Chancen des »greening« – so etwa im
gemeinsamen Memorandum »Green Economy« von BMU und BDI (2012) –, im
Tenor überwiegen jedoch letztlich die Vorbehalte gegenüber neuen finanzpoli-
tischen Maßnahmen und Instrumenten im Bereich des Naturschutzes (adelphi
2012, S. 174; BDI 2012a; VCI DIB 2012). So wird vor dem Risiko einer Überre-
gulierung und damit Schwächung des Wirtschaftsstandortes Deutschland gewarnt und eine marktorientiertere Herangehensweise abgelehnt, sofern sie mit
höheren Kosten und Abgaben verbunden ist (adelphi 2012, S. 174). Deutlich
wird diese Position in der Biodiversitätsstellungnahme des BDI (2012a), wo mit
Verweis auf die TEEB-Studie festgestellt wird, dass »der Grundsatz des nachhaltigen Wirtschaftens [in der deutschen Industrie] seit Jahrzehnten tief verwurzelt
und gelebte Praxis« sei und es folglich vor allem darum gehen müsse, die bestehenden Naturschutzregelungen (z. B. die Eingriffsregelung) in Anwendung und
Umsetzung zu optimieren. Grundlegende Bedenken gegenüber der raschen Implementierung ökonomisch ausgerichteter Politikmaßnahmen bestehen aber auch
aufgrund der noch unzureichenden ökologischen Wissens- und Datenbasis, eine

---

103 Zu den wenigen Ausnahmen gehören PUMA, das die weltweit erste ökologische Ge-
    winn- und Verlustrechnung vorlegte, sowie HeidelbergCement, das betriebliche Richt-
    linien zur Förderung der biologischen Vielfalt erlassen hat (adelphi 2012, S. 112 f.).

Situation, die bereits bei den bestehenden Regularien zu aufwendigen Genehmigungsverfahren führen kann (BDI 2012b). In deutschen Wirtschaftskreisen scheint man weitgehend der Ansicht zu sein, dass sich die technischen Umsetzungsschwierigkeiten bei umweltökonomischen Ansätzen zur Bewertung und Inwertsetzung von Biodiversität noch zu verschärfen drohen.

Eines der größten Probleme wird in der Unklarheit des Begriffs der Ökosystemleistungen gesehen (adelphi 2012, S. 118; VCI DIB 2012). Zudem gelten die vorhandenen umweltökonomischen Bewertungsmethoden, die fast ausschließlich aus der Wissenschaft stammen, für eine Anwendung im unternehmerischen Bereich als eher wenig geeignet (adelphi 2012, S. 125). Allerdings sind in den letzten Jahren gerade in Deutschland deutliche Anstrengungen unternommen worden, diese Lücke zu schließen: Mit dem Biodiversitäts-Check[104] des Global Nature Fund, dem »Handbuch zur Bewertung von Ökosystemdienstleistungen« des WBCSD (econsense 2012) oder dem »Handbuch Biodiversitätsmanagement« des BMU (Schaltegger/Beständig 2010) stehen inzwischen diverse Leitfäden zur Verfügung, die sich spezifisch an den Anforderungen und Zielsetzungen der unternehmerischen Praxis ausrichten.

## ERGEBNISSE DER INTERNATIONALEN FALLSTUDIEN    3.2

Die Diskurse der großen Konzerne und Investoren im Rahmen ihrer umweltorientierten Außendarstellung weisen in allen untersuchten Ländern erhebliche Ähnlichkeiten auf (dazu und zum Folgenden Neef 2012, S. 85 f.). Nahezu alle Großunternehmen betonen in ihren Internetauftritten und in öffentlichen Foren, dass sie ihrer Verantwortung für die Umwelt und die biologische Vielfalt mit einer Reihe von Maßnahmen gerecht werden. Dabei ist auffallend, dass die Begrifflichkeiten »Umwelt«, »Ökosystemleistungen« und »Biodiversität« eher beliebig und unspezifiziert verwendet werden. Obgleich mehrere Unternehmen ihre Zusammenarbeit mit der lokalen Bevölkerung bzw. der lokalen Verwaltung betonen, geht kaum eines der Unternehmen in seinen Berichten auf das vorhandene ökologische Wissen der Bevölkerung ein. Dies deutet darauf hin, dass die meisten Unternehmen ihre Unterstützung für die Erhaltung der Biodiversität und lokaler Ökosysteme nicht als echte Partnerschaft begreifen, sondern als einseitige, wohltätige Maßnahme des Unternehmens.

In *Thailand* und *Tansania* zeigte sich, dass insbesondere große Unternehmen bislang nicht bereit waren, sich über einzelne freiwillige Maßnahmen im Rahmen ihrer sozialen Verantwortung hinaus auf längerfristige Verpflichtungen zum Biodiversitätsschutz einzulassen, z. B. im Rahmen von PES-Systemen (dazu und zum Folgenden Neef 2012, S. 86). Auch gibt es in diesen Ländern praktisch noch keine Unternehmen, die den Schutz von Biodiversität und Ökosystemen in ihre

---

104 www.business-biodiversity.eu/default.asp?Lang=DEU&Menue=128 (20.5.2014)

Geschäftsabläufe oder betrieblichen Managementsysteme integriert haben. In *Thailand* betonen einheimische Großunternehmen im Agrar- und Energiebereich ihre Aktivitäten zum Schutz von Ökosystemen im Rahmen ihrer sozialen Verantwortung bzw. ihrer Unterstützung der vom Staatsoberhaupt propagierten Genügsamkeitsphilosophie, ohne dass sich dies bislang jedoch entscheidend auf eine Veränderung konventioneller Unternehmenspraktiken auswirkt. Von kleineren und mittleren Unternehmen im Gesundheits- und Wellnessbereich sowie in der Tourismusbranche wird die ökonomische Nutzung von Biodiversität zunehmend als Chance begriffen, allerdings besteht die Gefahr der Übernutzung biologischer Vielfalt, solange es keine entsprechenden Zertifizierungen und Regularien gibt, die eine nachhaltige Extraktion biodiversitätsbasierter Produkte sicherstellen. In *Tansania* haben insbesondere Unternehmen im Bereich des nachhaltigen Tourismus ein verstärktes ökonomisches Interesse am Erhalt der biologischen Vielfalt, müssen sich aber gegen die Jagdindustrie behaupten, die von einem Netzwerk von tansanischen Regierungsbeamten, Politikern und Geschäftsleuten sowie ausländischen Unternehmen kontrolliert wird (Neef 2012, S. 24). Ausländische Investoren nutzen Aufforstungs- und Waldschutzprojekte im Rahmen des freiwilligen Kohlenstoffmarktes zum »green grabbing«, betonen dabei aber diskursiv ihren Beitrag zum Umwelt- und Klimaschutz und zur nachhaltigen ländlichen Entwicklung. In *Thailand* gibt es ebenfalls einen zunehmenden Druck auf die biologische Vielfalt durch private, vorwiegend lokale Investoren – z. B. im Kautschuk-, Zuckerrohr- und Ölpalmanbau –, deren Aktivitäten trotz der Rhetorik einer biodiversitätsbasierten Ökonomie negative Folgen für die noch verbliebenen, einigermaßen intakten Naturwälder haben.

In der Außendarstellung der großen Konzerne in *Brasilien* wird dem Umweltschutz und einigen klar definierten Ökosystemleistungen, wie Luft- und Wasserreinhaltung, zwar eine große Bedeutung beigemessen, jedoch gibt es nach eigenen Angaben nur ein begrenztes Wissen darüber, wie die Integration von Biodiversitätsbelangen in unternehmerische Planungen und Managementsysteme erfolgen kann und welchen direkten ökonomischen Nutzen dies den Unternehmen bringen könnte (Neef 2012, S. 86 f.). In der Praxis tragen insbesondere die extraktiven Industrien durch ihren immensen Flächenverbrauch erheblich zur Minderung der biologischen Vielfalt bei und gleichen dies nur bedingt durch kompensatorische Maßnahmen aus.

Dies gilt in ähnlicher Weise auch für die Rohstoffindustrien *Australiens*, die seit der Einführung der nationalen Karbonsteuer im Juli 2012[105] und im Rahmen

---

105 Die national-liberale Regierung unter Premierminister Tony Abbot, welche die Labor-Regierung im September 2013 ablöste, will die Karbonsteuer zum 1. Juli 2014 wieder abschaffen, um die Kosten für australische Industrien zu vermindern und private Haushalte zu entlasten (www.environment.gov.au/topics/cleaner-environment/clean-air/repeal ing-carbon-tax, 20.5.2014).

freiwilliger Ausgleichsmaßnahmen auf bundesstaatlicher Ebene sowohl für den Verlust biologischer Vielfalt als auch für ihre klimaschädlichen Emissionen zum Teil substanzielle Kompensationen erbringen und dies auch auf ihren Webseiten und in sonstigen öffentlichen Plattformen publikumswirksam betonen (dazu und zum Folgenden Neef 2012, S. 87). Gleichzeitig haben insbesondere die großen Bergbaubetriebe ihre Fördergebiete im In- und Ausland erheblich ausgeweitet und bislang trotz aller Rhetorik noch kaum überzeugende Nachweise erbracht, inwieweit sie tatsächlich auf dem Weg sind, ihren »ökologischen Fußabdruck« nachhaltig zu verringern. Im Rahmen von Waldprojekten des freiwilligen Marktes betreiben einige australische Unternehmer – sogenannte »Carbon Cowboys« – zwielichtige Geschäftspraktiken in entlegenen Regionen Südamerikas, Südostasiens und im südlichen Pazifik, die in vielen Fällen im Konflikt sowohl mit den Eigentumsrechten lokaler Gruppen als auch mit den Belangen des Biodiversitätsschutzes stehen (Neef 2012, S. 83).[106]

Viele Großunternehmen in *Japan* haben in den letzten Jahren im Rahmen ihrer gesellschaftlichen Verantwortung eine Reihe von Aktivitäten im Biodiversitäts- und Ökosystemschutz sowohl im Inland als auch in Entwicklungs- und Schwellenländern durchgeführt und nutzen dies insbesondere zur Imagepflege (dazu und zum Folgenden Neef 2012, S. 87). Darüber hinaus gibt es eine wachsende Anzahl größerer und mittlerer Unternehmen, die entweder naturstoffbasierte Produkte direkt vermarkten oder deren Geschäftsmodelle von intakten Ökosystemen abhängen und die damit ein langfristiges Interesse an Biodiversitäts- und Ökosystemschutz haben. Unter den Kleinunternehmen gibt es mit Ausnahme einiger Betriebe, welche z. B. in Allianzen zur Erhaltung der japanischen Kulturlandschaft involviert sind, bislang nur ein geringes Bewusstsein über die Notwendigkeit zum aktiven Biodiversitätsmanagement.

---

106 So hatten Reporter des Sydney Morning Herald Mitte 2011 vom Plan eines Geschäftsmannes berichtet, der sich vom indigenen Volk der Matses im peruanischen Teil des Amazonas die Kohlenstoffrechte für ein riesiges Regenwaldgebiet sichern wollte (Sydney Morning Herald 2011; dazu und zum Folgenden Neef 2012, S. 83). Im Juli 2012 gaben sich Journalisten des TV-Programms »60 Minutes Australia« als Investoren aus und filmten den Geschäftsmann, als er bestätigte, dass er die Karbonrechte für 3 Mio. ha Wald in Peru erworben habe und den Wald nach Ablauf eines Emissionszertifikatevertrags mit einer Laufzeit von 25 Jahren roden und durch Ölpalmplantagen ersetzen werde (Bartlett/Rice 2012). Aufgrund der Enthüllungen durch die australischen Medien erließ der zuständige peruanische Richter im September 2012 einen Haftbefehl gegen den Geschäftsmann.

## DIE PERSPEKTIVEN VON ZIVILGESELLSCHAFT, INDIGENEN GRUPPEN UND LOKALEN GEMEINSCHAFTEN 4.

Weltweit engagiert sich ein breites Spektrum von zivilgesellschaftlichen Akteuren für den Schutz und die nachhaltige Nutzung der biologischen Vielfalt – neben einzelnen Umweltaktivisten und indigenen Gruppen zählt dazu eine kaum überschaubare Vielfalt an größeren und kleineren NGOs aus den Bereichen Umweltschutz und Entwicklungszusammenarbeit, aber auch private Stiftungen und kirchliche Organisationen. Diese Gruppen mischen sich nicht nur aktiv in nationale und internationale Politikprozesse ein, sondern erarbeiten in Zusammenarbeit mit der Wissenschaft auch sozialökologische Standards für Biodiversitätsschutzprojekte, wirken am Kapazitätsaufbau in den Ländern des Südens mit oder unterstützen Unternehmen bei der Hinwendung zu naturschutzverträglichen Wirtschaftsprozessen. Obwohl sich diese heterogene und international verstreute Akteurslandschaft zunehmend zu vernetzen und zu koordinieren beginnt – etwa im Rahmen der CBD Alliance[107], einem internationalen NGO-Netzwerk –, sind ihre Positionen so breit gefächert wie die von ihnen vertretenen Interessen und lassen sich folglich schwerlich auf einen einfachen Nenner bringen. Da die meisten NGOs sozialökologischen Bewegungen entstammen und sich als Fürsprecher der Natur oder der Länder des globalen Südens verstehen, zeichnet sich insgesamt ein klarer marktkritischer Mainstream ab, der auch auf dem Rio+20-Gipfel zum Ausdruck kam. Innerhalb der die Zivilgesellschaft vertretenden »NGO Major Group« gab es mit Blick auf Biodiversität (im Unterschied zu anderen Themenbereichen) nur wenige Differenzen, wie die Auswertung von Änderungsanträgen zeigt, die im Vorfeld des Gipfels zu biodiversitätsrelevanten Passagen des Verhandlungsdokuments eingereicht wurden (dazu und zum Folgenden adelphi 2012, S. 52 f.).[108] Zivilgesellschaftliche Organisationen forderten u.a.,

> die umstrittenen ökonomischen Begriffe »Naturkapital« und »Ökosystemleistungen« komplett aus dem Text des Abschlussdokuments zu streichen und euphorische Formulierungen in Bezug auf die Erfolge von Marktinstrumenten zu vermeiden (Zuspruch fanden hingegen der Buen-vivir-Ansatz und das Konzept inhärenter Rechte für Arten und Ökosysteme);
> die Kommodifizierung und Privatisierung von Wäldern zu unterbinden, die Anwendung marktbasierter Lösungen entsprechend zu begrenzen und stattdessen öffentliche Finanzierungsstrukturen auszubauen;
> die Governancestrukturen und Gesetzgebungen zur Minderung der Entwaldung und zum Schutz der biologischen Vielfalt zu stärken, wobei insbesondere lokale, gemeindebasierte Ansätze und starke, harmonisierte Gesetzgebungen zur Landnutzung bevorzugt werden sollen.

---

107 www.cbdalliance.org (20.5.2014)
108 www.uncsd2012.org/mgcommentszerodraft.html (20.5.2014)

Ungeachtet der marktkritischen Haltung der NGO Major Group im Rahmen der Rio+20-Verhandlungen lässt sich beobachten, dass die Berührungsängste vor allem westlicher Organisationen zu ökonomischen Konzepten und Instrumenten in den letzten Jahren kontinuierlich abgenommen haben (dazu und zum Folgenden adelphi 2012, S. 54). So sind Umweltstiftungen wie der Global Nature Fund und die Bodensee-Stiftung maßgeblich in die Umsetzung und Koordination der diversen Unternehmenskampagnen involviert, während Umweltorganisationen wie der WWF sich auf Projektbasis mit den wissenschaftlichen Grundlagen und praktischen Anwendungsmöglichkeiten der Bewertung von Ökosystemleistungen beschäftigen – etwa im Rahmen des »Natural Capital Projects«[109]. Der WWF beteiligt sich darüber hinaus an REDD+-Programmen, ein umstrittenes Engagement, das der Organisation im Zusammenhang mit einem Projekt in Tansania den Vorwurf von Vertreibungen Tausender Siedler aus den Mangrovenwäldern des Rufijideltas eingebracht hat (Neef 2012, S. 27 f.).

## SITUATION IN DEUTSCHLAND                                          4.1

Im internationalen Vergleich ist die Umweltbewegung in Deutschland besonders stark verankert. Die Debatte um das Waldsterben, der Widerstand gegen die Atomkraft oder die Grüne Gentechnik mobilisierten seit den 1970er Jahren weite Teile der Zivilgesellschaft und wurden hierzulande mit großer Schärfe und Emotionalität geführt. Einer der wichtigsten Vordenker der ökologischen Revolution in Deutschland war der Philosoph Hans Jonas (1984), der vor den Gefahren des technischen Fortschritts warnte und eine dezidiert physiozentrische Naturethik entwickelte. Es ist deshalb nicht zu weit gegriffen, Deutschland als »das Umweltland schlechthin« zu bezeichnen, in dem das ökologische Bewusstsein zu einem »selbstverständlichen Teil der Lebenswelt« gehört (Uekötter 2011, S. 15).

Im aufkommenden Diskurs um die Inwertsetzung der biologischen Vielfalt verfügen die großen Naturschutz- und Umweltverbände aus Deutschland – NABU, BUND, Greenpeace Deutschland, WWF Deutschland – über eine entsprechend wichtige Stimme. Diese Organisationen machen ihren großen politischen Einfluss nicht nur durch Lobbyarbeit geltend, sondern spielen darüber hinaus eine wichtige Rolle bei der direkten Umsetzung der nationalen Biodiversitätsstrategie, etwa im Rahmen von Leuchtturmprojekten wie dem »Grünen Band Deutschland«, ein über 1.000 km langes Schutzgebiet entlang der ehemaligen innerdeutschen Grenze, das derzeit von verschiedenen Naturschutzverbänden in Kooperation mit Bund und Ländern umgesetzt wird (adelphi 2012, S. 130 f.). Zudem setzen sie sich seit vielen Jahren aktiv für den Schutz und die Wiederherstellung der nationalen Biodiversität ein. Eine lange Tradition haben Landkaufprojekte, die von Organisationen wie dem WWF, dem NABU und anderen seit den

---

109 www.naturalcapitalproject.org (20.5.2014)

1980er Jahren durchgeführt werden (dazu und zum Folgenden adelphi 2012, S. 132 f.). Das Ziel von Projekten wie der »NABU Stiftung Nationales Naturerbe«[110] ist es, wertvolle Naturflächen mithilfe von Spendengeldern aufzukaufen und dadurch langfristig einer wirtschaftlichen Nutzung zu entziehen. Das Eigentum an den erworbenen Flächen geht auf die Stiftung über, die Spender erhalten Urkunden als Nachweis für ihre Spende, bei größeren Zuwendungen können sie auch als Zustifter aufgeführt werden.

Wie diese Projekte verdeutlichen, sind die Diskurse und Praktiken der großen Umweltverbände – historisch gesehen – eindeutig von dem klassischen Schutzgedanken geprägt, der von einer konflikthaften Polarität zwischen Naturschutz und wirtschaftlicher Entwicklung ausgeht. Eine stärker ökonomische Ausrichtung des Biodiversitätsschutzes wird zum jetzigen Zeitpunkt entsprechend eher zurückhaltend beurteilt, obwohl durchaus auch die Chancen dieser Entwicklung thematisiert werden. Diese liegen, hier ist sich die deutsche Naturschutzcommunity weitgehend einig, vor allem auf einer argumentativen Ebene: So gilt die ökonomische Bewertung in erster Linie als ein nützliches Kommunikationsinstrument, um den Wert der Natur offenzulegen, Öffentlichkeit und Politik für die Anliegen des Naturschutzes aufzurütteln und eine konsequentere Anwendung des Verursacherprinzips zu ermöglichen (adelphi 2012, S. 141 ff.). Diese Möglichkeiten treten jedoch im Großen und Ganzen hinter die Sorge zurück, dass es durch eine allzu große Dominanz anthropozentrischer und utilitaristischer Sichtweisen zu einer ungebremsten Kommodifizierung der Natur kommen könnte. Die hauptsächliche Befürchtung ist, dass dadurch die ideellen, nichtmonetarisierbaren Werte der biologischen Vielfalt zugunsten kurzfristiger Tauschwerte aus dem Blick geraten und alle nutzlos erscheinenden Aspekte der Natur »als nicht weiter schützenswert eingestuft werden« könnten (BUND 2010). »Die ökonomische Bewertung des Nutzens von Ökosystemen und der Artenvielfalt für die menschliche Gesellschaft kann letztlich nur ein Instrument sein«, wie der BUND (2010) in seiner Stellungnahme zur TEEB-Studie folgert, dessen Risiken folglich durch übergeordnete umweltpolitische Rahmenbedingungen einzugrenzen sind.

Die Auseinandersetzung über Sinn und Unsinn marktförmiger Naturschutzlösungen wird vonseiten der großen Naturschutz- und Umweltverbände also differenziert geführt und spaltet teilweise sogar die Community selbst – etwa im Falle des Ökopunktehandels, für dessen Einführung sich der NABU Baden-Württemberg eingesetzt hat, während er von Vertretern des NABU Hessen abgelehnt wird.[111] Andere zivilgesellschaftliche Gruppen hingegen, deren Fokus stärker auf

---

110 http://naturerbe.nabu.de (12.1.2015)
111 www.main-netz.de/nachrichten/regionalenachrichten/hessenr/art11995,1750817 u. www.badische-zeitung.de/suedwest-1/eingriffe-in-die-natur-koennen-mit-oekopunkten-ausgeglichen-werden--63498645.html (20.5.2014)

die internationalen und sozialen Folgen gerichtet ist, wie die kirchlichen Hilfs-
dienste (Evangelischer Entwicklungsdienst, Brot für die Welt) und teilweise auch
Greenpeace, stehen den Monetarisierungstendenzen im Naturschutz insgesamt
deutlich ablehnender gegenüber. Aus Sicht dieser Organisationen besteht die
Gefahr, dass Investoren animiert werden, natürliche Ressourcen in den ärmsten
Ländern der Welt zu privatisieren und damit dem Zugriff lokaler Gemeinschaften zu entziehen – vor den massiven sozialen Konsequenzen wird eindringlich
gewarnt (adelphi 2012, S. 137 f.). Diese Position wird auch, unterschiedlich nu-
anciert, von der kapitalismuskritischen Rosa-Luxemburg-Stiftung und der grünen
Heinrich-Böll-Stiftung vertreten.

Trotz skeptischer Grundtöne lässt sich somit in Bezug auf die Zivilgesellschaft in
Deutschland kein eindeutiges Diskursbild ableiten, was zum einen mit den weit
gefächerten Interessen innerhalb der heterogenen Akteurslandschaft zusammenhängt, zum anderen mit dem Umstand, dass bislang nur wenige offizielle Stellungnahmen zum Thema vorliegen (adelphi 2012, S. 177).

## ERGEBNISSE DER INTERNATIONALEN FALLSTUDIEN    4.2

Unter den fünf Länderbeispielen sind zivilgesellschaftliche Gruppen in *Brasilien*
und *Australien* derzeit am stärksten an den öffentlichen Diskursen zur »grünen
Ökonomie« beteiligt. In Brasilien kommt darin bei Fragen der Inwertsetzung
von Biodiversität der offenkundige Gegensatz zwischen den Diskursen der sozialökologischen NGOs und der Vertreter der indigenen Völker auf der einen Seite
und denen der Regierung, einiger internationaler Umwelt-NGOs und den großen, zum Teil staatlich kontrollierten Unternehmen auf der anderen Seite sehr
deutlich zum Ausdruck (Neef 2012, S. 87). Auf dem als Gegengipfel zu der
Rio+20-Konferenz deklarierten »Gipfel der Völker« formierten Repräsentanten
der brasilianischen Zivilgesellschaft einen antikapitalistischen Widerstand gegen
die »grüne Ökonomie« (dazu und zum Folgenden Neef 2012, S. 8 f.). Die Ab-
schlusserklärung des 9. Free Land Camp, einer Zusammenkunft der Repräsentanten indigener Völker aus Brasilien, anderen lateinamerikanischen Ländern
sowie aus anderen Kontinenten, die von fünf indigenen, lateinamerikanischen
Dachorganisationen ausgerichtet wurde, enthielt ähnliche antikapitalistische Elemente und betonte darüber hinaus das Bekenntnis zum »guten Leben« (»buen
vivir«) und zum Recht der Natur auf Schutz vor »Kommodifizierung und Finan-
zialisierung«. Der Großteil der brasilianischen Zivilgesellschaft fürchtet, dass die
tatsächlichen wirtschaftlichen Interessen von Großunternehmen – insbesondere
in den extraktiven Industrien – durch den Diskurs um die »grüne Ökonomie«
verschleiert werden und dadurch einer Kommerzialisierung und weiteren Ausbeutung der Natur weiter Vorschub geleistet wird, während gleichzeitig den Unternehmen eine Plattform gegeben werde, die öffentliche Meinung zu ihren Gunsten
zu manipulieren und massives »greenwashing« zu betreiben. Durch die zuneh-

mende wirtschaftliche Macht der Unternehmen entgleite der Regierung allmählich die Kontrolle über den Privatsektor, während sich die indigene Bevölkerung
sowie ärmere und marginalisierte Gruppen einer Beschränkung und in manchen
Fällen sogar einer Beraubung ihrer traditionellen Rechte und ihres Zugangs zu den
natürlichen Ressourcen ausgesetzt sehen. In diesen Diskursen kommt auch eine
generelle Ablehnung des Kapitalismus brasilianischer Prägung zum Ausdruck.

Auch in *Australien* formiert sich stärkerer Widerstand gegen eine wahrgenom-
mene Koalition aus Regierung, Großunternehmen und einigen internationalen
Umwelt-NGOs seitens kleinerer und meist wenig organisierter ziviler Gruppen,
insbesondere in den Zielregionen extraktiver Industrien (dazu und zum Folgenden Neef 2012, S. 88). Allerdings stehen in Australien weniger eine allgemeine
Kapitalismuskritik und die Angst vor Eigentumsverlusten im Vordergrund wie in
Brasilien, sondern die Sorge, dass die Ausgewogenheit zwischen wirtschaftlicher
Entwicklung und Erhaltung der australischen »Wildnis« nicht mehr gewährleistet sei. Während Ausgleichszahlungen für die Erbringung von Ökosystemleistungen durch Landeigentümer in Australien insgesamt eher positiv gesehen werden, stehen Biodiversitätsoffsets, wie sie z. B. im Bundesstaat New South Wales
praktiziert werden, seit ihrer Einführung in der öffentlichen Kritik. Viele zivilgesellschaftliche Gruppen sehen darin den Versuch, die Natur vermarktbar und
substituierbar zu machen und für Gemeinden, die z. B. in direkter Nachbarschaft
zu einem Kohlebergwerk leben, bringt es offensichtlich wenig Erleichterung,
wenn die lokale Naturzerstörung durch Biodiversitätsoffsets in einer anderen
Region ausgeglichen wird.

In *Japan* gibt es einen breiten gesellschaftlichen Konsens darüber, dass staatliche
Ausgleichszahlungen für nachhaltige Landbewirtschaftung in benachteiligten Regionen mit positiven Effekten für die Biodiversität der japanischen Kulturlandschaft sinnvoll sind (dazu und zum Folgenden Neef 2012, S. 88). Eine Sorge über
die Kommerzialisierung von Natur konnte aus den zivilgesellschaftlichen Diskursen nicht abgeleitet werden. Es gibt in der breiten Öffentlichkeit nur wenig
Kritik an den Umweltpraktiken japanischer Unternehmen, und das Engagement
der japanischen Regierung und japanischer Unternehmen in internationalen
REDD+-Pilotprogrammen wird – so es bekannt ist – von NGOs bislang eher
positiv eingeschätzt, obwohl auch die Risiken für den Erhalt von Biodiversität
und für die Rechte lokaler Gemeinschaften wahrgenommen werden.

In *Thailand* werden marktbasierte Instrumente wie PES und REDD+ noch relativ wenig in der Zivilgesellschaft diskutiert (dazu und zum Folgenden Neef 2012,
S. 88). Allenfalls unter den ethnischen Minderheiten in den Bergregionen Nordthailands gibt es eine zunehmende Sensibilisierung für solche Instrumente, befördert durch verschiedene nationale und internationale NGOs. Dabei zeigt sich
eine differenzierte Haltung bezüglich der Instrumente: Internationale Modelle
wie REDD+ werden eher abgelehnt, weil befürchtet wird, dass damit die lokale

Kontrolle über die natürlichen Ressourcen verloren gehen könnte. Dagegen werden PES-Modelle, die auf der Ebene kleinskaliger und mittelgroßer Wassereinzugsgebiete operieren, eher als Chance begriffen, Nutzungsrechte zu sichern und Aufwandsentschädigungen für die Bereitstellung von Ökosystemleistungen zu erhalten. Allerdings fehlt häufig noch die notwendige Vertrauensbasis sowohl unter den verschiedenen zivilgesellschaftlichen Gruppierungen als auch zwischen Bewohnern der Bergregionen und den Tieflandgemeinden, die eine wichtige Grundlage für tragfähige und langfristige PES-Vereinbarungen ist (Neef/Thomas 2009).

In *Tansania* werden marktbasierte Instrumente zum Klima- und Biodiversitätsschutz kontrovers diskutiert, insbesondere seit es im Rahmen von ersten REDD+-Pilotprojekten auch zu Vertreibungen, Umsiedlungen und Enteignungen gekommen ist (dazu und zum Folgenden Neef 2012, S. 88 f.). Trotz progressiver Reformen im Bereich des Gemeinschaftseigentums an natürlichen Ressourcen ist das Vertrauen der lokalen Gemeinschaften in staatliche Zusicherungen bezüglich der Verteilung internationaler Gelder für den Klima- und Biodiversitätsschutz im Rahmen von REDD+ wenig ausgeprägt, und es überwiegt die Sorge, im Rahmen solcher internationalen Programme die lokale Kontrolle über die natürlichen Ressourcen zu verlieren. Dagegen zeigen gemeindebasierte Projekte im Klima- und Biodiversitätsschutz, die auf dem lokalen Wissen der Bevölkerung aufbauen und eine Stärkung der lokalen Eigentumsrechte verfolgen, vielversprechende Ergebnisse.

Die Vorbehalte der zivilgesellschaftlichen und indigenen Gruppen in Brasilien, Tansania und Thailand gegenüber einer Ökonomisierung der Natur durch Regierungen und Investoren kommen auch in dem Beitrag der CBD Alliance – einem breiten Netzwerk von Umweltaktivisten, Vertretern von NGOs, gemeindebasierten Organisationen und indigenen Gruppen – zur 11. Vertragsstaatenkonferenz des Übereinkommens über die biologische Vielfalt (CBD-COP 11) in Hyderabad im Oktober 2012 zum Ausdruck (Neef 2012, S. 89). Darin wird der Einsatz von »ungeprüften innovativen finanziellen Mechanismen« und anderen marktbasierten Instrumenten wie Biodiversitätsoffsets ausdrücklich abgelehnt, mit der Begründung, dass Ökosysteme weder austauschbar noch handelbar seien und dass die traditionellen Ressourcenrechte der lokalen Bevölkerung angesichts solcher Instrumente akut gefährdet seien (CBD Alliance 2012).

## DAS ÖFFENTLICHE MEINUNGSBILD UND DIE ROLLE DER MEDIEN    5.

Der Schutz der biologischen Vielfalt ist eine gesamtgesellschaftliche Aufgabe, die auf Dauer nur gelingen kann, wenn in der breiten Bevölkerung ein Bewusstsein über den Wert und die Bedeutung der biologischen Vielfalt sowie Grundverständnisse der komplexen Problemzusammenhänge bestehen. Diese Voraussetzungen sind global gesehen insgesamt nur unzureichend erfüllt. Im Vergleich zum Klimawandel ist der Verlust der biologischen Vielfalt in der Öffentlichkeit und den Medien weltweit gesehen nur ein Randthema (natürlich mit starken nationalen Abweichungen, auf die nachfolgend eingegangen wird), das über die einschlägigen Expertenzirkel und Einzelereignisse hinaus wenig Beachtung findet. Dass die Weltbevölkerung noch wenig für Biodiversitätsfragen sensibilisiert ist, trotz insgesamt steigender Tendenz, belegen auch diverse Umfragen, die in den letzten Jahren national und international durchgeführt worden sind. Dabei gibt es, wie nicht anders zu erwarten, deutliche Unterschiede zwischen einzelnen Ländern. So haben gemäß dem »Biodiversity Barometer 2013« immerhin 67 % der weltweit befragten Personen (31.000 Konsumenten in elf Ländern) in den letzten fünf Jahren von Biodiversität gehört, wovon allerdings nur 39 % die korrekte Definition des Begriffs angeben können (28 % eine teilweise korrekte Definition) (UEBT 2013).[112] Deutschland bildet hier keine Ausnahme, sondern liegt, wie die aktuellen Daten der Umfrage von 2014 erneut belegen (UEBT 2014), im internationalen Vergleich sogar im Schlussfeld (Tab. VII.1).

**TAB. VII.1      GESELLSCHAFTLICHES BEWUSSTSEIN FÜR BIODIVERSITÄT WELTWEIT**

| Land | haben von Biodiversität gehört in % | kennen die korrekte Definition in % | kennen Teildefinitionen in % |
|---|---|---|---|
| Brasilien | 90 | 50 | 18 |
| Deutschland | 49 | 22 | 13 |
| Frankreich | 94 | 37 | 24 |
| Großbritannien | 65 | 17 | 17 |
| Indien | 19 | 0,4 | 9 |
| Japan | 62 | 29 | 21 |
| Kolumbien | 93 | 44 | 18 |
| Peru | 52 | 7 | 37 |
| Südkorea | 73 | 47 | 16 |
| Schweiz | 83 | 37 | 18 |
| USA | 60 | 24 | 17 |
| Vietnam | 95 | 36 | 6 |

Quelle: nach UEBT 2014

---

112 Beim »Biodiversity Barometer« handelt es sich um eine jährlich im Auftrag der Union for Ethical BioTrade (UEBT) durchgeführte Konsumentenbefragung in 13 Ländern (Brasilien, China, Deutschland, Frankreich, Großbritannien, Indien, Japan, Peru, Südkorea, der Schweiz, den USA und seit 2014 auch Kolumbien und Vietnam). Die Ergebnisse der Umfrage werden als Indikator für das gesellschaftliche Bewusstsein im Rahmen des »Strategischen Plans 2011–2020« der CBD genutzt (Aichi-Ziel 1).

Das Bewusstsein für den Biodiversitätsverlust stärker in der Gesellschaft zu verankern, zählt zu den zentralen Zielen des strategischen Plans der CBD (Aichi-Ziel 1) und der nationalen Biodiversitätsstrategie (BMU 2007, S. 60 ff.). Mit den bundesweiten Wandertagen[113] in Deutschland und zahlreichen weiteren internationalen und nationalen Aktivitäten, die im Rahmen des »Internationalen Jahres der biologischen Vielfalt 2010« sowie der UN-Dekade »Biologische Vielfalt 2011 bis 2020« bislang stattgefunden haben und noch geplant sind, wurden bereits erhebliche Anstrengungen zur Sensibilisierung der Öffentlichkeit unternommen.

Zudem gibt es vorsichtige Bestrebungen, die Bevölkerung stärker in biodiversitätspolitische Prozesse einzubeziehen. Initiiert durch das Danish Board of Technology (DBT) fand zu diesem Zweck Mitte September 2012 die Bürgerkonferenz »World Wide Views on Biodiversity« statt (Kasten).[114] Aufschlussreich waren die Voten, die auf dem globalen Bürgerdialog im Zusammenhang mit Fragen zur Inwertsetzung von Biodiversität abgegeben wurden, da sie insgesamt auf eine differenzierte Haltung schließen lassen (Abb. VII.2). So stimmten die weltweiten Teilnehmer mehrheitlich dafür (45,6 %), im Falle eines Konflikts zwischen ökonomischen Interessen und der Ausweisung neuer Naturschutzgebiete dem Biodiversitätsschutz Vorrang einzuräumen, es sei denn, essenzielle ökonomische Interessen stehen auf dem Spiel. Zu den Maßnahmen befragt, die bei der Erhaltung von Naturlandschaften im eigenen Land zur Anwendung kommen sollen, bestand hingegen insgesamt eine größere Präferenz zu anreizbasierten (und damit marktkonformen) statt zu ordnungsrechtlichen Instrumente (53,4 % gegenüber 36 %, Mehrfachnennungen möglich), wobei sich hier eine interessante Differenz zwischen Industrie- und Entwicklungs- resp. Schwellenländern zeigte: Letztere votierten überwiegend für eine stärkere Gesetzgebung, während für Erstere Anreize von größerer Wichtigkeit sind (DBT 2012, S. 20).

---

113 www.wandertag.biologischevielfalt.de/wandertag.html (20.5.2014)
114 http://biodiversity.wwviews.org (12.1.2015)

ABB. VII.2    AUSGEWÄHLTE ERGEBNISSE VON »WORLD WIDE VIEWS ON BIODIVERSITY«

Vorrang bei einem Konflikt zwischen ökonomischen Interessen und neuen Naturschutzgebieten

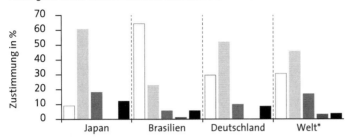

☐ neue Naturschutzgebiete

▨ neue Naturschutzgebiete, mit Ausnahme sehr wichtiger ökonomischer Interessen

▩ ökonomische Interessen, mit Ausnahme sehr wichtiger Naturschutzgebiete

▦ ökonomische Interessen

■ Ich weiß nicht/habe keine Meinung

* insgesamt 25 Staaten

Präferenz hinsichtlich Maßnahmen zur Erhaltung nationaler Landschaften

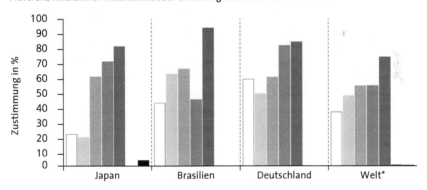

☐ strengere Gesetzgebung auf nationaler Ebene

▨ bessere Durchsetzung geltender Gesetze

▩ Einbindung von Biodiversitätsbelangen in sämtliche Planungsentscheidungen

▦ Schaffung von Anreizen für Akteure

▦ Bildungsmaßnahmen zu Biodiversitätsthemen

■ keine Maßnahmen

■ Ich weiß nicht/habe keine Meinung

* insgesamt 25 Staaten

Quelle:  nach biodiversity.wwviews.org/the-results (20.5.2014)

## WORLD WIDE VIEWS ON BIODIVERSITY

Rund 3.000 Bürger aus 25 Ländern (darunter Deutschland, Brasilien und Japan) nahmen im September 2012 an Veranstaltungen im Rahmen von »World Wide Views on Biodiversity« teil. Das Ziel der vom Danish Board of Technology initiierten und unter Beteiligung des Instituts für Technikfolgenabschätzung und Systemanalyse (ITAS) des Karlsruher Instituts für Technologie (KIT) durchgeführten Konferenz war es, die Bürger in einen Bewusstwerdungsprozess zu Nachhaltigkeit einzubeziehen und ihren Vorstellungen Gehör zu verleihen. In jedem der beteiligten Länder fanden eintägige Meetings statt. Dort konnten sich rund 100 Bürger mit Biodiversitätsthemen vertraut machen und diese diskutieren. Danach beantworteten sie einen standardisierten Fragebogen. In Deutschland beteiligten sich 83 Personen an der Fokusgruppe und an der Befragung, in der es sowohl um Bewusstseinsbildung als auch um Politikgestaltung ging. Die Resultate wurden auf der COP 11 der CBD in Indien im Oktober 2012 präsentiert. Der Sekretär der CBD hieß die Studie explizit willkommen und sah Bürgerkonferenzen als Möglichkeit, auf nationaler und internationaler Ebene Bewusstsein für den Verlust der Biodiversität und für entsprechende politische Maßnahmen zu schaffen sowie ein Portal für Bürgerbeteiligung bereitzustellen. Direkten Einfluss auf politische Entscheidungen hatte der Bürgerdialog jedoch nicht.

Quelle: adelphi 2012, S. 84

## SITUATION IN DEUTSCHLAND    5.1

Biodiversitätsthemen finden keinen großen Widerhall in der deutschen Medienlandschaft und stehen klar im Schatten der wesentlich stärker im Brennpunkt befindlichen Klimaproblematik (dazu und zum Folgenden adelphi 2012, S. 89 ff.). Das mediale Interesse an der biologischen Vielfalt flammte während der 9. Vertragsstaatenkonferenz des Übereinkommens über die biologische Vielfalt (CBD-COP 9) 2008 in Bonn kurz auf, was wohl primär der deutschen CBD-Präsidentschaft zuzuschreiben ist, flachte seither aber wieder deutlich ab. So wurde über die 11. Vertragsstaatenkonferenz (CBD-COP 11) kaum berichtet (adelphi 2012, S. 92). Der Umstand, dass trotz der ausführlichen Berichterstattung im Rahmen der CBD-COP 9 die Biodiversitätskonvention auch in renommierten Medien immer noch hartnäckig als »Artenschutzkonvention« oder »Artenschutzkonferenz« bezeichnet wird (der Arbeitstitel für die Biodiversitätskonvention vor 1992), legt nicht nur Wissenslücken offen, sondern macht auch deutlich, dass das Thema in der deutschen Öffentlichkeit stark auf Artenvielfalt und Artenrückgang verengt wird (Jessel 2012, S. 23). Entsprechend gibt es auch über die Inwertsetzung von Biodiversität nur vereinzelte Berichte in den deutschen Publikumsmedien. Der Grundtenor ist eher positiv – so thematisiert etwa »Der Spiegel« in unaufgeregtem und pragmatischem Tonfall die Chancen und Risiken dieses »neue[n] Zeitalter[s] des Naturschutzes« (Der Spiegel 2008).

Was der Blick in die deutschen Medien vermuten lässt, wird durch die Naturbewusstseinsstudie 2011[115] des BMU und BfN (wie auch durch das »Biodiversity Barometer 2014«, Tab. VII.1) bestätigt: Sowohl das gesellschaftliche Bewusstsein als auch das Wissen zur biologischen Vielfalt scheint in der deutschen Öffentlichkeit eher begrenzt zu sein (BMU/BfN 2012) – trotz zahlreicher Bildungsmaßnahmen, die im Zuge der NBS-Umsetzung sowie der UN-Dekade »Bildung für nachhaltige Entwicklung« eingeleitet wurden. Aus der repräsentativen Bevölkerungsumfrage zum Naturbewusstsein unter 2.031 Personen geht hervor, dass 71 % der Befragten mit dem Begriff vertraut sind, allerdings nur 42 % wissen, was damit gemeint ist (BMU/BfN 2012, S. 8 f.). Jene Personen, die den Begriff schon einmal gehört haben, setzen diesen überwiegend mit der Artenvielfalt gleich. Das in der nationalen Biodiversitätsstrategie formulierte Ziel, dass bis 2015 für mindestens 75 % der Bevölkerung die Erhaltung der biologischen Vielfalt zu den prioritären Aufgaben gehört und ihre Bedeutung fest in Bewusstsein und Handeln der Menschen verankert ist, liegt somit noch in weiter Ferne. Der »Gesellschaftsindikator«, der in der Naturbewusstseinsstudie ermittelt wurde und anhand dessen dieses Ziel regelmäßig überprüft werden soll, weist aus, dass derzeit nur 23 % der Bevölkerung entsprechend für Biodiversitätsfragen sensibilisiert sind (BMU/BfN 2011, S. 57 ff.). Angesichts des hohen Umweltbewusstseins in Deutschland ist das ein erstaunliches Resultat.

Laut der Naturbewusstseinsstudie herrscht in der deutschen Bevölkerung weitgehender Konsens darüber, dass die biologische Vielfalt bedroht ist und geschützt werden muss – ein Ergebnis, das durch den globalen Bürgerdialog »World Wide Views on Biodiversity« bestätigt wird, bei dem sich fast 60 % der deutschen Teilnehmer über den globalen Verlust der Biodiversität sehr besorgt zeigten. Interessant ist, welche persönlichen Argumente für den Naturschutz vor diesem Hintergrund vorgebracht wurden. Aufschluss gibt hier ebenfalls die Naturbewusstseinsstudie, in der nach den persönlichen Gründen für den Schutz der Natur gefragt wurde: Demnach genießen Glücks- und Gerechtigkeitsüberlegungen in der deutschen Bevölkerung deutlich den Vorzug vor ökonomischen Argumenten, die den volkswirtschaftlichen und unternehmerischen Nutzen in den Vordergrund stellen (BMU/BfN 2012, S. 39 ff.) (Abb. VII.3). Zudem sehen die Befragten vor allem den Privatsektor in der Verantwortung, sich stärker für den Naturschutz zu engagieren (BMU/BfN 2012, S. 42 f.). Die Resultate des globalen Bürgerdialogs »World Wide Views on Biodiversity« bekräftigen den Eindruck, dass die Interessen des Naturschutzes in Deutschland im Konfliktfall

---

115 Die kurz vor Redaktionsschluss publizierte Naturbewusstseinsstudie 2013 hat in den relevanten Punkten keine signifikanten Abweichungen ergeben (BMU/BfN 2014).

höher eingestuft werden als diejenigen der Wirtschaft. Immerhin fast 30 % der deutschen Teilnehmer gaben an, dass neue Schutzgebiete für sie absolute Priorität haben, während etwa die Hälfte dafür plädierte, neue Schutzgebiete einzurichten, solange sie keinen sehr wichtigen wirtschaftlichen Zielen entgegenstehen. Nur für einen geringen Anteil der Befragten haben hingegen wirtschaftliche Interessen Vorrang (9,9 %).

---

**ABB. VII.3**     **PERSÖNLICHE GRÜNDE FÜR DEN SCHUTZ DER NATUR: ERGEBNISSE DER NATURBEWUSSTSEINSSTUDIE 2011**

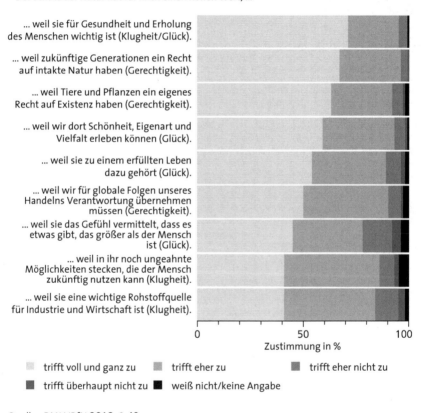

**Der Schutz der Natur hat für mich einen hohen Wert, ...**

... weil sie für Gesundheit und Erholung des Menschen wichtig ist (Klugheit/Glück).

... weil zukünftige Generationen ein Recht auf intakte Natur haben (Gerechtigkeit).

... weil Tiere und Pflanzen ein eigenes Recht auf Existenz haben (Gerechtigkeit).

... weil wir dort Schönheit, Eigenart und Vielfalt erleben können (Glück).

... weil sie zu einem erfüllten Leben dazu gehört (Glück).

... weil wir für globale Folgen unseres Handelns Verantwortung übernehmen müssen (Gerechtigkeit).

... weil sie das Gefühl vermittelt, dass es etwas gibt, das größer als der Mensch ist (Glück).

... weil in ihr noch ungeahnte Möglichkeiten stecken, die der Mensch zukünftig nutzen kann (Klugheit).

... weil sie eine wichtige Rohstoffquelle für Industrie und Wirtschaft ist (Klugheit).

0     50     100
Zustimmung in %

▨ trifft voll und ganz zu     ▨ trifft eher zu     ■ trifft eher nicht zu
■ trifft überhaupt nicht zu     ■ weiß nicht/keine Angabe

Quelle: BMU/BfN 2012, S. 40

Die Ergebnisse des globalen Bürgerdialogs sowie der BMU-Studie machen deutlich, dass in Deutschland alle gängigen Biodiversitätsschutzmaßnahmen (ordnungsrechtliche, anreizbasierte sowie jene der Öffentlichkeitsarbeit) auf große Akzeptanz stoßen. Dennoch scheint in Deutschland eine im internationalen Vergleich überdurchschnittliche Präferenz für ordnungsrechtliche Maßnahmen vorzuliegen: So stießen Vorschriften, Ver- und Gebote in der BMU-Umfrage auf besonders große Zustimmung (BMU/BfN 2012, S. 44 f.), und auf der Konferenz »World Wide Views on Biodiversity« befürwortete eine wesentlich größere Anzahl der Teilnehmer aus Deutschland eine strengere nationale Gesetzgebung als im weltweiten Durchschnitt (58 % in Deutschland gegenüber 36 % weltweit).

---

## ERGEBNISSE DER INTERNATIONALEN FALLSTUDIEN     5.2

Insgesamt hat das Interesse der Medien in den fünf Ländern an dem Thema Inwertsetzung von Biodiversität für kurze Zeit wegen des Rio+20-Gipfels etwas zugenommen. Demgegenüber gab es nahezu keine Berichterstattung zur 11. Vertragsstaatenkonferenz des Übereinkommens über die biologische Vielfalt (CBD-COP 11) in Hyderabad im Oktober 2012. Dies zeigt, dass das öffentliche Interesse an diesen Themenbereichen außerhalb von Expertenrunden, NGO-Foren und politischen Arenen im Vergleich zu anderen umweltpolitischen Themen wie dem Klimawandel noch relativ gering ist (Neef 2012, S. 89).

Am stärksten wird das Thema derzeit in den nationalen Medien *Brasiliens* – zumeist in Verbindung mit REDD+ und dem neuen Forstschutzgesetz – diskutiert, wo sich die Bevölkerung im internationalen Vergleich überdurchschnittlich gut mit Biodiversitätsthemen vertraut zeigt, wie das »Biodiversity Barometer 2013« sowie die WWViews-Befragung offenlegten (Neef 2012, S. 89). Auf »World Wide Views on Biodiversity« scherten die brasilianischen Teilnehmer in mehrfacher Hinsicht aus dem globalen Trend aus (zum Folgenden Neef 2012, S. 10): Auf die Frage, wie die Priorität im Falle eines Konflikts zwischen ökonomischen Interessen und der Ausweisung von neuen Naturschutzgebieten sei, gaben fast zwei Drittel der Teilnehmer an, dass für sie neue Naturschutzgebiete absolute Priorität hätten, womit Brasilien deutlich über dem globalen Durchschnitt lag. Bei der Frage nach der Präferenz von Maßnahmen zur Erhaltung von Naturlandschaften in Brasilien befürwortete die Mehrheit der Teilnehmer die bessere Durchsetzung geltender Gesetze sowie die Einbindung von Biodiversitätsbelangen in sämtliche Planungsentscheidungen, was ebenfalls deutlich über dem Durchschnitt aller 25 teilnehmenden Länder lag. Außerdem sprachen sich 42,1 % für eine strengere Gesetzgebung aus, während die Schaffung von Anreizen für Unternehmen, Landwirte und NGOs zur Beteiligung an Naturschutzmaßnahmen mit 44,3 % unter dem weltweiten Durchschnitt von 53,4 % lag. Dieses eher wirtschaftsskeptische Meinungsbild spiegelt sich auch in der medialen Berichterstattung wider, in der zumeist der Gegensatz zwischen Zentralregierung, Agrarlobby und Großunternehmen auf der einen Seite und unterprivilegierten indigenen Gruppen und ländlichen Gemeinden auf der anderen Seite reflektiert wird.

Auch in *Australien* spielen diese Gegensätze eine Rolle in der Berichterstattung, allerdings in weniger scharfer Form als in Brasilien (dazu und zum Folgenden Neef 2012, S. 89 f.). Während die Diskussion in der letzten Zeit insbesondere um die Gefährdung der Ökologie des Great Barrier Reefs und – mit etwas weniger Gewicht – um das Engagement der australischen Regierung in REDD+-Projekten in Südostasien geführt wurde, sind die medialen Debatten um die Praktikabilität marktbasierter Instrumente auf bundesstaatlicher Ebene etwas verflacht. Dagegen hat das Medieninteresse an den nationalen Programmen, wie der Karbonsteuer und dem daraus finanzierten Biodiversitätsfonds, zugenommen. Diese Programme werden auch in Blogs und sozialen Netzwerken engagiert und kontrovers diskutiert. Jüngst wurde im australischen Rundfunk im Zusammenhang mit der Buchveröffentlichung des australischen Wissenschaftsautors Guy Pearse (2012) auch das Thema »greenwashing« aufgegriffen, wobei insbesondere multinationale Unternehmen für diese weitverbreitete Praxis im Zusammenhang mit der »grünen Ökonomie« kritisiert wurden.

In *Japan* bestehen trotz erheblicher Anstrengungen zur besseren Information der Öffentlichkeit im Vorfeld der CBD-COP 10 in Nagoya noch große Defizite im gesellschaftlichen Bewusstsein für Biodiversitätsfragen (zum Folgenden Neef 2012, S. 52). Dies wird aus einer in einem Weißbuch des japanischen Umweltministeriums veröffentlichten Umfrage aus dem Jahr 2009 deutlich, bei der 61,5 % der repräsentativ ausgewählten Bürger angaben, dass sie den Begriff »Biodiversität« noch nie gehört hätten. Auch in der mit finanzieller Unterstützung des Japan Biodiversity Funds organisierten Veranstaltung »World Wide Views on Biodiversity« zeigte sich in Japan eine äußerst geringe Vertrautheit mit dem Biodiversitätsbegriff. Mehr als zwei Drittel der 99 japanischen Teilnehmer der Veranstaltung gaben an, dass sie »fast nichts« oder »nur sehr wenig« über Biodiversitätsthemen wüssten. In dieses Bild passt, dass Biodiversiätsthemen kaum im Fokus japanischer Medien stehen, deren Interesse seit der nuklearen Katastrophe in Fukushima stärker dem Potenzial von erneuerbaren Energien als Teil der »grünen Ökonomie« gilt, während das eher traditionelle Thema der Erhaltung der Kulturlandschaft kaum eine Rolle in der aktuellen Berichterstattung spielt. Die Wiedereinführung des Nippon-Ibis als japanisches Symboltier war nur ein vorübergehendes Medienspektakel, in dem das komplexe Zusammenspiel zwischen ökonomischen Ausgleichsmaßnahmen und ökologischen Wiedereingliederungsbemühungen weitgehend unerwähnt blieb.

In *Thailand* hat sich das Medieninteresse im Bereich der Ökosystemleistungen seit der Flutkatastrophe von 2011 verstärkt auf die vermeintlich flutmindernden Effekte der verbliebenen Waldgebiete Nordthailands konzentriert. Darüber hinaus gilt die Aufmerksamkeit der Medien im Bereich der »grünen Ökonomie« vorwiegend dem wirtschaftlichen Potenzial thailändischer Unternehmen im Bereich der Bioenergie und naturstoffbasierter Produkte, wohingegen das Interesse

der Medien an der Erhaltung von Biodiversität sich weitgehend auf einzelne
Symboltierarten wie Elefanten und Tiger beschränkt (Neef 2012, S. 90).

In der Presse *Tansanias* gibt es keinen klar erkennbaren medialen Diskurs zur
Inwertsetzung von Biodiversität, allerdings werden kommunale Rechte der lokalen Bevölkerung ausdrücklich betont und staatliche Interventionen, z. b. im
Rahmen der Vergabe von Jagdkonzessionen, eher kritisch kommentiert. Trotz
der jüngsten Kontroversen um REDD+-Pilotprojekte werden die Chancen, die
durch neue ökonomische Instrumente wie PES und REDD+ für die ländliche
Entwicklung entstehen sollen, von den tansanischen Medien noch relativ positiv
beurteilt (Neef 2012, S. 90).

## FAZIT                                                                    6.

Die Chancen und Risiken der ökonomischen Inwertsetzung von Biodiversität
werden international sehr unterschiedlich wahrgenommen, wie der Blick auf die
Diskurse in den untersuchten Ländern zeigt: Während sich Medien, Öffentlichkeit und Zivilgesellschaft in den biodiversitätsreichen Ländern des globalen Südens für das Thema eher sensibilisiert zeigen (Brasilien, Tansania, Thailand, aber
auch Australien), wird es in den biodiversitätsärmeren Ländern des industrialisierten Nordens von der Öffentlichkeit und zivilgesellschaftlichen Akteuren weit
weniger emotional wahrgenommen und ziemlich nüchtern diskutiert (Deutschland, Japan). Diese Differenz wirkt sich auch prägend auf die politischen Debatten auf internationaler Ebene aus. Die auf der Rio+20-Konferenz zu beobach-
tende Tendenz zahlreicher Regierungen von Industrie- und Schwellenländern,
den Privatsektor als treibende Kraft zur Erhaltung von biologischer Vielfalt und
Ökosystemleistungen zu präsentieren, hat für einige Spannungen in den Verhandlungen gesorgt (Neef 2012, S. 92).

Für diese Differenzen sind auf der einen Seite abweichende Natur- und Wertvorstellungen verantwortlich. Auf der anderen Seite kommen hier aber auch handfeste Interessenkonflikte zum Ausdruck, die sich speziell an Verteilungs- und
Nutzungsfragen im Zusammenhang mit den neuen globalen Kohlenstoff- und
Biodiversitätsmärkten entzünden. Viele Menschen in Entwicklungsländern sind in
existenzieller Weise von natürlichen Ressourcen abhängig. Verstärkend wirken
dabei einerseits die politischen und wirtschaftlichen Ungleichgewichte, andererseits die fragilen rechtlichen, sozialen und ökonomischen Rahmenbedingungen
in vielen Entwicklungs- und Schwellenländern. Für Konfliktstoff sorgt dabei insbesondere der neue Waldschutzmechanismus REDD+. Im Rahmen des freiwilligen Kohlenstoffmarktes könnten sich waldbasierte Emissionsminderungspro-
jekte ohne weitere Gegenmaßnahmen als Einfallstor für Finanzspekulanten und
Karbonhändler erweisen, die unter dem Deckmantel grüner Geschäftspraktiken

in Entwicklungsländern tätig zu werden hoffen – mit den bekannten negativen Konsequenzen für die lokale Bevölkerung und Biodiversität (dazu und zum Folgenden Neef 2012, S. 92 f.). Aber auch die Auswirkungen von offiziellen REDD+-Pilotprojekten sind hoch umstritten. Wissenschaftliche Studien zeigen, dass die Wechselwirkungen und Zielkonflikte zwischen Klimaschutz, Biodiversitätserhalt und den Rechten lokaler Gemeinschaften beträchtlich sein können (Kap. V.2.2). Vor diesem Hintergrund ist es nicht erstaunlich, dass – wie Neef feststellt – die Komplexität, die Unsicherheiten und Risiken, die mit einem undifferenzierten Ansatz zur Bewertung und Inwertsetzung von Biodiversität verbunden sind, von weiten Teilen der Zivilgesellschaft in den betroffenen Ländern als schwer kalkulierbar eingestuft werden.

Zu betonen ist, dass die Konfliktlinien quer zum Nord-Süd-Gefälle verlaufen: Neben diversen Unternehmen beteiligen sich auch zunehmend international tätige Umweltorganisationen westlicher Provenienz am Aufbau der neuen Märkte, dabei werden sie nicht selten von den politischen und wirtschaftlichen Eliten vor Ort unterstützt. Während sich die wald- und ressourcenreichen Entwicklungsländer so zu zentralen Arenen globaler Biodiversitätskonflikte entwickelt haben, ist in Deutschland von starken Interessengegensätzen bislang wenig zu spüren. Dies ist sicherlich auch der dialogorientierten und ausgewogenen Herangehensweise von Regierung und Behörden im Rahmen der NBS geschuldet, welche die Bedenken der marktkritischen Naturschutzbewegung von Beginn an aufgegriffen hat. Entschärfend wirkt sich aber vor allem die Tatsache aus, dass die deutsche Industrie der Inwertsetzung der Biodiversität im Großen und Ganzen eher skeptisch bis ablehnend gegenübersteht. Natürlich dürfte dies wesentlich damit zusammenhängen, dass Deutschland nicht wirklich über wertvolle Naturressourcen verfügt, sodass die Thematik eher mit weiterer Regulierung und neuen Umweltverpflichtungen in Verbindung gebracht wird als mit lukrativen Einnahmequellen. Insofern birgt die Inwertsetzung der Biodiversität hierzulande – anders etwa als im biodiversitätsreichen Australien – kein allzu großes gesellschaftliches Konfliktpotenzial, was auch die relativ geringe Präsenz des Themas in der medialen Berichterstattung und dem öffentlichen Bewusstsein erklären hilft. Interessant ist dieser Befund deshalb, da sich Deutschland eigentlich durch ein hohes Umweltbewusstsein auszeichnet und auch international als Vorreiter in Sachen Biodiversitätsschutz gilt. Anders als der Klimawandel, das Waldsterben oder die Atomkraft bewegt der fortschreitende Biodiversitätsverlust hierzulande aber nicht merklich die Gemüter, dementsprechend gering ist auch der diesbezügliche Wissensstand in der Bevölkerung. Im Hinblick auf die ökonomische Inwertsetzung der Biodiversität ist dies nicht unproblematisch, da sowohl die ökonomischen Bewertungs- wie auch die auf Freiwilligkeit bauenden Steuerungsansätze einen gewissen Grad an Informiertheit voraussetzen, um zuverlässig resp. effektiv zu sein.

## RESÜMEE 1.

Nachdem sich traditionelle Schutzkonzepte bislang als nicht ausreichend erwiesen haben und zudem durch die jüngste Weltwirtschaftskrise unter Finanzierungsdruck geraten sind, setzt die Biodiversitätspolitik zunehmend auch auf innovative ökonomische Ansätze. Dazu gehören einerseits die Bewertung des volkswirtschaftlichen Nutzens der biologischen Vielfalt und ihrer Leistungen mittels ökonomischer Verfahren sowie andererseits die politische Steuerung durch monetäre Anreize. Diese beiden Ansätze, die in ihren theoretischen Grundlagen und praktischen Implikationen voneinander weitgehend unabhängig und deshalb auch gesondert zu analysieren sind, sollen zu einem gesellschaftlich nachhaltigeren Umgang mit natürlichen Ressourcen anleiten und damit sowohl zu effektiveren als auch zu kosteneffizienteren Schutzbemühungen beitragen. Man hat es dabei mit einer noch vergleichsweise jungen, aber bereits sehr wirkmächtigen, sich weltweit manifestierenden Entwicklung zu tun, die sich nicht nur in politischen Programmen und Zielsetzungen diskursiv niederschlägt, sondern sich bereits auch in Governancestrukturen abzuzeichnen beginnt. Die Rede von einem Paradigmenwechsel im Naturschutz ist also keineswegs aus der Luft gegriffen. Die Implikationen dieser Entwicklung liegen jedoch noch weitgehend im Dunkeln: Während die Befürworter von einer »Win-win-Situation« für Natur und Mensch sprechen, befürchten die Kritiker eine Unterwerfung der Natur unter eine »kapitalistische Marktlogik« (Unmüßig 2014). Vor diesem Hintergrund beleuchtet der vorliegende Bericht nicht nur die vielfältigen wissenschaftlichen Grundlagen, sondern auch die politischen und gesellschaftlichen Perspektiven, die diesem naturschutzpolitischen Umbruch zugrunde liegen.

### BIODIVERSITÄT: EIN VIELGESTALTIGER GEGENSTAND

Die intensive politische und wissenschaftliche Befassung mit dem Schutzgut »Biodiversität« kann darüber hinwegtäuschen, dass es *die* Biodiversität als klar definiertes, homogenes Objekt im Grunde genommen gar nicht gibt. Vielmehr zerfällt die biologische Vielfalt bei genauerer Betrachtung in unzählige Einzelfacetten, die in ihrer Gesamtheit nicht erfassbar sind. Bei der Biodiversität handelt es sich also um ein komplexes theoretisches Konstrukt, zu dem laut Standarddefinition der Biodiversitätskonvention (CBD) neben der Vielfalt der Arten auch jene der Gene sowie der Lebensräume gehören. Das naturwissenschaftliche Verständnis des Begriffs ist noch umfassender und beinhaltet als weitere eigenständige Komponenten mindestens die funktionelle und die phylogenetische Vielfalt (iDiv 2013, S. 154). Da es kein übergreifendes Biodiversitätsmaß gibt, greift man auch in Forschungskontexten gerne auf die Artenvielfalt als den einfachsten Nenner zurück (iDiv 2013, S. 179). Auch hierbei ist man jedoch mit verschiedenen methodologischen Problemen konfrontiert: Erstens ist die Gesamtzahl der Arten (von Einzellern bis hin zu den Wirbeltieren), die ein Gebiet besiedeln, aus praktischen Gründen unmöglich komplett erfassbar. Zweitens hängt die Artenvielfalt stark von der betrachteten räumlichen Skala ab, also der Größe des Gebiets. Auch sie ist folglich nur sehr näherungsweise bestimmbar, wobei auf eine Vielzahl unterschiedlicher Messvariablen und -parameter zurückgegriffen werden kann, je nachdem, für welches Ökosystem man sich interessiert.

Wie die verschiedenen Einzelfacetten der biologischen Vielfalt zusammenhängen und welche ökosystemare Bedeutung sie haben, ist aufgrund der Komplexität des Forschungsgegenstandes bislang nur ungenügend verstanden und Gegenstand einer Vielzahl laufender Untersuchungen. Integrative Forschungsansätze, welche die verschiedenen Perspektiven und Methoden der biologischen Biodiversitätsforschung verbinden (Taxonomie, Genetik, Ökologie etc.), wären wünschenswert, werden jedoch durch die Heterogenität der Fragestellungen, der theoretischen Konzepte und der erhobenen Daten behindert. Noch unklarer ist die Situation, wenn man den Zusammenhang zwischen Biodiversität und den sogenannten Ökosystemleistungen in den Blick nimmt, ein Forschungsfeld, das im Zuge des Ökonomisierungstrends und nutzenorientierter Betrachtungsweisen zunehmend an Bedeutung gewinnt. Ökosystemleistungen, als die anthropozentrisch definierten Leistungen von Ökosystemen (wie Erholungswert, Klimaregulation oder Bereitstellung materieller Ressourcen), hängen zum einen von den grundlegenden ökosystemaren Funktionen und Prozessen ab. Zum anderen spielen menschliche Bedürfnisse und Werte bei ihrer Definition und Abgrenzung eine zentrale Rolle, sodass die Frage nach dem Zusammenhang von Biodiversität und Ökosystemleistungen von hochgradig interdisziplinärer, ja transdisziplinärer Art ist. Der Forschungsbereich steht erst am Anfang seiner Entwicklung, und es gilt noch vielfältige Wissenslücken und Forschungsdefizite auszuräumen, darunter auch grundlegende konzeptionelle Fragen. Forschungslücken bestehen vor allem im Hinblick auf die kulturellen Leistungen der Natur, die bislang kaum systematisch untersucht worden sind. Davon abgesehen scheint eine wachsende Zahl von Studien darauf hinzudeuten, dass die biologische Vielfalt ökosystemübergreifend einen signifikant förderlichen Einfluss auf viele Naturleistungen hat. Wenn das zutrifft, ist ein effektiver Erhalt der biologischen Vielfalt auf Produktionsflächen – etwa durch extensive Nutzung – auch aus einer ökonomischen Perspektive sinnvoll.

### BIODIVERSITÄTSSCHUTZ ALS QUERSCHNITTSAUFGABE

Aufgrund der beschriebenen Heterogenität und Skalenabhängigkeit des Schutzgutes stößt die »klassische« Naturschutzpolitik, die auf ordnungsrechtlich verankerte Gebote, Verbote und Auflagen setzt, an Grenzen. Für ihre eher mäßige bisherige Erfolgsbilanz sind aber auch die vielfältigen Einflüsse aus anderen, nicht direkt naturschutzbezogenen Politikbereichen (Siedlungs- und Verkehrspolitik, Landwirtschaftspolitik, Energie- und Klimapolitik) verantwortlich, die sich in erheblichem Maße auf die biologische Vielfalt auswirken und auch vor geschützten Gebieten nicht Halt machen. So tragen Siedlungs- und Verkehrspolitik zu einem fortschreitenden Flächenverbrauch in Deutschland bei (Jörissen/Coenen 2007), während eine intensive Landwirtschaft die Natur durch vielfältige direkte Eingriffe und Emissionen beeinträchtigt. Hinzu kommt eine Energie- und Klimapolitik, die zunehmend auf erneuerbare Energien setzt und dadurch einen höheren Verbrauch an nachwachsenden Rohstoffen wie Holz und Energiepflanzen zur Folge hat – was den landwirtschaftlichen Flächenverbrauch erhöht und sich bei Anpflanzung schnell wachsender Arten in Monokulturen negativ auf die biologische Vielfalt auswirkt.

In Anbetracht dieses komplexen Steuerungs- und Wirkgefüges ist es fast zwangsläufig, dass eine rein naturschutzbezogene oder auf ein bestimmtes Instrument fokussierte Biodiversitätspolitik zu kurz greift. Der Biodiversitätsschutz ist vielmehr als Querschnittsaufgabe zu begreifen, die alle relevanten Politiksektoren und ein möglichst breites Instrumentenspektrum einbeziehen sollte. Mit der nationalen Biodiversitätsstrategie und der Nachhaltigkeitsstrategie gibt es in Deutschland bereits querschnittsorientierte Programme, die auf eine stärkere Harmonisierung und Integration der relevanten Politikbereiche im Sinne einer nachhaltigen Entwicklung zielen. Dennoch ist es bislang noch nicht in ausreichendem Maße gelungen, die Ziele des Biodiversitätsschutzes in allen maßgeblichen Politiksektoren zu verankern (Doyle et al. 2010, S. 309) – wie beispielsweise der anhaltend hohe Flächenverbrauch von rund 75 ha pro Tag in Deutschland anzeigt, der weit entfernt vom Nachhaltigkeitsziel der Bundesregierung liegt (maximal 30 ha pro Tag bis 2020). In Deutschland sieht sich ein solches Bemühen vor die besondere Herausforderung gestellt, dass wesentliche Kompetenzen und Befugnisse bei den Bundesländern oder Gemeinden liegen, etwa im Bereich der Landschafts- und Raumplanung oder der Infrastrukturpolitik.

## GRENZEN UND CHANCEN ÖKONOMISCHER BEWERTUNGEN – VIELE OFFENE FRAGEN

Die ökonomische Denkweise hat bereits deutliche Spuren im politischen Naturschutzdiskurs hinterlassen. Wie die »EU-Biodiversitätsstrategie 2020« paradigmatisch verdeutlicht, richtet sich das politische Interesse zunehmend auf nutzenorientierte Aspekte: weg von der schwer fassbaren und abstrakten Biodiversität, hin zu den anthropozentrisch definierten Ökosystemleistungen. Dadurch rücken ökonomische Bewertungsansätze, die zur Quantifizierung des Nutzens von Naturgütern (resp. der Kosten ihres Verlusts) herangezogen werden, in heuristischer Hinsicht in den Mittelpunkt. Aus Sicht der Ökonomie haben sie die wichtige Funktion, die vielfältigen Wohlfahrtseffekte von konkreten Maßnahmen offenzulegen und somit Naturgüter und ihre Werte besser in gesellschaftliche Entscheidungsprozesse einzubinden. Dazu werden die zeitlich und räumlich verteilten Auswirkungen von Einzelmaßnahmen auf Natur und Landschaft in konkrete monetäre Werte

übersetzt. Das Ziel ist, die »oft schiefe Waagschale« (Hansjürgens et al. 2012, S. 11) bei der Betrachtung von Nutzungsänderungen ins Lot zu bringen, indem nicht nur die betriebswirtschaftlichen, sondern auch die biodiversitätsbezogenen Nutzen und Kosten offengelegt werden. Die Analysen im Rahmen des TA-Projekts haben gezeigt, dass dies ein ebenso schwierig durchzuführendes wie komplex zu beurteilendes Unterfangen ist.

Die Umweltökonomik hat ein ausgefeiltes Bewertungsinstrumentarium entwickelt, um die verschiedenen materiellen und immateriellen Wertedimensionen von Naturgütern, d. h. ihre unterschiedlichen Nutzenaspekte, möglichst umfassend zu erfassen und – wenn möglich – zu monetarisieren. Der ökonomische Bewertungsansatz basiert auf der Ermittlung individueller Präferenzen, die sich in realen Marktdaten manifestieren oder als hypothetische Zahlungsbereitschaften erfragen lassen. Die einzelnen Bewertungsverfahren haben ihre individuellen Stärken und Schwächen, die je nach Bewertungskontext und Problemstellung unterschiedlich zum Tragen kommen. Eine übergreifende Beurteilung ist deshalb schwerlich möglich. Insgesamt lässt sich konstatieren, dass eine sorgfältig umgesetzte ökonomische Bewertung die Chance bietet, eine umfassendere Perspektive auf die vielfältigen (auch nutzungsunabhängigen) Wertedimensionen der Natur zu gewinnen. Noch hat sie jedoch mit etlichen Unsicherheiten und Ungenauigkeiten zu kämpfen, sodass die Aussagekraft der Ergebnisse und somit auch die politische Nutzbarkeit eingeschränkt sind. Ins Gewicht fallen begriffliche Unschärfen im Hinblick auf die zentralen Bewertungsgegenstände (Biodiversität, Ökosystemleistungen), besonders aber die noch sehr lückenhafte Wissens- und Datenbasis zu ökosystemaren Wechselwirkungen. Solange die biosphärischen Folgen menschlicher Maßnahmen unklar sind – was umso eher der Fall ist, je massiver der Eingriff –, so lange lassen sich auch die volkswirtschaftlichen Effekte dieser Handlungen kaum sinnvoll abschätzen. Erschwerend kommen verfahrensabhängige Verzerrungseffekte aufseiten der Bewertungsverfahren selber hinzu (wie Einfluss des Interviewers in Befragungssituationen, verzerrte Wahrnehmungen der Befragten), die ebenfalls nur schwierig in den Griff zu bekommen sind.

Aufgrund dieser Restriktionen ist nicht damit zu rechnen, dass ökonomische Bewertungen exakt sind, d. h. über grobe Schätzwerte hinauskommen. Eine solche Erwartung wäre aber auch der prinzipiellen Leistungsfähigkeit der zugrunde liegenden Verfahren nicht angemessen, die eine spezifisch gesellschaftliche und damit kontextabhängige Perspektive abbilden und folglich nicht den »einen und einzigen Wert der Natur« zutage fördern (Hansjürgens 2012b, S. 97). Es gibt, anders formuliert, keinen objektiven Maßstab, an dem sich die Exaktheit einer ökonomischen Bewertung festmachen ließe. Das gilt zwar prinzipiell für jeden Bewertungsansatz, jedoch könnte der scheinbar objektive, da quantitative Charakter ökonomischer Bewertungsergebnisse in diesem Punkt besonders zu Missverständnissen und Fehlinterpretationen verleiten. Bei der Deutung der Ergebnisse ist deshalb große Sorgfalt geboten.

### ANREIZBASIERTE INSTRUMENTE: LEHREN AUS DEM KLIMASCHUTZ

Abgesehen von der Honorierung ökologischer Leistungen in der Agrarumweltpolitik spielen ökonomische Instrumente (wie Zahlungen für Ökosystemleistungen, handelbare Flächenausweisungsrechte etc.) in der Naturschutzpraxis bislang eine eher untergeordnete Rolle und werden erst seit einigen Jahren in größerem Umfang erprobt, weshalb die vorliegenden Befunde zu möglichen Wirkungen und Nebenwirkungen sehr heterogen und kaum belastbar sind. Aus diesem Grund wurde im TA-Projekt ein genauerer Blick auf die anreizbasierte Regulierungspraxis im Klimaschutz geworfen, die seit Mitte der 1990er Jahre ein fester Bestandteil des Klimaregimes ist und für eine kosteneffizientere Umsetzung klimapolitischer Maßnahmen sorgen soll.

Die Erfahrungen sind zwiespältig: Auf der einen Seite konnten durch ökonomische Instrumente wie den »clean development mechanism« (CDM) oder den Emissionshandel maßgebliche privatwirtschaftliche Investitionen in klimafreundliche Technologien angereizt werden. Auf der anderen Seite hat sich aber auch gezeigt, dass viele Hoffnungen im Hinblick auf die Lenkungswirkung marktbasierter Instrumente, die in ökonomischen Lehrbüchern zum Ausdruck kommen, in der Praxis bislang enttäuscht worden sind:

> So ist die ökologische Effektivität des europäischen Emissionshandelssystems aufgrund eines Überangebots an Zertifikaten derzeit zweifelhaft, weitere Reformschritte sind erforderlich. Die ersten Erfahrungen mit Aufforstungsprojekten im Rahmen des CDM oder des freiwilligen Kohlenstoffmarktes sowie dem Waldschutzmechanismus REDD+ etc. zeigen zudem, dass besonders in Entwicklungsländern zahlreiche nichtintendierte sozialökologische Nebeneffekte zu gewärtigen sind (z. B. »land grabbing«, Monokulturaufforstung).
> Der Erfolg anreizbasierter Klimaschutzinstrumente hängt mithin zentral von ihrer regulativen Ausgestaltung ab (einschließlich der Regulierung des Marktgeschehens). Dies zieht einen bürokratischen Kontroll- und Verwaltungsaufwand nach sich, der mit hohen Zusatzkosten verbunden sein kann. Dadurch relativiert sich wiederum die volkswirtschaftliche Kosteneffizienz – aus theoretischer Sicht der wesentliche Pluspunkt ökonomischer Instrumente.

Die Gründe für diese Umsetzungsschwierigkeiten hängen vor allem mit vielfältigen politisch-gesellschaftlichen Faktoren (z. B. Lobbyeinflüssen) zusammen, die sich einer optimalen Ausgestaltung in den Weg stellen und zu einem teilweise unzulänglichen Design geführt haben.

Wie der vorliegende TAB-Bericht zeigt, verstärken sich die praktischen Anwendungsprobleme bei Instrumenten zum Schutz und der nachhaltigen Nutzung von Biodiversität. Verantwortlich dafür sind die Eigenschaften des komplexen Schutzgutes »Biodiversität«: Während beim Klima mit den Treibhausgasemissionen eine einfach zu quantifizierende und homogene Steuerungsgröße zur Verfügung steht (»Kohlendioxidäquivalente«), gibt es bei der biologischen Vielfalt nichts Entsprechendes. Regulieren lassen sich Eingriffe in die biologische Vielfalt nur sehr approximativ über Hilfsgrößen wie den Flächenverbrauch oder die Bereitsstellung von Ökosystemleistungen, die jedoch nach Raum und Zeit sehr heterogen strukturiert und damit wesentlich kleinskaliger zu betrachten sind. Insgesamt steigt dadurch die Gefahr von Fehlsteuerungen und komplexen Nebeneffekten (Verlagerungs- sowie Verteilungswirkungen), sodass in der Regel ein wesentlich höherer Verwaltungs-, Kontroll- und mithin Kostenaufwand erforderlich ist, um die Effektivität und Sozialverträglichkeit der Instrumente sicherzustellen. Diese regulativen Anforderungen sind in Entwicklungsländern im Unterschied zu Industrieländern oft mehr schlecht als recht erfüllbar.

## GESELLSCHAFTLICHE UND POLITISCHE DISKURSE – HERAUSFORDERUNGEN FÜR DIE INTERNATIONALE ZUSAMMENARBEIT

Aus verschiedenen Umfragen geht hervor, dass das gesellschaftliche Bewusstsein zur Biodiversitätsproblematik in Deutschland trotz der Informationskampagnen der letzten Jahre relativ schwach ausgeprägt ist. Entsprechend erregt auch die Thematik der Inwertsetzung von Biodiversität hierzulande kaum öffentliche Aufmerksamkeit, die Debatte dazu bleibt weitgehend auf Fachkreise beschränkt. Ganz anders sieht die Situation in vielen Entwicklungs- und Schwellenländern aus, wo der Umgang mit Biodiversität existenzielle Fragen aufwirft. Die politische Beförderung marktbasierter Instrumente zum Schutz der Biodiversität birgt dort teilweise erhebliches gesellschaftliches Konfliktpotenzial. Eine Schlüsselrolle kommt dabei privatwirtschaftlichen Investoren zu, denen sich über die entstehenden Märkte für Ökosystemleistungen eine Palette neuer Handlungsspielräume eröffnet, die von umweltethisch und sozial verantwortlichem Handeln am einen Ende des Spektrums bis hin zu »greenwashing« oder gar »green grabbing« am anderen Ende reicht (Neef 2012, S. 92). Angesichts dessen bestehen vor allem von zivilgesellschaftlicher Seite zum Teil erhebliche Vorbehalte, dass eine undifferenzierte Inwertsetzung natürlicher Ressourcen in den betroffenen Ländern zu einer Veräußerung, eventuell gar zur Zerstörung der Lebensgrundlagen der angestammten Landbevölkerung führen könnte. Diese Befürchtungen sind nicht völlig aus der Luft gegriffen, wie das Gutachten von Neef (2012) zeigt.

Auf internationaler Ebene bildet der klimapolitische Diskurs eine wesentliche Triebkraft dieser spannungsgeladenen Entwicklung. Insbesondere beim jüngst formell beschlossenen Mechanismus REDD+, der auch biodiversitäts- und entwicklungspolitische Belange aufgreift, stehen potenzielle Zielkonflikte zwischen ökonomischen, ökologischen und sozialen Fragen im Fokus. Als eine der wesentlichen Umsetzungshürden erweist sich der Umstand, dass in Entwicklungsländern die Eigentums- und Nutzungsrechte oft nicht klar geregelt sind. Das Risiko negativer Auswirkungen großflächiger Aufforstungs- und Waldschutzmaßnahmen auf die einheimische Bevölkerung sowie die biologische Vielfalt soll durch die Formulierung möglichst konkreter und unabhängig überprüfbarer Schutzstandards begrenzt werden. In vielen Entwicklungs- und Schwellenländern dürften multilaterale Vereinbarungen dieser Art jedoch bei Weitem nicht ausreichend sein. Denn die meisten dieser Länder verfügen derzeit weder über die politisch-institutionellen Strukturen noch die technischen Kapazitäten, um die Einhaltung dieser Standards auch garantieren zu können – geschweige denn, dass diese bislang ausreichend ausgearbeitet worden wären. Der Erfolg von REDD+ hängt deshalb nicht nur von internationalen Absprachen ab, sondern wesentlich auch von einem differenzierten Kapazitäts- und Strukturaufbau im Rahmen der bilateralen Entwicklungszusammenarbeit. Ob sich damit in den Zielländern »Nischen« für eine nachhaltige Inwertsetzung von Biodiversität schaffen lassen, lässt sich nicht allgemein beantworten, da die sozioökonomischen, ökologischen sowie kulturellen Rahmenbedingungen zu unterschiedlich sind.

Auf der einen Seite engagiert sich Deutschland maßgeblich im internationalen Wald- und Biodiversitätsschutz und hat sich bereit erklärt, ab 2013 jährlich insgesamt 500 Mio. Euro auf bi- und multilateralem Wege für diese Zwecke einzusetzen. Auf der anderen Seite hat die überraschende Weigerung der Bundesregierung, die von breiter parlamentarischer Unterstützung getragene Yasuní-ITT-Initiative Ecuadors zu unterstützen, einiges Aufsehen erregt und heftige Kritik hervorgerufen. Der Yasuní-ITT-Fall sowie die Erfahrungen mit REDD+-Pilotprojekten machen zweierlei exemplarisch deutlich: erstens, dass sich die internationale Biodiversitätspolitik in einem Spannungsfeld bewegt, das von globalen Nutzungs- und Verteilungskonflikten zwischen biodiversitätsreichen Entwicklungsländern und biodiversitätsarmen Industrieländern geprägt ist; und zweitens, dass zwischen Klimaschutz, Biodiversitätserhalt und entwicklungspolitischen Belangen mannigfaltige Wechselwirkungen bestehen, die isolierte Betrachtungen zu diesen Fragen wenig zielführend erscheinen lassen (Neef 2012, S. 93).

# HANDLUNGSFELDER 2.

Beim aufkommenden Paradigma der ökonomischen Inwertsetzung von Biodiversität handelt es sich um ein vieldimensionales Problemfeld, das ökologische, ökonomische und soziale Gesichtspunkte aufweist. Die Konturen der zentralen Konzepte und Instrumente konstituieren sich an der Schnittstelle von verschiedenen wissenschaftlichen Disziplinen und der Biodiversitätspolitik. Wie sich die angestrebte Inwertsetzung in der Praxis auswirkt, ist eine Frage, die nicht nur von ihrer politisch-wissenschaftlichen Ausformung abhängt, sondern auch von diversen gesellschaftlichen Faktoren. Zentral ist hierbei die Frage, wie Bürger und Unternehmen auf die neuen ökonomischen Anreize reagieren, was u. a. von ihrer Motivationslage und ihrem Kenntnisstand über die biologische Vielfalt abhängt. Vor diesem Hintergrund ergeben sich politische Handlungsoptionen in den Bereichen Forschung, Regulierung sowie internationale Zusammenarbeit und gesellschaftlicher Dialog.

## FORSCHUNG                                                      2.1

Wie die Beschreibung der Wissenslücken verdeutlicht, wirft das Thema »Inwertsetzung von Biodiversität« eine große Zahl von Forschungsfragen in verschiedenen disziplinären Feldern auf. In erster Linie ist sicherlich die Ökonomie angesprochen, aus deren Fundus die einschlägigen Konzepte und Instrumente stammen. Forschungsbedarf ergibt sich aber auch in der politikwissenschaftlichen Governanceforschung und speziell in der naturwissenschaftlich ausgerichteten Biodiversitätsforschung.

### ÖKONOMISCHER FORSCHUNGSBEDARF

Im Hinblick auf die ökonomische Bewertung stehen methodische Fragen im Vordergrund, die sich angesichts vorherrschender Mängel der einzelnen Bewertungsverfahren in konzeptioneller, methodischer und technischer Hinsicht stellen. Forschungsbedarf besteht vor allem bei den Zahlungsbereitschaftsanalysen (Methoden der geäußerten Präferenzen), die als einzige zur Bewertung nutzungsunabhängiger Ökosystemleistungen geeignet sind, aufgrund ihrer hypothetischen Natur aber auch mit unwägbaren Verzerrungseffekten konfrontiert sind. Ähnliche Probleme ergeben sich beim häufig angewendeten Nutzentransfer, der ebenfalls mit einer unsicheren Validität und Zuverlässigkeit behaftet ist. Insofern stellen die Verbesserung, Weiterentwicklung und Verfeinerung dieser wichtigen Verfahren ein zentrales Forschungsfeld dar (Hansjürgens et al. 2012, S. 47 ff.).

In Anbetracht der erheblichen Diskrepanz zwischen biodiversitätspolitischen Anstrengungen und tatsächlichen Ergebnissen besteht weiterhin ökonomischer Forschungsbedarf in praktischer Hinsicht – und zwar vor allem in Bezug auf die konkreten Auswirkungen von Politikinstrumenten, die im Unterschied zu ihren theoretischen Voraussetzungen nur unzureichend beforscht sind.[116] Zum einen wäre erforderlich, die Anreizkonstellationen bei der Nutzung von Naturressourcen besser zu verstehen: Welche Anreize prägen das Verhalten von Nutzern?

---

116 Wir danken Dr. Lasse Loft für die folgenden Hinweise.

Welche Politiken wirken hier verstärkend? Wo sind überhaupt Ansatzpunkte für ein Gegensteuern? Zum anderen besteht ein Defizit an systematischen, theoretisch und empirisch fundierten Studien, welche die Entwicklung neuer anreizbasierter Instrumente in der Biodiversitätspolitik kritisch begleiten, potenzielle Risiken und Chancen abschätzen sowie Vorschläge für eine bessere politische Umsetzung entwickeln. Geeignete Anknüpfungspunkte für derartige Untersuchungen bilden die Debatte um die Einführung eines europaweiten Habitat-Banking-Systems, die nun beschlossene Umsetzung des REDD+-Mechanismus oder der in Deutschland seit den 1990er Jahren geforderte ökologische Finanzausgleich (mit auch international spärlichen Erfahrungen weniger Vorreiterstaaten). Nötig wäre es, die Auswirkungen so zu erfassen und darzustellen, dass Vergleiche zu anderen Instrumenten gezogen werden können. Dafür bieten sich die Bewertungskriterien Effektivität, Effizienz und Gerechtigkeit (Verteilung, Beteiligung, Zugang) an, die durch konkrete Indikatoren auszufüllen wären. Darüber hinaus sollte auch das Zustandekommen nichtintendierter sozialökologischer Folgen (wie z. B. komplexe Verlagerungs- und Verteilungseffekte) erforscht werden.

### POLITIKWISSENSCHAFTLICHER FORSCHUNGSBEDARF

Große Überschneidungen bestehen dabei mit der stärker politikwissenschaftlich ausgerichteten Governanceforschung, die sich mit Ansätzen und Strategien der Handlungssteuerung und -koordination beschäftigt. Dieses Problemfeld ist im Zusammenhang mit dem Schutz und der Inwertsetzung von Biodiversität noch wenig untersucht. Für die Naturschutzpraxis wäre es hilfreich, mehr über die kausale Wirkungsweise von Regelungsstrukturen zu erfahren. Eine systematische Wissensbasis zu Steuerungsansätzen, ihren Effekten und Einflussfaktoren würde es ermöglichen, ordnungsrechtliche, informationelle und ökonomische Instrumente so zu gestalten beziehungsweise zu kombinieren, dass sich ihre Defizite besser kompensieren und Politikziele effizienter erreichen lassen (Politikmix). Um die normative Eigenlogik und (soziale) Entwicklungsdynamik von Institutionen und Governancestrategien besser zu verstehen, braucht es auch ein besseres Verständnis der zahlreichen und heterogenen Akteure, die am Prozess der Politikgestaltung und -implementierung beteiligt sind, ihrer Handlungsinteressen und -spielräume. Solche Einblicke können dann dahingehend nutzbar gemacht werden, Entwicklungen zu reflektieren, nichtintendierte Nebeneffekte zu antizipieren und diesen frühzeitig entgegenzuwirken.

### NATURWISSENSCHAFTLICHER FORSCHUNGSBEDARF

Dreh- und Angelpunkt für die skizzierten Forschungsfelder bildet ein ausreichender Wissens- und Datenbestand zu dem zugrunde liegenden ökologischen Wirkungsgefüge. Davon hängt die Validität ökonomischer Bewertungen zentral ab, die auf genaue und korrekte Einschätzungen zu den biophysikalischen Auswirkungen fraglicher Maßnahmen angewiesen sind. Aber auch Einschätzungen zur Zielgenauigkeit politischer Regulierungsmaßnahmen sowie ein ausreichender Mindestschutz natürlicher Ressourcen (z. B. »safe minimum standards«), in Anerkenntnis kritischer, aber noch weitgehend unbekannter Schwellenwerte, lassen sich nur realisieren, wenn eine fundierte ökologische Wissens- und Datenbasis gegeben ist. Über die komplexen Zusammenhänge zwischen Biodiversität, ökologischen Funktionen und der Bereitstellung von Ökosystemleistungen ist aber zweifelsohne noch viel zu wenig bekannt. Dies hängt nicht zuletzt mit dem Mangel an Forschungsansätzen zusammen, die geeignet wären, mit der großen räumlichen, zeitlichen und theoretischen Spannbreite der Problematik umzugehen. Erforderlich wären umfassende und integrierte Beobachtungssysteme, die – bezogen auf die wichtigsten Ökosysteme – ein weites Spektrum sowohl an Biodiversitätsfacetten als auch Ökosystemleistungen repräsentativ unter sich wandelnden Umweltbedingungen erfassen (dazu und zum Folgenden iDiv 2013, S. 201 ff.). Wichtige Grundelemente solcher Forschungsprogramme wären u. a.:

> ein langfristig angelegter Beobachtungszeitraum, um robuste Schätzungen der Beziehungen zwischen Biodiversität und Ökosystemleistungen zu ermöglichen und deren Sensitivität gegenüber Klima- und Landnutzungsänderungen zu ermitteln;
> räumlich und zeitlich koordinierte Messungen, um Interdependenzen zwischen Biodiversität und Ökosystemleistungen zu analysieren;
> eine hierarchische Herangehensweise, die wissenschaftliche Messungen an festen Standpunkten mit approximativen, dafür aber zahlreicheren und verstreuteren Erhebungen (z. B. durch Behörden oder über Bürgerbeteiligung) kombiniert, um räumliche und zeitliche Skalenübergänge zu ermöglichen;
> und schließlich eine inter- und transdisziplinäre Ausrichtung, um die Brücke zwischen naturwissenschaftlichen Messparametern und sozioökonomischen Kategorien und Rahmenbedingungen zu schlagen.

Alle diese Anforderungen sind in Einzelprojekten, die notgedrungen zeitlich und räumlich begrenzt sind, nicht zu realisieren (dazu und zum Folgenden iDiv 2013, S. 203 f.). Erforderlich wäre ein Ansatz, der reine Grundlagenforschung (Methodenentwicklung, Anwendung neuer Technologien wie Barcoding oder Fernerkundung, Intensivmessungen) und angewandte Forschung (Quantifizierung der Proxyvariablen und der ökologischen und sozioökonomischen Rahmenbedingungen) zusammenführt. Derartige Forschungsprogramme müssten also von unterschiedlichen, auf verschiedene Forschungsformen spezialisierten Förderorganisationen gemeinsam getragen werden. Bislang sind allerdings von DFG (Grundlagenforschung) und BMBF (angewandte Forschung) gemeinsam finanzierte Projekte die große Ausnahme, obwohl aufseiten der DFG mit den Biodiversitätsexploratorien[117] bereits Ansätze in diese Richtung bestehen. Das Explo-

---

117 www.biodiversity-exploratories.de (20.5.2014)

ratorienkonzept, das viele – aber längst nicht alle – der zuvor genannten Elemente enthält, kann eine hinreichende nationale Repräsentativität und einen langfristigen Betrieb wohl nur durch die Einbindung von behördlichen Monitoringprogrammen erhalten. Eine stärkere Bündelung der Aktivitäten wäre notwendig.

Eine weitere Möglichkeit zu einer stärker integrierten Biodiversitätsforschung bietet sich in der gezielten Erweiterung bestehender Inventurprogramme natürlicher Ressourcen, wie der Bundeswaldinventur (BWI), der Bodenzustandserhebung (BZE) oder der Biotoptypenkartierungen der Länder (dazu und zum Folgenden iDiv 2013, S. 204). So wäre es beispielsweise möglich, durch geringfügige Modifikationen der gesetzlich festgelegten Inventuranleitungen (wie eine systematische Archivierung und spätere metagenomische Analyse der Mikro- und Mesofauna von Bodenproben der BZE) wichtige Zusammenhänge zwischen Bodenfruchtbarkeit und Kohlenstoffsequestrierung einerseits und der Zusammensetzung und Diversität der Bodenlebewesen und deren zeitlicher Änderung andererseits zu beleuchten. Nach iDiv (2013, S. 204) käme dies einem »Quantensprung« in der Forschung zu Biodiversität und Ökosystemleistungen gleich. Außerdem wäre es wünschenswert, dass naturschutzorientierte Projekte, die auch Ökosystemleistungen quantifizieren – wie es heute gemeinhin vom BfN oder UBA verlangt wird –, finanziell so ausgestattet würden, dass eine ausreichende Qualitätssicherung garantiert ist. Die naturwissenschaftliche Begleitforschung von Naturschutzprojekten ist häufig finanziell nachrangig positioniert.

Da derzeit weltweit versucht wird, die im »Millennium Ecosystem Assessment« skizzierten Konzepte in Forschungsprogramme umzusetzen, sind Überlegungen zur Übertragbarkeit nationaler Konzepte in den internationalen Kontext von großer Bedeutung (dazu und zum Folgenden iDiv 2013, S. 204). Eine wichtige koordinierende Rolle spielen hierbei bestehende internationale Programme wie »Group on Earth Observations Biodiversity Observation Network« (GEO BON), »Future Earth« und der Weltbiodiversitätsrat (IPBES). Zwei der genannten Programme haben derzeit ihre Sekretariate in Deutschland (GEO BON in Leipzig im iDiv und IPBES in Bonn), was die Chance bietet, sie als beratende und aktive Partner eng in nationale Programme einzubinden.

Eine wichtige Voraussetzung für Fortschritte im Bereich der Inwertsetzung von Biodiversität wäre auch die freie Zugänglichkeit mithilfe von Steuergeldern erhobener Daten (dazu und zum Folgenden iDiv 2013, S. 205). Hier liegt Deutschland weit hinter Ländern wie den USA oder Großbritannien zurück, in denen jeweils ein »freedom of information act« garantiert, dass Daten, die durch Behörden oder steuerfinanzierte Forschungsinstitutionen generiert wurden, unmittelbar und langfristig zur Verfügung gestellt werden. So sind beispielsweise die vollständigen Daten der US-Waldinventur FIA (»forest inventory analysis«) über das Internet verfügbar, während in Deutschland die Nutzung ähnlicher Daten nur auf Antrag möglich und gleichzeitig mit starken Restriktionen (Einmalnutzung, keine Weitergabe an Dritte) verbunden ist. Vielfach liegen keine national harmonisierten Datenbanken vor, weil die Besonderheiten der länderspezifischen Umsetzung, beispielsweise von Monitoringprogrammen zur Biodiversität, dies stark erschweren und keine ausreichenden Ressourcen dafür zur Verfügung gestellt werden. Die Schaffung eines nationalen Monitoringzentrums, wie vielfach gefordert, wäre deshalb sicherlich sinnvoll, auch um zu einer Vereinheitlichung und damit besseren Nutzbarkeit der Datengrundlagen beizutragen. Im Übrigen könnte auf diese Weise auch besser den Anforderungen aus der »EU-Biodiversitätsstrategie 2020« entsprochen werden, die vorsah, bis 2014 ein »mapping und assessing« von Ökosystemleistungen durchzuführen. Auch im Bereich der Grundlagenforschung besteht derzeit noch kein nationales Archiv, in dem z. B. Daten von DFG-, MPG- oder BMBF-finanzierten Projekten öffentlich zeitnah zugänglich gemacht werden. Die DFG fördert seit Kurzem das Projekt GFBio (»German Federation for the Curation of Biological Data«), das ein Konzept für eine entsprechende IT-Infrastruktur entwickeln soll. Operationalität ist hier aber erst nach etwa fünf Jahren zu erwarten (iDiv 2013, S. 205).

Es wäre jedoch völlig falsch, das Problem nur auf einer quantitativen Ebene verorten zu wollen. Vielmehr besteht derzeit ein offensichtlicher Mangel an inter- und transdisziplinären Perspektiven, welche imstande sind, die gesamte Problembreite zu erfassen. Vor allem die gegenwärtig in den naturwissenschaftlichen und ökonomischen Forschungsansätzen stark vernachlässigten »kulturellen Ökosystemleistungen«, wozu u. a. die ästhetische und spirituelle Naturerfahrung gehört, sind mit vielfältigen ethischen und kulturwissenschaftlichen Fragen verbunden. Inwiefern sich die wichtige kulturelle Dimension der Natur mit ihrer symbolischen Bedeutung sinnvoll in nutzenorientierte Kategoriensysteme übertragen lässt, ist derzeit noch weitgehend ungeklärt. Hinzu kommt der beschriebene sozialwissenschaftliche und juristische Forschungsbedarf. Eine Integration der Perspektiven würde disziplinenübergreifende Kooperationen erforderlich machen, die idealerweise bereits auf einer grundlegenden Forschungsebene zusammenfinden, nämlich bei »der Konstitution der Forschungsgegenstände« (Eser et al. 2011, S. 103). Die bestehenden Forschungs- und Förderstrukturen sind dafür jedoch nur unzureichend ausgerichtet, wie das Beispiel der DFG zeigt, die konsequent nach Fachgruppen organisiert ist und nur wenige disziplinenübergreifende Programme hat. Zudem scheint es auch noch an einem angemessenen Bewusstsein für die interdisziplinäre Dimension der aufgeworfenen Fragen zu fehlen, wie sich am Aktionsfeld »Forschung und Technologietransfer« (C15) der nationalen Biodiversitätsstrategie (BMU 2007, S. 90 ff.) ablesen lässt. Aufgezählt werden dort fast ausschließlich Maßnahmen, die naturwissenschaftliche und ökonomische Forschungen betreffen.

## REGULIERUNG                                           2.2

Im Kontext der ökonomischen Bewertung und Inwertsetzung von Biodiversität stellt sich die Frage nach zusätzlichem Regelungsbedarf in zweifacher Hinsicht:

1. Inwiefern ist es angebracht oder gar erforderlich, bei naturschutzbezogenen *Entscheidungen der öffentlichen Hand* verstärkt ökonomische Effizienzkriterien einzufordern?
2. Inwiefern sollte die Politik verstärkt auf Marktmechanismen und Anreizinstrumente zurückgreifen, um das *Verhalten von Akteuren* zu steuern? Und wie wären die regulativen Rahmenbedingungen dafür zu gestalten?

Diese beiden Aspekte werden im Folgenden getrennt behandelt, da sie voneinander weitgehend unabhängig sind, sowohl was ihre wissenschaftlichen Voraussetzungen als auch praktischen Konsequenzen angeht. Der erste Punkt verweist auf ökonomische Entscheidungshilfeverfahren wie die Kosten-Nutzen-Analyse, mit denen sich das ökonomische Effizienzkalkül in öffentliche Entscheidungsprozesse (etwa bei Investitionsvorhaben) integrieren lässt. Kosten-Nutzen-Analysen setzen eine möglichst umfassende sowie exakte Quantifizierung volkswirtschaftlicher Vorteile (Nutzen) und Nachteile (Kosten) geplanter Maßnahmen voraus. Das ist bei der politischen Steuerung nicht der Fall. Die Anreizwirkung ökonomischer Instrumente hängt von verschiedenen sozioökonomischen, kulturellen und psychologischen Faktoren ab (Ekardt 2012, S. 38 ff.), die präzise Bewertung der externen Kosten ist dafür in der Regel irrelevant.

### REGULIERUNG ÖFFENTLICHER ENTSCHEIDUNGSPROZESSE

Der Politik bietet sich prinzipiell die Möglichkeit, ökonomische Entscheidungshilfeverfahren formal festzulegen. In der EU ist dies im Rahmen der Wasserrahmenrichtlinie und neuerdings der Meeresstrategie-Rahmenrichtlinie der Fall, in denen jeweils Kosten-Nutzen-Abschätzungen in bestimmten Entscheidungssituationen vorgeschrieben sind. Auf nationaler Ebene kommen ökonomische Bewertungsverfahren vor allem im Rahmen der Bundesverkehrswegeplanung zum Einsatz – es ist geplant, Umweltbelange zukünftig besser zu berücksichtigen.

Es gibt aber auch etliche Gründe, die dagegen sprechen, den Anwendungsbereich von Kosten-Nutzen-Analysen systematisch auszuweiten: Erstens stößt eine umfassende Monetarisierung umweltspezifischer Folgen für politische Zwecke derzeit noch an Machbarkeitsgrenzen, die mit den wissenschaftlichen Unsicherheiten bezüglich der Belastbarkeit der Ergebnisse einerseits und den hohen Kosten einer angemessenen Durchführung andererseits verbunden sind. Aber auch wenn es gelingt, diese praktischen Hürden zu überwinden, ist zweitens noch nicht ausgeräumt, dass in ökonomischen Abwägungen ausschließlich nutzenorientierte Aspekte und Effizienzkriterien ausschlaggebend sind. Jedoch sind insbesondere

Gerechtigkeitsaspekte, die im Naturschutz (u. a. in Form intra- und intergenerationeller Interessenskonflikte) eine zentrale Rolle spielen, aus einer reinen Kosten-Nutzen-Perspektive nur eingeschränkt verhandelbar. Wohlgemerkt, eine angemessene Kommunikation ihrer Grenzen und Unsicherheiten vorausgesetzt, können ökonomische Bewertungsinstrumente bereits zum jetzigen Zeitpunkt als wichtige politische *Entscheidungshilfe* fungieren. So kann die Ökonomie dabei helfen, die potenziellen Gewinner und Verlierer einer Handlungsalternative zu ermitteln und die Folgen von Handlungen systematischer und umfassender als bislang offenzulegen. Dies setzt möglichst adäquate wissenschaftliche Bewertungsstudien voraus und verlangt nach einer Weiterentwicklung und Verfeinerung der ökonomischen Bewertungsmethodik. Als *Entscheidungsautomatismus*, d. h. als maßgebliche normative Grundlage für politische Abwägungen, ist das ökonomische Kosten-Nutzen-Kalkül hingegen kritisch zu sehen. Denn ob es zum Beispiel auch *gerecht* ist, eine Maßnahme durchzuführen, ist eine Frage, die über ökonomische Erwägungen hinausgeht. Das gilt insbesondere dann, wenn kritische Schwellenwerte von Ökosystemen überschritten werden könnten oder essenzielle Güter auf dem Spiel stehen. Hiernach können Fehleinschätzungen gravierende, kaum noch korrigierbare Fehlentscheidungen nach sich ziehen, deren Folgen vor allem von zukünftigen Generationen zu tragen wären. Da solche Fälle nicht ohne Weiteres zu erkennen sind, ist bei der Anwendung des ökonomischen Kosten-Nutzen-Kalküls große Vorsicht geboten. Gerade angesichts der kaum vollständig ausräumbaren Unsicherheiten ist die ökonomische Bewertung deshalb in einen breiteren Abwägungsrahmen einzubetten, »und zwar losgelöst von einer Monetarisierung« (WBGU 1999b, S. 66) – wie es bislang auch der gängigen Praxis in Deutschland entspricht.

## INSTRUMENTELLE STEUERUNG

Ganz andere Fragen stellen sich mit Blick auf die instrumentelle Steuerung des Akteursverhaltens. Ökonomische Anreizinstrumente sind aus der Umweltpolitik nicht mehr wegzudenken und bieten auch für die Biodiversitätspolitik das Potenzial, reine Schutzkonzepte mit ihren offensichtlichen Beschränkungen zu ergänzen und zu einem gesellschaftlich nachhaltigeren Umgang mit der biologischen Vielfalt anzuleiten. Dass ökonomische Instrumente eingesetzt werden sollen, steht also nicht wirklich zur Debatte. Strittig ist vielmehr, in welcher Form dies geschehen soll, wie also eine optimale Ausgestaltung und Einbettung in die bestehenden Instrumentenmix zu erreichen ist. Aufgrund der heterogenen und räumlich diversifizierten Eigenschaften des Steuerungsgegenstandes »Biodiversität« erweist sich dies als eine besonders anspruchsvolle Aufgabe. Einiges spricht daher für einen möglichst breit angelegten Steuerungsansatz, da eine biodiversitätsspezifische Detailsteuerung durch das Setzen ökonomischer Anreize kaum effizient, geschweige denn zielgenau und effektiv zu erreichen ist. Das schwer umsetzbare Äquivalenzprinzip beim Habitat Banking, wonach Eingriffe in die

Natur durch *gleichwertigen* Ersatz zu kompensieren sind, führt diese Schwierigkeiten exemplarisch vor Augen. Konkret lässt sich daraus folgern, dass eine biodiversitätsbezogene Steuerung nicht primär über die biologische Vielfalt selber, sondern erfolgversprechender über alternative, besser operationalisierbare Zielgrößen zu erreichen ist. Hierfür erscheinen verschiedene ökonomische Anreizinstrumente geeignet: der Handel mit Flächenausweisungsrechten (zur quantitativen Begrenzung des Flächenverbrauchs von Kommunen), die Ökologisierung des Finanzausgleichs (zur Honorierung öffentlicher Naturschutzaufgaben) sowie Zahlungen für Ökosystemleistungen, mit denen sich nachhaltige Landnutzungsänderungen privater Akteure belohnen lassen (etwa im Rahmen von Agrarumweltmaßnahmen im land- und forstwirtschaftlichen Bereich). Derartige Instrumente entfachen, obwohl sie nicht direkt bei der Biodiversität ansetzen, »mit ihren groben Wirkungen eine ›Bugwelle‹, die auch dem Ziel der Erhaltung der biologischen Vielfalt dient« (iDiv 2013, S. 149). Welche Wirkung diese Anreizsysteme jedoch letztendlich in der Praxis entfalten, hängt wesentlich von ihrer konkreten Umsetzung ab. Dabei sind ökologische, ökonomische und soziale Belange vorsichtig gegeneinander abzuwägen. Diesbezüglich lassen sich die folgenden allgemeinen Anhaltspunkte geben:

> Entscheidend ist primär die *Gestaltung des Instrumentendesigns*, also Festlegungen zur Zielgröße sowie den prozeduralen und ordnungsrechtlichen Vorgaben (Höhe der Abgaben, Ausnahmetatbestände, Kontrollmechanismen, flankierende Schutz- und Sanktionsmaßnahmen etc.). Wie schwierig die praxisorientierte Ausgestaltung von Marktlösungen ist, wird durch die bisherigen Erfahrungen mit dem EU-Emissionshandel belegt, der insbesondere in seiner ersten Phase (2005–2007) erhebliche Steuerungsmängel aufwies (iDiv 2013, S. 44). In Anbetracht der vielen und im Vorhinein schwer kalkulierbaren Fallstricke bietet es sich vor der Einführung neuer Steuerungsinstrumente deshalb generell an, *kleinräumige Modellversuche* durchzuführen (wie es derzeit beim Flächenhandel geschieht; Fritsch 2013), um die konkrete Wirkungsweise und Funktionalität zu testen und rechtzeitig Anpassungen vornehmen zu können.

> Angesichts diverser sozialökologischer Nebeneffekte besteht kein Zweifel daran, dass anreizbasierte Instrumente zum Schutz und zur nachhaltigen Nutzung von Biodiversität eine *strikte hoheitlich-rechtliche Einrahmung und eine starke Beteiligung staatlicher Institutionen* benötigen (Ekardt 2012, S. 111). Dadurch ist mit steigenden Transaktionskosten zu rechnen, was wiederum die Kosteneffektivität der Steuerungsansätze mindert. Bei der Ausgestaltung und Implementierung anreizbasierter Instrumente sollten ökonomische Effizienzaspekte folglich nicht allein maßgeblich sein. Ebenso erscheinen ideologische Grundsatzdebatten über die konträre Rolle von Markt und Staat nicht angebracht. Denn im Prinzip entspringen ordnungspolitische und anreizbasierte

Politikinstrumente zwar unterschiedlichen Steuerungslogiken, sie stehen jedoch nicht in einem grundsätzlichen Widerspruchsverhältnis zueinander und sind somit durchaus fruchtbar miteinander kombinierbar. Speziell im Biodiversitätsschutz, der von Wissenslücken, Unsicherheiten und Vollzugsdefiziten geprägt ist, scheint ein überlappendes Zusammenspiel ordnungspolitischer und ökonomischer Maßnahmen sogar sehr angebracht (iDiv 2013, S. 149). So können zum Beispiel anreizbasierte Agrarumweltmaßnahmen die ordnungsrechtlichen Bewirtschaftungsstandards der guten fachlichen Praxis und Cross Compliance um Maßnahmen über diese Mindeststandards hinaus ergänzen (iDiv 2013, S. 136). Mit einem geschickten Arrangement der verschiedenen Instrumententypen lassen sich Synergiepotenziale gezielt ausschöpfen, etwa, wenn die durch Marktlösungen mobilisierten Ressourcen genutzt werden, um Schutzgebiete zu finanzieren, oder indem Naturschutzindikatoren in den Finanzausgleich integriert werden. Auch in Zukunft braucht es klassische naturschutzpolitische Maßnahmen (Auf- und Ausbau von Schutzgebieten), um besonders sensible Ökosysteme und Naturräume zu bewahren.

> Schließlich stellen Biodiversitätsschutz und das nachhaltige Management von Ökosystemleistungen *Querschnittsaufgaben* dar, die über einzelne Wirtschafts- und Politiksektoren hinausreichen (hierzu und zum Folgenden iDiv 2013, S. 148 ff.). Für einen effektiven Biodiversitätsschutz braucht es folglich eine Vielzahl an unterschiedlichen, auf verschiedene Akteure zielenden Maßnahmen. Das bedeutet einerseits, dass bei der Gestaltung naturschutzpolitischer Maßnahmen der gesamte relevante Politikmix zu betrachten ist. Andererseits gilt es bei der Ausgestaltung und Implementierung von Gesetzesvorhaben in anderen, nicht direkt naturschutzbezogenen Sektoren, die Auswirkungen auf die Landnutzung und Biodiversität systematischer als bislang zu bedenken. Aktuelle Defizite lassen sich beispielsweise im Fall der Bioenergieförderung mit ihren biodiversitätspolitisch kontraproduktiven Subventionen identifizieren. Auch die Agrarpolitik mit ihren vielfältigen Wirkungen auf Natur und Landschaft steht diesbezüglich im Fokus (UBA 2010b, S. 39 ff.). Eine bessere Verankerung der Schutzziele der Biodiversitätsstrategie in den verschiedenen Politiksektoren erscheint deshalb sowohl auf Bundes- wie Länderebene angezeigt. Generell bietet das neue Instrument der Nachhaltigkeitsprüfung von Gesetzesvorhaben dafür gute Möglichkeiten, sofern es weiter optimiert wird (PBNE 2011) und die Auswirkungen auf die biologische Vielfalt konsequent einbezogen werden. Aber auch ein hohes und konsequent durchgesetztes Umweltschutzniveau – etwa im Rahmen der Regelungen zur guten fachlichen Praxis – wäre wichtig, um die biologische Vielfalt übergreifend zu schützen, da hierdurch zentrale Treiber für den Biodiversitätsverlust (Schadstoff-, Nährstoffeinträge etc.) adressiert werden. Neben der Verbesserung der diesbezüglichen Richtlinien und Anforderungen könnte sich bereits der Abbau umweltschädlicher Subventionen (UBA 2010a) sowie die Beseitigung bestehender

Vollzugsdefizite, die einem wirksamen Umweltschutz im Wege stehen (etwa im Agrar- und Bioenergiebereich), als hilfreich erweisen. Eine Stärkung der verantwortlichen Natur- und Umweltschutzbehörden auf Länderebene, die in den letzten Jahren unter Finanzierungs- und Reformdruck geraten sind (SRU 2007), erscheint dafür notwendig und wichtig – nicht zuletzt, weil diesen Institutionen auch die Regulierung und Kontrolle der neu entstehenden Märkte für Ökosystemleistungen obliegt.

## INTERNATIONALE ZUSAMMENARBEIT UND
## GESELLSCHAFTLICHER DIALOG 2.3

Der Blick auf die verschiedenen Verhandlungsprozesse auf UN-Ebene zeigt deutlich, wie eng biodiversitäts-, klima- und entwicklungspolitische Fragen miteinander verwoben sind – isolierte Lösungsansätze helfen folglich nur begrenzt weiter. Hier bietet die aktuelle Überarbeitung der Entwicklungsagenda (»Millennium Development Goals« [MDG]) sowie die auf Rio+20 beschlossene Erarbeitung einer Nachhaltigkeitsagenda (»Sustainable Development Goals« [SDG]) die große Chance, eine umfassendere Sicht auf die Problemfelder als bislang zu gewinnen, um inhaltlichen Synergiepotenzialen ebenso wie möglichen Zielkonflikten auf die Spur zu kommen. Voraussetzung dafür wäre, dass es gelingt – wie von parlamentarischer Seite mehrfach gefordert (Bündnis 90/Die Grünen 2013; CDU/CSU/FDP 2013; SPD 2013) – die beiden parallel laufenden Agendaprozesse zumindest ansatzweise miteinander in Einklang zu bringen und kohärent weiterzuentwickeln.

Unabhängig davon ist es angesichts der aktuellen Dominanz des klimapolitischen Diskurses erforderlich, in den internationalen Klimaverhandlungen künftig sowohl Biodiversitätsbelange als auch eigentums- sowie menschenrechtliche Aspekte noch stärker zu verankern (Neef 2012, S. 93). Eine herausragende Bedeutung haben in diesem Kontext etwa die »safeguards«, die im Rahmen der UNFCCC-Verhandlungen zu REDD+ entwickelt wurden und mit denen der Schutz der biologischen Vielfalt sowie die Rechte lokaler und indigener Bevölkerungsgruppen abgesichert werden sollen. Diese Standards sind bislang relativ vage gehalten, mit der Begründung, nationale Umsetzungsspielräume offen lassen zu wollen. Zudem haben verschiedene multilaterale REDD+-Initiativen (UN-REDD, Forest Carbon Partnership Facility) ergänzende Leitlinien erlassen, während im freiwilligen Kohlenstoffmarkt verschiedene privatwirtschaftliche Standards kursieren. Dies trägt zu einer unübersichtlichen Situation bei, die erfahrungsgemäß Schlupflöcher und Manipulationsmöglichkeiten befördert und wirksame Kontrollmaßnahmen eher behindert. Neben der weiteren Schärfung und Operationalisierung der offiziellen Schutzklauseln, die möglichst unter Einbindung der Zivilgesellschaft und in Anbetracht praktischer Erfahrungen erfolgen sollten, erscheint deshalb die Harmonisierung der verschiedenen Standardsysteme erstrebenswert.

Große Herausforderungen stellen sich auch im Rahmen der Entwicklungszusammenarbeit. Denn sowohl die praktische Umsetzbarkeit wie auch Einhaltung dieser Standards, und damit letztlich der Erfolg von REDD+, hängen zentral davon ab, ob es gelingt, in den einzelnen REDD+-Ländern besser funktionierende Governancestrukturen inklusive adäquater Kontrollmechanismen aufzubauen (und zwar auf nationaler wie subnationaler, regionaler und lokaler Ebene). Dies ist eine Aufgabe, der primär auf bilateralem Wege zu begegnen ist, wobei erstens die menschenrechtlichen Leitlinien des BMZ (2011) maßgeblich sein sollten und zweitens auf eine gute Koordinierung mit Projekten anderer Geberländer und einen laufenden Erfahrungsaustausch zu achten wären (Neef 2012, S. 93). Das Augenmerk sollte besonders auf die Weiterentwicklung und Stärkung von REDD+-Programmen gelegt werden, welche die lokale Bevölkerung einbeziehen und auf deren ökologisches Wissen sowie deren Potenzial zur nachhaltigen Nutzung von Biodiversität bauen (Neef 2012, S. 93). Inwiefern das gelingt, hängt auch von der noch ungeklärten völkerrechtlichen Ausgestaltung des REDD+-Finanzierungs- und Verteilungsmechanismus ab. In Anbetracht von Korruption und Rechtsunsicherheiten in den Zielländern erscheinen marktbasierte Lösungsansätze unter Umwelt- und Entwicklungsgesichtspunkten grundsätzlich weniger zielführend als ihre fondsbasierten Alternativen – zumindest dann, wenn dadurch maßgebliche privatwirtschaftliche Investitionsanreize auf Projektebene geschaffen würden. Der Hauptgrund dafür ist, dass sich ein freies Marktgeschehen in institutionell fragilen Staaten kaum effektiv regulieren und kontrollieren lässt, sodass die Gefahr besteht, dass falsche Anreize und unlautere Geschäftspraktiken Entwicklungsbemühungen unterminieren könnten, anstatt sie – der Zielsetzung von REDD+ gemäß – zu unterstützen. Zudem wäre eine marktbasierte Lösung dieser Form nur dann tragfähig, wenn sie eine langfristig gesicherte Finanzierung garantierte, eine Anforderung, die im Lichte der derzeitigen Probleme mit den bestehenden Emissionshandelssystemen nicht ohne Weiteres erfüllbar scheint. Derzeit ist ein freier Handel mit REDD+-Zertifikaten aber weder vorgesehen noch absehbar, was im Gegenzug allerdings den Finanzierungsdruck auf die Geberländer erhöht, darunter Deutschland. Die Bundesregierung hat zugesagt, ab 2013 jährlich 500 Mio. Euro für den Erhalt von Wäldern und anderen Ökosystemen zur Verfügung zu stellen. Eine Aufstockung dieser Mittel wäre sicherlich zu begrüßen. Vor allem aber fehlt es bislang an einem schlüssigen Gesamtkonzept, wie sich die zur Verfügung stehenden Mittel auf Entwicklungszusammenarbeit, Klima- sowie Biodiversitätsschutz verteilen und wie sich die dabei bietenden Synergien optimal nutzen lassen.

Vor allem Unternehmen eröffnet sich im Rahmen ökonomisch ausgerichteter Naturschutzansätze (insbesondere im Rahmen des freiwilligen Kohlenstoffmarktes) eine Reihe neuer Einflussmöglichkeiten. Der Privatsektor steht damit auch besonders in der Verantwortung, zum Schutz der biologischen Vielfalt beizutragen (dazu und zum Folgenden Neef 2012, S. 93). Bislang hat sich allerdings nur eine begrenzte Anzahl von Unternehmen und Unternehmensverbänden der deutschen Initiative »Biodiversity in Good Company« (oder vergleichbaren Netzwerken) angeschlossen und sich damit verbindlich zum schonenden Umgang mit den natürlichen Ressourcen verpflichtet. Über die bestehenden Aktivitäten (etwa das vom BMU geförderte Projekt »Unternehmen Biologische Vielfalt 2020«) hinaus scheint also weiterer Informations- und Aufklärungsbedarf zu bestehen, damit breitere Wirtschaftskreise für Biodiversitätsfragen sensibilisiert werden und über ihre diesbezüglichen Aktivitäten im In- und Ausland periodisch berichten. Zukünftig wäre zudem angezeigt, die Unternehmensberichte von unabhängigen Prüfstellen evaluieren zu lassen, um »greenwashing« zu verhindern.

Insgesamt verdeutlicht der Blick auf die internationalen Diskurse die Komplexität und die Unwägbarkeiten, die mit der Bewertung und Inwertsetzung von Biodiversität verbunden sind. Um die sich bietenden, ungleich verteilten Chancen zu nutzen, ist die Erhaltung und nachhaltige Nutzung von Biodiversität als öffentliches Gut mehr denn je als eine gesellschaftliche (und globale) Gesamtaufgabe zu begreifen, die nicht allein dem Markt überlassen werden sollte, sondern auch in Zeiten knapper öffentlicher Haushaltskassen weiterhin politisches Engagement, öffentliche Mittel und den gesellschaftlichen Dialog braucht (Neef 2012, S. 93). Deutschland geht hier mit seiner nationalen Biodiversitätsstrategie, die auf Teilhabe und ein dialogorientiertes Vorgehen setzt, mit gutem Beispiel voran. Angesichts der vielfältigen, mit Biodiversitätsfragen verbundenen Interessen- und Wertekonflikte erscheint es zentral, die nationalen Dialogbemühungen weiter hochzuhalten und auch auf internationaler Ebene dafür zu sorgen, dass sich ein breiter gesellschaftlicher Diskurs unter den verschiedenen Interessengruppen entwickeln kann. Die ökonomische Inwertsetzung der Natur sollte nicht dazu führen, dass alternative Wertvorstellungen marginalisiert oder gar verdrängt werden. Anstelle einer undifferenzierten und reduktionistischen Diskussion um mehr oder weniger Markt im Biodiversitätsschutz gilt es, eine offene Debatte über die Reichweite, aber auch die Grenzen des ökonomischen Ansatzes in Gang zu setzen, in der auch Wertekonflikte und Interessengegensätze offen zur Sprache kommen.

# LITERATUR

## IN AUFTRAG GEGEBENE GUTACHTEN 1.

adelphi (adelphi consult GmbH) (2012): Welchen Wert hat die Natur? Eine Analyse des gesellschaftlichen und politischen Diskurses über die Inwertsetzung von Biodiversität (Autoren: Vadrot, A., Hirsbrunner, S., Kahlenborn, W., Pohoryles, R.). Berlin

Ekardt, F. (2012): Potenziale und Probleme finanzbasierter Anreizmethoden – Lehren aus dem Klimaschutz? Leipzig

Hansjürgens, B., Lienhoop, N., Herkle, S. (2012): Grenzen und Reichweite der ökonomischen Bewertung von Biodiversität. Borsdorf

iDiv (Deutsches Zentrum für integrative Biodiversitätsforschung) (2013): Inwertsetzung von Biodiversität. Wissenschaftliche Grundlagen und politische Perspektiven (Autoren: Wirth, C., Hansjürgens, B., Dormann, C., Mewes, M., Möckel, S., Pfaff, C.-T., Ring, I., Schröter-Schlaack, C., Weigelt, A., Winter, M.). Universität Leipzig, Deutsches Zentrum für integrative Biodiversitätsforschung (iDiv) Halle-Jena-Leipzig, Leipzig

Loft, L. (2012): Chancen und Grenzen finanzbasierter Maßnahmen für einen nachhaltigen Biodiversitätsschutz. Lehren aus dem Klimaschutz und Zahlungssysteme für Ökosystemdienstleistungen. Senckenberg Gesellschaft für Naturforschung, Biodiversität und Klimaforschungszentrum (BiK-F), Frankfurt a.M.

Neef, A. (2012): Gesellschaftliche und politische Diskurse zur Inwertsetzung von Biodiversität im internationalen Kontext. Eine vergleichende Studie zu ausgewählten Industrie-, Schwellen- und Entwicklungsländern. Kyoto

## WEITERE LITERATUR 2.

Akter, S., Brouwer, R., Brander, L., Beukering, P. van (2009): Respondent uncertainty in a contingent market for carbon offsets. In: Ecological Economics 68(6), S.1858–1863

Angelsen, A. (ed.) (2008): Moving ahead with REDD. Issues, options and implications. Bogor

Arriagada, R.A., Ferraro, P.J., Sills, E.O., Pattanayak, S.K., Cordero-Sancho, S. (2012): Do payments for environmental services affect forest cover? A farm-level evaluation from Costa Rica. In: Land Economics 88(2), S.382–399

Arrow, K., Solow, R., Portney, P.R., Leamer, E., Radner, R., Schuman, H. (1993): Report of the NOAA panel on contingent valuation. Federal Register No. 58, www.cbe.csueastbay.edu/~alima/courses/4306/articles/NOAA%20on%20continge nt%20valuation%201993.pdf (20.5.2014)

Arsel, M., Angel, N.A. (2012): Stating nature's role in Ecuadorian development civil society and the Yasuní-ITT Initiative. In: Journal of Developing Societies 28(2), S.203–227

Back, G., Türkay, M. (2002): Quantifizierungsmöglichkeiten der Biodiversität. In: Wütscher, F., Janich, P., Gutmann, M., Prieß, K. (Hg.): Biodiversität. Wissenschaftliche Grundlagen und gesellschaftliche Relevanz. Berlin u. a. O., S. 235–280

Balmford, A., Bruner, A., Cooper, P., Costanza, R., Farber, S., Green, R.E., Jenkins, M., Jefferiss, P., Jessamy, V., Madden, J., Munro, K., Myers, N., Naeem, S., Paavola, J., Rayment, M., Rosendo, S., Roughgarden, J., Trumper, K., Turner, R.K. (2002): Economic reasons for conserving wild nature. In: Science 297, S. 950–953

Barbier, E.B., Burgess, J.C., Folke, C. (1994): Paradise lost? The ecological economics of biodiversity. London

Barkmann, J., Marggraf, R. (2010): Stated preference valuation of environmental goods: Really »Hands Off!«? In: GAIA – Ecological Perspectives for Science and Society 19(4), S. 250–254

Barnosky, A.D., Hadly, E.A., Bascompte, J., Berlow, E L., Brown, J.H., Fortelius, M., Getz, W.M., Harte, J., Hastings, A., Marquet, P.A., Martinez, N.D., Mooers, A., Roopnarine, P., Vermeij, G., Williams, J.W., Gillespie, R., Kitzes, J., Marshall, C., Matzke, N., Mindell, D.P., Revilla, E., Smith, A.B. (2012): Approaching a state shift in Earth's biosphere. In: Nature 486(7401), S. 52–58

Barnosky, A.D., Matzke, N., Tomiya, S., Wogan, G.O.U., Swartz, B., Quental, T.B., Marshall, C., McGuire, J.L., Lindsey, E.L., Maguire, K.C., Mersey, B., Ferrer, E.A. (2011): Has the Earth's sixth mass extinction already arrived? In: Nature 471(7336), S. 51–57

Bartlett, L., Rice, S. (2012): The carbon cowboy. http://sixtyminutes.ninemsn.com.au/stories/8495029/the-carbon-cowboy (17.1.2013)

Bartling, H., Luzius, F. (2004): Grundzüge der Volkswirtschaftslehre. München

Barton, D.N., Lindhjem, H., Ring, I., Santos, R. (2011): New approaches and financial mechanisms for securing income for biodiversity conservation. In: Vatn et al. 2011, S. 46–85

Bateman, I.J., Mace, G.M., Fezzi, C., Atkinson, G., Turner, K. (2011): Economic analysis for ecosystem service assessments. In: Environmental and Resource Economics 48(2), S. 177–218

BDI (2012b): Diskussionspapier. Anwendung des geltenden europäischen und nationalen Naturschutzrechts in der Praxis. www.bdi.eu/download_content/KlimaUnd Umwelt/Diskussionsp.pdf (17.1.2013)

BDI (Bundesverband der Deutschen Industrie e. V.) (Hg.) (2012a): BDI-Stellungnahme – Biodiversität. Berlin

Benjaminsen, T.A., Svarstadt, H. (2010): The death of an elephant: Conservation discourses versus practices in Africa. In: Forum for Delevopment Studies 37(3), S. 385–408

Benndorf, R. (2006): Landnutzung, Landnutzungsänderungen und Forstwirtschaft im Kioto Protokoll und seinen Umsetzungen (LULUCF oder kurz: Senken). www.wald undklima.net/politik/uba_senken_01.php (18.3.2013)

Berrens, R.P., Brookshire, D.S., McKee, M., Schmidt, C. (1998): Implementing the safe minimum standard approach: Two case studies from the US Endangered Species Act. In: Land Economics 74(2), S. 147–161

BfN (Bundesamt für Naturschutz) (Hg.) (2007): Naturschutz und Landwirtschaft im Dialog: »Biomasseproduktion – ein Segen für die Land(wirt)schaft?«. BfN-Skripten Nr. 211, Bonn

BfN (2012): Daten zur Natur 2012. Münster

BfN (2013): Reform der Gemeinsamen Agrarpolitik (GAP) 2013 und Erreichung der Biodiversitäts- und Umweltziele. Bonn

Bizer, K., Köck, W., Einig, K., Siedentop, S. (2011): Raumordnungsinstrumente zur Flächenverbrauchsreduktion: handelbare Flächenausweisungsrechte in der räumlichen Planung. Baden-Baden

BMELV (Bundesministerium für Ernährung und Landwirtschaft) (Hg.) (2007): Agrobiodiversität erhalten, Potenziale der Land-, Forst- und Fischereiwirtschaft erschließen und nachhaltig nutzen. Eine Strategie des BMELV für die Erhaltung und nachhaltige Nutzung der biologischen Vielfalt für die Ernährung, Land-, Forst- und Fischereiwirtschaft. Bonn

BMU (Bundesministerium für Umwelt, Naturschutz und Reaktorsicherheit) (Hg.) (2007): Nationale Strategie zur biologischen Vielfalt. Berlin

BMU (2008): Wichtigste Ergebnisse der 9. Vertragsstaatenkonferenz der CBD. www.bmub.bund.de/P3522 (20.5.2014)

BMU (2010) (Hg.): Indikatorenbericht 2010 zur Nationalen Strategie zur biologischen Vielfalt. www.bfn.de/fileadmin/MDB/documents/themen/monitoring/Indikatorenbericht-2010_NBS_Web.pdf (7.11.2012)

BMU (2011) (Hg.): Der Zustand der biologischen Vielfalt in Deutschland. Der Nationale Bericht zur FFH-Richtlinie. www.bmub.bund.de/fileadmin/bmu-import/files/pdfs/allgemein/application/pdf/broschuere_ffh_richtlinie_bf.pdf (20.5.2014)

BMU (2013a): Projektionsbericht zur Entwicklung der Treibhausgasemissionen. Berlin

BMU (2013b): Deutschland beim Klimaschutz auf gutem Weg, aber nicht mit dem nötigen Tempo. Krise des Emissionshandels gefährdet Deutschlands Klimaschutzziel. Pressemitteilung vom 5. März, www.bmu.de/bmu/presse-reden/pressemitteilungen/pm/artikel/altmaier-deutschland-beim-klimaschutz-auf-gutem-weg-aber-nicht-mit-dem-noetigen-tempo (13.5.2014)

BMU (2013c): Bundesprogramm Wiedervernetzung. Grundlagen – Aktionsfelder – Zusammenarbeit. www.bmu.de/fileadmin/bmu-import/files/pdfs/allgemein/application/pdf/broschuere_wiedervernetzung_bf.pdf (20.5.2013)

BMU, BDI (Hg.) (2012): Memorandum für eine Green Economy. Eine gemeinsame Initiative des BDI und BMU. Berlin/Bonn

BMU, BfN (2011): Nationale Strategie zur biologischen Vielfalt. 2. Dialogforum Biodiversität und Unternehmen. Fulda, 20.10.2011, www.globalnature.org/baustei ne.net/f/7657/Dokumentation-Dialogforum_final.pdf?fd=0 (13.5.2014)

BMU, BfN (Hg.) (2012): Naturbewusstsein 2011. Bevölkerungsumfrage zu Natur und biologischer Vielfalt. www.bfn.de/fileadmin/MDB/documents/themen/gesellschaft/Naturbewusstsein_2011/Naturbewusstsein-2011_barrierefrei.pdf (17.12.2012)

BMU, BfN (Hg.) (2014): Naturbewusstsein 2013. Bevölkerungsumfrage zu Natur und biologischer Vielfalt. www.bfn.de/fileadmin/MDB/documents/themen/gesellschaft/Naturbewusstsein/Naturbewusstsein_2013.pdf (17.12.2012)

BMZ (Bundesministerium für wirtschaftliche Zusammenarbeit und Entwicklung) (2008): BMZ Konzepte Nr. 164. Biologische Vielfalt. Berlin/Bonn

BMZ (2011): BMZ-Strategiepapier Nr. 4. Menschenrechte in der deutschen Entwicklungspolitik. Konzept. Berlin/Bonn

Böhringer, C., Lange, A. (2012): Der europäische Emissionszertifikatehandel: Bestandsaufnahme und Perspektiven. In: Wirtschaftsdienst 92, S. 12–16

Börner, J., Wunder, S., Wertz-Kanounnikoff, S., Tito, M. R., Pereira, L., Nascimento, N. (2010): Direct conservation payments in the Brazilian Amazon: Scope and equity implications. In: Ecological economics 69(6), S. 1272–1282

Bovarnick, A., Knight, C., Stephenson, J. (2010): United Nations Development Programme. Habitat banking in Latin America and Caribbean: A feasibility assessment. www.undp.org/content/dam/undp/library/Environment%20and%20Energy/Habitat%20Banking%20in%20Latin%20America%20and%20the%20Carib bean-Report.pdf (13.5.2014)

Brondízio, E.S., Gatzweiler, F., Zografos, C., Kumar, M. (2010): The socio-cultural context of ecosystem and biodiversity valuation. In: Kumar 2010, S. 151–181

Bruns, E., Herberg, A., Köppel, J. (2000): Ökokonten und Flächenpools. Neue Flexibilität und Praktikabilität im Naturschutz? In: Gruehn, D. (Hg.): Naturschutz und Landschaftsplanung. Moderne Technologien, Methoden und Verfahrensweisen. Festschrift zum 60. Geburtstag von Prof. Dr. Hartmut Kenneweg, Berlin, S. 57–76

BUND (Bund für Umwelt und Naturschutz Deutschland e. V.) (2010): Zur internationalen Diskussion um eine Ökonomie der Ökosysteme und der Biologischen Vielfalt – TEEB (The Economics of Ecosystems and Biodiversity) (Kurzfassung). www.bund.net/fileadmin/bundnet/publikationen/biologische_vielfalt/20100730_biologische_viel falt_kurzfassung_teeb.pdf (13.5.2014)

Bundesregierung (2002): Perspektiven für Deutschland. Unsere Strategie für eine nachhaltige Entwicklung. http://bfn.de/fileadmin/NBS/documents/Nachhaltigkeitsstra tegie-langfassung.pdf (13.5.2014)

Bundesregierung (2010): Antwort der Bundesregierung auf die Kleine Anfrage der Abgeordneten Undine Kurth (Quedlinburg), Ulrike Höfken, Thilo Hoppe, weiterer Abgeordneter und der Fraktion BÜNDNIS 90/DIE GRÜNEN. Vorhaben der Bundesregierung zum Schutz der biologischen Vielfalt. Deutscher Bundestag, Drucksache 17/335, Berlin

Bundesregierung (2011): Antwort der Bundesregierung auf die Kleine Anfrage der Abgeordneten Dr. Gregor Gysi, Eva Bulling-Schröter, Annette Groth, weiterer Abgeordneter und der Fraktion DIE LINKE. Unterstützung für den ecuadorianischen Yasuni Ishpingo Tambococha Tiputini Trust Fund. Deutscher Bundestag, Drucksache 17/6543, Berlin

Bundesregierung (2012a): Antwort der Bundesregierung auf die Kleine Anfrage der Abgeordneten Undine Kurth (Quedlinburg), Thilo Hoppe, Sven-Christian Kindler, weiterer Abgeordneter und der Fraktion BÜNDNIS 90/DIE GRÜNEN. Kosten- und Finanzierungsplan für die Umsetzung der nationalen Strategie zur biologischen Vielfalt. Deutscher Bundestag, Drucksache 17/10248, Berlin

Bundesregierung (2012b): Antwort der Bundesregierung auf die Kleine Anfrage der Abgeordneten Thilo Hoppe, Ute Koczy, Dr. Hermann E. Ott ... und der Fraktion BÜNDNIS 90/DIE GRÜNEN. Finanzierung des Waldschutzes durch REDD+ und die Stärkung und Einhaltung von Schutzklauseln. Deutscher Bundestag, Drucksache 17/10590, Berlin

Bundesregierung (2012c): Antwort der Bundesregierung auf die Kleine Anfrage der Abgeordneten Bärbel Höhn, Dr. Hermann E. Ott, Sven-Christian Kindler ... und der Fraktion BÜNDNIS 90/DIE GRÜNEN. Maßnahmen zur Stützung des europäischen Emissionshandels. Deutscher Bundestag, Drucksache 17/11454, Berlin

Bundesregierung (2013): Unterrichtung durch die Bundesregierung. Rechenschaftsbericht 2013 zur Umsetzung der Nationalen Strategie zur biologischen Vielfalt. Deutscher Bundestag, Drucksache 17/13390, Berlin

Bündnis 90/Die Grünen (2013): Antrag der Abgeordneten Thilo Hoppe ... und der Fraktion BÜNDNIS 90/DIE GRÜNEN. Für universelle Nachhaltigkeitsziele – Entwicklungs- und Umweltagenda zusammenführen. Deutscher Bundestag, Drucksache 17/13727, Berlin

Burgin, S. (2008): BioBanking: an environmental scientist's view of the role of biodiversity banking offsets in conservation. In: Biodiversity and Conservation 17(4), S. 807–816

Burgin, S. (2010): »Mitigation banks« for wetland conservation: a major success or an unmitigated disaster? In: Wetlands ecology and management 18(1), S. 49–55

Butchart, S., Walpole, M., Collen, B., van Strien, A., Scharlemann, J., Almond, R., Baillie, J., Bomhard, B., Brown, C., Bruno, J. (2010): Global biodiversity: indicators of recent declines. In: Science 328(5982), S. 1164–1168

Carroll, N., Fox, J., Bayon, R. (2009): Conservation and biodiversity banking. A guide to setting up and running biodiversity credit trading systems. London

CBD Alliance (Convention on Biological Diversity Alliance) (2012): Briefings for COP 11. www.cbdalliance.org/storage/cop11/CBDA%20COP11%20briefing%20notes%20English.pdf (21.3.2014)

CBD Secretariat (ed.) (Convention on Biological Diversity) (2010a): Global Biodiversuity Outlook 3. www.cbd.int/doc/publications/gbo/gbo3-final-en.pdf (20.5.2014)

CBD Secretariat (Hg.) (2010b): Die Lage der biologischen Vielfalt: 3. Globaler Ausblick. Zusammenfassung. www.cbd.int/gbo/gbo3/doc/GBO3-Summary-final-de.pdf (8.11.2012)

CBD Secretariat (2012): At United Nations Biodiversity Conference, countries agree to double resources for biodiversity protection by 2015. https://www.cbd.int/doc/press/2012/pr-2012-10-20-cop-11-en.pdf (12.2.2014)

CDU/CSU, FDP (2013): Antrag der Abgeordneten Sibylle Pfeifer ... und der Fraktion der CDU/CSU sowie der Abgeordneten Dr. Christiane Ratjen-Damerau ... und der Fraktion der FDP. Millenniumsentwicklungsziele, Post-MDG-Agenda und Nachhaltigkeitsziele. Für eine gut verständliche, umsetzungsorientierte und nachprüfbare globale Entwicklungs- und Nachhaltigkeitsagenda nach 2015. Deutscher Bundestag, Drucksache 17/13893, Berlin

Chagas, T., Streck, C., O'Sullivan, R., Olander, J., Seifert-Granzin, J. (2011): Nested approaches to REDD+: An overview of issues and options. Climate Focus and Forest Trends, www.forest-trends.org/documents/files/doc_2762.pdf (20.5.2014)

Chapin III, F., Zavaleta, E., Eviner, V., Naylor, R., Vitousek, P., Reynolds, H., Hooper, D., Lavorel, S., Sala, O., Hobbie, S. (2000): Consequences of changing biodiversity. In: Nature 405(6783), S. 234–242

Chown, S.L., McGeoch, M.A. (2011): Measuring biodiversity in managed landscapes. In: Magurran, A. E., McGill, B. J. (eds.): Biological Diversity Frontiers in Measurement and Assessment. New York, S. 252–264

Clements, T., John, A., Nielsen, K., An, D., Tan, S., Milner-Gulland, E.J. (2010): Payments for biodiversity conservation in the context of weak institutions: Comparison of three programs from Cambodia. In: Ecological Economics 69(6), S. 1283–1291

Costanza, R., d'Arge, R., Groot, R. de, Farber, S., Grasso, M., Hannon, B., Limburg, K., Naeem, S., O'Neill, R.V., Paruelo, J., Raskin, R.G., Sutton, P., Belt, M. van den (1997): The value of the world's ecosystem services and natural capital. In: Nature 387, S. 253–260

DBT (Danish Board of Technology) (ed.) (2012): World Wide Views on Biodiversity. Results Report. http://biodiversity.wwviews.org/wp-content/uploads/2012/10/WW Views ResultsReport_WEB_FINAL.pdf (20.5.2014)

DECCW NSW (Department of Environment, Climate Change and Water New South Wales) (2009): The Science behind BioBanking. www.environment.nsw.gov.au/re sources/biobanking/09476biobankingscience.pdf (20.5.2014)

Dehnhardt, A., Schätzlein, A. (2012): Zur Akzeptanz umweltökonomischer Bewertungsansätze in der Wasserwirtschaft. In: Hansjürgens, B., Herkle, S. (Hg.): Der Nutzen von Ökonomie und Ökosystemleistungen für die Naturschutzpraxis. Workshop II: Gewässer, Auen und Moore. BfN-Skripten 319, Bonn, S. 84–95

DeLong Jr., D. (1996): Defining biodiversity. In: Wildlife Society Bulletin, S. 738–749

Dengler, J. (2012): Skalenabhängigkeit von Biodiversität – von der Theorie zur Anwendung. Forschungsbericht zur kumulativen Habilitation, Hamburg

Der Spiegel (2008): Marktplatz der Natur. http://magazin.spiegel.de/EpubDelivery/ spiegel/pdf/57038117 (20.5.2014)

DFG (Deutsche Forschungsgemeinschaft) (2009): Biodiversität in der Forschung. Weinheim

Diederichsen, L. (2010): Rechtsfragen der Ökokontierung und des Ökopunktehandels. In: Natur und Recht 32(12), S. 843–847

Dieter, M., Elsasser, P. (2004): Institut für Ökonomie. Wirtschaftlichkeit und Wettbewerbschancen von Wald-Senkenprojekten in Deutschland. Hamburg

Doyle, U., Vohland, K., Ott, K. (2010): Biodiversitätspolitik in Deutschland – Defizite und Herausforderungen. In: Natur und Landschaft 85(7), S. 308–313

Duelli, P., Obrist, M.K. (2003): Biodiversity indicators: the choice of values and measures. In: Agriculture, Ecosystems & Environment 98(1–3), S. 87–98

econsense (Hg.) (2012): Handbuch zur unternehmerischen Bewertung von Ökosystemdienstleistungen (CEV). Ein Rahmenwerk zur Erleichterung unternehmerischer Entscheidungsfindung. Berlin

EEA (European Environmental Agency) (2010a): EEA Report Nr. 5/2010. Assessing biodiversity in Europe – the 2010 report. Copenhagen

EEA (ed.) (2010b): EEA Technical report Nr. 12/2010. EU 2010 Biodiversity Baseline. www.pedz.uni-mannheim.de/daten/edz-bn/eua/00/eu-2010-biodiversity-baseline.pdf (13.5.2014)

EEA (2012): EEA Technical report Nr. 11/2011. Streamlining European biodiversity indicators 2020: Building a future on lessons learnt from the SEBI 2010 process. Copenhagen

eftec, IEEP (Economics for the Environment Consultancy, Institute for European Environmental Policy) (2010): The use of market-based instruments for biodiversity protection – The case of habitat banking. Technical Report for European Commission DG Environment. http://ec.europa.eu/environment/enveco/index.htm (15.5.2014)

Ehrenfeld, D. (1992): Warum soll man der biologischen Vielfalt einen Wert beimessen. In: Wilson, E.O. (Hg.): Ende der biologischen Vielfalt? Der Verlust an Arten, Genen und Lebensräumen und die Chancen für eine Umkehr. Heidelberg, S. 235–239

Ehrenfeld, D. (1997): Das Naturschutzdilemma. In: Birnbacher, D. (Hg.): Ökophilosophie. Stuttgart, S. 135–177

Ehrlich, P.R., Ehrlich, A.H. (1982): Extinction: the causes and consequences of the disappearance of species. New York

Eisel, U. (2004): Bunte Welten mit Charakter? Über ein Paradox im Naturschutz und in der politischen Diskussion. In: politische ökologie 22(91/92), S. 24–27

EK (Europäische Kommission) (2001): Mitteilung der Kommission an den Rat und das Europäische Parlament. Aktionspläne zur Erhaltung der biologischen Vielfalt für die Gebiete Erhaltung der natürlichen Ressourcen, Landwirtschaft, Fischerei sowie Entwicklung und wirtschaftliche Zusammenarbeit. KOM(2001) 162 endgültig, Brüssel

EK (ed.) (2005): Impact Assessment Guidelines. Brüssel

EK (2006): Mitteilung der Kommission. Eindämmung des Verlusts der biologischen Vielfalt bis zum Jahr 2010 – und darüber hinaus – Erhalt der Ökosystemleistungen zum Wohl der Menschen. KOM(2006) 0216 endgültig, Brüssel

EK (2011a): Mitteilung der Kommission an das Europäische Parlament, den Europäischen Rat, den Europäischen Wirtschafts- und Sozialausschuss und den Ausschuss der Regionen. Lebensversicherung und Naturkapital: Eine Biodiversitätsstrategie der EU für das Jahr 2020. KOM(2011) 244 endgültig, Brüssel

EK (2011b): Mitteilung der Kommission an das Europäische Parlament, den Rat, den Europäischen Wirtschafts- und Sozialausschuss und den Ausschuss der Regionen. Rio+20: Hin zu einer umweltverträglichen Wirtschaft und besserer Governance. KOM(2011) 363, Brüssel

EK (2012a): Mitteilung der Kommission an das Europäische Parlament, den Rat, den Europäischen Wirtschafts- und Sozialausschuss und den Ausschuss der Regionen. Anrechnung von Landnutzung, Landnutzungsänderungen und Forstwirtschaft (LULUCF) im Rahmen der Klimaschutzverpflichtungen der EU. COM(2012) 94 final, Brüssel

EK (2012b): Report from the Commission to the European Parliament and the Council. The state of the European carbon market in 2012. COM(2012) 652 final, Brüssel

EK (2014a): Europe strengthens its carbon market for a competitive low-carbon economy. MEMO/14/4, http://europa.eu/rapid/press-release_MEMO-14-4_en.htm (15.5.2014)

EK (2014b): 2030 climate and energy goals for a competitive, secure and low-carbon EU economy. Pressemitteilung vom 22. Januar, http://europa.eu/rapid/press-release_IP-14-54_en.htm (15.5.2014)

Ekardt, F. (2011a): Theorie der Nachhaltigkeit. Rechtliche, ethische und politische Zugänge – am Beispiel von Klimawandel, Ressourcenknappheit und Welthandel. Baden-Baden

Ekardt, F. (2011b): Umweltökonomik, Wachstum, Ethik und die Klimadaten. In: GAIA – Ecological Perspectives for Science and Society 20(2), S. 80–83

Eliasch, J. (2008): Climate change. Financing global forests. The Eliasch review, London

Ellerman, A.D., Buchner, B.K. (2007): The European Union Emissions Trading Scheme: Origins, Allocation, and Early Results. In: Review of Environmental Economics and Policy 1(1), S. 66–87

Ellis, J., Winkler, H., Corfee-Morlot, J., Gagnon-Lebrun, F. (2007): CDM: Taking stock and looking forward. In: Energy policy 35(1), S. 15–28

Elmqvist, T., Maltby, E., Barker, T., Mortimer, M., Perrings, C., Arronson, J., Groot, R. de, Fitter, A., Mace, G., Norberg, J., Sousa Pinto, I., Ring, I. (2010): Biodiversity, ecosystems and ecosystem services. In: Kumar 2010, S. 41–112

Emerton, L., Bishop, J., Thomas, L. (2006): Sustainable Financing of Protected Areas. A global review of challenges and options. Gland

Engel, S., Pagiola, S., Wunder, S. (2008): Designing payments for environmental services in theory and practice: An overview of the issues. In: Ecological Economics 65(4), S. 663–674

EPBRS (European Platform for Biodiversity Research Strategy) (ed.) (2009): Concept note: Network of knowledge for biodiversity governance. www.epbrs.org/PDF/2009%2009%2010%20Concept%20note%20on%20the%20network%20of%20knowledge_version%202-1.pdf (15.5.2014)

Eser, U. (2009): Biodiversität – ein wissenschaftliches oder politisches Konzept? In: Stiftung Natur und Umwelt Rheinland-Pfalz – Denkanstöße 7, S. 36–45

Eser, U., Neureuther, A.-K., Müller, A. (2011): Klugheit, Glück, Gerechtigkeit. Ethische Argumentationslinien in der Nationalen Strategie zur biologischen Vielfalt. Münster

Fargione, J., Tilman, D. (2006): Plant species traits and capacity for resource reduction predict yield and abundance under competition in nitrogen-limited grassland. In: Functional Ecology 20(3), S. 533–540

Farley, J., Costanza, R. (2010): Payments for ecosystem services: from local to global. In: Ecological Economics 69(11), S. 2060–2068

Farnham, T. J. (2007): Saving Nature's Legacy: Origins of the Idea of Biological Diversity. New Haven

Faucheux, S., Noel, J.-F. (2001): Ökonomie natürlicher Ressourcen und der Umwelt. Marburg

Feess, E., Seeliger, A. (2013): Umweltökonomie und Umweltpolitik. München

Ferraro, P.J. (2008): Asymmetric information and contract design for payments for environmental services. In: Ecological Economics 65(4), S. 810–821

Fisher, B., Turner, R.K., Morling, P. (2009): Defining and classifying ecosystem services for decision making. In: Ecological Economics 68(3), S. 643–653

Freese, J. (2011): Auktionen und ergebnisorientierte Honorierung bei Agrarumweltmaßnahmen. In: Natur und Landschaft 86(4), S. 156–159

Fritsch, P. (2013): Sparen in der Fläche. In: Umwelt 12, o.O.

Fromm, O. (1997): Möglichkeiten und Grenzen einer ökonomischen Bewertung des Ökosystems Boden. Bern u. a. O

Galert, T. (1998): Biodiversität als Problem der Naturethik: Literaturreview und Bibliographie. Bad Neuenahr-Ahrweiler

Garrod, G., Willis, K.G. (1999): Economic valuation of the environment: methods and case studies. Cheltenham

Gaston, K. (2000): Global patterns in biodiversity. In: Nature 405(6783), S. 220–227

Gaston, K.J., Spicer, J.I. (2009): Biodiversity. An introduction. Hoboken

Gawel, E. (1991): Umweltpolitik durch gemischten Instrumenteneinsatz. Allokative Effekte instrumentell diversifizierter Lenkungsstrategien für Umweltgüter. Berlin

Gawel, E., Strunz, S., Lehmann, P. (2013): Polit-ökonomische Grenzen des Emissionshandels und ihre Implikationen für die klima-und energiepolitische Instrumentenwahl. http://hdl.handle.net/10419/68248 (15.5.2014)

Geisbauer, C., Hampicke, U. (2012): Ökonomie schutzwürdiger Ackerflächen. Was kostet der Schutz von Ackerwildkräutern? Greifswald

Goldman-Benner, R.L., Benitez, S., Boucher, T., Calvache, A., Daily, G., Kareiva, P., Kroeger, T., Ramos, A. (2012): Water funds and payments for ecosystem services: practice learns from theory and theory can learn from practice. In: Oryx 46(1), S. 55–63

González, J.G., Schomerus, T. (2010): Der Gold Standard als Garant für die Nachhaltigkeit von CDM- Projekten in Entwicklungsländern? In: Arbeitspapierreihe Wirtschaft & Recht 5, www.leuphana.de/fileadmin/user_upload/Forschungseinrichtun gen/ifwr/files/Arbeitpapiere/WPBL-No5.pdf (15.5.2014)

Görg, C. (1999): Erhalt der biologischen Vielfalt – zwischen Umweltproblem und Ressourcenkonflikt. In: Görg, C. (Hg.): Zugänge zur Biodiversität. Disziplinäre Thematisierungen und Möglichkeiten integrierender Ansätze. Marburg

Gossum, P. van, Arts, B., Verheyen, K. (2010): From »smart regulation« to »regulatory arrangements«. In: Policy Sciences 43(3), S. 245–261

Gowdy, J.M., Howarth, R.B., Tisdell, C. (2010): Discounting, ethics and options for maintaining biodiversity and ecosystem integrity. In: Kumar 2010, S. 257–283

Grassi, G. (2012): LULUCF: Wichtiger Schritt in Durban. In Durban wurden neue LULUCF-Berechnungsmethoden für die zweite Verpflichtungsperiode des Kyoto Protokolls vereinbart. www.prima-klima-weltweit.de/dokumente/Neue%20Regeln %20beim%20LULUCF.pdf (15.5.2014)

Grieg-Gran, M., Porras, I., Wunder, S. (2005): How can market mechanisms for forest environmental services help the poor? Preliminary lessons from Latin America. World development 33(9), S. 1511–1527

Groot, R. de, Fisher, B., Christie, M., Aronson, J., Braat, L., Gowdy, J., Haines-Young, R., Maltby, E., Neuville, A., Polasky, S., Portela, R., Ring, I. (2010): Integrating the ecological and economic dimensions in biodiversity and ecosystem service valuation. In: Kumar 2010, S. 9–40

Grossmann, M., Hartje, V., Meyerhoff, J. (2010): Ökonomische Bewertung naturverträglicher Hochwasservorsorge an der Elbe. Abschlussbericht des F+E-Vorhabens (FKZ: 803 82 210) »Naturverträgliche Hochwasservorsorge an der Elbe und Nebenflüssen und ihr volkswirtschaftlicher Nutzen, Teil: Ökonomische Bewertung naturverträglicher Hochwasservorsorge an der Elbe und ihren Nebenflüssen« des Bundesamtes für Naturschutz. Bonn/Bad Godesberg

Grubb, M. (2012): Emissions trading: Cap and trade finds new energy. In: Nature 491(7426), S. 666–667

Gunningham, N., Grabosky, P.N., Sinclair, D. (1998): Smart regulation: designing environmental policy. Oxford

Gunningham, N., Young, M.D. (1997): Toward optimal environmental policy: The case of biodiversity conservation. In: Ecology LQ 24, S. 243

Haber, W. (2008): Biological Diversity a Concept Going Astray? In: GAIA – Ecological Perspectives for Science and Society 17/Supplement 1, S. 91–96

Haines-Young, R., Potschin, M. (2011): Common International Classification of Ecosystem Services (CICES): 2011 Update. http://cices.eu/wp-content/uploads/2009/11/CICES_Update_Nov2011.pdf (15.5.2014)

Hajer, M.A. (1997): The politics of environmental discourse. Ecological modernization and the policy process. Oxford

Hajkowicz, S.A., Cook, H., Littleboy, A. (2012): Our Future World: Global megatrends that will change the way we live. The 2012 Revision. Melbourne

Hampicke, U. (1991): Naturschutz-Ökonomie. Stuttgart

Hampicke, U. (2000): Möglichkeiten und Grenzen der Bewertung und Honorierung ökologischer Leistungen in der Landschaft. In: Deutscher Rat für Landespflege (Hg.): Honorierung von Leistungen der Landwirtschaft für Naturschutz und Landschaftspflege. Heft 71, S. 43–49

Hampicke, U. (2001): Ökonomie und Naturschutz. In: Hampicke, U., Böcker, R., Konold, W. (Hg.): Handbuch Naturschutz und Landschaftspflege. Landsberg, S. 1–14

Hansjürgens, B. (1999): Ökonomische Bewertung der Regulierung von Gefahrstoffen. In: Winter, G., Ginzky, H., Hansjürgens, B. (Hg.): Die Abwägung von Risiken und Kosten in der europäischen Chemikalienregulierung. Berlin, S. 283–370

Hansjürgens, B. (2008): Internationale Klimapolitik nach Kyoto: Architekturen und Institutionen. Leipzig

Hansjürgens, B. (2012a): Instrumentenmix der Klima-und Energiepolitik: Welche Herausforderungen stellen sich? In: Wirtschaftsdienst 92, S. 5–11

Hansjürgens, B. (2012b): Werte der Natur und ökonomische Bewertung. Eine Einführung. In: Hansjürgens, B., Herkle, S. (Hg.): Der Nutzen von Ökonomie und Ökosystemleistungen für die Naturschutzpraxis. Workshop II: Gewässer, Auen und Moore. BfN-Skripten 319, Bonn, S. 8–22

Hansjürgens, B., Lienhoop, N. (2011): Against the Distorted Picture of Economic Valuation. In: GAIA – Ecological Perspectives for Science and Society 20(4), S. 229–231

Hansjürgens, B., Schröter, C. (2004): Zur Steuerung der Flächeninanspruchnahme durch handelbare Flächenausweisungsrechte. In: Raumforschung und Raumordnung 62(4-5), S. 260–269

Hanusch, H. (2011): Nutzen-Kosten-Analyse. München

Hassan, R., Scholes, R. (2005): Ecosystems and human well-being: current state and trends: findings of the Condition and Trends Working Group. Neville

Hecken, G. van, Bastiaensen, J. (2010): Payments for ecosystem services: justified or not? A political view. In: Environmental science & policy 13(8), S. 785–792

Hellenbroich, T., Stratmann, U. (2005): Zahlungsbereitschaftsanalysen als Entscheidungshilfe für die Verwaltung? In: Marggraf, R., Bräuer, I., Fischer, A., Menzel, S., Stramann, U., Suhr, A. (Hg.): Ökonomische Bewertung bei umweltrelevanten Entscheidungen. Einsatzmöglichkeiten von Zahlungsbereitschaftsanalysen in Politik und Verwaltung. Marburg, S. 209–306

Herkle, S. (2012): Der TEEB-Sechs-Schritte-Ansatz zur Bewertung von Ökosystemleistungen – Eine wichtige Entscheidungshilfe. In: Hansjürgens, B., Herkle, S. (Hg.): Der Nutzen von Ökonomie und Ökosystemleistungen für die Naturschutzpraxis. Workshop II: Gewässer, Auen und Moore. BfN-Skripten 319, Bonn, S. 65–70

Hermann, H., Graichen, V., Gammelin, C., Matthes, F. (2010): Kostenlose $CO_2$-Zertifikate und CDM/JI im EU-Emissionshandel. Analyse von ausgewählten Branchen und Unternehmen in Deutschland. www.oeko.de/oekodoc/1102/2010-145-de.pdf (15.5.2014)

Hoffmann, A., Hoffmann, S., Weimann, J. (2005): Irrfahrt Biodiversität. Eine kritische Sicht europäischen Biodiversitätspolitik. Marburg

Hooper, D.U., Adair, E.C., Cardinale, B.J., Byrnes, J.E.K., Hungate, B.A., Matulich, K.L., Gonzalez, A., Duffy, J.E., Gamfeldt, L., O'Connor, M.I. (2012): A global synthesis reveals biodiversity loss as a major driver of ecosystem change. In: Nature 486(7401), S. 105–108

Hussain, S., Gundimeda, H. (2012): Tools for Valuation and Appraisal of Ecosystem Services in Policy Making. In: Wittmer, H., Gundimeda, H. (eds.): The Economics of Ecosystems and Biodiversity in Local and Regional Policy and Management. New York, S. 57–98

ICAP (International Carbon Action Partnership) (ed.) (2014): Emissions trading worldwide. Status Report 2014. https://icapcarbonaction.com/component/attach/?task=download&id=152 (15.5.2014)

IISD (International Institute for Sustainable Development) (2011): Strengthening MRV (Measurement, Reporting and Verification) for REDD. Discussion Paper #2, https://www.iisd.org/pdf/2011/redd_strengthening_mrv.pdf (15.5.2014)

IPCC (Intergovernmental Panel on Climate Change) (ed.) (2007): Climate Change 2007: Impacts, adaptation and vulnerability. Contribution of Working Group II to the fourth assessment report of the Intergovernmental Panel on Climate Change. Cambridge

IPCC (ed.) (2014a): Climate Change 2014: Impacts, Adaptation and Vulnerability. Working Group II Contribution to the IPCC fifth Assessment. Revised Final Draft Summary for Policymakers. www.de-ipcc.de/_media/SPMapproved0330.pdf (20.5.2014)

IPCC (ed.) (2014b): Climate Change 2014: Mitigation of Climate Change. Working Group III Contribution to the IPCC fifth Assessment. Summary for Policymakers. http://www.ipcc.ch/pdf/assessment-report/ar5/wg3/ipcc_wg3_ar5_summary-for-poli cymakers.pdf (13.1.2015)

Jessel, B. (2012): Zwischen Anspruch und Wirklichkeit. Das Übereinkommen über die biologische Vielfalt und sein Einfluss auf die Naturschutzpolitik. In: GAIA – Ecological Perspectives for Science and Society 21(1), S. 22–27

Jonas, H. (1984): Das Prinzip Verantwortung. Versuch einer Ethik für die technische Zivilisation. Frankfurt a.M.

Jörissen, J., Coenen, R. (2007): Sparsame und schonende Flächennutzung. Entwicklung und Steuerbarkeit des Flächenverbrauchs. Berlin

Kannen, A. (2012): Challenges for marine spatial planning in the context of multiple sea uses, policy arenas and actors based on experiences from the German North Sea. In: Regional Environmental Change, S. 1–12

Karsenty, A. (2007): Questioning rent for development swaps: new marketbased instruments for biodiversity acquisition and the land-use issue in tropical countries. In: International Forestry Review 9(1), S. 503–513

Karsenty, A., Tulyasuwan, N., Blas, E.D. de (2012): Financing options to support REDD+ activities. Report for the European Commission. Cirad

Kate, K. ten, Bishop, J., Bayon, R. (2004): Biodiversity offsets: Views, experience, and the business case. http://cmsdata.iucn.org/downloads/bdoffsets.pdf (15.5.2014)

Klauer, B., Petry, D. (2005): Umweltbewertung und politische Praxis in der Bundesverkehrswegeplanung: eine Methodenkritik, illustriert am Beispiel des geplanten Ausbaus der Saale. Marburg

Klie, A. (2010a): Die Bewertung von Umweltgütern mittels Zahlungsbereitschaft. Woran Kosten-Nutzen-Analysen scheitern. In: GAIA – Ecological Perspectives for Science and Society 19(2), S. 103–109

Kollmuss, A., Zink, H., Polycarp, C. (2008): Making Sense of the Voluntary Carbon Market. A Comparison of Carbon Offset Standards. Stockholm Environment Institute, Tricorona, http://awsassets.panda.org/downloads/vcm_report_final.pdf (14.3.2013)

Korhonen-Kurki, K., Brockhaus, M., Duchelle, A.E., Atmadja, S., Thuy, P.T. (2012): Multiple levels and multiple challenges for REDD+. In: Angelsen, A., Brockhaus, M., Sunderlin, W.D., Verchot, L.V. (eds.): Analysing REDD+: Challenges and choices. Bogor, S. 92–110

Korn, H. (2004): Institutioneller und instrumentaler Rahmen für die Erhaltung der Biodiversität. In: Wolff, N., Köck, W. (Hg.): 10 Jahre Übereinkommen über die biologische Vielfalt. Eine Zwischenbilanz. Baden-Baden

Krebs, A. (1997a): Naturethik im Überblick. In: Krebs 1997b, S. 337–379

Krebs, A. (Hg.) (1997b): Naturethik. Grundtexte der gegenwärtigen tier- und ökoethischen Diskussion. Frankfurt a.M.

Kreuter-Kirchhof, C. (2005): Neue Kooperationsformen im Umweltvölkerrecht. Berlin

Krüger, J.-A. (2012): 20 Jahre FFH-Richtline. Historischer Hintergrund, Erfolge und Rückschläge. Rückblick aus Sicht des NABU. 20 Jahre FFH-Richtline. Naturschutzbund Deutschland e.V. Erfurt, www.deutscher-naturschutztag.de/fileadmin/user_upload/FV_Vortraege_PDFs/FV3_PDF/FV3_1_Krueger_FFH_NABU.pdf (20.5.2014)

Küchler-Krischun, J., Piechocki, R. (2008): Die nationale Biodiversitätsstrategie Deutschlands. In: Bundesamt für Naturschutz (Hg.): Vilmer Handlungsempfehlungen zur Förderung einer umsetzungsorientierten Biodiversitätsforschung in Deutschland. Ergebnisse eines Professorensymposiums zur Förderung der Biodiversitätsforschung in Deutschland. Insel Vilm

Kumar, P. (ed.) (2010): The Economics of Ecosystems and Biodiversity (TEEB). Ecological and economic foundations. London

Lederer, M. (2010): Evaluating Carbon Governance: The Clean Development Mechanism from an Emerging Economy Perspective. In: The Journal of Energy Markets 3(1), S. 1–23

Lehmann, P. (2010): Using a Policy Mix to Combat Climate Change: An Economic Evaluation of Policies in the German Electricity Sector. www.ufz.de/export/data/global/29152_ufzdiss4_2010_.pdf

Lienhoop, N., Hansjürgens, B. (2010): Why Is Economic Valuation Useful in Environmental Politics? In: GAIA – Ecological Perspectives for Science and Society 19(4), S. 255–259

Lienhoop, N., MacMillan, D.C. (2007): Contingent valuation: comparing participant performance in group-based approaches and personal interviews. In: Environmental Values 16(2), S. 209–232

Lingenthal, L., Bürgi, M. (2012): Rio+20: Ein Gipfel, der niemanden glücklich macht. Konrad Adenauer Stiftung. Auslandsinformationen 9/2012. www.kas.de/wf/doc/kas_32076-544-1-30.pdf?130828101737 (20.5.2014)

Loft, L. (2009): Erhalt und Finanzierung biologischer Vielfalt – Synergien zwischen internationalem Biodiversitäts-und Klimaschutzrecht. Berlin/Heidelberg

Loft, L. (2010): Der Mechanismus zur Vermeidung von Emissionen aus Entwaldung und Degradation (REDD) – Nachhaltige Umsetzung eines Klimaschutzinstrumentes. Hochschule für Wirtschaft und Recht, Berlin

Loft, L., Schramm, E. (2011): Welchen Mehrwert bietet der Wald im Klimaschutz? Bedeutung und Besonderheiten von waldbasierten Emissionsminderungsprojekten. BiK-F Knowledge Flow Paper 13, Frankfurt a.M.

Luttrell, C., Loft, L., Gebara, M. F., Kweka, D. (2012): Who should benefit and why? Discourses on REDD. In: Angelsen, A., Brockhaus, M., Sunderlin, W.D., Verchot, L.V. (ed.): Analysing REDD+: Challenges and choices. Bogor, S. 129–152

Maclaurin, J., Sterelny, K. (2008): What Is Biodiversity? Chicago

MacMillan, D., Hanley, N., Lienhoop, N. (2006): Contingent valuation: environmental polling or preference engine? In: Ecological economics 60(1), S. 299–307

Madsen, B., Carroll, N., Kandy, D., Bennett, G. (2011): 2011 Update. State of Biodiversity Markets. Offset and Compensation Programs Worldwide. Forest Trends. Washington, D.C.

Madsen, B., Carroll, N., Moore Brands, K. (2010): State of Biodiversity Markets. Offset and Compensation Programs Worldwide. www.ecosystemmarketplace.com/documents/acrobat/sbdmr.pdf (20.5.2014)

Marggraf, R., Bräuer, I., Fischer, A., Menzel, S., Stramann, U., Suhr, A. (Hg.) (2005): Ökonomische Bewertung bei umweltrelevanten Entscheidungen. Einsatzmöglichkeiten von Zahlungsbereitschaftsanalysen in Politik und Verwaltung. Marburg

Marquard, E., Fischer, M. (Hg.) (2010): Ökologische Biodiversitätsforschung in Deutschland – Ein Überblick. www.biodiversity.de/images/stories/Downloads/marquard_fischer_2010_biodivforschungd.pdf (20.5.2014)

Marx, E. (2010): Conservation biology. The fight for Yasuni. In: Science 330(6008), S. 1170–1171

May, P.H., Neto, F.V., Denardin, V., Loureiro, W. (2002): Using fiscal instruments to encourage conservation: Municipal responses to the 'ecological' value-added tax in Paraná and Minas Gerais, Brazil. In: Pagiola, S., Bishop, J. Landell-Mills, N. (eds.): Selling Forest Environmental Services: Market-based Mechanisms for Conservation and Development. London, S. 173–199

McCann, K.S. (2000): The diversity–stability debate. In: Nature 405(6783), S. 228–233

McCarthy, D.P., Donald, P.F., Scharlemann, J.P.W., Buchanan, G.M., Balmford, A., Green, J.M.H., Bennun, L.A., Burgess, N.D., Fishpool, L.D.C., Garnett, S.T., Leonard, D.L., Maloney, R.F., Morling, P., Schaefer, H.M., Symes, A., Wiedenfeld, D.A., Butchart, S.H.M. (2012): Financial Costs of Meeting Global Biodiversity Conservation Targets: Current Spending and Unmet Needs. In: Science 338(6109), S. 946–949

McGarity, T.O. (1998): A cost-benefit state. In: 50 Administrative Law Review 7, S. 7–79

Meyer, R., Burger, D. (eds.) (2010): Low-input intensification of agriculture – chances and barriers in developing countries. Proceedings Workshop 8th December 2010, Karlsruhe (KIT Scientific Report 7584), www.itas.kit.edu/pub/v/2011/mebu11a.pdf (30.4.2014)

Meyer, R., Revermann, C., Sauter, A. (1998): Biologische Vielfalt in Gefahr? Gentechnik in der Pflanzenzüchtung. Studien des Büros für Technikfolgen-Abschätzung beim Deutschen Bundestag 6, Berlin

Meyerhoff, J. (2012): Benefit Transfer: Ermittelte Werte auf andere Orte übertragen. In: Hansjürgens, B., Neßhöver, C., Schniewind, I. (Hg.): Der Nutzen von Ökonomie und Ökosystemleistungen für die Naturschutzpraxis. Workshop I: Einführung und Grundlagen. BfN-Skripten 318, Bonn

Michler-Cieluch, T., Krause, G., Buck, B.H. (2009): Marine aquaculture within offshore wind farms: Social aspects of multiple-use planning. In: GAIA – Ecological Perspectives for Science and Society 18(2), S. 158–162

Milder, J.C., Scherr, S.J., Bracer, C. (2010): Trends and future potential of payment for ecosystem services to alleviate rural poverty in developing countries. In: Ecology & Society 15(2), Art. 4

Mitchell, R.C., Carson, R.T. (1989): Using surveys to value public goods: the contingent valuation method. Washington, D.C.

Mora, B., Herold, M., Sy, V. de, Wijaya, A., Verchot, L.V., Penman, J. (eds.) (2012): Capacity development in national forest monitoring: Experiences and progress for REDD+. Bogor

Muradian, R., Corbera, E., Pascual, U., Kosoy, N., May, P.H. (2010): Reconciling theory and practice: An alternative conceptual framework for understanding payments for environmental services. In: Ecological economics 69(6), S. 1202–1208

NABU (Naturschutzbund Deutschland e. V.) (2012): Masterplan 2020. www.nabu.de/themen/biologischevielfalt/hintergrund/14972.html.

Nachwuchsgruppe Ökosystemleistungen (2013): Politikpapier. Kulturlandschaften entwickeln, Ökosystemleistungen stärken. www.oekosystemleistungen.de/dateien/po litikpapier-oekosystemleistungen (20.5.2014)

Naturkapital Deutschland – TEEB DE (2012): Der Wert der Natur für Wirtschaft und Gesellschaft – Eine Einführung. www.bfn.de/fileadmin/MDB/documents/themen/oekonomie/teeb_de_einfuehurung_1seitig.pdf (15.5.2014)

Naturkapital Deutschland – TEEB DE (2013): Die Unternehmensperspektive. Auf neue Herausforderungen vorbereitet sein. Leipzig

Naumann, S., Vorwerk, A., Bräuer, I. (2008): Resource Equivalency Methods for Assessing Environmental Damage in the EU (REMEDE). Project: Compensation in the form of Habitat Banking – Short case study report. Ecologic Institut, Berlin

Neef, A., Thomas, D. (2009): Rewarding the upland poor for saving the commons? Evidence from Southeast Asia. In: International Journal of the Commons 3(1), S. 1–15

Netzwerkforum Biodiversitätsforschung (2011): Die EU Biodiversitätsstrategie 2020. Eine Einschätzung aus dem Netzwerk-Forum zur Biodiversitätsforschung Deutschland. www.biodiversity.de/images/stories/Downloads/eu_biodiversitaetsstrategie_20 20_nefo_fin.pdf (20.5.2014)

Netzwerkforum Biodiversitätsforschung (2012): Nationales Biodiversitätsmonitoring 2020. www.biodiversity.de/images/stories/Downloads/Monitoringpapier/monitoring_final_10-02-12.pdf (20.5.2014)

Norgaard, R.B. (2010): Ecosystem services: From eye-opening metaphor to complexity blinder. In: Ecological Economics 69(6), S. 1219–1227

OECD (Organisation for Economic Cooperation and Development) (1993): OECD core set of indicators for environmental performance reviews. A synthesis report by the Group on the State of the Environment. Environment Monographs 18, http://enrin.grida.no/htmls/armenia/soe2000/eng/oecdind.pdf (20.5.2014)

OECD (2007): Instrument mixes for environmental policy. Paris, http://site.ebrary.com/lib/alltitles/docDetail.action?docID=10245385 (20.5.2014)

OECD (2008): Environmental Policy Packages. In: OECD (ed.): OECD Environmental Outlook to 2030. Paris, S. 431–443

OECD (2010): Paying for Biodiversity. Enhancing the Cost-Effectiveness of Payments for Ecosystem Services. www.oecd.org/env/resources/46131323.pdf?bcsi_scan_AB 11CAA0E2721250=0&bcsi_scan_filename=46131323.pdf (20.5.2014)

OECD (2012): OECD Environmental outlook to 2050. Paris

OEH NSW (Office of Environment and Heritage and the State of New South Wales) (ed.) (2012): BioBanking review: Discussion paper. Sydney

Ogonowski, M., Guimares, L., Haibing, M., Movius, D., Schmidt, J. (2009): Utilizing payments for environmental services for reducing emissions from deforestation and forest degradation (REDD) in developing countries: challenges and policy options. Washington, D.C.

Olsen, K.H. (2007): The clean development mechanism's contribution to sustainable development: a review of the literature. In: Climatic Change 84(1), S. 59–73

Pagiola, S., Bosquet, B. (2009): Estimating the costs of REDD at the country level. World Bank. http://mpra.ub.uni-muenchen.de/18062/

Paloniemi, R., Tikka, P.M. (2008): Ecological and social aspects of biodiversity conservation on private lands. In: Environmental science & policy 11(4), S. 336–346

Parker, C., Mitchell, A., Trivedi, M., Mardas, N., Sosis, K. (2009): The little REDD+ book. The Global Canopy Programme. Oxford

Pascual, U., Muradian, R., Brandner, L., Gómes-Baggethun, E., Martín-López, B., Verma, M., Armsworth, P., Christie, M., Cornelissen, H., Eppink, F., Farley, J., Loomis, J., Pearson, L., Perrings, C., Polasky, S. (2010a): The economics of valuing ecosystem services and biodiversity. In: Kumar 2010, S. 183–156

Pascual, U., Muradian, R., Rodríguez, L.C., Duraiappah, A. (2010b): Exploring the links between equity and efficiency in payments for environmental services: A conceptual approach. In: Ecological economics 69(6), S. 1237–1244

Payne, J.W., Bettman, J.R. (1999): Measuring constructed preferences: Towards a building code. In: Journal of Risk and Uncertainty 19, S. 243–275

PBNE (Parlamentarischer Beirat für nachhaltige Entwicklung) (2011): Unterrichtung durch den Parlamentarischen Beirat für nachhaltige Entwicklung Bericht des Parlamentarischen Beirats über die Nachhaltigkeitsprüfung in der Gesetzesfolgenabschätzung und die Optimierung des Verfahrens. Deutscher Bundestag, Drucksache 17/6680. Berlin

Pearce, D. (1976): The limits of cost-benefit-analysis as a guide to environmental policy. In: Kyklos 29(1), S. 97–112

Pearce, D., Atkinson, G., Mourato, S. (2012): Cost-benefit analysis and the environment: recent developments. www.lne.be/themas/beleid/milieueconomie/downloadbare-bestanden/ME11_cost-benefit%20analysis%20and%20the%20environment%20oeso.pdf (20.5.2014)

Pearce, D., Özdemiro□lu, E., Britain, G. (2002): Economic valuation with stated preference techniques: summary guide. London

Pearce, D.W., Moran, D. (1994): The economic value of biodiversity. London

Pearse, G. (2012): Greenwash: big brands and carbon scams. Collingwood Vic

Pe'er, G., Dicks, L.V., Visconti, P., Arlettaz, R., Báldi, A., Benton, T.G., Collins, S., Dieterich, M., Gregory, R.D., Hartig, F., Henle, K., Hobson, P.R., Klejin, D., Neumann, R.K., Robijns, T., Schmidt, J., Shwartz, A., Sutherland, W.J., Turbé, A., Wulf, F., Scott, A.V. (2014): Agriculture policy. EU agricultural reform fails on biodiversity. In: Science 344(6188), S. 1090–1092

Pereira, H.M., Ferrier, S., Walters, M., Geller, G.N., Jongman, R.H., Scholes, R.J., Bruford, M.W., Brummitt, N., Butchart, S.H., Cardoso, A C. (2013): Essential Biodiversity Variables. In: Science 339(6117), S. 277–278

Piechocki, R., Eser, U., Potthast, T., Wiesebinski, N., Ott, K. (2003): Vilmer Thesen zur Biodiversität – Symbolbegriff für einen Wandel im Selbstverständnis von Natur- und Umweltschutz. In: Natur und Landschaft 78(1), S. 30–32

Pirard, R. (2012): Market-based instruments for biodiversity and ecosystem services: A lexicon. In: Environmental science & policy 19, S. 59–68

Porras, I., Barton, D.N., Chacón-Cascante, A., Miranda, M. (2013): Learning from 20 years of payments for ecosystem services in Costa Rica. International Institute for Environment and Development, London

Porras, I., Chacón-Cascante, A., Robalino, J., Oosterhuis, F. (2011): PES and other economic beasts: assessing PES within a policy mix in conservation. Special Session on »Instrument Mixes for Biodiversity Policies«. ESEE 2011. Istanbul, www.esee 2011.org/registration/fullpapers/esee2011_a3eb04_1_1304587318_7005_2336.pdf (20.5.2014)

Purvis, A., Hector, A. (2000): Getting the measure of biodiversity. In: Nature 405(6783), S. 212–219

Rahmann, G. (2011): Biodiversity and Organic farming: What do we know? In: vTI Agriculture and Forestry Research 3, S. 189–208

Republic of Botswana, Conservation International (2012): Gaborone-Declaration. Gaborone

Reuber, P., Pfaffenbach, C. (2005): Methoden der empirischen Humangeographie. Beobachtung und Befragung. Braunschweig

Reyers, B., Bidoglio, G., Dhar, U., Gundimeda, H., O'Farrell, P., Paracchini, M.L., Prieto, O.G., Schutyser, F. (2010): Measuring biophysical quantities and the use of indicators. In: Kumar 2010, S. 113–147

Ring, I. (2008a): Compensating municipalities for protected areas: fiscal transfers for biodiversity conservation in Saxony, Germany. In: GAIA – Ecological Perspectives for Science and Society 17(Supplement 1), S. 143–151

Ring, I. (2008b): Integrating local ecological services into intergovernmental fiscal transfers: the case of the ecological ICMS in Brazil. In: Land use policy 25(4), S. 485–497

Ring, I., May, P.H., Loureiro, W., Santos, R., Antunes, P., Clemente, P. (2011): Ecological fiscal transfers. In: Ring/Schröter-Schlaack 2011a, S. 98–118

Ring, I., Mewes, M. (2013): Ausgewählte Finanzmechanismen: Zahlungen für ÖSD und ökologischer Finanzausgleich. In: Grunewald, K., Bastian, O. (Hg.): Ökosystemdienstleistungen. Konzept, Methoden und Fallbeispiele. Berlin, S. 167–177

Ring, I., Schröter-Schlaack, C. (eds.) (2011a): Instrument mixes for biodiversity policies. POLICYMIX Report Nr. 2/2011, http://policymix.nina.no/Portals/policymix/POL ICYMIX%20Report_D2%201_2011-06-11_final.pdf (15.5.2014)

Ring, I., Schröter-Schlaack, C. (2011b): Justifying and assessing policy mixes for biodiversity and ecosystem governance. In: Ring/Schröter-Schlaack 2011a, S. 14–35

Ring, I., Schröter-Schlaack, C. (2013): Zur Auswahl des geeigneten Politikmixes. In: Grunewald, K., Bastian, O. (Hg.): Ökosystemdienstleistungen. Konzept, Methoden und Fallbeispiele. Berlin, S. 156–166

Santos, R., Clemente, P., Antunes, P., Schröter-Schlaack, C., Ring, I. (2011): Offsets, habitat banking and tradable permits for biodiversity conservation. In: Ring/Schröter-Schlaack 2011a, S. 59–88

Santos, R., Ring, I., Antunes, P., Clemente, P. (2012): Fiscal transfers for biodiversity conservation: the Portuguese Local Finances Law. In: Land use policy 29(2), S. 261–273

Sarkar, S. (2001): Defining »biodiversity«; assessing biodiversity. In: Monist 1(85), S. 131–55

Schaltegger, S., Beständig, U. (2010): Handbuch Biodiversitätsmanagement. Ein Leitfaden für die betriebliche Praxis. BMU, Berlin

Scherber, C., Eisenhauer, N., Weisser, W.W., Schmid, B., Voigt, W., Fischer, M., Schulze, E.-D., Roscher, C., Weigelt, A., Allan, E., Beßler, H., Bonkowski, M., Buchmann, N., Buscot, F., Clement, L.W., Ebeling, A., Engels, C., Halle, S., Kertscher, I., Klein, A.-M., Koller, R., König, S., Kowalski, E., Kummer, V., Kuu, A., Lange, M., Lauterbach, D., Middelhoff, C., Migunova, V.D., Milcu, A., Müller, R., Partsch, S., Petermann, J.S., Renker, C., Rottstock, T., Sabais, A., Scheu, S., Schumacher, J., Temperton, V.M., Tscharntke, T. (2010): Bottom-up effects of plant diversity on multitrophic interactions in a biodiversity experiment. In: Nature 468(7323), S.553–556

Schmidt, L. (2009): REDD from an integrated perspective: considering overall climate change mitigation, biodiversity conservation and equity issues. Deutsches Institut für Entwicklungspolitik, http://edoc.vifapol.de/opus/volltexte/2011/3307/pdf/DP_4.2009.pdf (20.5.2014)

Schmidt, L., Gerber, K., Ibisch, P.L. (2011): Diskussionspapier: Ein Rahmen für effektive Waldklimaschutzvorhaben. Eine kritisch-konstruktive Auseinandersetzung mit der deutschen REDDplus-Finanzierung. Bonn/Berlin

Schneider, L. (2007): Is the CDM fulfilling its environmental and sustainable development objectives? An evaluation of the CDM and options for improvement. Berlin

Scholz, I., Schmidt, L. (2008): Reduzierung entwaldungsbedingter Emissionen in Entwicklungsländern. Deutsches Institut für Entwicklungspolitik. Analysen und Stellungnahmen Nr. 6., www.die-gdi.de/uploads/media/A_S_6.2008.Scholz.Schmidt_01.pdf (20.5.2014)

Scholz, S., Noble, I. (2005): Generation of Sequestration Credits Under the CDM. In: Freestone, D. Streck, C. (eds.): Legal aspects of implementing the Kyoto Protocol mechanisms: making Kyoto work. Oxford, S.265–280

Schramek, J., Osterburg, B., Kasperczyk, N., Nitsch, H., Wolff, A., Weis, M., Hülemeyer, K. (2012): Vorschläge zur Ausgestaltung von Instrumenten für einen effektiven Schutz von Dauergrünland. Bonn

Schröter-Schlaack, C. (2013): Steuerung der Flächeninanspruchnahme durch Planung und handelbare Flächenausweisungsrechte. Dissertation 05/2013, Helmholtz-Zentrum für Umweltforschung – UFZ, Leipzig, www.ufz.de/export/data/global/53773_ufz diss_05-2013.pdf (20.5.2014)

Schröter-Schlaack, C., Ring, I., Möckel, S., Schulz-Zunkel, C., Lienhoop, N., Klenke, R., Lenk, T. (2013): Assessment of existing and proposed policy instruments for biodiversity conservation in Germany. POLICYMIX Report Nr. 1/2013. http://policymix.nina.no/Portals/policymix/Documents/Case%20studies/Germany/POLICYMIX-Report-1-2013_NatCaseGermany-EFT_final.pdf (15.5.2014)

Schwarze, R. (2000): Internationale Klimapolitik. Marburg

Schwerdtner Máñez, K. (2008): Zur Umsetzung von Artenschutz. Eine ökologisch-ökonomische Analyse. Dissertation. Institut für Agrar- und Ernährungswissenschaften, Martin-Luther-Universität Halle-Wittenberg, Halle, http://sundoc.bibliothek.uni-halle.de/diss-online/08/08H089/prom.pdf (15.1.2013)

Sepibus, J. de (2009): The environmental integrity of the CDM mechanism–A legal analysis of its institutional and procedural shortcomings. NCCR Trade Working Paper Nr. 24, Bern

Söllner, F. (1993): Neoklassik und Umweltökonomie. In: Zeitschrift für Umweltpolitik und Umweltrecht 16, S.431–460

Solow, R. (1993): An almost practical step toward sustainability. In: Resources policy 19(3), S. 162–172

Spash, C.L. (2010): The brave new world of carbon trading. In: New Political Economy 15(2), S. 169–195

SPD (2013): Antrag der Abgeordneten Dr. Bärbel Kofler ... und der Fraktion der SPD. Für eine nachhaltige Entwicklungsagenda ab 2015 – Millenniumsentwicklungsziele und Nachhaltigkeitsziele gemeinsam gestalten. Deutscher Bundestag, Drucksache 17/13762, Berlin

Spellerberg, I.F., Fedor, P.J. (2003): A tribute to Claude Shannon (1916–2001) and a plea for more rigorous use of species richness, species diversity and the »Shannon–Wiener« Index. In: Global ecology and biogeography 12(3), S. 177–179

Spergel, B., Wells, M. (2009): Conservation trust funds as a model for REDD+ national financing. In: Angelsen, A., Brockhaus, M. (eds.): Realising REDD+: National strategy and policy options. Bogor, S. 75–83

SRU (Sachverständigenrat für Umweltfragen) (1996): Konzept einer dauerhaft umweltgerechten Nutzung ländlicher Räume. Sondergutachten, Wiesbaden

SRU (2002): Für eine Stärkung und Neuorientierung des Naturschutzes. Sondergutachten, Berlin

SRU (2007): Umweltverwaltungen unter Reformdruck: Herausforderungen, Strategien, Perspektiven. Sondergutachten, Berlin.

Star, S., Griesemer, J. (1989): Institutional ecology, »translations« and boundary objects: Amateurs and professionals in Berkeley's Museum of Vertebrate Zoology, 1907-39. In: Social Studies of Science 19, S. 387–420

Sterk, W. (2004): COP 9 entscheidet über Senkenprojekte. In: JIKO Info 01, S. 1–3

Stern, N. (2007): The economics of climate change: the Stern review. Cambridge

Sterner, T. (2003): Policy instruments for environmental and natural resource management. Washington, D.C.

Stoll-Kleemann, S. (2001): Opposition to the designation of protected areas in Germany. In: Journal of Environmental Planning and Management 44(1), S. 109–128

Stoll-Kleemann, S., Wegener, E., Schliep, R., Horstmann, J. (Hg.) (2011): Sozioökonomische Biodiversitätsforschung in Deutschland-Ein Überblick. www.bbn-online.de/fileadmin/Service/8_2%20Infomaterial/soziooek2011.pdf (20.5.2014)

Stork, N.E. (2010): Re-assessing current extinction rates. In: Biodiversity and Conservation 19(2), S. 357–371

Streit, B. (2006): Biozahl 2006 – 2 Millionen-Grenze erreicht. In: Natur und Museum 136(5/6), S. 131–134

Sukopp, U. (2007): Der Nachhaltigkeitsindikator für die Artenvielfalt. Ein Indikator für den Zustand von Natur und Landschaft. In: Gedeon, K., Mitschke, A., Sudfeldt, C. (Hg.): Brutvögel in Deutschland. Hohenstein-Ernstthal

Sukopp, U. (2010): Die Indikatoren der Nationalen Strategie zur biologischen Vielfalt. 30. Deutscher Naturschutztag, Oktober 2010, Stralsund

Sydney Morning Herald (2011): Carbon Cowboys. www.smh.com.au/environment/conservation/carbon-cowboys-20110722-1hssc.html (20.5.2014)

TAB (Büro für Technikfolgen-Abschätzung beim Deutschen Bundestag) (2010): Chancen und Herausforderungen neuer Energiepflanzen (Autoren: Meyer, R., Rösch, C., Sauter, A.). TAB-Arbeitsbericht Nr. 136, Berlin

TAB (2012a): Ökologischer Landbau und Bioenergieerzeugung – Zielkonflikte und Lösungsansätze (Autoren: Meyer, R., Priefer, C.). TAB-Arbeitsbericht Nr. 151, Berlin

TAB (2012b): Fernerkundung: Anwendungspotenziale in Afrika (Autorin: Gerlinger, K.). TAB-Arbeitsbericht Nr. 154, Berlin

Takacs, D. (1996): The Idea of Biodiversity: Philosophies of Paradise. Baltimore

TEEB (2010a): Die Ökonomie von Ökosystemen und Biodiversität. Kurzleitfaden: TEEB für lokale und regionale Entscheidungsträger. www.naturkapital-teeb.de/fileadmin/Downloads/TEEB_D2_QuickGuide_deutsch_online.pdf (15.5.2014)

TEEB (2010b): Die Ökonomie von Ökosystemen und Biodiversität. Die ökonomische Bedeutung der Natur in Entscheidungsprozesse integrieren. Ansatz, Schlussfolgerungen und Empfehlungen von TEEB – Synthese. www.teebweb.org/wp-content/uploads/Study%20and%20Reports/Reports/Synthesis%20report/Synthesis_German.pdf (15.5.2014)

Tietz, A., Bathke, M., Osterburg, B. (2012): Art und Ausmaß der Inanspruchnahme landwirtschaftlicher Flächen für außerlandwirtschaftliche Zwecke und Ausgleichsmaßnahmen. Bundesforschungsinstitut für ländliche Räume. Arbeitsberichte aus der VTI-Agrarökonomie Nr. 05/2012, www.econstor.eu/handle/10419/62138

Tisdell, C., Wilson, C., Swarna Nantha, H. (2008): Contingent valuation as a dynamic process. In: The Journal of Socio-Economics 37(4), S. 1443–1458

Townsend, C. R., Begon, M.E., Harper, J.L. (2009): Ökologie. Berlin u. a. O.

Turner, R.E., Redmond, A.M., Zedler, J.B. (2001): Count it by acre or function – mitigation adds up to net loss of wetlands. In: National Wetlands Newsletter 23(6), S. 5–6

UBA (Umweltbundesamt) (2007): Ökonomische Bewertung von Umweltschäden – Methodenkonvention zur Schätzung externer Umweltkosten. Dessau-Roßlau

UBA (2010a): Umweltschädliche Subventionen in Deutschland. Aktualisierte Ausgabe 2010. www.umweltbundesamt.de/sites/default/files/medien/publikation/long/4048.pdf (20.5.2014)

UBA (Hg.) (2010b): Durch Umweltschutz die biologische Vielfalt erhalten. Ein Themenheft des Umweltbundesamtes zum Internationalen Jahr der Biodiversität. Dessau-Roßlau

UBA (2011): Daten zur Umwelt. Ausgabe 2011. Dessau-Roßlau

UBA (2013): Die Reform des europäischen Emissionshandels im Kontext der mittel- und langfristigen Klimaschutzziele der Europäischen Union. Dessau-Roßlau

UEBT (Union for Ethical BioTrade) (ed.) (2013): Biodiversity Barometer 2013. Union for Ethical BioTrade. ethicalbiotrade.org/dl/barometer/UEBT%20BIODIVERSITY%20BAROMETER%202013.pdf (20.5.2014)

UEBT (ed.) (2014): Biodiversity Barometer 2014. Union for Ethical BioTrade. ethicalbiotrade.org/dl/barometer/UEBT_Biodiversity_Barometer_2014.pdf (20.5.2014)

Uekötter, F. (2011): Am Ende der Gewissheiten. Die ökologische Frage im 21. Jahrhundert. Frankfurt a.M.

UNEP (United Nations Environment Programme) (2010): COP 10 Decision X/2. Strategic Plan for Biodiversity 2011-2020. www.cbd.int/decision/cop/?id=12268 (18.1.2013)

UNFCCC (United Nations Framework Convention on Climate Change) (ed.) (2012): Climate Change, Carbon Markets and the CDM: A Call to Action. Report of the High-Level Panel on the CDM Policy Dialogue. www.cdmpolicydialogue.org/report/rpt110912.pdf (20.5.2014)

UN-GA (General Assembly of the United Nations) (2012): The future we want. Resolution adopted by the General Assembly on 27 July 2012. www.se4all.org/wp-content/uploads/2013/10/Rio-outcome-document.pdf (20.5.2014)

United Nations (UN) (2012): Doha Amendment to the Kyoto Protocol. https://treaties.un.org/doc/Publication/CN/2012/CN.718.2012-Eng.pdf (30.4.2014)

United Nations Climate Change Secretariat (2013): Governments in Warsaw make breakthrough in agreements to cut greenhouse gas emissions from deforestation. Bonn

Unmüßig, B. (2014): Vom Wert der Natur. Sinn und Unsinn einer Neuen Ökonomie der Natur. www.boell.de/sites/default/files/140220_e-paper_vom_wert_der_natur.pdf (2.4.2014)

Unnerstall, H. (2012): Rechtliche Rahmenbedingungen für die Anwendung des Konzeptes der Ökosystemdienstleistungen. In: Hansjürgens, B., Herkle, S. (Hg.): Der Nutzen von Ökonomie und Ökosystemleistungen für die Naturschutzpraxis. Workshop II: Gewässer, Auen und Moore. BfN-Skripten 319, Bonn, S. 23–29

Vadrot, A., Heumesser, C., Ritzberger, M. (2010): Wissenschaft als Instrument und Akteur. Die Diskussion um ein Science-Policy Interface. In: Brand, U. (Hg.): Globale Umweltpolitik und Internationalisierung des Staates. Biodiversitätspolitik aus strategisch-relationaler Perspektive. Münster

Vatn, A., Angelsen, A. (2009): Options for a national REDD+ architecture. In: Angelsen, A., Brockhaus, M. (eds.): Realising REDD+: National strategy and policy options. Bogor

Vatn, A., Barton, D.N., Lindhjem, H., Movik, S., Ring, I., Santos, R. (eds.) (2011): Can markets protect biodiversity? An evaluation of different financial mechanisms. Aas

Vatn, A., Bromley, D.W. (1994): Choices without prices without apologies. In: Journal of environmental economics and management 26(2), S. 129–148

Vatn, A., Vedeld, P. (2011): Getting ready!: a study of national governance structures for REDD+. Department of International Environment and Development Studies. Noragric Report Nr. 59, www.umb.no/statisk/noragric/noragric_report_no._59.pdf (20.5.2014)

VCI DBI (Deutsche Industrievereinigung Biotechnologie des Verbandes der Chemischen Industrie e. V (Hg.) (2012): Diskussionspapier zur EU-Biodiversitätsstrategie »Our life insurance, our natural capital: an EU biodiversity strategy to 2020«. Frankfurt a.M.

Verschuuren, J.M. (2002): Implementation of the Convention on Biodiversity in Europe: 10 years of Experience with the habitats directive. In: Journal of International Wildlife Law and Policy 5, S. 251–267

Voigt, A. (2013): Naturschutz nur für Leistungsträger? Überlegungen zu der Frage, inwiefern das Konzept der Ecosystem Services zum Schutz der Biodiversität beitragen kann. In: Friedrich, J., Halsband, A., Minkmar, L. (Hg.): Biodiversität und Gesellschaft // Biodiversity and Society. Gesellschaftliche Dimensionen von Schutz und Nutzung biologischer Vielfalt. Beiträge der Fachtagung, 14.-16.11.2012. Göttingen, S. 141–158

WBGU (Wissenschaftlicher Beirat der Bundesregierung Globale Umweltveränderungen) (1999a): Welt im Wandel. Erhaltung und nachhaltige Nutzung der Biosphäre. Jahresgutachten 1999. Berlin u. a. O.

WBGU (1999b): Welt im Wandel. Umwelt und Ethik. Sondergutachten 1999, Marburg

Weller, T. (2013): Düstere Aussichten. In: ERNEUERBARE ENERGIEN – Das Magazin 6, S. 14–15

Whittaker, R. (1972): Evolution and measurement of species diversity. In: Taxon 21, S. 213–251

Wilson, E.O. (1988): Biodiversity. Washington, D.C.

Winter, M., Devictor, V., Schweiger, O. (2013): Phylogenetic diversity and nature conservation: where are we? In: Trends in Ecology & Evolution 28(4), S. 199–204

Wissel, S., Wätzold, F. (2010): A conceptual analysis of the application of tradable permits to biodiversity conservation. In: Conservation Biology 24(2), S. 404–411

Wittenbecher, C. (1999): Ziele der Flächenhaushaltspolitik. In: Akademie für Raumforschung und Landesplanung (Hg.): Flächenhaushaltspolitik. Feststellungen und Empfehlungen für eine zukunftsfähige Raum-und Siedlungsentwicklung. Hannover, S. 13–19

Wolters, G. (1995): Rio oder die moralische Verpflichtung zum Erhalt der naturlichen Vielfalt Zur Kritik einer UN-Ethik. In: GAIA – Ecological Perspectives for Science and Society 4(4), S. 244–249

WTO (World Trade Organization) (1994): Agreement on Trade-Related Aspects of Intellectual Property Rights. Geneva

Wunder, S. (2005): CIFOR Occasional paper 42. Payments for environmental services: Some nuts and bolts. Jakarta

Wunder, S. (2008): How do we deal with leakage. In: Angelsen, A. (ed.): Moving ahead with REDD: issues, options and implications. Bogor, S. 65–75

Wunder, S., Engel, S., Pagiola, S. (2008): Taking stock: A comparative analysis of payments for ecosystem services programs in developed and developing countries. In: Ecological Economics (65), S. 834–852

Wütscher, F., Janich, P., Gutmann, M., Prieß, K. (Hg.) (2002): Biodiversität: Wissenschaftliche Grundlagen und gesellschaftliche Relevanz. Berlin u. a. O.

Zieschank, R., Stickroth, H., Achtziger, R. (2004): Der Indikator für Artenvielfalt. Seismograph für den Zustand von Natur und Landschaft. In: politische ökologie 22(91-92), S. 58–59

Zilberman, D., Lipper, L., McCarthy, N. (2008): When could payments for environmental services benefit the poor? In: Environment and Development Economics 13(3), S. 255

# ANHANG

## TABELLENVERZEICHNIS 1.

## ABBILDUNGSVERZEICHNIS 2.

# ABKÜRZUNGSVERZEICHNIS     3.

| | |
|---|---|
| ABS | access and benefit-sharing (Zugang zu genetischen Ressourcen und gerechter Vorteilsausgleich) |
| ALBA | Alianza Bolivariana para los Pueblos de Nustra América – Tratado de Comercio de los Pueblos |
| BDÖSF | Biodiversität und Ökosystemfunktionen |
| BDÖSL | Biodiversität und Ökosystemleistungen |
| BfN | Bundesamt für Naturschutz |
| BIP | Biodiversity Indicators Partnership |
| BMBF | Bundesministerium für Bildung und Forschung |
| BMELV | Bundesministerium für Ernährung, Landwirtschaft und Verbraucherschutz |
| BMU | Bundesministerium für Umwelt, Naturschutz und Reaktorsicherheit |
| BNatSchG | Bundesnaturschutzgesetz |
| BUND | Bund für Umwelt und Naturschutz Deutschland e. V. |
| BWaldG | Bundeswaldgesetz |
| BZE | Bodenzustandserhebung |
| CBD | Convention on Biological Diversity (Biodiversitätskonvention) |
| CDM | clean deveopment mechanism |
| CER | certified emission reductions |
| CHM | clearing-house mechanism |
| CITES | Convention on Interational Trade in Endangered Species of Wild Fauna and Flora (Washingtoner Artenschutzübereinkommen) |
| $CO_2$ | Kohlenstoffdioxid |
| COP | Conference of the Parties (Vertragsstaatenkonferenz) |
| DFG | Deutsche Forschungsgemeinschaft |
| DNA | deoxyribonucleic acid (Desoxyribonukleinsäure) |
| DOE | designated operational entitiy |
| DPSIR | driving forces, pressures, states, impacts and responses |
| EEG | Erneuerbare-Energien-Gesetz |
| EFT | ecological fiscal transfer (ökologische Finanzzuweisungen) |
| EK | Europäische Kommission |
| ERU | emission reduction unit |
| EU | Europäische Union |
| EUA | European Emission Allowances (Emissionsberechtigungen) |
| EU-ETS | European Union Emissions Trading System (EU-Emissionshandelssystem) |
| FFH | Flora-Fauna-Habitat |
| GAP | Gemeinsame Agrarpolitik |
| GBO | Global Biodiversity Outlook |

GEO BON Group on Earth Observations Biodiversity Observation Network

GLÖZ guter landwirtschaftlicher und ökologischer Zustand

iDiv Deutsches Zentrum für integrative Biodiversitätsforschung

IPBES Intergovernmental Platform on Biodiversity and Ecosystem Services (Weltbiodiversitätsrat)

IPCC Intergovernmental Panel on Climate Change (Weltklimarat)

IUCN International Union for the Conservation of Nature

JI joint implementation

KIS Umwelt-Kernindikatorensystem

KNA Kosten-Nutzen-Analyse

KP Kyoto-Protokoll

KWA Kosten-Wirksamkeits-Analyse

LIKI Länderinitiative Kernindikatoren

LULUCF land use, land-use change and forestry (Landnutzung, Landnutzungs-änderungen und Forstwirtschaft)

MEA Millennium Ecosystem Assessment

MKA Multikriterienanalyse

MPG Max-Planck-Gesellschaft

NABU Naturschutzbund Deutschland e. V.

NBS Nationale Strategie zur biologischen Vielfalt

NGO Nichtregierungsorganisation

NHS Nationale Nachhaltigkeitsstrategie

OECD Organisation for Economic Co-Operation and Development (Organisation für wirtschaftliche Zusammenarbeit und Entwicklung)

PES payments for ecosystem services (Zahlungen für Ökosystemleistungen/ Honorierung ökologischer Leistungen)

REDD+ Reducing Emissions from Deforestation and Forest Degradation

SBSTTA Subsidiary Body on Scientific, Technical and Technological Advice

SEBI Streamlining European Biodiversity Indicators

TA Technikfolgenabschätzung

TDR Tradable Development Rights

TEEB The Economics of Ecosystems and Biodiversity

TEEB DE Nationale TEEB-Studie »Naturkapital Deutschland«

THG Treibhausgase

UBA Umweltbundesamt

UEBT Union for Ethical BioTrade

UNEP United Nations Environment Programme (Umweltprogramm der Vereinten Nationen)

UNESCO     United Nations Educational, Scientific and Cultural Organization
           (Organisation der Vereinten Nationen für Bildung, Wissenschaft
           und Kultur)

UNFCCC     United Nations Framework Convention on Climate Change
           (Klimarahmenkonvention der Vereinten Nationen)

UN-REDD    United Nations Collaborative Programme on Reducing Emissions from
           Deforestation and Forest Degradation in Developing Countries

WBCSD      World Business Council for Sustainable Development

WBGU       Wissenschaftlicher Beirat der Bundesregierung Globale Umwelt-
           veränderungen

WWF        World Wide Fund For Nature

Ebenfalls bei edition sigma – eine Auswahl

**In dieser Schriftenreihe sind zuletzt erschienen:**

Claudio Caviezel, Christoph Revermann
**Climate Engineering.** Kann und soll man die Erderwärmung technisch eindämmen?
2014        336 S.        ISBN 978-3-8360-8141-2        € 29,90

Wolfgang Schade, Ch. Zanker, A. Kühn, T. Hettesheimer
**Sieben Herausforderungen für die deutsche Automobilindustrie.** Strategische Antworten im Spannungsfeld von Globalisierung, Produkt- und Dienstleistungsinnovationen bis 2030
2014        250 S.        ISBN 978-3-8360-8140-5        € 22,90

Ulrich Riehm, Knud Böhle
**Post ohne Briefträger.** Sinkende Briefmengen und elektronische Postdienste als Herausforderungen für die Politik
2014        168 S.        ISBN 978-3-8360-8139-9        € 17,90

Anja Peters, C. Doll, P. Plötz, A. Sauer, W. Schade, A. Thielmann, M. Wietschel, Chr. Zanker
**Konzepte der Elektromobilität.** Ihre Bedeutung für Wirtschaft, Gesellschaft und Umwelt
2013        302 S.        ISBN 978-3-8360-8138-2        € 27,90

Thomas Petermann, Maik Poetzsch
**Akteure am Rande.** Die Rolle der Parlamente in der Nachhaltigkeitspolitik
2013        163 S.        ISBN 978-3-8360-8137-5        € 17,90

Bernd Beckert, Ulrich Riehm
**Breitbandversorgung, Medienkonvergenz, Leitmedien.** Strukturwandel der Massenmedien und Herausforderungen für die Medienpolitik
2013        262 S.        ISBN 978-3-8360-8136-8        € 24,90

Ulrich Riehm, Knud Böhle, Ralf Lindner
**Elektronische Petitionssysteme.** Analysen zur Modernisierung des parlamentarischen Petitionswesens in Deutschland und Europa
2013        282 S.        ISBN 978-3-8360-8135-1        € 24,90

Arnold Sauter, Katrin Gerlinger
**Der pharmakologisch verbesserte Mensch.** Leistungssteigernde Mittel als gesellschaftliche Herausforderung
2012        310 S.        ISBN 978-3-8360-8134-4        € 27,90

 edition sigma in der Nomos Verlagsgesellschaft
Leuschnerdamm 13    D – 10999 Berlin
Tel. [030] 623 23 63    Fax [030] 623 93 93    **www.edition-sigma.de**
Mail verlag@edition-sigma.de